DVD多媒体光盘使用说明

为了方便您的阅读和学习，本书附赠了2张DVD光盘，由于附赠的文件、视频和素材内容极其丰富，占用空间很大，为了节约您的购买成本，我们将意将这些文件进行了压缩。请您在使用这些文件前将它们从光盘中复制到本地磁盘里，再利用WinRAR软件进行解压缩。

DVD1▶ 快速掌握3ds Max 2010所有技能

- 所有实例的素材和最终文件，方便您边学边练。
- 12小时重点实例讲解多媒体视频，帮助您快速攻克重难点

DVD1中包含所有实例的素材和最终文件夹和实例对文件2个文件夹 视频教学1文件中包和1粒实例对文件2个文件夹 共有61段视频，含3-8章共61段视频

DVD2▶ 海量终生要用的实用、精美素材

- 8小时本书基础知识教学多媒体视频，拓展所学技能
- 500多个模型库文件，满足各类设计人员的工作需求
- 12大类1000多张精美素材质贴图文件，方便读者调用

DVD2包含视频教学2视频教学2文件夹中包 含9-12章共26段视频 海量素材文件夹中包 各模型库和材质贴图

小提示

本书的所有视频文件均为AVI格式，读者可以采用系统自带的Windows Media Player进行播放，或采用常见的视频播放软件播放（如暴风影音等）。

1000余张精美素材质贴图

本书附赠了1000余张精美素材质贴图，涵盖阴影，木纹、天空、布料、金属、书籍、工艺品、植物等12类，供读者在学习和工作中随时调用。

本书多媒体视频内容索引

（详见光盘）

100种家居饰品模型

110种交通工具模型

150种军事设备模型

500余种三维设计模型

随书附赠7大类500种常用模型，涉及人体骨骼、音乐器材、动物、建筑设施、家居饰品、交通工具以及军事设备等三维设计常用领域。所有模型均可直接应用于设计作品中，从而使工作效率大大提高；还可以对部分模型的相应参数和属性进行修改，以满足更多创作领域的需求。

15种音乐器材模型

40余种动物模型

80种建筑设施模型

▶制作空心号码台球

▶制作旧材质

▶为场景添加消防栓材质

▶制作窗帘

▶制作简单飞行动画

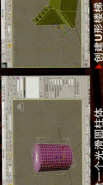
▶创建双扇推拉门

▶利用路径变形器制作动画

▶为场景添加地面材质

▶制作坠落的小球

▶制作机械腿

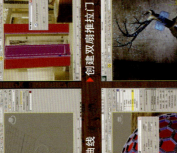
▶创建NURBS曲线

▶制作高尔夫球

▶制作秋千摇摆动画

▶制作卡通兔子

▶制作开放的玫瑰花

▶创建U形楼梯

▶制作眼镜蛇休息效果

▶将材质赋予场景对象

▶玩具车爬坡

▶制作夜空中的闪电

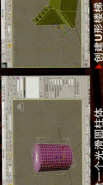
▶创建一个光滑圆柱体

▶制作抱枕模型

▶制作胶囊材质

▶制作绕光飞舞的蝴蝶

▶设置场景的背景和全局光

▶制作破碎的玻璃杯

▶更改顶点的属性

▶设置鹦鹉材质

▶制作粒子爆炸

▶制作火焰

▶ 1. 色彩明快的阁楼卧室

▶ 2. 简约厨房风情

▶ 3. 明净的厨具

▶ 4. 复古风格的欧式厨房

▶ 5. 温馨的小卧室

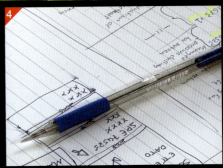

1. 机器昆虫特写
2. 温馨的动物聚会
3. 摩托车模型
4. 逼真的签字笔
5. 蔬菜狂欢节

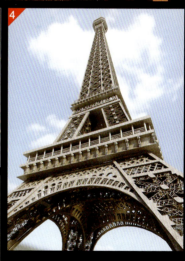

▶ 1. Babylon场景设计

▶ 2. 厂房特写

▶ 3. 废弃的轮船操作室

▶ 4. 埃菲尔铁塔模型

▶ 5. 汽车奔驰场景

▶ 1. 陈旧的木材厂
▶ 2. 逼真的USB接口
▶ 3. 质感指甲刀特写
▶ 4. 质感插头特写
▶ 5. 钉子的光与影

尖峰科技　编著

3ds Max
2010宝典

中国青年电子出版社
http://www.21books.com　http://www.cgchina.com
中青雄狮

律师声明

北京市邦信阳律师事务所谢青律师代表中国青年出版社郑重声明：本书由著作权人授权中国青年出版社独家出版发行。未经版权所有人和中国青年出版社书面许可，任何组织机构、个人不得以任何形式擅自复制、改编或传播本书全部或部分内容。凡有侵权行为，必须承担法律责任。中国青年出版社将配合版权执法机关大力打击盗印、盗版等任何形式的侵权行为。敬请广大读者协助举报，对经查实的侵权案件给予举报人重奖。

侵权举报电话：

全国"扫黄打非"工作小组办公室　　　　中国青年出版社

010-65233456　65212870　　　　　　010-59521255

http://www.shdf.gov.cn　　　　　　　E-mail: law@cypmedia.com　MSN: chen_wenshi@hotmail.com

图书在版编目（CIP）数据

3ds Max 2010宝典 / 尖峰科技编著 . —北京：中国青年出版社，2010.1

ISBN 978-7-5006-9166-2

I.①3…　II.①尖…　III.①三维－动画－图形软件，3DS MAX 2010　IV. ①TP391.41

中国版本图书馆CIP数据核字（2010）第000580号

3ds Max 2010宝典

尖峰科技　编著

出版发行：　中国青年出版社

地　　址：　北京市东四十二条21号

邮政编码：　100708

电　　话：　(010) 59521188 / 59521189

传　　真：　(010) 59521111

企　　划：　中青雄狮数码传媒科技有限公司

责任编辑：　肖　辉　丁　伦　张玉良　张海玲

封面设计：　刘　娜

印　　刷：　小森印刷（北京）有限公司

开　　本：　787×1092　1/16

印　　张：　35.5

版　　次：　2010年2月北京第1版

印　　次：　2010年2月第1次印刷

书　　号：　ISBN 978-7-5006-9166-2

定　　价：　108.00元（附赠2DVD）

本书如有印装质量等问题，请与本社联系　电话：(010) 59521188 / 59521189

读者来信：reader@cypmedia.com

如有其他问题请访问我们的网站：www.21books.com

"北京北大方正电子有限公司"授权本书使用如下方正字体。

封面用字包括：方正兰亭黑系列

前 言

3ds Max作为目前世界上最流行的综合性三维制作软件，已经培养了大量的用户群，涵盖了工业设计、建筑表现、广告设计、影视动画、游戏制作、军事医学等各个三维领域。本书以最新的3ds Max 2010软件为基础，详尽而全面地介绍3ds Max的所有功能与使用方法。

全面详尽的专业级工具书

本书对3ds Max的所有知识点，包括基本操作、模型创建、材质贴图、灯光摄影机、环境特效、动画基础以及动力学和角色系统等内容进行了细致地讲解，是目前国内少见的权威、全面的专业级工具书。书中先对知识点所涉及的基本参数和面板进行全面的概述，然后提取其中的重点内容进行深入介绍。

20小时超长视频教学

本书针对重点内容安排了大量的精彩实例，且均配有视频教学，直观展示实例制作方法，并在制作过程中详细讲解各种操作细节与技巧，学即可用，传授最实用的技能。

图解参数，精选实例

本书在讲解参数时，采用图解形式，直观明了、便于查找，读者在遇到参数设置等问题时可随时查阅。本书所选实例具有极强的针对性，力求通过简洁明了的操作过程让读者迅速掌握所学知识，快速积累操作经验和技巧。

无论是准备进入三维制作行业的初级读者，还是想更深入了解3ds Max软件的中高级用户，本书都将成为有力的学习工具。随书光盘提供了21大类1600多张常用材质贴图文件和500个常见模型文件，读者可以直接应用于设计工作中。

因时间和精力有限，本书在编写过程中难免有不足之处，敬请广大读者指正。

作　者

目 录

CHAPTER4
使用修改器

CHAPTER7
架设摄影机与布置灯光

CHAPTER8
环境和效果

CHAPTER9
动画制作

CHAPTER12
reactor动力学与角色动画

附录

3dsMax
2010宝典

CHAPTER 1

3ds Max 2010的崭新界面

【重点内容】

1. 3ds Max的功能简述
2. 3ds Max 2010的崭新界面
3. 了解软件的4类界面
4. 设置界面和系统设置项
5. 项目制作的完整工作流程

▶▶ 1.1 3ds Max的功能简述

如果读者对3ds Max还不够了解的话，这里我们简单介绍一下这个改变了图形图像领域的软件能够提供的东西：一个存在于软件当中的虚拟的三维实体；一个能够给予任何物体以各种纹理、质感和花纹的材质；一个真实反映出灯光照射、阳光光照的渲染器和光源；一个能够创造出丰富多彩特效的后期；一个能够记录一切变化的动画设置平台。

1. 建模

3ds Max具备了最基本的三维物体的创建功能，与之相匹配的是强大的造型编辑工具，如果说基础模型是一块上好的雕塑材料的话，那么模型编辑工具就是一把精致且全面的雕刻刀（见下图）。

2. 材质

材质像颜料一样，利用它可以使苹果显示出红色，让橘子显示为橙色；也可以为铬合金添加光泽，为玻璃添加抛光；还可以通过应用贴图，将图像、图案，甚至表面纹理添加至对象。材质可使场景看起来更加真实（见下图）。

3. 灯光渲染

无处不在的光线，让真实的世界显得五彩缤纷。而更由于光线的存在让阴影也被大家认识和熟知，阴影是物体存在的客观反映，而物体也因影子愈发显得具有体积感。灯光的颜色变幻让画面也融入了情感，使得画面人性化，美观化（见下图）。

4. 特效

特效是对画面效果的有力补充，在画面具备了造型、质感、光影的基础之上还可以添加一些具有视觉冲击力的修饰，比如阳光的光晕，激光的光速等都是画面特效的一种。特效的出现是3ds Max软件的一大进步，也是软件使用人员的一大福音（见下图）。

5. 动画

动画是3ds Max为了满足游戏领域和电影领域而开发的一项功能，随着版本的不断改进，3ds Max中的动画也逐渐加入了不同的新元素，如人体骨骼的快速建立和运动面板的不断更新，使得动画的制作也渐渐变得简单且强大起来。

正是具备了以上的特性，才使得3ds Max的作品显得真实却又虚幻，散发着不可抗拒的魅力。从每一件3ds Max的作品当中都能明显发现其每项功能的鲜明特点。

光影的存在是让物体更具真实的重要因素，在3ds Max当中随着灯光的介入，物体的阴影也变得是那样的真实，环境的影响与特效的完美结合，也是3ds Max能够在影视动画领域长期占据一席之地的制胜法宝

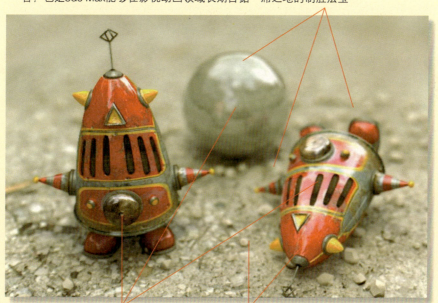

在3ds Max的功能当中，能够创建出真实的三维实体是其最大的魅力所在，这些三维实体真实再现了不同角度的不同造型，不用再像平面作品那样每变换一个角度都需要重新绘制出一幅图片

真实再现出不同物体的质感，是对3ds Max软件的一个升华，物体的反射、阴影、肌理、纹路足以让每一幅作品都能够以假乱真，从而演绎出现实世界无法实现的种种效果

▶▶ 1.2 3ds Max 2010的崭新界面

3ds Max每次的版本更新都会引起业内人士极大的关注，这次的3ds Max 2010也是在大家的期待和疑惑当中隆重上市的，与每次一样，同样给众多用户带来了不小的惊喜。

◤ 1.2.1 3ds Max 2010的崭新界面

打开3ds Max 2010软件就能够发现，这次的改版和以前的改版相比发生了非常大的变化，仅仅保留了在操作面板的视口右上角的视口操控按钮，除此以外，界面的颜色、字体都进行了彻底改变，特别是主菜单中的"文件"菜单，其中硕大的一个3ds Max图标和快捷按钮更加便利了用户的操作。在以往大家所熟悉的主工具栏下也多出了一栏。

3ds Max 2010的界面分别由主菜单、工具栏、视口、命令面板和底部界面栏5个部分组成，每个界面元素都有成组的子元素，如下图所示。

主菜单：保存大多数操作命令，位于3ds Max窗口最顶部的位置，但是通过主菜单来寻找相关命令是相对比较麻烦的一件事情

视口：视口是3ds Max的主要工作区域，显示了TOP（顶视图）、Front（前视图）、Left（左视图）和Perspective（透视图）4个独立显示窗口

工具栏：工具栏位于主菜单下方位置，包含了几个类别的工具，单击工具栏图标就可以访问相应的特性

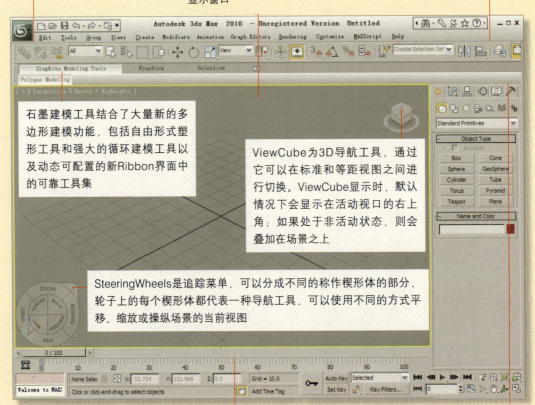

石墨建模工具结合了大量新的多边形建模功能，包括自由形式塑形工具和强大的循环建模工具以及动态可配置的新Ribbon界面中的可靠工具集

ViewCube为3D导航工具，通过它可以在标准和等距视图之间进行切换。ViewCube显示时，默认情况下会显示在活动视口的右上角；如果处于非活动状态，则会叠加在场景之上

SteeringWheels是追踪菜单，可以分成不同的称作楔形体的部分，轮子上的每个楔形体都代表一种导航工具，可以使用不同的方式平移、缩放或操纵场景的当前视图

底部界面栏：位于窗口底部边缘的界面栏主要用于动画时间控制和播放，还容纳了一些相关选项

命令面板：命令面板位于用户界面的右侧，有6个标签，单击这些标签就能打开相应面板。每种面板都包含了多个卷展栏，展开不同卷展栏就可以设置相应的参数，从而改变当前所选物体的相关属性

1.2.2 3ds Max 2010的新功能简述

Autodesk 3ds Max 2010相比以往版本来说功能更强大且简单易用，它包含了大量新工具（均用粗体字显示），并且在经过重新设计后选择其常用命令变得更加方便，使用起来也就更加得心应手了。

"打开"和"保存"等文件功能可通过单击新标题栏上的按钮进行访问（见下图），其余控件在"应用程序"菜单中的组织方式也更加简单明了。

▶ 更新后的"应用程序"按钮和快速访问工具栏更加人性化，方便用户的查找和使用

建模方面的新功能，最具代表性的莫过于"石墨建模工具"集。这个新功能将常用的功能与富有创意的动态Ribbon界面中的大量新功能结合在一起（见下图）。

▶ 从崭新的工具界面中可以看出该功能的强大与全面

新的ProOptimizer修改器提供了一种简便的方法来改进模型的多边形计数。利用批处理ProOptimizer工具，用户可以使用相同控件同时优化多个场景。对明确的法线优化支持在此版本中得到了加强（见下图）。

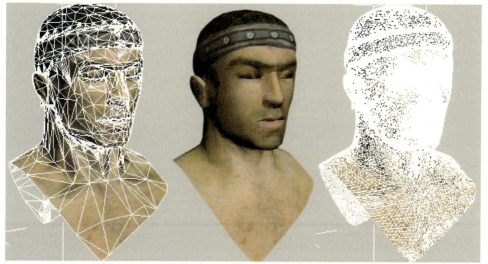

▶ 左：优化模型　顶点数:4722　面数:9323　　　右：原始模型　顶点数:47226　面数:93792

ProBoolean提供了两个新的操作：其一为"附加"，该操作只合并对象而不会影响其几何体；另一操作为"插入"，该操作将一个图形从另一个图形中去除，同时将这两个操作对象保持原样。同时，利用新的四边形网格化修改器，可将ProBoolean中的四边形镶嵌功能应用到任何一个对象，从而更容易通过"网格平滑"获得较好的圆角化的边（见下图）。

▶ 左边为原始对象，右边为使用了"四边形网格化"和"网格平滑"修改器后的效果

新增的变换工具框具有便于对象旋转、缩放和定位以及移动对象轴的功能（见下左图）；xView将分析网格模型，标记出各种潜在问题和错误，并在视口中以图表和文本形式显示结果。测试范围包括孤立顶点、重叠顶点、开放边以及各种UVW统计信息等（见下右图）。

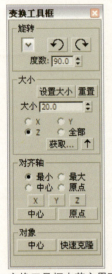  

变换工具框中英文界面　　　　　　　菜单中英文界面

在项目和场景管理当中，3ds Max软件也进行了很多更新，其中之一就是在处理复杂场景时，新增的容器工具集可将多个对象收集到单个组织设备，有助于协作并建立灵活的工作流（见下图）。

▶ 容器辅助对象可以将场景内容组织成逻辑组，然后可将其作为单个对象进行处理

对OBJ文件格式的扩展支持使得在Autodesk Mudbox和Autodesk 3ds Max 2010以及其他3D应用程序之间导入和导出3D模型数据变得更加方便。

用于导出DWG文件的AutoCAD 2010选项包含对新的网格对象类型的支持，在AutoCAD 2010中已针对细分曲面工作流实现该对象类型。此对象类型去掉了大小限制，并在AutoCAD中提供了工具以转换为真正的ACIS实体（见下图）。

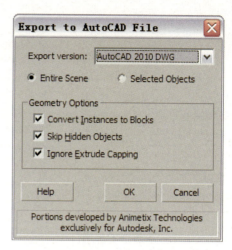

"场景资源管理器"界面已经过重新排列和更新，而且还增加了新功能。例如，现在可以切换资源管理器中的选项并可随时更改高级搜索项（见下图）。

与"场景资源管理器"很相似，新增的"材质资源管理器"界面使得浏览和管理场景中的材质变得更加轻松（见下图）。

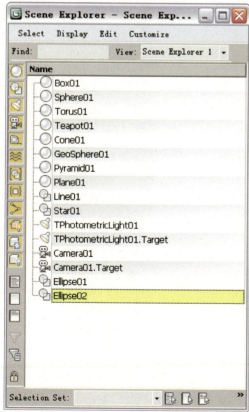

场景资源管理器界面

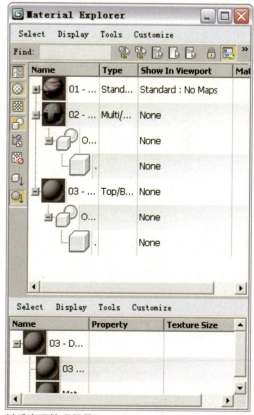

材质资源管理器界面

新增的"视口画布"工具
（见图1）提供了用于在视口中
直接在对象的纹理上进行绘制的
工具。它将活动视口变成二维画
布，用户可以在这个画布上进行
绘制，然后将结果应用于对象的
纹理。还有一个用来导出当前
视图的选项，导出后就可以在
Adobe Photoshop之类的绘制程
序中修改它，然后保存文件并更
新3ds Max中的纹理。

开始操作时可先选择笔刷（见
图2）并激活以下绘制工具之
一："绘制"或"克隆"。然后
即可在屏幕上进行绘制，对结果
满意后可单击右键退出该工具。
系统随后会计算生成的贴图，这
可能需要几秒钟时间，具体取决
于新纹理的大小。系统仅更新用
户在其上进行绘制的纹理部分，
因此纹理其他部分的分辨率不会
丢失。

为确保获得最高的准确度，
请使用TIFF格式的纹理，这可以
确保保存文件时不会发生数据丢
失。此外，请将纹理的视口显示
设置为尽可能高的分辨率。

图1 "视口画布"界面

图2 "选择笔刷"对话框

新增的渲染曲面贴图提供了
基于对象UVW贴图自动创建位图
的工具。

生成的位图会显示对象的曲
面属性，包括凹度/凸性（脏蚀贴
图）、网格密度、朝向方向（烟
尘贴图）和对象厚度。

还有一个"位图选择"功
能，用于根据贴图属性选择子
对象。

Autodesk 3ds Max 2010 是第
一个整合了来自于mental images
中的mental mill技术的3D软件包。

利用mental mill（单独安
装）可以设计、测试和维护任
何一种硬件上的明暗器以及复
杂的明暗器图表，从而实现具
有实时视觉效果反馈的硬件和
软件渲染。

新增的mental ray明暗器包括
Multi/Sub-Map（多维/子贴图）
和对象颜色。

利用Multi/Sub-Map（多维/
子贴图）可以随机指定颜色或贴
图，或者根据对象、材质或平
滑组ID来指定不同的颜色或贴图
（见下页图）。

利用对象颜色可将某个对象
的线框颜色混合到其材质中。

听众席颜色因对象ID而异

颜色的变化是随机的

在渲染部分的渲染帧窗口显示界面已针对Autodesk 3ds Max 2010进行了重新设计。在使用mental ray 进行渲染时，"渲染"按钮和"产品级/迭代"开关以及其余特定于mental ray的控件现在会显示在下部面板中；否则，它们仍位于上部面板中的原有位置（见下图）。

此外，下部面板已经过精简，从而增加了易用性。最为重要的是，利用新的全局调整滑块可临时覆盖反射、折射和软阴影的精度以获得更快的渲染速度或更高质量的渲染效果。

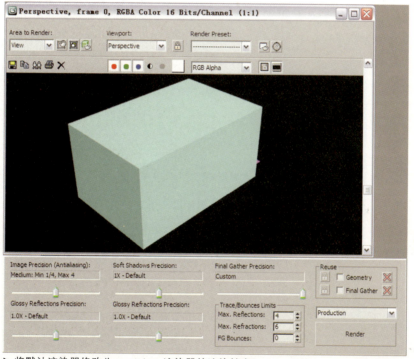

▶ 将默认渲染器修改为mental ray渲染器的渲染帧窗口

在动画方面，3ds Max 2010软件也针对粒子进行了很多革新，新增的粒子流工具集（PFlowAdvanced）使组织粒子、在场景中精确放置粒子、自定义系统等操作变得更加简便。

新的操作符显示在"粒子视图"仓库中原来的"粒子流"操作符旁边，并按类别、类别下再按名称的方式进行分类，这些操作符采用了突出显示方式，如右图所示。

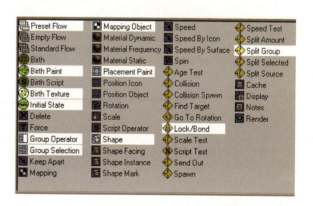

在毛发方面，3ds Max 2010软件也进行了增强，利用新增的样条线变形选项可控制头发形状（见图1），方法是将头发与样条线对象匹配。样条线变形可用来通过使头发变形至样条线的形状来设置头发的样式或动画。

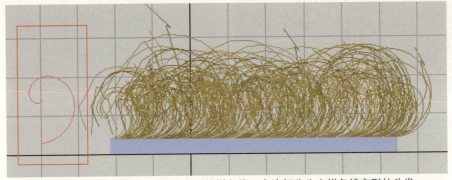

▶ 图1 红框部分为拾取的用于使头发变形的样条线，右边部分为由样条线变形的头发

在设置毛发的形状的时候，3ds Max在样条框架中的样条形状之间进行插补，头发的形状取决于其与框架中一个或另一个样条线子对象的接近程度（见图2）。

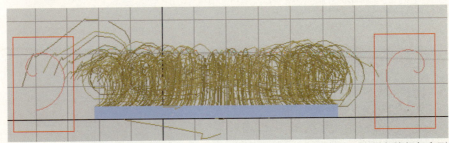

▶ 图2 红框部分为两个螺旋样条线子对象形成的样条线框架，中间部分为由样条线框架变形的头发

3ds Max 2010软件在角色上的改进最有代表性的则是指节功能（见下图），利用新增的指节功能，可创建具有更多细节且更精细的手部动画。

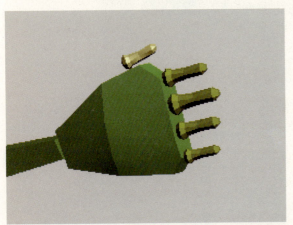

▶ 标准的Biped手部。这样的配置是没有办法对手部动画进行精细动画制作的

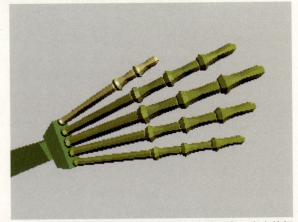

▶ 启用"指节"功能后的Biped手部。这种手有一个小的根部，并且所有手指都有各种指骨，这种更接近于真实的手部结构骨骼，能够完成更加精确的手部动画

软件的更新功能远远不止上面所叙述的那些，在这里只是将比较明显的改进地方进行了简单讲解，随着读者对软件逐渐熟悉以后，相信就能够更加熟悉软件的操作，而软件所更新的内容相信也会让每一位创作者完成更加精美的作品变得更加便捷和快速。

▶▶ 1.3 了解3ds Max 2010中的4类界面

　　在使用软件的时候，我们会慢慢接触到很多的新命令、新工具，这些会一直陪伴我们直到一幅完整的作品制作结束。对于这些命令和工具的使用，在后面讲解的时候会逐步分析和认识，但是在此之前我们需要知道并且熟悉这些命令的来源和如何调用。

　　在3ds Max当中我们会接触到4类有关于命令和工具的界面，分别为菜单、工具栏、命令面板和窗口。

　　主窗口的标题栏下面有一排由英文词组组成的长条栏，这个长条栏通常称为菜单栏（见下图）。在菜单栏中每个菜单的标题表明该菜单上命令的用途。我们对所有界面的认识就从菜单栏开始。

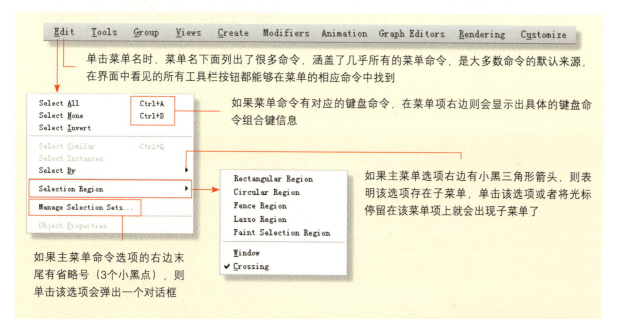

单击菜单名时，菜单名下面列出了很多命令，涵盖了几乎所有的菜单命令，是大多数命令的默认来源，在界面中看见的所有工具栏按钮都能够在菜单的相应命令中找到

如果菜单命令有对应的键盘命令，在菜单项右边则会显示出具体的键盘命令组合键信息

如果主菜单选项右边有小黑三角形箭头，则表明该选项存在子菜单，单击该选项或者将光标停留在该菜单项上就会出现子菜单了

如果主菜单命令选项的右边末尾有省略号（3个小黑点），则单击该选项会弹出一个对话框

命令面板是3ds Max软件系统最常用的命令集合面板，位于主界面的右侧，是主窗口最重要的组成部分之一，在主界面可以明显看到命令面板是由6个面板并排而成的

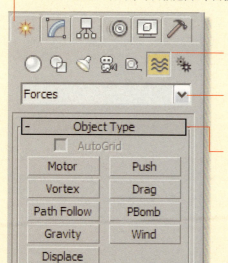

通过选择创建命令面板中的不同类型对象可以创建出很多系统自带的基本体或其他对象，如基本几何体

命令面板下方的下拉列表中可以选择更多的默认对象类别，单击其右方的下拉按钮，就会展开完整列表

在创建命令面板下方的对象类型卷展栏中可以选择更多的默认对象类别，单击需要创建的对象名称按钮，就可以创建相应的对象

主工具栏包含的操作命令很多，因此为了操作方便和便于区分，主工具栏在每组操作按钮之间都以小竖条进行了分割

在工具栏当中，单击类似带有对象类别名称的黑三角按钮，就会弹出对象名称的下拉列表，为使用者提供更多的选择类型

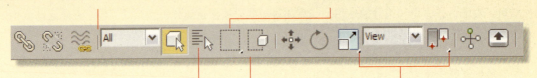

工具栏中不是所有的按钮用鼠标单击以后就开启了该功能，比如"从场景选择"按钮，单击该按钮以后会自动弹出相应的场景对象名称类别的对话框，使用者只能从对话框中选择需要选择的对象，完成该操作

在工具栏中，将光标移动到图标右下角带有小黑三角标志的按钮上，按住鼠标左键不放，则该按钮会自动显示出更多的可供选择的按钮，每个按钮的功能一样，只是选择、变换方式有所区别

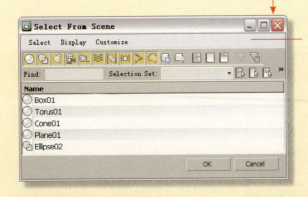

窗口都是单独存在的，在有的窗口中与操作界面一样，也是有菜单栏、面板的。单击窗口中的菜单名时也会执行相应的命令，或者弹出更多的窗口，因此，可以将窗口看作是一个完整的且相对尺寸较小的命令窗口

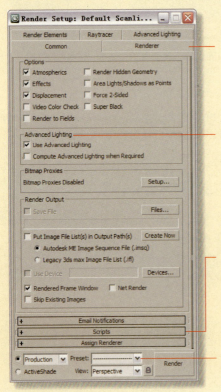

另外一种窗口就主要以参数的修改为主，不带有命令。这种窗口会有很多的参数选项，分别由大到小地以选项卡、选项组、参数栏的形式出现，左图所示的就是窗口的选项卡，用鼠标单击不同的选项卡标签，就会依次显示不同的选项卡参数

选项组是以相近的参数选项为区分依据，将各类别的参数项归类，每个选项组当中至少有一个或者多个参数选项提供给用户进行选择或进行参数设置

在窗口中由几个选项组共同组成为一个参数栏，被称为卷展栏，卷展栏前都有一个＋或者－号，分别表示关闭和打开状态。单击卷展栏前的符号就能打开或者关闭卷展栏

窗口中的黑三角符号与工具栏中的一样，单击该按钮就会出现下拉列表，供使用者在其中进行选择

▶▶ 1.4 设置自己的界面和系统设置项

    3ds Max为用户提供了最为人性化的操作界面，可以选择软件默认的界面来进行创作，也可以改变界面，设置一款最适合自己的界面，比如，可以改变界面布局，随意调整视口大小和位置，设置自己的文件路径，改变并保存快捷键等。

◤ 1.4.1 用户界面的配置文件

    3ds Max的界面是很灵活的，根据不同的需要，各个视图可以随意进行拉伸切换以及变大变小，从而方便观察模型的每一个细节。

【实战练习】调整视口大小

步骤01 将光标移动到视口中任意两个视口之间的位置，直到光标变成了双向箭头的标志。如果两个视口是左右相邻，则光标显示的是左右指向的图标，如果两个视口是上下相邻，则光标显示的是上下指向的图标。

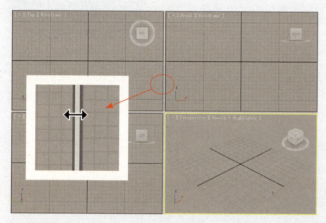

步骤02 按住鼠标左键不放，根据箭头所指示的方向，左右或者上下移动鼠标，就能发现视口随着鼠标的移动而发生改变了。如果光标显示的是上下指向的图标，则鼠标只能上下移动才能改变视口，否则视口不会发生改变。

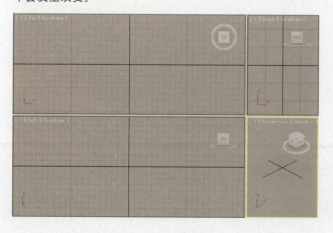

快速便捷地改变视口

    更改视口的方法是一样的，既可以上下调整也可以左右调整，为了更加随意调整视口，还可以将光标移动到4个视口的正中间的位置，这个时候光标的图标变成了四向指向箭头的图标。

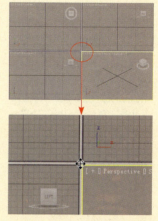

    当光标变成四向指向箭头的图标时，用户按住鼠标左键不放，同时随意地上下左右移动鼠标，则视口大小就会随着鼠标的移动而发生相应的改变了。

以上操作只是通过鼠标拖曳视口间的边界框来改变视口大小，如果需要彻底改变视口的布局则需要通过自定义3ds Max用户界面才能实现。想要自定义用户界面，就需要完成熟悉用户界面的配置文件、加载和保存用户界面的配置文件、自定义用户界面这3个步骤。

3ds Max为用户提供了几种预置的UI界面，这些文件保存在3ds Max的默认文件路径当中，通过执行Customize（自定义）>Load Custom UI Scheme（加载自定义UI方案）命令，就会弹出加载自定义UI方案的对话框，在其中我们就能看见3ds Max用户界面的配置文件（见下图）。

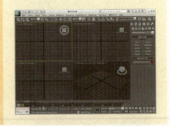

在3ds Max当中，软件为用户提供了一个Custom UI and Defaults Switcher（自定义UI与默认设置切换器），如下图所示，可以通过执行Customize>Custom UI and Defaults Switcher命令访问。该对话框中显示了Max自带的5个默认设置和两个UI方案的详细说明。

工具选项的初始设置包含3ds Max默认开启的各项功能，以及各种工具的不同默认设置集值，并且高亮显示与所使用的工具相对应的集

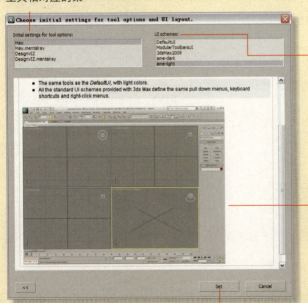

用户界面方案包含了UI文件夹中所有已经定义的UI方案，其中包括系统默认的两个UI方案，如果用户创建了自己的默认设置或者UI方案的话，则该方案的文件名称也会出现在列表当中

该窗口可以对工具选项的初始设置中的各项默认设置方案进行详细说明，也可以显示用户UI界面的预览效果，但是用户自定义的设置说明和UI方案的效果是没有办法显示的

单击该按钮，则会执行切换命令，将界面切换到所选择的UI方案界面

1.4.2 系统单位和系统常规设置

在软件使用过程当中，最怕遇见的问题就是中途断电或者其他异常情况的发生，这样会导致最终文件的丢失。因此，在进行操作之前，我们有必要预先设置好足够安全的自动保存功能和便于查找的历史记录。另外，系统单位会影响到场景中的比例尺寸，使用不一致的单位进行创作会导致场景对象的尺寸无法统一，因此在制作之前需要将系统单位统一，软件当中自带了最常用的国际统一的尺寸单位，用户可以根据需要选择其中任意一种单位作为标准。

【实战练习】修改系统单位

步骤01 通过执行菜单栏中的Customized（自定义）>Units Setup（单位设置）命令，打开单位设置对话框。

步骤02 单击弹出的单位设置对话框中的System Unit Setup（系统单位设置）按钮 System Unit Setup ，弹出系统单位设置对话框。

步骤03 在系统单位设置对话框的System Unit Scale（系统单位比例）选项组的下拉列表中将系统默认的英寸改成毫米。

系统常规设置主要是为了应付不可预料的突发事件而进行的准备工作。通过对系统的常规设置，我们就可以尽最大可能挽回文件丢失的损失。在菜单栏中执行Customize（自定义）>Preferences（首选项）命令，将会打开Preferences Settings（首选项设置）对话框。

Scene Undo（场景撤销）：设置场景可以撤销的次数，系统默认的撤销级别数值是20

Recent Files in File Menu（文件菜单中最近打开的文件）：设置文件菜单中最近打开的文件保留的历史记录数量，默认为9个

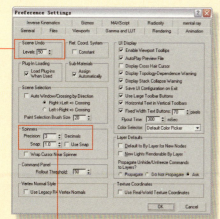

File（文件）选项卡和常规选项卡是最常用到的系统设置，其他的保持默认即可

Spinners（微调器）：设置微调器的增量值和递减值以及微调器编辑字段中显示的小数位数

Auto Backup（自动备份）：设置文件自动备份数量及间隔时间，还可对其重命名

▶▶ 1.5 项目制作的完整工作流程

　　3ds Max具有强大的功能，在各个领域都占据着异常重要的地位。在不同的应用行业，都有着明细的分工和严格的质量要求，因此不同的行业在制作的流程和分工上也有了些许的区别。在通常的情况下，一个完整的项目会遵循以下的制作流程。

步骤1： 项目制作流程的第一步首先是创建场景模型造型（见下图）。

步骤2： 为场景对象设置相应的材质，并将材质赋予场景中的对象（见下图）。

提示 工作流程的先后顺序

在制作过程当中，第一步是统一的，但是在第二步与第三步的顺序上却不是绝对的，因为通常情况下材质和灯光是没有办法一次性就能设置好的，需要反复调试。而在测试场景的时候，如果材质的反射和折射参数很高，会直接影响测试速度，一般可以通过放大材质预览框观察材质效果。因此，在测试阶段，遇到材质反射或者折射很多的情况下，我们可以首先设置灯光，通过材质面板预览材质，从而减少设置材质的次数。

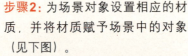

步骤3： 是在场景当中设置摄像机并添加灯光，以照亮场景（见下图）。

步骤4： 则是渲染场景对象，并且设置文件类型，保存最终作品（见下图）。

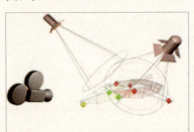

　　如果创作项目是一个动画场景的话，在渲染场景之前还要为场景对象设置动画记录，有时还会添加一些简单的特效，然后才是最终的渲染成品。后期的部分往往是通过第三方软件来完成，3ds Max软件所能做到的渲染部分就结束了。关于项目制作的操作流程也可以通过下图来简单概括。

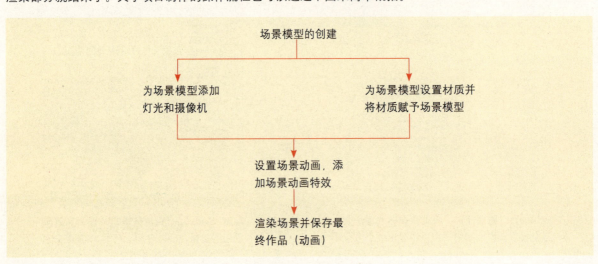

CHAPTER

场景对象的操作和设置

2

【重点内容】

1. 对象的基本操作
2. 对象的高级操作

▶▶ 2.1 对象的基本操作

对象的基本操作主要包括对象的选择、移动、旋转以及缩放，这些都是最基础的操作对象的方法，也是开始使用3ds Max必须要掌握的知识点。右图所示为对场景中的对象进行旋转和缩放操作。

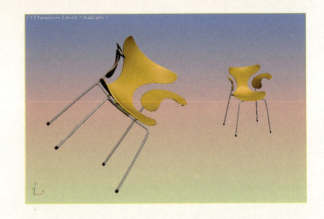

◤ 2.1.1 对象的选择

对场景对象进行操作前，首先要选择对象，只有选择对象后才能对该对象进行各种编辑操作。右图所示的这个场景中包含了较多的对象。3ds Max提供了多种不同的选择方式来使用户在复杂的场景中选择所需要的对象。例如可以通过对象的名称来进行选择，也可以通过对象的颜色来进行选择，还可以框选多个对象。

当在场景中选择了一个对象后，会在该对象周围显示一个矩形的白色线框，表示该对象当前处于被选择的状态，如右图所示。如果启用边面显示模式或者线框显示模式，被选择对象的线条将显示为白色以和其他的对象进行区分。下图所示分别为在边面显示状态下选择不同的场景对象所产生的效果。

1. 按区域选择对象

如果需要一次选择多个对象可以在场景中的空白位置单击鼠标左键不放，然后进行拖动拉出一个矩形的虚线线框，包含在该线框内的所有对象将同时被选中。右图所示为借助区域选择工具选择不同范围内的多个对象。默认状态下所拖动出的选择框为矩形，通过主工具栏中的Selection Region（选择区域）工具■可以改变选框的形状。

在主工具栏中单击Selection Region（选择区域）按钮■可以展开该选项的下拉列表。3ds Max提供了5种不同的选框类型。

▲ Rectangular Selection Region（**矩形选择区域**）：拖动出矩形的选择线框。

▲ Circular Selection Region（**圆形选择区域**）：拖动出圆形的选择线框。

▲ Fence Selection Region（**围栏选择区域**）：通过交替使用鼠标移动和单击（从拖动鼠标开始）操作，可以画出一个不规则的选择区域轮廓。单击一次鼠标确定一个顶点。

▲ Lasso Selection Region（**套索选择区域**）：拖动鼠标将创建一个不规则区域的轮廓。

▲ Paint Selection Region（**绘制选择区域**）：在对象或子对象之上拖动鼠标，将其纳入到所选范围之内。

在使用按区域选择时，可以在Window/Crossing（窗口/交叉）两种类型间进行切换。

▲ Crossing（**交叉**）■：这是默认的选择类型，用于选择位于区域内并与区域边界交叉的所有对象。

▲ Window（**窗口**）■：该类型只选择完全位于区域之内的对象。

2. 使用选择过滤器

当场景中包含了不同类型的对象时，可以使用选择过滤器来对这些对象进行筛选。在主工具栏中的Select Object（选择对象）按钮■旁可以展开选择过滤器的下拉菜单，如右图所示。默认使用的是All（全部）类型，表示场景中的所有对象都可以被选择。选择过滤器包含Geometry（几何体）、Shapes（图形）、Lights（灯光）、Cameras（摄影机）、Helpers（帮助对象）、Warps（空间扭曲）、Combos（组合）、Bone（骨骼）、IK Chain Object（IK链对象）和Point（点）几种类型。

下面场景中包含了各种类型的对象，选择Geometry（几何体）类型然后框选所有的对象，此时只会选择几何体对象，如下左图所示。下右图所示为只选择场景中的二维图形。

选择几何体对象

选择二维图形

场景中的每一个对象都有自己的名称和颜色，可以按照对象的名称和颜色来进行选择，在主工具栏中单击Select by Name（按名称选择）按钮 可以开启如下图所示的Select From Scene对话框。在其中列出了场景中的所有对象的名称。

菜单栏：包含Select（选择）、Display（显示）和Customize（自定义）3个菜单命令

工具栏：用于指定在下方的列表中显示哪些类型的对象

列表：列出场景中的所有对象

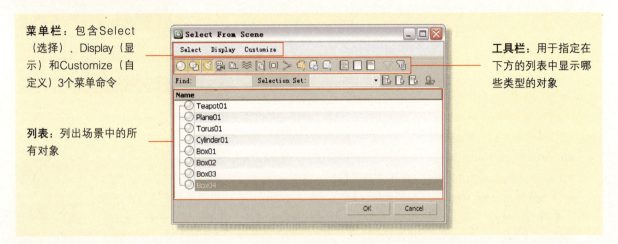

当在场景中选择了多个对象后，可以将这些对象命名为一个选择集合，这样就可以通过选择集合来直接选择多个对象。

当设置好选择集合后，在主工具栏中的选择集合左边单击Edit Named Selection Sets（编辑选择集合）按钮 可以打开如右图所示的Named Selection Sets（选择集合）对话框，在该对话框中列出了当前已经设置好的选择集合，展开选择集合的下拉菜单可以看到这个选择集合中所包含的场景对象。通过使用该对话框上的工具按钮可以在选择集合中增加新的对象或者将选择的对象从集合中移除。

2.1.2 对象的隐藏和冻结

在编辑对象时，如果场景中所包含的物体较多会不利于对象的选择和调整。这时可以利用隐藏或者冻结命令将场景中指定的对象不显示或者锁定起来，从而避免误选。右图所示的这个场景中包含了很多的对象，在进行编辑时可以将不需要的对象进行隐藏。例如在选择灯光时可以将几何体隐藏，编辑几何体时可以将灯光隐藏起来。

使用Hide Selection（隐藏选择）命令可以将所选择的对象隐藏起来。选择场景中的所有家具对象，然后单击鼠标右键，在弹出的四元菜单中执行Hide Selection（隐藏选择）命令，如下图所示。

执行该命令后可以看到所选择的所有家具对象都被隐藏了起来，如下图所示。隐藏对象后执行Unhide All（取消隐藏全部）命令可以将已经隐藏的对象重新显示出来。

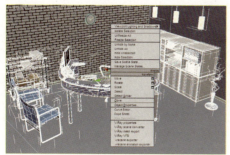

选择对象后执行隐藏选择命令

隐藏对象后的画面效果

　　隐藏对象可以将选择的对象不显示在场景中，而冻结对象会将选择的对象进行锁定，使它不能被选择也不能被编辑操作。例如在使用一些参考对象时（如右图中的汽车建模所需要的三视图），就可以使用冻结命令将参考对象冻结以免它们影响其他对象的选择和编辑。

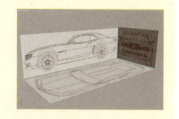

2.1.3 对象的移动、旋转和缩放

　　Move（移动）、Rotate（旋转）和Scale（缩放）是3个最基本的对象操作，在主工具栏中可以单击相应的按钮来使用这3种基本工具。右图所示为对一个罗马柱对象进行移动、旋转和缩放的示意图。通过在场景中移动鼠标可以对物体进行变换操作。

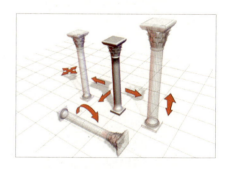

　　启用移动、旋转或者缩放工具后会在场景中出现该工具的Gizmo图标。下图所示分别为选择这3种工具时的Gizmo图标形态。每一个Gizmo图标都包含有X，Y，Z三个坐标轴，黄色显示的为当前激活的坐标轴，可以同时在3个坐标轴上进行变换，也可以单独在某一个坐标轴上进行变换。

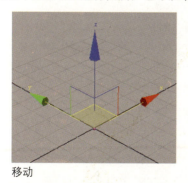

移动

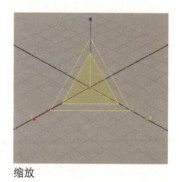

旋转

缩放

　　使用快捷键X可以隐藏或者显示变换的Gizmo图标，使用键盘上的+和-键可以缩放Gizmo图标的大小。

在主工具栏中用鼠标右键单击对象进行移动、旋转和缩放操作的相应按钮可以弹出相应的变换参数设置窗口（右图所示是右击Select and Move（选择并移动）按钮后弹出的窗口），在其中可以直接输入要变换的数值对物体进行精确的变换。

在使用Scale（缩放）工具时按住Select and Uniform Scale（选择并均匀缩放）按钮█不释放鼠标左键，可以开启该工具的下拉菜单，可以看到缩放工具包含有3种类型，均匀缩放可以等比例缩放对象的大小，如下左图所示。Non-uniform Scale（非均匀缩放）和Squash（挤压）类型可以在单独的轴向上对物体进行缩放变形，如下右图所示。

均匀缩放

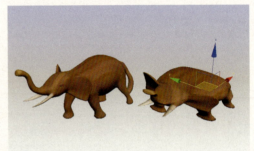

非均匀缩放

▶▶ 2.2 对象的高级操作

移动、旋转和缩放属于对象最基本的3种操作，除此之外，3ds Max还提供了其他一些高级的变换工具来对对象进行更为复杂的变换操作，例如克隆对象、镜像对象、阵列对象等。这些工具通过更多的手段来对对象进行变换操作，改变对象的位置、大小等属性。右图所示的多个一模一样的对象可以利用阵列工具来创建。

█ 2.2.1 对象的克隆

Clone（克隆）对象是指创建一个和当前所选择的对象一模一样的副本对象，这两个对象完全一致，如右图所示。使用Clone（克隆）命令可以创建两个完全一样的场景对象。在进行对象的克隆时可以使用菜单栏中的克隆命令，也可以通过鼠标配合快捷键直接拖动出对象的副本。

选择场景中的一个对象，按住Shift键移动鼠标可以弹出如下左图所示的Clone Options（克隆选项）对话框，在该对话框中可以对克隆的相关属性进行设置，Number of Copies（副本数量）参数用来控制所克隆的副本的数量。下右图所示为设置副本数量参数为2，因此在场景中克隆出两个对象。

Clone Options（克隆选项）对话框的Object（对象）选项组中包含有Copy（复制）、Instance（实例）和Reference（参考）3种对象类型（见右图），这3种类型代表所复制出的副本对象和原对象之间的关系。

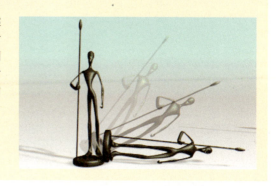

▲ **Copy（复制）**：仅复制对象，所复制的对象和源对象之间没有关联。

▲ **Instance（实例）**：所复制的对象和源对象之间存在联系，对它们中的任意一个对象进行变换，另一个也会随之产生同样的变换。

▲ **Reference（参考）**：所复制的对象和源对象之间是参考关系，修改源对象，参考对象会随之改变，但是修改参考对象，源对象将不发生变化。

当以Copy（复制）类型进行克隆时，改变克隆对象不会对源对象造成影响，如下左图所示。如果以Instance（实例）类型进行复制，改变克隆对象会使源对象一起产生变换，如下右图所示。

Copy（复制）类型   Instance（实例）类型

利用旋转和缩放操作进行克隆

除了按住Shift键对物体移动进行克隆外，在按住Shift键的同时对物体进行旋转和缩放操作，同样可以克隆出副本对象，如右图所示。在使用旋转和缩放克隆时，所复制出的副本对象的位置取决于对象本身的Gizmo。例如要想将一个对象旋转复制环绕一周，可以将对象的Gizmo设置到圆心处的位置。

2.2.2 镜像和对齐工具

Mirror（镜像）工具可以在指定的轴向上对物体进行镜像操作，在制作对称模型时，镜像工具非常有用。例如，右图所示的汽车模型，制作出汽车的一半后使用镜像工具可以复制出对称的另一半。Align（对齐）工具可以将选择的对象和其他对象进行对齐操作。

在主工具栏中单击Mirror（镜像）按钮 可以开启如下图所示的Mirror（镜像）设置对话框。

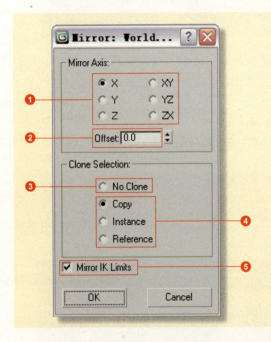

❶ **镜像轴**：选择镜像物体的参考轴。

❷ **偏移**：指定镜像对象轴点距原始对象轴点之间的距离。

❸ **不克隆**：只对选择的对象进行镜像变换，不进行复制。

❹ **复制、实例和参考**：在镜像的同时也可以对对象进行克隆，可以选择复制、实例和参考3种克隆对象类型。

❺ **镜像IK限制**：当围绕一个轴镜像几何体时，会导致镜像IK约束。如果不希望IK约束受镜像命令的影响可以禁用此选项。

Mirror Axis（镜像轴）选项组中提供了6种不同的镜像轴类型，下面3幅图分别为使用X轴镜像、Y轴镜像和XY轴镜像的效果。

X轴镜像

Y轴镜像

XY轴镜像

对镜像设置动画

如果对镜像操作设置动画，则镜像将生成缩放关键点。如果将"Offset（偏移）"设置为0.0以外的值，则镜像还生成位置关键点。

使用Align（对齐）工具可以使选择的对象和目标对象对齐，在主工具栏中按住Align（对齐）按钮🔲不放，可以显示3ds Max提供的6种不同对齐方式。

▲ 🔲Align（对齐）：最基本的对齐方式，在3个坐标轴上对齐对象。
▲ 🔲Quick Align（快速对齐）：将当前选择的位置与目标对象的位置立即对齐。
▲ 🔘Normal Align（法线对齐）：基于每个对象上面或选择的法线方向将两个对象对齐。
▲ 🔘Place Highlight（高光对齐）：将灯光或对象对齐到另一对象，以便可以精确定位其高光或反射。
▲ 🔲Align Cameroa（对齐到摄影机）：将摄影机与选定的面法线对齐。
▲ 🔲Align to View（对齐到视口）：将对象或子对象选择的局部轴与当前视口对齐。

1. Align（对齐）

使用Align（对齐）工具单击拾取目标对象可以打开如下图所示的Align Selection（对齐选择）对话框，在该对话框中可以设置对齐的相关属性。

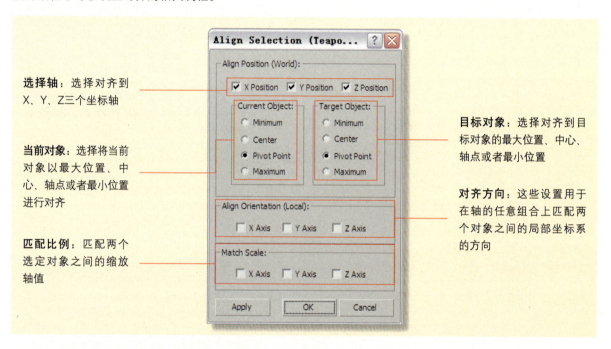

选择轴：选择对齐到X、Y、Z三个坐标轴

当前对象：选择将当前对象以最大位置、中心、轴点或者最小位置进行对齐

匹配比例：匹配两个选定对象之间的缩放轴值

目标对象：选择对齐到目标对象的最大位置、中心、轴点或者最小位置

对齐方向：这些设置用于在轴的任意组合上匹配两个对象之间的局部坐标系的方向

使用对齐工具时，通过设置不同的对齐轴以及对象的对齐部位可以产生多种不同的对齐效果。下面三幅图所示为设置不同的对齐轴，使茶壶和杯子产生各种对齐效果。对齐时要注意目标对象和源对象，所选择的对象为源对象，使用对齐工具拾取的是目标对象，目标对象的位置是不发生改变的。

杯子底部对齐茶壶顶部

茶壶底部对齐杯子顶部

侧面对齐

设置Align Orientation（对齐方向）可以在已经对齐对象后改变源对象的方向，如右侧两幅图所示为在对齐后改变杯子本身的方向。该选项与位置对齐设置无关。可以不管位置设置，利用方向复选框，旋转当前对象以便与目标对象的方向相匹配。

2. Normal Align（法线对齐）

利用Normal Align（法线对齐）功能可以在法线方向上将两个对象对齐，使用法线对齐工具后在源对象表面单击鼠标左键进行拖动会出现一个蓝色的线段表示所选择曲面的法线，确定法线后在目标对象进行同样操作可以确定绿色的目标对象的法线，决定了源对象和目标对象的法线后会打开如下图所示的Normal Align（法线对齐）对话框。

位置偏移：设置这些参数可以在垂直于X，Y，Z轴的法线上平移对象

角度：该字段用于定义旋转偏移的角度

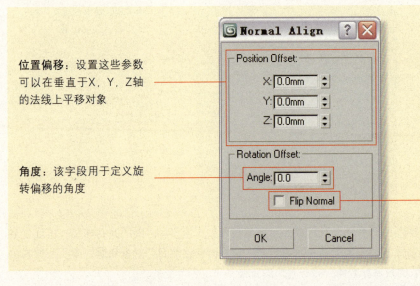

翻转法线：确定源法线是否与目标法线的方向匹配。默认设置为禁用，因为通常希望两个法线的方向相反。启用或禁用此选项（即勾选或取消勾选Flip Normal复选框）时，源对象都会翻转180°

Normal Align（法线对齐）功能类似于两个对象相切，不管怎么样变换，所选择的两个位置处的面始终处于相切的效果。下面三图所示分别为使用Normal Align（法线对齐）工具所表现的各种对齐效果。

法线对齐

进行旋转

进行平移

Normal（法线）是定义面或顶点指向方向的向量。法线的方向指示了面或顶点的前方或外曲面。右图所示中每一个面的法线都垂直于对应的曲面。法线的方向还决定了面的可见性，只有法线朝向所观察的方向时，曲面才可见。

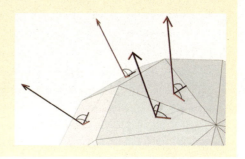

3. Place Highlight（高光对齐）

高光对齐可以将灯光或者对象对齐到另一个对象的高光方向。使用高光对齐在场景中拖动鼠标时会有一束光线从光标处射入场景中，如果光线碰到曲面就会看到该曲面上的法线。在指定曲面时所有选定对象会沿表示曲面法线周围曲面反射光线的直线进行定位。根据对象与曲面点之间的初始距离，沿该直线将对象进行定位。高光对齐是一种依赖于视口的功能，因此请使用准备渲染的视口。右图所示为高光对齐的示意图。

高光对齐适用于任何类型的选定对象。它可用于基于面法线和与面之间初始距离的组合移动对象。用户也可以对包含多个对象的选择集使用高光对齐。所有对象会保持其与面之间的初始距离。在这种情况下，高光对齐与高光毫无关系，只是用于定位对象。

4. Align Camera（摄影机）

Align Camera（对齐到摄影机）和高光对齐类似，不同之处在于，它在面法线上进行操作，而不是入射角，并在释放鼠标按键时完成，而不是在鼠标拖动期间的动态操作时完成。目的在于将摄影机对齐到视口中所选对象的曲面法线。右图所示为使用对齐到摄影机将摄影机对齐到球体的一个曲面法线上。

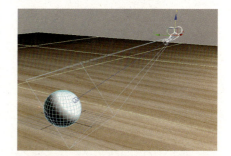

2.2.3 阵列工具

Array（阵列）是专门用于克隆、精确变换和定位很多组对象的一个或多个空间维度的工具。使用阵列工具可以在指定的轴向上复制出多个副本对象，从而比较方便地表现千军万马的作战场面，如右图所示。对于3种变换（移动、旋转和缩放）的每一种，可以为每个阵列中的对象指定参数或将该阵列作为整体为其指定参数。

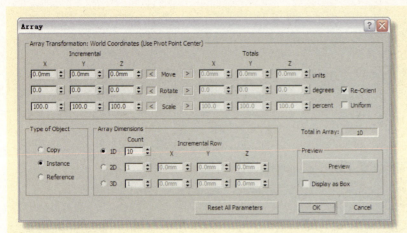

使用Array（阵列）工具后会开启如左图所示的Array（阵列）对话框，该对话框由Array Transformation（阵列变换）、Type of Object（对象类型）、Array Dimensions（阵列维度）和Preview（预览）4个选项组组成。

在Array Transformation（阵列变换）选项组中设置每个轴向的数值就可以在该轴方向上产生阵列的效果，下面三图所示分别为在X轴、Y轴和Z轴上阵列的效果。也可以同时设置X轴、Y轴和Z轴的数值来在3个轴向上产生阵列效果。

X轴阵列　　　　　　　　　Y轴阵列　　　　　　　　　Z轴阵列

阵列不仅可以在水平位置上产生移动，也可以通过设置旋转的角度和缩放的百分比来表现其他特殊的阵列效果，下面三图所示分别为Move（移动）、Rotate（旋转）和Scale（缩放）3种类型的阵列效果。

移动阵列　　　　　　　　　旋转阵列　　　　　　　　　缩放阵列

在Array Dimensions（阵列维度）选项组中可以设置在二维和三维空间方向上产生阵列效果。下面三图所示分别为一维阵列、二维阵列和三维阵列的效果。Count（数量）用来控制阵列所创建的副本数量。注意在使用三维阵列时，场景中将产生大量的副本对象。

一维阵列　　　　　　　　　二维阵列　　　　　　　　　三维阵列

2.2.4 间隔工具

Array（阵列）工具提供了在一定的方向上对物体进行克隆的方法。但是如果要制作如右图所示的沿着特殊路径排列的对象组，使用阵列工具就显得比较困难。3ds Max提供了Spacing Tool（间隔工具）来制作这种类似的效果。间隔工具沿着一条样条线或两个点定义的路径来阵列对象。分布的对象可以是当前选定对象的副本、实例或参考。通过拾取样条线或两个点并设置许多参数，可以定义路径。也可以指定确定对象之间间隔的方式，以及对象的相交点是否与样条线的切线对齐。

使用Spacing Tool（间隔工具）后可以打开如下图所示的Spacing Tool（间隔工具）对话框，在该对话框中设置间隔的数量以及间隔的距离。

拾取路径：拾取分布对象的路径

数量：设置在路径上分布对象的数目

分布下拉列表：此列表包含许多沿路径分布对象方式的选项

前后关系：设置分布对象前后之间的位置关系

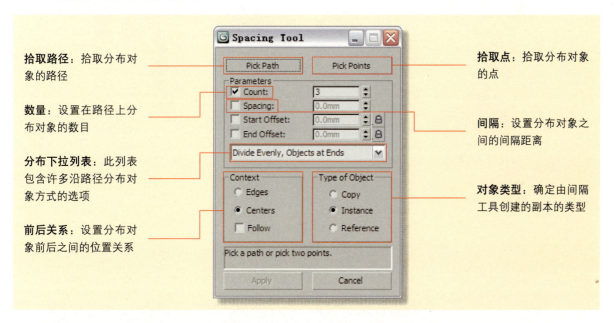

拾取点：拾取分布对象的点

间隔：设置分布对象之间的间隔距离

对象类型：确定由间隔工具创建的副本的类型

间隔工具提供了沿路径分布对象和在指定的两个点之间分布对象两种类型。

沿路径分布

在两点之间分布

Count（数量）参数用来在路径上设置所分布对象的数量，这个数值不包含源对象本身。下面三图所示分别为设置Count（数量）参数为20，12和6的效果。如果勾选Spacing（间隔）复选框，将使用对象间的间隔距离来决定分布对象的数量，间隔距离越大，路径上所分布的对象总数就越少。

分布数量为20

分布数量为12

分布数量为6

Context（前后）选项组中提供了几种分布对象间的前后位置关系类型。Edges（边）类型通过各对象边界框的相对边确定间隔。Centers（中心）类型通过各对象边界框的中心确定间隔。Follow（跟随）复选框用来控制将分布对象的轴点与样条线的切线对齐。下面两幅图所示分别为没有启用跟随和启用跟随后的间隔效果。

没有启用跟随

启用跟随

2.2.5 设置对象的属性

通过Object Properties（对象属性）对话框可以查看和编辑参数，以确定选定对象在视口和渲染过程中的行为。选择场景中的对象，单击鼠标右键，在弹出的四元菜单中执行Object Properties（对象属性）命令可以打开如下图所示的对象属性对话框。其中General（常规）选项卡包含了最常用的参数。

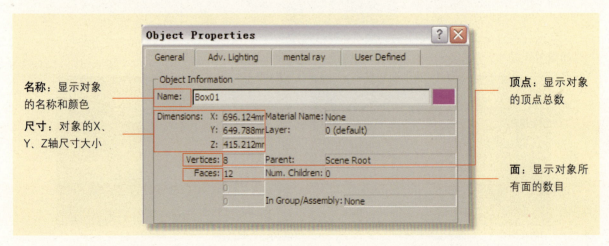

General（常规）选项卡中除了基本的常规参数外，还提供了Interactivity（交互性）、Display Properties（显示属性）、Rendering Control（渲染控制）和Motion Blur（运动模糊）4个选项组。

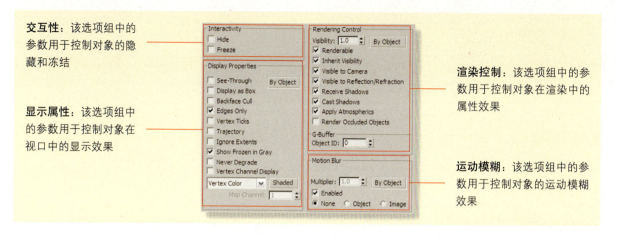

交互性：该选项组中的参数用于控制对象的隐藏和冻结

显示属性：该选项组中的参数用于控制对象在视口中的显示效果

渲染控制：该选项组中的参数用于控制对象在渲染中的属性效果

运动模糊：该选项组中的参数用于控制对象的运动模糊效果

Display Properties（显示属性）选项组中的各参数含义如下。

▲ **See-Through（透明）**：可使得视口中的对象或选择成为半透明。

▲ **Display as Box（显示为边界框）**：切换作为边界框的选定对象的显示方式。

▲ **Backface Cull（背面消隐）**：通过指向远离视图方向的法线来切换面的显示方式。

▲ **Edges Only（仅边）**：切换隐藏的边和多边形对角线的显示。

▲ **Vertex Ticks（顶点标记）**：将对象的顶点显示为标记。

▲ **Trajectory（轨迹）**：显示对象的运动轨迹。

▲ **Ignore Extents（忽略范围）**：如果启用，则在使用显示控件最大化显示和所有视图最大化显示时忽略此对象。

▲ **Show Frozen in Gray（以灰色显示冻结对象）**：启用该选项后，视口中的对象会在冻结时呈现灰色。

▲ **Never Degrade（永不降级）**：启用该选项后，对象不受自适应降级约束。

▲ **Vertex Channel Display（顶点通道显示）**：对于可编辑网格、可编辑多边形和可编辑面片对象，在视口中显示指定的顶点颜色。

勾选See-Through（透明）复选框，可以将所选择的对象显示为透明状态，如下左图所示。勾选Display as Box（显示为边界框）复选框可以将所选择的对象显示为矩形的边界框，这在处理复杂的场景时非常有用，将对象显示为边界框可以加快视口的浏览速度，如下右图所示。

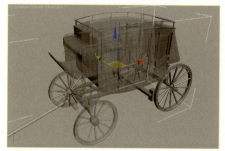
显示为透明

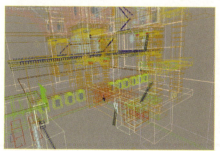
显示为边界框

Backface Cull（背面消隐）选项通过指向远离视图方向的法线来切换面的显示方式。下左图所示为两个对象分别启用了背面消隐和没有启用的时候在线框模式下的预览效果，可以看到启用背面消隐后，将不显示对象背面的结构。Edges Only（仅边）选项用于切换隐藏的边和多边形对角线的显示。启用此选项之后，只显示外边。禁用此选项之后，将显示所有网格几何体。下右图所示为勾选了Edges Only（仅边）复选框后对象在场景中的显示效果。

使用背面消隐

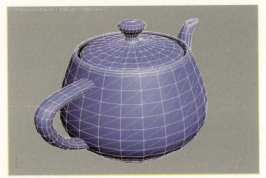
仅边显示

在其他途径使用Edges Only（仅边）选项

通过"显示面板"或选择"工具>显示浮动框"命令也可以使用该选项。

Vertex Ticks（顶点标记）选项可以将对象的所有顶点标记出来，下左图所示分别为启用顶点标记和没有启用顶点标记的对象在场景中的效果。如果对象在场景中处于运动的状态，启用Trajectory（轨迹）选项后可以在视口中显示出对象运动的轨迹线，如下右图所示。

顶点标记

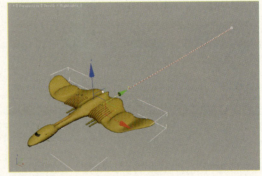
显示轨迹

Rendering Control（渲染控制）选项组中的各个参数含义如下。

▲ **Visibility（可见性）**：控制对象在渲染时的可见性。当值为1.0时，对象在渲染时完全可见。当值为0.0时，对象在渲染时完全不可见。

▲ **Renderable（可渲染）**：使某个对象或选定对象在渲染输出中可见或不可见。

▲ **Inherit Visibility（继承可见性）**：使对象继承其父对象一定百分比的可见性。

▲ **Visible to Camera（对摄影机可见）**：如果启用该选项，则对象在场景中对摄影机可见。

▲ **Visible to Reflection/Refraction（对反射和折射可见）**：如果启用该选项，则对象具有二次可见性，它会出现在渲染的反射和折射效果中。

▲ **Receive Shadows（接收阴影）**：控制对象接收灯光所产生的阴影效果。

▲ **Cast Shadows（投射阴影）**：控制对象是否产生阴影效果。

▲ **Apply Atmospherics（应用大气）**：如果启用该选项，则将对对象应用大气效果。

▲ **Render Occluded Objects（渲染阻挡对象）**：允许对场景中此对象阻挡的其他对象应用特殊效果。

▲ **G-Buffer（G缓冲区）**：用于将对象标记为基于G缓冲区通道的渲染效果的目标。

2.2.6 对象的捕捉

3ds Max提供了一些用于精确变换对象的捕捉工具，使用捕捉可以在移动、旋转和缩放时进行精确的捕捉。在主工具栏中的空白处单击鼠标右键，选择Snaps（捕捉）选项可以打开如右图所示的Snaps（捕捉）面板，其中包含了9种捕捉工具。还可以在Grid and Snap Settings对话框中对捕捉变换进行设置（见下图）。

选项卡切换：在捕捉、选项、主栅格和用户栅格之间进行切换

捕捉类型：在这里可以选择Standard（标准）捕捉类型或者NURBS捕捉类型

选择捕捉对象：选择对场景中的哪些对象进行捕捉

清除所有：单击该按钮可以清除所选择的捕捉对象

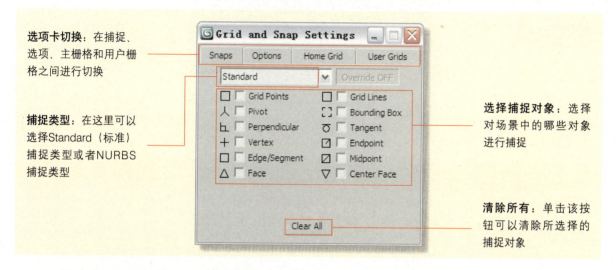

下面是捕捉设置中所包含的各种捕捉对象的含义。

▲ Grid Points（**栅格点**）：捕捉到栅格交点。

▲ Pivot（**轴心**）：捕捉到对象的轴点。

▲ Perpendicular（**垂足**）：捕捉到样条线上与上一个点相对的垂直点。

▲ Vertex（**顶点**）：捕捉到网格对象的顶点或可以转换为可编辑网格对象的顶点。

▲ Edge/Segment（**边/线段**）：捕捉沿着边（可见或不可见）或样条线分段的任何位置。

▲ Face（**面**）：在面的曲面上捕捉任何位置。

▲ Grid Lines（**栅格线**）：捕捉到栅格线上的任何点。

▲ Bounding Box（**边界框**）：捕捉到对象边界框的8个角中的一个。

▲ Tangent（**切线**）：捕捉到样条线上与上一个点相对的相切点。

▲ Endpoint（**端点**）：捕捉到网格边的端点或样条线的顶点。

▲ Midpoint（**中心**）：捕捉到网格边的中点和样条线分段的中点。

▲ Center Face（**中心面**）：捕捉到三角形面的中心。

使用捕捉工具可以精确地对物体进行定位，如右图所示，如果要在这个弧形线段的开口处创建连接线段，可以启用Vertex（顶点）捕捉，当光标移动到弧线的一个端点后会出现蓝色的十字架光标，这样可以精确快速地创建出和弧线的开口处顶点完全重合的线段。

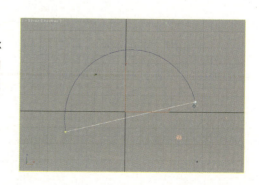

Options（选项）选项卡中可以设置于捕捉相关的选项属性（见下图）。

标记：提供影响捕捉
点可视显示的设置

捕捉半径：设置光标
周围区域的大小

平移：控制捕捉对象
的移动

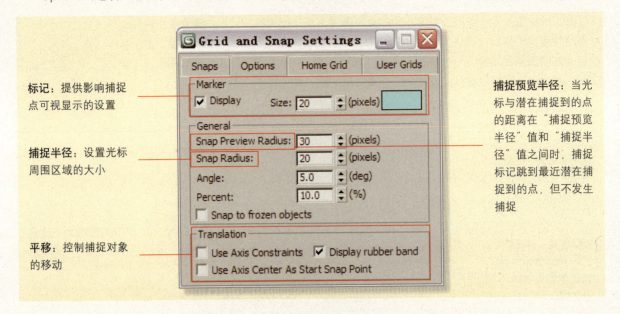

捕捉预览半径：当光
标与潜在捕捉到的点
的距离在"捕捉预览
半径"值和"捕捉半
径"值之间时，捕捉
标记跳到最近潜在捕
捉到的点，但不发生
捕捉

CHAPTER 3

创建几何模型

【重点内容】

1. 创建几何基本体
2. 创建建筑物体
3. 创建图形
4. 创建复合对象
5. 创建简陋的路边加油站

经典作品赏析

▶ 艺术家Paul Ryp创作的樱花香水瓶，瓶身设计非常简约，以长方体作为雏形加工完成。金属瓶盖则使用圆柱体和油罐作为基本外形，这里需要合理应用参数进行组合才能完成香水瓶模型的创建。

▶ 艺术家Matt Burdette创作的键盘写实表现，从模型创建角度来讲，键帽是创作难点，可以通过多重截面放样得到基本外形，然后再使用放样变形，可以得到精细的模型。

▶ 在艺术家John A.David创作的室内效果图中，可观察到室内的很多结构几乎都使用标准基本体、扩展基本体或各种建筑模型来实现，如墙体、植物、窗户等，因此，要完成一个优秀的创作作品，并不是仅凭模型的精细程度就能实现的，更重要的是要学会如何组合这些模型。

▶ Marek Lewinski创作的静帧表现作品，从图中可观察到，场景组成元素简单，包括玻璃杯、吸管、玻璃珠以及虚化的桌面，没有任何外形复杂的对象，其中玻璃杯在外形上是惟一略为复杂的模型，但也可通过放样完成制作。

▶ Nenad Nesovic在制作汽车模型时，也会用到各种几何模型和二维图形以及复合命令，如使用圆柱体制作车灯，通过样条线的可渲染性制作保险杠，用布尔复合命令制作引擎盖通风孔等，可以说3ds Max的几何模型不仅作为建模技术的基础，也是构架场景的基础。

▶▶ 3.1 创建几何基本体

场景中实体3D对象和用于创建它们的对象称为几何体。通常，几何体组成了场景的主体和渲染的对象，这些几何基本体还可以通过更改参数、应用修改器以及直接操纵子对象几何体变成更复杂的对象。

从右图所示的设计作品中可以发现，元素越简单、越统一，所能体现的变化反而越是千变万化的，这里将长方体作为惟一的设计元素，将其摆放在相应的方向和位置，也能完成几何艺术表现。

▮ 3.1.1 标准基本体

3ds Max 2010一共提供了10种Standard Primitives（标准基本体），是我们日常生活中非常熟悉的几何形体，如长方体、球体、圆锥等，用户可以直接在场景中创建这些形体，还可将基本体结合到更复杂的对象中，并使用修改器进一步细化。

在默认的用户界面中，能够迅速找到创建Standard Primitives（标准基本体）的命令面板，该面板中集合了3ds Max 2010提供的所有标准基本体，如下图所示。这些基本的几何体的创建，可以在视口中通过鼠标逐一、单独的创建，大多数基本体也可以通过键盘生成。

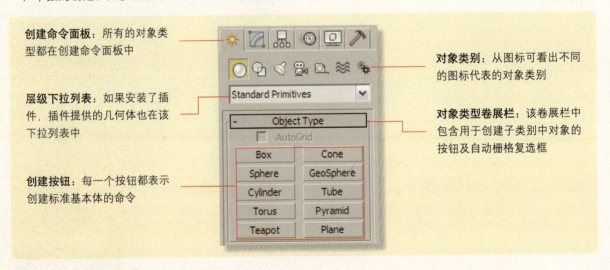

创建命令面板：所有的对象类型都在创建命令面板中

层级下拉列表：如果安装了插件，插件提供的几何体也在该下拉列表中

创建按钮：每一个按钮都表示创建标准基本体的命令

对象类别：从图标可看出不同的图标代表的对象类别

对象类型卷展栏：该卷展栏中包含用于创建子类别中对象的按钮及自动栅格复选框

▮ 1. 最基础的长方体

Box（长方体）可以生成最简单的基本体，作为大多数复杂模型的基本雏形，提供简单的长、宽、高变量参数。

在3ds Max中，立方体则是长方体的惟一变量，只是一个长、宽、高完全相等的长方体而已。如果用户想一次性创建出正方体，不需要麻烦地去设置长方体的3个变量参数为相同值，只需要在Creation Method（创建方法）卷展栏中选择Cube（正方体）选项即可。

▮ 2. 圆锥体两个半径参数的组合

Cone（圆锥体）可以产生类似甜筒冰淇淋一样的直立或倒立的圆锥体。在圆锥体的创建过程中，用户会发现圆锥体具有两个Radius（半径）参数，如果两个半径的参数值都不等0时，那么将产生一种平顶的圆锥，可参见下表"圆锥体的两个半径"查看不同的形状产生条件和具体效果。

圆锥体两个半径参数的组合效果		
半径组合	产生形状	
半径2为0	尖顶圆锥体 ❶	
半径1为0	倒立的尖顶圆锥体 ❷	
半径1比半径2大	平顶的圆锥体 ❸	
半径2比半径1大	倒立的平顶圆锥体 ❹	

3. 外形一样的球体与几何球体

　　Sphere（球体）将生成完整的球体、半球体或球体的其他部分，还可以围绕球体的垂直轴对其进行"切片"。

　　GeoSphere（几何球体）与Sphere（球体）外形完全一样，但基本构成元素完全不同，几何球体是基于3类规则多面体的，同样可以制作球体和半球。

　　在右图中，左侧3个对象通过Sphere（球体）命令创建，右侧4个对象则由GeoSphere（几何球体）创建。

　　球体都具有Hemisphere（半球）参数（见右图），球体和各种带有圆形底面的柱体都具有Slice（切片）参数，如创建一瓣橙子一样的局部球体。

　　❶ **Hemisphere（半球）**：可以创建出切断状态的球体，如一个切成两半的橙子（见下左图）。

　　❷ **Slice On（启用切片）**：该参数默认设置为禁用状态，这时轴点将位于球体中心的构造平面上。

　　❸ **Base To Pivot（轴心在底部）**：启用该参数，可以创建一个以半圆形车削产生的不完整球体（见下右图）。

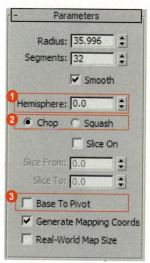

4. 通过圆柱体学会创建操作

　　通常情况下，标准几何体都使用鼠标进行创建操作，这样可以更直观地看到对象的即时效果，在创建后，再通过更改参数，使对象达到预想的效果。

　　以Cylinder（圆柱体）为例，使用鼠标创建可以观察到圆柱体的底面积和高度的创建过程，也可以在有参考图时，创建适当的大小规格。

　　在更改参数时，除了几何体的基本规格参数外，Segments（步数）和Sides（边数）参数对任何几何体来说都是非常重要的，这些参数决定了对象的基本光滑程度，圆柱体的边数将决定曲面光滑程度，步数则决定高度细分程度，相关参数面板如右图所示。

最终文件：场景文件\Chapter 3\创建一个光滑圆柱体-最终文件\
视频文件：视频教学\Chapter 3\创建一个光滑圆柱体.avi

步骤01 在Create（创建）命令面板中单击Cylinder（圆柱体）按钮。

步骤02 然后在视口中拖曳鼠标并单击鼠标左键，确定圆柱体底面积。

步骤03 紧接面向屏幕推动鼠标并单击左键，确定圆柱体高度。最后单击鼠标右键，结束创建。

步骤04 设置Height Segments（高度分段）参数为16，圆柱体高度上将有更多的细分段数。

步骤05 设置Cap Segments（端面分段）参数为5，圆柱体的顶、底两面将通过圈数细分。

步骤06 设置Sides（边数）参数为32，可观察到圆柱体变得更加光滑。

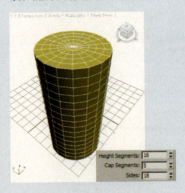

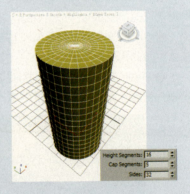

5. 茶壶的特点

单击Teapot（茶壶）按钮即可生成一个茶壶形状，还可以选择一次制作整个茶壶（默认设置）或一部分茶壶。由于茶壶是参量对象，因此可以选择创建之后显示茶壶的哪些部分。

为什么会有茶壶?

茶壶源自Martin Newell在1975年创建的原始数据，至此成为计算机图形中的经典示例。其复杂的曲线和相交曲面非常适用于测试显示世界对象上不同种类的材质贴图和渲染设置。

6. 最简单的平面，最广泛的应用

Plane（平面）对象是特殊类型的平面多边形网格，可在渲染时无限放大，同时还可以指定放大分段大小和数量的因子。

可以将任何类型的修改器应用于平面对象（如位移），从而模拟陡峭的地形。

3.1.2 扩展基本体

Extended Primitives（扩展基本体）是复杂基本体的集合，也有些是通过标准基本体扩展而来的，比如 ChamferBox（切角长方体）就由基本体中的 Box（长方体）扩展得来。

3ds Max 一共提供了 13 种扩展基本体，包括如胶囊、油罐、纺锤、异面体、环形结和棱柱等外形复杂的对象。下图所示为各种形状与创建命令的对应关系。

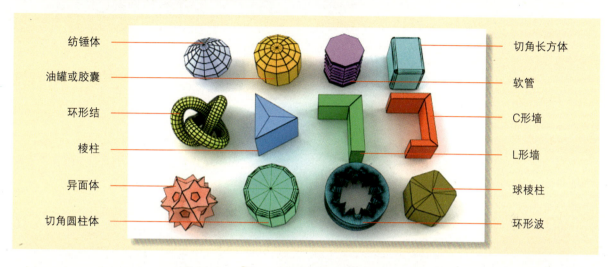

纺锤体　　切角长方体
油罐或胶囊　　软管
环形结　　C形墙
棱柱　　L形墙
异面体　　球棱柱
切角圆柱体　　环形波

Extended Primitives（扩展基本体）提供了大量的复杂对象，每个对象都具有自身独特的属性，但几乎都是针对建模工作而设定的，如通过 ChamferBox（切角长方体）可快速创建带有圆角的桌面，但扩展基本体中，Hose（软管）和 RingWave（环形波）则更为特别，它们提供的参数可以更灵活地应用在动画设定中，如软管可以实现动画场景中弹簧的作用，环形波则可以应用在复杂的特效组合中，如下图所示。

环形波锥形：创建环形波扩展对象用于限定特效产生的范围和运动效果。

烈焰特效：根据环形波位置和运动轨迹添加火焰特效

材质渐变：在环形波上可以直接应用材质动画，配合整体特效

1. 扩展基本体的创建方法

Extended Primitives（扩展基本体）的创建与标准基本体的创建方法基本一致，可以通过鼠标和键盘两种方法进行创建，但键盘创建方法并不支持 Hedra（异面体）、Hose（软管）和 RingWave（环形波）3 种对象。

指定的扩展基本体也有不同的创建方法，比如从边开始创建还是从中心开始创建，这些选择可以在相应的 Creation Method（创建方法）卷展栏中选择。

键盘创建注意事项

创建之后，新基本体不受"键盘输入"卷展栏中的数值字段影响。可以在"参数"卷展栏或"修改"面板上立即调整参数值。

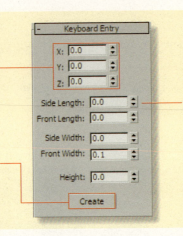

坐标：在通过键盘创建时，都是以Perspective（透视）为创建视口，X、Y、Z坐标表示将要创建对象的轴心点的具体坐标位置

具体参数：不同的对象在使用键盘创建方法时，有不同的参数，这些参数就是每个对象自身的规格参数，如创建长方体会有长、宽、高等参数，创建圆柱体会有半径、高度等参数

创建按钮：在完成参数和坐标设置后，单击该按钮，相应的对象将创建在场景中

2. Ctrl键的优点

如果配合Ctrl键创建特定扩展基本体，在创建过程中可以进行特殊操作，如改变创建中心点或改变对象的朝向等，下图所示为使用Ctrl键前后效果。

以中心为创建起始点

配合Ctrl键创建

默认方式创建

配合Ctrl键改变方向

对象的名称和颜色

在完成对象的创建时，可以通过**Name and Color**（名称和颜色）卷展栏为对象更改新名称和设定新的颜色，如下图所示。

对象命名策略、命名的选择集、对象颜色策略将提供一整套用于组织的工具，这将更便于场景管理。

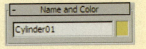

【实战练习】创建一个足球雏形

原始文件：场景文件\Chapter 3\创建一个足球雏形-原始文件\
最终文件：场景文件\Chapter 3\创建一个足球雏形-最终文件\
视频文件：视频教学\Chapter 3\创建一个足球雏形.avi

步骤01 打开原始文件，创建一个异面体，在参数面板中选择Do-dec/Icos（十二面体/二十面体）选项，创建效果如下图所示。

步骤02 在Family Parameters（家族参数）选项组中，设置P值为0.36，异面体将由等六边形和等五边形组成。

步骤03 如果要创建完整的足球，将会以本例为基础，应用到多种修改器等知识，这些知识将在后面的章节进行讲解。

▶▶ 3.2 创建建筑物体

3ds Max预置了多种可直接创建Architectural（建筑）对象，用作构建家庭、企业和类似项目的模型块，包括楼梯、门窗、植物、栏杆以及墙壁等。右图所示的大型建筑中的窗口，可以直接使用Windows（窗户）对象进行填补。

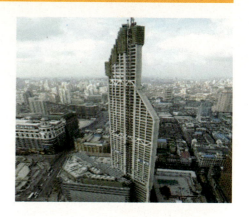

这些建筑物体可以看作是由几何基本体构成的组合，但这些建筑具有构件规格参数，如设置门的开启程度或选择植物的种类等。同时，这些建筑物体与几何基本体的原理和操作方式相同，但建筑对象不允许通过键盘直接创建。

◤ 3.2.1 楼梯

如果要在室外建筑场景中或大型室内（如别墅、多层建筑）场景中创建楼梯，用户可以在Geometry（几何体）对象类别中选择Stairs（楼梯）层级，在该层级中集合了3ds Max提供的4种不同类型的楼梯，包括LTypeStair（形楼梯）、Spiral Stair（螺旋楼梯）、Straight Stair（直线楼梯）和UTypeStair（U形楼梯）。

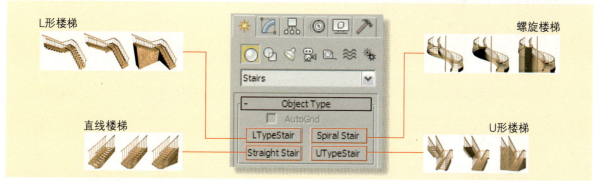

◣ 1. 一个完整的楼梯

通过LTypeStair（L形楼梯）可以创建彼此成直角的两段楼梯，并有Open（开放式）、Close（封闭式）和Box（落地式）3种类型，如下图所示。

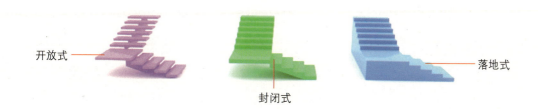

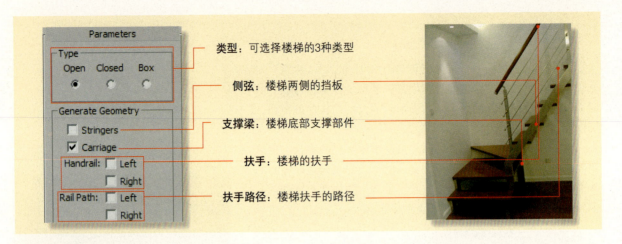

类型：可选择楼梯的3种类型

侧弦：楼梯两侧的挡板

支撑梁：楼梯底部支撑部件

扶手：楼梯的扶手

扶手路径：楼梯扶手的路径

楼梯的竖板数

控制梯级竖板数：梯级竖板总是比台阶多一个，隐式梯级竖板位于上板和楼梯顶部台阶之间。

2. 从地面开始的螺旋楼梯

Spiral Stair（螺旋楼梯）可以创建指定旋转半径和数量、控制侧弦和中柱，甚至更多构件的楼梯。顾名思义，这种楼梯是旋转向上的，除了提供了和LTypeStair（L形楼梯）相同的3种类型外，还允许控制旋转的方式，包括CCW（顺时针）和CW（逆时针）。

▲ 顺时针：使螺旋楼梯面向楼梯的右手段。

▲ 逆时针：使螺旋楼梯面向楼梯的左手段。

楼梯往往是从地面开始的，在创建Spiral Stair（螺旋楼梯）的过程中，可以通过设置Carriage（支撑梁）卷展栏中的Spring from Floor（从地面开始）参数决定这一细节，下面为支撑梁的相关参数和对比示意图。

从地面开始：控制支撑梁是从地面开始，还是与第一个梯级竖板的开始平齐，或是否支撑梁延伸到地面以下

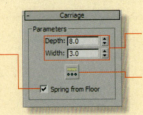

深度和宽度：可以控制支撑梁的深度和宽度

支撑梁间距：可启用空间间隔工具，精确设置支撑梁的间距

未从地面开始的楼梯

从地面开始的楼梯

螺旋楼梯的旋转数

螺旋允许通过Revs（旋转）参数来控制楼梯的旋转数，以自然数的形式代替了角度形式，当值等于1时，即刚好旋转一圈。

3. 常见的直线楼梯

Straight Stair（直线楼梯）是3ds Max提供的多个楼梯中最简单的楼梯类型，创建出的楼梯只有简单侧弦、支撑梁和扶手3种构架可选，也允许设置成Open（开放式）、Close（封闭式）和Box（落地式）等3种类型。这种楼梯更适合用于剧场内部，小型跃层空间等（见右图）。

4. 通过U形楼梯学会创建楼梯

UTypeStair（U形楼梯）实际上是Straight Stair（直线楼梯）的一个扩展，比LTypeStair（L形楼梯）多出反向的一段，但实际上不仅仅是多出一侧，因为是U形，那么两侧之间就构成了平台，更接近真实生活中完整的楼梯，下面三图所示为开放式的直线楼梯、L形楼梯和U形楼梯的对比效果。

直线楼梯

L形楼梯

U形楼梯

U形楼梯的两侧

U形楼梯具有Layout（层）选项组，可以控制两段楼梯彼此相对的位置（长度1和长度2），并可以灵活选择。如果选择左，然后第二段楼梯将位于平台的左侧。如果选择右，然后第二段楼梯将位于平台的右侧。

【实战练习】练习U形楼梯的创建

最终文件：场景文件\Chapter 3\练习U形楼梯的创建-最终文件\
视频文件：视频教学\ Chapter 3\练习U形楼梯的创建.avi

步骤01 单击创建U形楼梯的相应按钮，在Perspective（透视）视口中使用鼠标拖曳一个长度，确定楼梯的总长度。

步骤02 释放鼠标，然后移动并单击鼠标确定平台的宽度或分隔两段的距离。

步骤03 垂直移动鼠标定义楼梯的升量，并单击鼠标左键进行确定，完成U形楼梯的创建，最后通过鼠标右键结束创建。

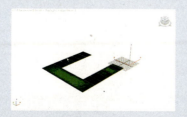

3.2.2 门

门模型被广泛应用在各种建筑场景和动画场景中。在Doors（门）层级下，用户可以创建3种不同开启方式的门模型，包括Pivot（枢轴门）、Sliding（推拉门）和BiFold（折叠门），如下图所示。用户可以控制门外观的细节，并能够设置门为打开、部分打开或关闭等状态。

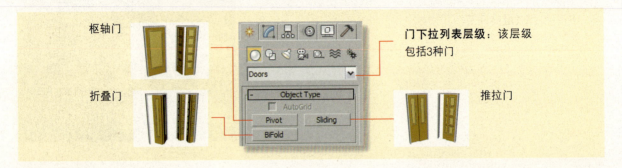

枢轴门

折叠门

推拉门

门下拉列表层级：该层级包括3种门

1. 不同类型门的结构原理

每一种类型门的名称描述了该类型门的惟一控件和行为，其原理也不尽相同，不过除了与门特有属性相关的参数外，大多数门参数通用于所有类型的门。

▲ **枢轴门**：仅在一侧装有铰链的门，可以将门制作成为双门，那么将具有两个门元素，每个元素在其外边缘处用铰链接合。

▲ **折叠门**：折叠门的铰链装在中间以及侧端，就像许多壁橱的门。

▲ **推拉门**：推拉门可以将门进行滑动，就像轨道上一样，两扇门板中只有一扇可进行推拉。

【实战练习】通过创建门了解门的结构

> **最终文件**：场景文件\Chapter 3\通过创建门了解门的结构-最终文件\
> **视频文件**：视频教学\ Chapter 3\通过创建门了解门的结构.avi

步骤 01 在视图中通过拖拽、单击等鼠标操作，绘制门的宽度。

步骤 02 释放鼠标，并垂直推动鼠标，以确定门的深度。

步骤 03 确定门的深度后，再次拖动鼠标，绘制出门的高度。

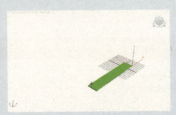

步骤 04 在参数面板中，设置Open（开启）参数为86.5deg，即门开启角度数，使门打开一半。

步骤 05 如果勾选Double Doors（双扇门）复选框，页扇将变为两个。

门的创建方法

门的创建可以通过选择来决定以鼠标方式绘制门构件的顺序。

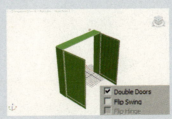

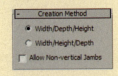

2. 了解门共有的结构属性

无论是3ds Max提供的哪种类型的门，都具有共有的特性，如门的基本规格、门框的规格、页扇的规格等，细调这些参数可以为门模型创建出更多的细节（见右图）。

3. 奇怪的结构

在创建任意一种门对象时，如果在Creation Method（创建方法）卷展栏中勾选了Allow Non-vertical Jambs（允许侧柱倾斜）复选框，那么创建的门会根据捕捉工具的捕捉元素，可以不是垂直于地面的（见下图）。

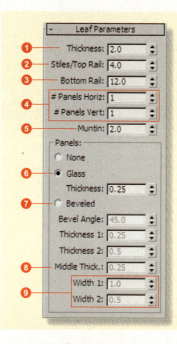

① **厚度**：门的厚度。

② **门挺/顶梁**：顶部和两侧面板框的宽度。

③ **底梁**：门脚处面板框的宽度。

④ **水平/垂直窗格数**：面板沿水平/垂直轴划分的数量。

⑤ **镶板间距**：面板之间的间隔宽度。

⑥ **玻璃**：创建不带倒角的玻璃面板。

⑦ **有倒角**：可以创建倒角面板。

⑧ **中间厚度**：设置面板内面部分的厚度。

⑨ **宽度**：倒角开始/内面的宽度。

每扇门都有的门框

门都具有门框的设置参数，可以在Frame（门框）选项组中对门框参数进行调整。

【实战练习】在预留墙体上创建一个双扇推拉门

原始文件：场景文件\Chapter 3\在预留墙体上创建一个双扇推拉门-原始文件\
最终文件：场景文件\Chapter 3\在预留墙体上创建一个双扇推拉门-最终文件\
视频文件：视频教学\ Chapter 3\在预留墙体上创建一个双扇推拉门.avi

步骤01 打开原始文件，并根据参照图示创建两个长方体。

步骤02 启用3D捕捉工具，在创建推拉门对象时寻找捕捉点。

步骤03 单击并拖曳鼠标，绘制出推拉门的宽度。

步骤04 推动鼠标，当捕捉到长方体的另一个端点时单击鼠标，确定门的深度。

步骤05 再次推动鼠标，当捕捉到长方体顶部的端点时进行单击，完成推拉门的创建。

难点解析：宽度/高度/深度

在使用此方法时，深度与由前3个点设置的平面垂直，这样，如果在"顶"或"透视"视口中绘制门，门将平躺在活动栅格上。

3.2.3 窗

窗户与门一样，是日常生活中最为常见的建筑构件，这一构件也可以在3ds Max中进行直接创建，并允许用户控制窗户的细节和开启程度，同时提供了6种不同的类型以供选择，如固定式、旋开式、推拉式等。

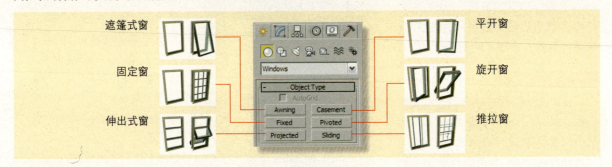

1. 解析各种类型的窗户

在3ds Max提供的6种窗户中，每一种窗户都在日常生活中随处可见，这些窗户被广泛应用在各种建筑结构上。窗户作为常见的建筑物体，在创建方法和结构参数原理，甚至分类上都与门有着很大的相似处，比如推拉窗和推拉门。

▲ **遮篷式窗**：具有一个或多个可在顶部转枢的窗框。

▲ **平开窗**：有一到两扇门一样的窗框，可以向内或向外转动。

▲ **固定窗**：该窗户不能打开，但可以有足够多的窗格。

▲ **旋开窗**：具有一个窗框，中间通过窗框面用铰链接合起来，可以垂直或水平旋转打开，这种窗户应用在锥形的房顶是最佳选择。

▲ **伸出式窗**：具有三个窗框，顶部窗框不能移动，底部的两个窗框像遮篷式窗那样反方向旋转打开。

▲ **推拉窗**：包括一个固定的窗框和一个可移动的窗框。在其中可以垂直移动或水平移动滑动部分。

> **没有窗格的平开窗**
>
> 平开窗是最常见的家用窗户，与其他窗户类型一样，具有窗框和玻璃结构，而且还增加了窗扉，但却没有其他窗户都有的窗格结构。

2. 了解窗户公共的结构属性

窗户的基本规格由长、宽和深度决定，每一种窗户都具有窗框、玻璃两种最基本的结构，大多数窗户同时还具有窗格，而且不同类型窗户的窗格的控制参数也有所不同，但总体来说主要包括宽度和格数以及高度位置等，如下图所示。另外，窗扉是平开窗的特点，其实可以看作是窗格的一种扩展部件。

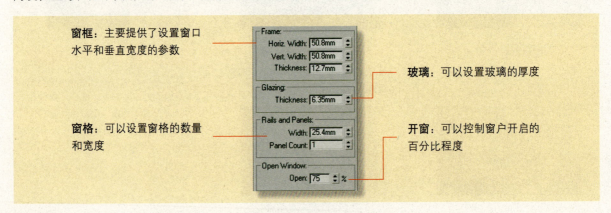

窗框：主要提供了设置窗口水平和垂直宽度的参数

窗格：可以设置窗格的数量和宽度

玻璃：可以设置玻璃的厚度

开窗：可以控制窗户开启的百分比程度

最终文件：场景文件\Chapter 3\通过旋开窗更加了解窗户的特点-最终文件\
视频文件：视频教学\ Chapter 3\通过旋开窗更加了解窗户的特点.avi

步骤 01 使用Width/Depth/Height（宽度/深度/高度）的创建方法，在场景中创建一个旋开窗。

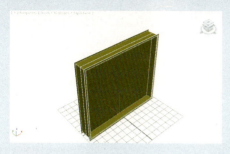

步骤 02 在参数面板中更改Height（高度）的参数，窗户会保持底面不动，向上增加高度。

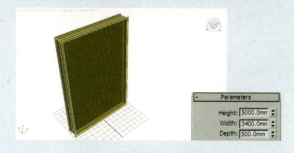

步骤 03 修改Open（打开）参数，可观察到窗户将旋转开启一定程度。

步骤 04 克隆一个对象，并在Glazing（玻璃）选项组中将参数设置为较大的值，使玻璃变厚。

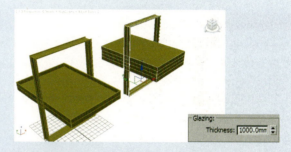

步骤 05 在Frame（窗框）选项组中通过设置参数，改变垂直窗框条的宽度和窗框的厚度。

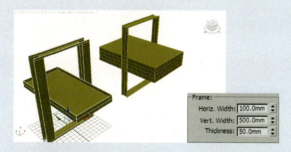

步骤 06 由于旋开窗只能有一个窗格，在Rails（窗格）选项组中只能设置窗格条的宽度。

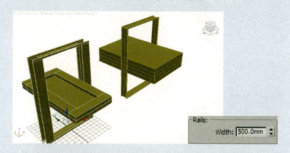

步骤 07 如果勾选Vertical Rotation（垂直旋转）复选框，则旋开窗的窗户是水平旋开。

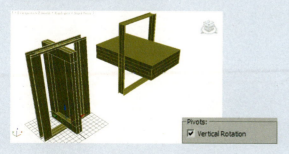

具有材质的建筑对象

默认情况下，3ds Max为窗指定了5种不同材质的ID，下面列出了窗/材质的每个组件及其相应的材质ID。

▲ID号1：前轨

▲ID号2：后轨

▲ID号3：面板（玻璃）

▲ID号4：前框

▲ID号5：后框

3.2.4 扩展物体

AEC是Architectural（建筑）、Engineering（工程）和construction（构造）的缩写，3ds Max提供了应用在这些领域的墙、植物、栏杆3种对象，实际上这些对象与楼梯、门窗等同属于建筑设计中的基本元素，一个完整建筑是同时具有这些构件的。

往往在3ds Max中进行项目制作时，门与窗都可以直接创建在墙体上，栏杆则可以配合楼梯来创建，植物则以网格表示方法，能快速创建各种科目的树种。

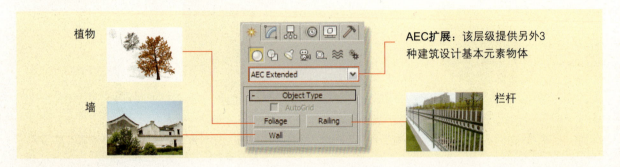

植物

墙

AEC扩展：该层级提供另外3种建筑设计基本元素物体

栏杆

1. 了解栏杆

Railing（栏杆）对象的组件包括栏杆、立柱和栅栏，其中栅栏又包括支柱（栏杆）或实体填充材质，如玻璃或木条，在栏杆的参数面板中，可以通过相应的卷展栏对栏杆的这些部件分别进行设置。

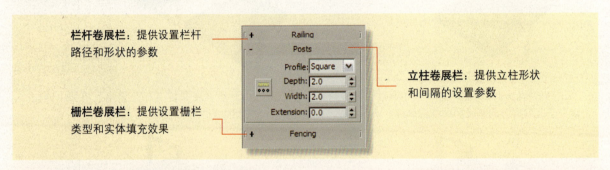

栏杆卷展栏：提供设置栏杆路径和形状的参数

立柱卷展栏：提供立柱形状和间隔的设置参数

栅栏卷展栏：提供设置栅栏类型和实体填充效果

【实战练习】将栏杆应用到楼梯上

最终文件：场景文件\Chapter 3\将栏杆应用到楼梯上-最终文件\
视频文件：视频教学\ Chapter 3\将栏杆应用到楼梯上.avi

步骤 01 在打开的场景中创建一个L形楼梯。

步骤 02 在参数面板中勾选 RailPath（扶手路径）复选框，将出现相应的线条。

步骤 03 创建一个栏杆，然后根据示意图在参数面板中单击Pick Railing Path 按钮。

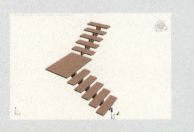

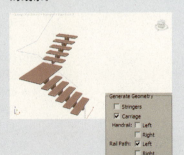

步骤 04 拾取L形楼梯的扶手路径，栏杆将与扶手路径一致化。

步骤 05 将栏杆移动到适当位置，使楼梯看起来更加完整。

步骤 06 在栏杆的参数面板中，根据示意图单击相应的按钮。

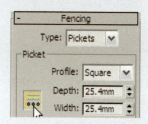

步骤 07 单击按钮后在开启的对话框中设置Count（数量）参数与楼梯台阶数量值相同。

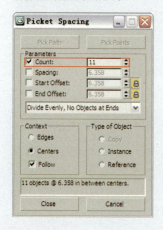

步骤 08 完成栅栏的数量设置后，每一个栅栏将与楼梯台阶完全对应，使整个栏杆与楼梯成为一个整体。通过这样的方法创建的楼梯比单独的扶手更加真实。

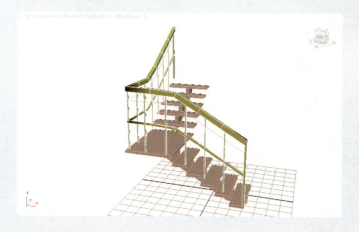

2. 解析墙

　　Wall（墙）由一段或多段长方体组合而成，并允许自定义每段之间的夹角，通常用于模拟各种建筑的外墙，如右图所示。墙体对象还是惟一的具有3个子对象类型的建筑物体，其特性和编辑方法类似后面小节即将介绍的Line（样条线）二维图形。

　　用户在使用键盘方法创建墙时，还可以进行精确创建、连接创建以及依附样条创建等操作，可以在如右图所示的相应参数面板中应用这些控件工作或设置参数。

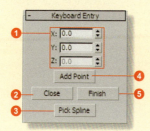

❶ **坐标**：控制墙顶点位置。
❷ **关闭**：可创建封闭墙体。
❸ **拾取样条线**：可让墙体根据曲线完成创建。
❹ **添加点**：单击该按钮，可以添加点，连接创建墙体。
❺ **完成**：单击该按钮，完成墙体创建。

3.墙和门窗的关系

3ds Max可以自动在墙上添加门或窗，同时，还可以将门窗作为墙的子对象链接至墙。完成此操作最有效的方法是捕捉到墙对象的面、顶点或边，从而直接在墙分段上创建门窗。

【实战练习】在墙上创建门窗

最终文件：场景文件\Chapter 3\在墙上创建门窗-最终文件\
视频文件：视频教学\ Chapter 3\在墙上创建门窗.avi

步骤01 在场景中创建一个完整的墙体对象。

步骤02 在墙体所在位置创建门，墙体上自动会产生与门大小相应的开口。

步骤03 在墙上创建一个窗，可观察到墙也产生了相应的开口。

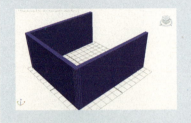

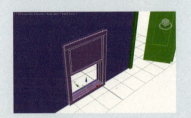

步骤04 改变窗的参数和位置，开口大小位置也会产生变化。

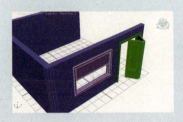

在墙上的门窗

当门窗在墙上自由变换位置和更改参数时，如果墙上的开口也产生了相应变化，那么这些门窗必定是墙体的子对象，可以从Select From Scene（从场景中选择）对话框中查看层级关系，如右图所示。

4.认识植物

通过Foliage（植物）命令可以创建各种类型的植物，如棕榈、菩提等，如下右图所示。

3ds Max还允许对植物的高度、密度、修剪、种子、树冠显示和细节级别进行控制，也就是说，可以为同种植物创建成千上万的变体。

3ds Max将植物的可显示部分主要分为了树叶、树干、果实、树枝、花和根等6个部分，但并不是每一种植物都同时具有这些部分，大多数预置植物只包括常见的树叶、树干和树枝等参数，如下左图所示。

基本参数：控制植物的整体高度、密度、修剪以及随机效果

显示效果：控制植物是否显示自身具有的部分，如树叶、树干和树枝等

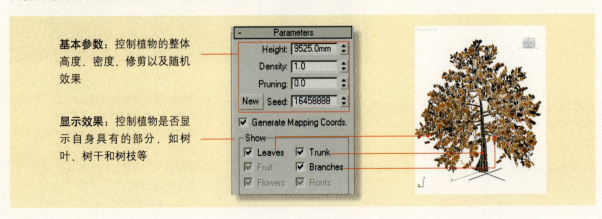

图形是一个由一条或多条曲线以及直线组成的对象，3ds Max提供了普通的样条线和复杂的NURBS曲线两种图形。这些图形可以用作其他对象组件的2D和3D直线以及直线组，如辅助制作右图中的鱼线和蚯蚓。曲线的主要作用如下。

▲ 生成面片和薄的3D曲面。

▲ 定义放样组件，如路径和图形，并拟合曲线。

▲ 生成旋转曲面。

▲ 生成挤出对象。

▲ 定义运动路径。

3.3.1 样条线与扩展样条线

Create（创建）命令面板Shapes（图形）对象类别下的Splines（样条线）层级和Extended Splines（扩展样条线）层级提供了在日常生活中能够经常看见的几何图形，如在右图中出现的圆形车轮。

样条线包括圆形、矩形、扇形等共11种图形，扩展样条线则包括如墙矩形、通道等异型图形，每个图形都具有特定的属性参数。

1. 特殊的样条线

Spline（样条线）包括的几何图形与标准基本体一样，都是日常生活中最常见、最规则的，这些图形也可以使用鼠标绘制或键盘创建，根据不同的图形也有不一样的创建方法。另外，除了Line（线）、Text（文本）和Section（截面）3种图形外，所有图形都具有与其外形相符的变量参数。

❶ 线：利用Line（线）可创建多个分段组成的自由形式样条线，包括了Vertex（顶点）、Segment（线段）和Spline（样条线）3个子层级，将在后面小节单独讲解。

❷ 文本：利用Text（文本）可以创建文本图形的样条线，并且可以使用系统中安装的任意Windows字体，还支持中文输入。

❸ 截面：Section（截面）是一种特殊类型的对象，可以通过网格对象基于横截面切片生成其他形状。

图形的特殊创建方法

除了可以在Shapes（图形）命令面板中创建图形外，还可以通过网格对象中的选定边进行创建，相关的知识将在后面相应的章节中进行讲解。

这3种特殊的样条线，在创建方法上也与其他样条线的创建略有不同，其中Line（线）的创建通过绘制点和控制点的属性确定最终效果；Text（文本）的创建则可以通过选择字体等操作完成简单的排版；Section（截面）则更为特殊，创建该图形的目的是为了得到一个需要的新图形，如在一个复杂的建筑结构中，快速获取建筑结构的剖面，如右图所示。

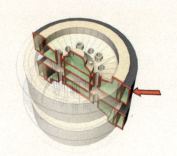

如何通过截面图形生成新图形

截面对象显示为相交的矩形，只需将其移动并旋转即可通过一个或多个网格对象进行切片，然后单击"生成形状"按钮即可基于2D相交生成一个形状。

截面是否需要与对象相交

在通过截面创建新图形时，截面与对象的位置关系决定新图形的外形，主要是指当截面无限放大时与对象的相交位置，而截面本身是否与对象相交完全不影响新图形的创建。

【实战练习】获得雕塑的截面

原始文件：场景文件\Chapter 3\获得雕塑的截面-原始文件\
最终文件：场景文件\Chapter 3\获得雕塑的截面-最终文件\
视频文件：视频教学\ Chapter 3\获得雕塑的截面.avi

步骤01 打开场景文件，在场景中创建一个截面图形，可发现与截面处于同一平面的场景对象表面，将出现一圈线条。

步骤02 在截面参数面板中单击Create Shape（创建图形）按钮，然后将对象表面的一圈线条创建成新的图形。

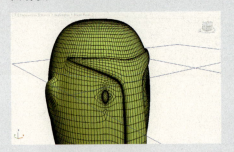

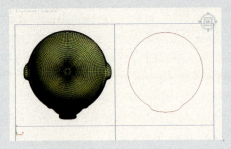

2. 样条线的精细程度

不同的图形，其属性参数也有所不同，但仅仅是指图形自身的变量参数，如Rectangle（矩形）的Length（长）参数、Star（星形）的Radius（半径）和Points（点）、参数。

除此之外，所有的样条线都可以通过Interpolation（步数）卷展栏中的参数调整精细程度，右图为最不精细和自动精细的圆形。

步数：样条线上顶点间的划分数量

优化：启用该选项后将自适应步数和优化

优化：启用该选项后，可以自动删除不需要的步数

3. 创建复合图形

复合图形是包含了多个图形的样条线，在访问图形的创建命令集合面板时，可以通过启用Start New Shape（开始新图形）参数来完成复合图形的创建（见右图）。

"开始新图形"按钮旁边的复选框决定了创建新图形的颜色等一些细节。当复选框处于启用状态时，程序会对创建的每条样条线都创建一个新图形。当复选框处于禁用状态时，样条线会添加到当前图形上，直到单击"开始新图形"按钮。

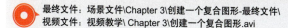

【实战练习】创建一个复合图形

最终文件：场景文件\Chapter 3\创建一个复合图形-最终文件\
视频文件：视频教学\ Chapter 3\创建一个复合图形.avi

步骤01 在场景中创建两个Rectangle（矩形）和一个Star（星形）图形，可观察到矩形和星形都使用随机的而且不相同的颜色。

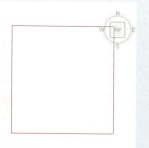

步骤02 在创建面板中禁用Start New Shape（开始新图形）参数，然后再单击Star（星形）按钮。

步骤03 在新创建的矩形内部创建一个新的星形图形。在创建过程中，可观察到星形仍然使用了随机的新颜色，当单击鼠标右键结束复合图形的创建后，星形颜色将变成和矩形一样。

> **提示** 创建复合图形的注意事项
>
> 创建复合图形后，不能更改单个图形的变量参数。例如，通过创建一个圆，然后添加一段圆弧可以创建复合图形。一旦创建圆弧之后，就不能更改圆的参数了。

4. 扩展样条线

在Shapes（图形）的Extended Splines（扩展样条线）层级中，可以创建一些能够调整参数的复合图形或异型的图形，包括墙矩形、通道、角度、T形和宽法兰等5种类型（见下图）。

▲ **墙矩形**：可以通过两个同心矩形创建封闭的形状。

▲ **通道**：可以创建一个闭合的形状为C的样条线。

▲ **角度**：可以创建一个闭合的形状为L的样条线。

▲ **T形**：可以创建一个闭合的形状为T的样条线。

▲ **宽法兰**：可以创建一个闭合的形状为I的样条线。

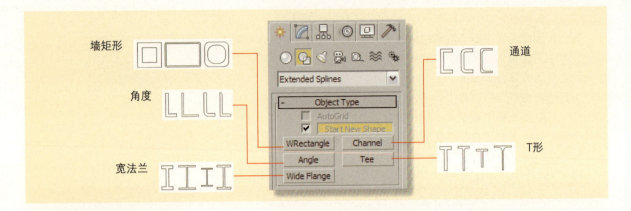

墙矩形 角度 宽法兰 通道 T形

扩展样条线具有角半径或边半径参数，该参数可让扩展样条线中的转角处变得变滑。

5. 样条线的可渲染性质

在实际的项目工作中，往往会遇到创建类似样条线的三维模型，如创建右图中的樱桃杆，当出现这种情况时，可以只做图形渲染，而不必将其转换成3D对象，从而提高工作效率。

要让图形可渲染，需要在Rendering（渲染）卷展栏中进行相关设置，卷展栏参数如下图所示。

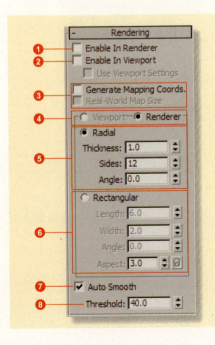

① **在渲染中启用**：启用该参数，将图形渲染成3D网格模型。

② **在视口中启用**：启用该参数，在视口中可预览图形的3D网格模型。

③ **生成贴图坐标**：可对图形3D网格模型化后应用贴图坐标。

④ **视口/渲染**：可以为视口显示和最终渲染设置不同图形的3D网格模型效果。

⑤ **径向**：启用该参数后，图形的截面将显示为圆形，并允许通过厚度、边数和角度控制图形的效果。

⑥ **矩形**：启用该参数后，图形的截面将显示为矩形，并允许通过长、宽、角度和纵横比来控制矩形效果。

⑦ **自动平滑**：启用该参数，可通过阈值控制平滑的程度。

⑧ **阈值**：以度数为单位指定阈值角度。

Auto Smooth（自动平滑）是基于样条线分段之间的角度来设置平滑的。如果它们之间的角度小于阈值角度，则可以将任何两个相接的分段放到相同的平滑组中。

【实战练习】应用图形的可渲染性

原始文件：场景文件\Chapter 3\应用图形的可渲染性-原始文件\
最终文件：场景文件\Chapter 3\应用图形的可渲染性-最终文件\
视频文件：视频教学\ Chapter 3\应用图形的可渲染性.avi

步骤 01 打开本书配套光盘中与该内容相关的场景文件。

步骤 02 根据参考图中的异型物体，创建一段相应的Line（线）对象。

步骤 03 在Line（线）的参数面板中启用Enable In Viewport（视口预览）参数，并设置Thickness（厚度）为7，使线在场景中3D化。

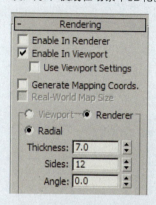

步骤 04 应用线的可渲染特性，可在场景中观察到线对象3D化后，仍然保持每个顶点的属性。

步骤 05 将每个顶点的属性改为Smooth（光滑），可观察到线对象表面会自动添加段数，使3D化的线在路径上显得更加平滑。

步骤 06 设置Sides（边数）参数为24，使3D化的线在截面上更加光滑，完成效果如下图所示。

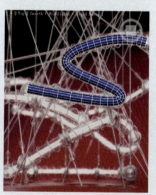

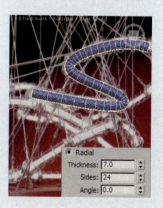

提示 通过墙矩形快速创建围墙

通过应用图形的可渲染性，可快捷创建出各种常用模型，如利用WRectangle（墙矩形）创建环形的矩形，将其快速转化为三维模型，可以直接用于制作围墙或类似的部件，或是应用Rectangular（矩形化）截面，并通过Twist（扭曲），来快速创建出菱形。

3.3.2 NURBS曲线

在本节将简单介绍NURBS的特性，NURBS全称为Non-Uniform Rational B-Splines（非均匀有理数B-样条线），是设置和建模曲面的行业标准，尤其适合于使用复杂的曲线建模曲面，例如右图所示的概念图像，其中的构成元素如果使用NURBS曲线创建会相对轻松一些。

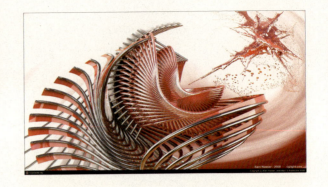

使用NURBS工具，不会要求用户了解生成这些对象的数学方法。NURBS曲线提供了Point Curve（点曲线）和CV Curve（CV曲线）两种类型，这也是NURBS工具中最为基础和简单的两种工具（贴图），可以从Shapes（图形）对象类别中进行访问。

点曲线：可创建由约束在曲面的点组成的NURBS曲线

CV曲线：可创建不在曲线上的控制点来控制N-URBS曲线

术语：NURBS

NURBS 表示非均匀有理数B-样条线，其特点也就是非均匀、有理数以及B-样条线，每个特点注释如下。
- **非均匀**：表示控制顶点的范围可以改变。这在建模不规则曲面时比较有用。
- **有理数**：用两个多项式的比值来表示曲线或曲面。有理数方程式给一些重要的曲线和曲面提供了更好的模型，特别是圆锥截面、圆锥、球体等。
- **B-样条线**：对于基础样条线来说，是一种在3个或更多点之间进行插补的构建曲线的方法。

在3ds Max中创建复杂模型时，由于该软件本身对NURBS的支持并不完美，不能从操作方式上更好体现出NURBS的优点。尽管存在着创建多边形为弯曲曲面、网格为面状效果不理想等缺点，但其操控性容易让人理解，修改起来也比较简单。其实，NURBS概念和建模方法已经广泛应用在如Rhino等更为专业的工业建模软件中，下左图所示为NURBS在其他软件中创建的模型，下右图所示为在3ds Max中使用多边形方法创建的模型。在后面章节中将更为详细地介绍多边形和网格等建模方法。

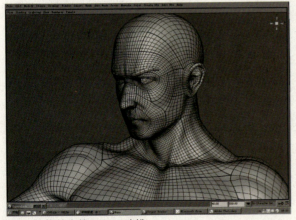

在Maya软件中的NURBS建模

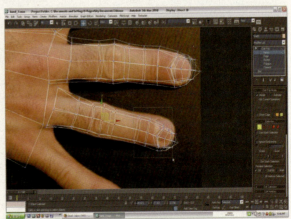

在3ds Max中的多边形建模方法

在创建Point Curve（点曲线）和CV Curve（CV曲线）时，都可以使用三维形式进行绘制，即跨视口创建，因此提供两种创建方式，一是在所有视口中绘制，二是配合Ctrl键在构造平面之外绘制点或CV。NURBS曲线仍然可以像标准图形那样使用，比如作为动画路径、生成三维模型以及放样的路径或截面等，同时，样条线的可渲染特性仍然适用于NURBS曲线。但NURBS曲线更重要的用途是应用于创建复杂模型。

【实战练习】创建NURBS曲线

最终文件： 场景文件\Chapter 3\创建NURBS曲线-最终文件\
视频文件： 视频教学\ Chapter 3\创建NURBS曲线.avi

步骤 01 使用Point Curve（点曲线）命令，通过捕捉网格点，根据起始位置创建第1和第2个顶点。

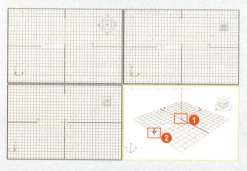

步骤 02 完成第2个顶点创建后，直接将光标移动到Left（左）视图中，捕捉创建第3个顶点。

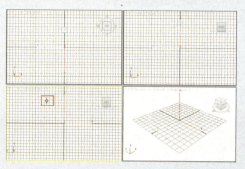

步骤 03 完成第3个顶点创建后，使用鼠标右键激活Top（顶）视图，并创建第4个顶点。

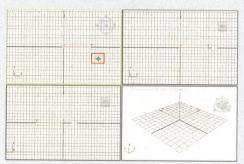

步骤 04 在Front（前）视图中，将最后一个顶点与第1个顶点进行重合，并封闭曲线。

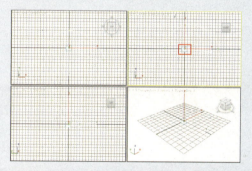

步骤 05 完成操作后，可观察到由于通过在不同的视口中进行顶点的创建，最终得到的曲线是光滑的，而且顶点不在一个平面上。

步骤 06 如果按照相同的顶点创建顺序，使用 CV Curve（CV 曲线）创建的曲线将与 Point Curve（点曲线）有很大的区别。

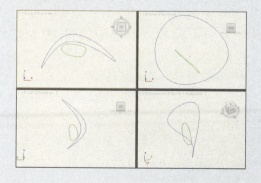

3.3.3 可编辑样条线

编辑样条线并不是指对样条线或扩展样条线的基本属性参数进行修改，而是对组成样条线的基本元素进行调整、重组、编辑等一系列操作。这些基本元素包括Vertex（顶点）、Segment（线段）和Spline（样条线），可以在Modify（修改）命令面板中查看和切换不同的层级，如下图所示。

线：对象层级，只有在该层级下才可以进行选择其他对象操作

线段：连接两个顶点之间的部分称为线段

顶点：定义点和曲线切线

样条线：一个或多个相连线段的组合

如何访问和编辑样条线的元素

Line（线）样条线就是最原始的可编辑样条线对象，也只有该对象可以直接进行顶点、线段和样条线层级的编辑，如果要对其他样条线图形或扩展样条线图形也进行相同操作，可以通过添加修改器、转换为可编辑样条线对象来实现。

1. 如何控制顶点的属性

线段两端的点称为Vertex（顶点），在3ds Max中，顶点通过4种不同的属性决定着连接顶点两端线段的平滑程度。这4种属性包括Corner（角点）、Bezier（贝塞尔）、Smooth（光滑）和Bezier Corner（贝塞尔角点），可以在线的创建过程中确定顶点属性，也可以从四元菜单中更改，还可以在选择一种属性后再插入新顶点。

- ▲ Corner（角点）：能创建锐角转角的不可调整的顶点。
- ▲ Bezier（贝塞尔）：是指带有锁定连续切线控制柄的不可调整的顶点
- ▲ Smooth（光滑）：可以创建平滑连续曲线的不可调整的顶点。
- ▲ Bezier Corner（贝塞尔角点）：是指带有不连续的切线控制柄的不可调整的顶点，用于创建锐角转角。

【实战练习】学会更改顶点的属性

原始文件：场景文件\Chapter 3\学会更改顶点的属性-原始文件\
最终文件：场景文件\Chapter 3\学会更改顶点的属性-最终文件\
视频文件：视频教学\Chapter 3\学会更改顶点的属性.avi

步骤 01 打开本书配套光盘中与该内容相关的场景文件。

步骤 02 在Top（顶）视口中，根据车灯位置创建一段封闭的Line（线）。

步骤 03 按快捷键1，进入Vertex（顶点）层级，选择最左侧的一个顶点，单击鼠标右键开启四元菜单，选择Bezier（贝塞尔）命令。

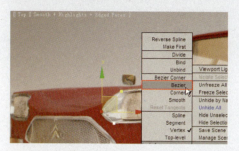

步骤 04 选择顶点的属性将由默认的Corner（角点）变成Bezier（贝塞尔）。

步骤 05 选择除了Bezier（贝塞尔）属性顶点和其相邻的两个顶点之外的所有顶点，并将这些顶点属性更改为Smooth（光滑）。

步骤 06 选择右下角的顶点，将其属性更改为Bezier Corner（贝塞尔角点），这样可以分别调整控制顶点两边线段的控制杆。

步骤 07 在Line（线）的参数面板中，选择Linear（线性）选项，然后单击Refine（细化）按钮，并将光标靠近线段，在光标处添加一个顶点。

步骤 08 通过Refine（细化）命令添加顶点后，可发现顶点属性为Bezier Corner（贝塞尔角点）。

步骤 09 使用Insert（插入）命令在线段上插入一个新的顶点，则该顶点属性为Corner（角点）。

难点解析：遮罩贴图的使用

遮罩贴图是用于控制混合材质的两个子材质之间的混合度的，遮罩贴图颜色较白的区域主要显示的是"材质1"的效果，而颜色较黑的区域主要显示的是"材质2"的效果。使用复选框可以启用或者禁用遮罩贴图。禁用该选项以后就可以通过"使用曲线"来控制。

2. 顶点的常用处理方法

了解Vertex（顶点）的属性和用途的同时，也应该掌握顶点的各种常用命令，如区分连接和焊接、切角与圆角等。只有进入Line（线）的子层级后，才可以使用这些命令，这些命令都在Geometry（几何体）卷展栏中，如下图所示。

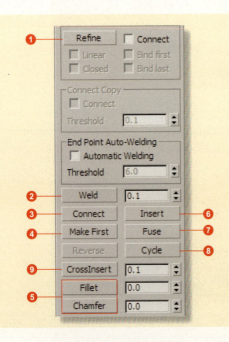

❶ **优化**：可以在线段任意位置添加一个顶点。

❷ **焊接**：将两个顶点转化为一个顶点。

❸ **连接**：将两个顶点连接成一段线段。

❹ **设为首顶点**：将选择的顶点设置为样条线的第一点。

❺ **圆角与切角**：设置线段会合点为圆角或切角。

❻ **插入**：通过插入新点创建新的线段。

❼ **熔合**：将选择顶点位置重合到相同坐标。

❽ **循环**：选择下一个顶点，以此循环。

❾ **相交**：在两个样条线相交处添加顶点。

第一次在选择可编辑样条线后访问Modify（修改）命令面板时，处于"对象"层级，可以通过单击"选择"卷展栏顶部的子菜单按钮，切换子对象模式并访问相关功能，如右图所示，也可以通过数字快捷键对应由上至下的子层级。

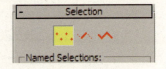

3. 线段的常用处理方法

Segment（线段）是样条线曲线的一部分，位于两个顶点之间。可以选择一条或多条线段，同时可以使用标准方法对其进行移动、旋转、缩放或克隆操作，并能使用一些简单的命令对线段进行均分或分离，相关参数如右图所示。

❶ **Divide（拆分）**：通过添加顶点数来细分所选线段。每个所选线段将被按指定的顶点数拆分。顶点之间的距离取决于线段的相对曲率，曲率越高的区域将得到越多的顶点。

❷ **Detach（分离）**：允许选择不同样条线中的几个线段，然后分离（复制）成一个新图形，包括以下3种类型。

▲ **Same Shp（同一图形）**：分离的线段保留为形状的一部分。

▲ **Reorient（重定向）**：分离的线将段复制源对象的创建局部坐标系的位置和方向。

▲ **Copy（复制）**：复制分离线段，而不进行移动。

Shape（图形）和Spline（样条线）是很容易混淆的概念：首先读者需要明白图形是广义的，任何二维的模型都属于图形；其次需要明白Spline（样条线）是一种插补在两个端点和两个或两个以上切向矢量之间的曲线。

样条线的编辑除了变换操作外，更多的是通过参数面板中的相关参数进行调整，如为样条线创建副本轮廓、为图形中的多个样条线进行布尔运算等操作，这些命令只有在选择进入到Spline（样条线）子层级后，才被激活变为可使用状态，如右图所示。

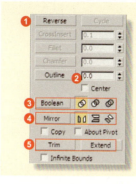

① 反转：反转所选样条线的方向。

② 轮廓：制作样条线的副本。

③ 布尔：通过样条线的 2D布尔操作，将两个闭合多边形组合在一起。

④ 镜像：根据长、宽或对角方向镜像样条线。

⑤ 修剪和延伸：可以清理形状中重叠和开口部分。

【实战练习】通过编辑样条线的元素创建完美的玻璃杯截面

原始文件：场景文件\Chapter 3\通过编辑样条线的元素创建完美的玻璃杯截面-原始文件\
最终文件：场景文件\Chapter 3\通过编辑样条线的元素创建完美的玻璃杯截面-最终文件\
视频文件：视频教学\Chapter 3\通过编辑样条线的元素创建完美的玻璃杯截面

步骤01 打开本书配套光盘中与该内容相关的场景文件。

步骤02 在玻璃杯上创建一段未封闭的Line（线）。

步骤03 进入Vertex（顶点）层级，可观察到每个顶点位置。

步骤04 使用Refine（优化）命令在相应位置添加顶点。

步骤05 使用Chamfer（切角）和Fillet（圆角）命令细化转角。

步骤06 进入Segment（线段）层级，删除最顶部的线段。

步骤07 进入Spline（样条线）子层级，使用Outline（轮廓）创建副本样条线，使玻璃杯具有一定的厚度。如果应用Lather（车削）修改器，可构成完整的玻璃模型。

提示 绘制圆角样条线

在本案例制作过程中重点在于对瓶子底部形态的勾画，注意Fillet（圆角）命令的使用以及利用Refine（优化）命令添加顶点曲线的相关技巧。

▶▶ 3.4 创建复合对象

Compound Objects（复合对象）是由两个或多个对象组合成的单个对象，这些对象可以是三维模型，也可以是二维图形，在创建命令面板Geometry（几何体）对象类别的Compound Objects（复合对象）层级中可选择不同的组合方式，如右图所示。

这些组合方式汇集成相应的复合命令，共包括Morph（变形）、Scatter（散布）、Conform（一致）、Connect（连接）、ProBoolean（超级布尔）、ProCutter（专业剪切器）、BlobMesh（水滴网格）、ShapeMerge（图形合并）、Boolean（布尔）、Terrain（地形）、Loft（放样）和Mesher（网格化）12种命令。

◢ 3.4.1 布尔运算

在3ds Max中，布尔对象是通过两个重叠对象生成的，这两个重叠的对象是原始操作对象A和B，以右图为例，可以将右侧的机器人头部看作是操作对象A，左侧的机器人筒状眼看作是操作对象B。

在拾取对象B之前，可以在Operation（运算）选项组中进行选择，如右图所示，一共包括以下几种方式。

▲ **并集**：Union（并集）是指布尔对象中包含了两个原始对象的体积，并且移除了几何体的相交部分或重叠部分。

▲ **交集**：Intersection（交集）是指布尔对象只包含两个原始对象共用的体积，即重叠的部分。

▲ **差集**：Subtraction（差集）是指布尔对象包含从中减去相交体积的原始对象的体积。

▲ **切割**：Cut（切割）是指使用操作对象B切割操作对象A，但不给操作对象B的网格添加任何东西。

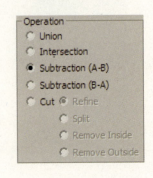

布尔运算的起源

乔治·布尔（George Boole）是英国数学家及逻辑学家，1847年发明了在图形处理操作中引用逻辑运算的方法，使简单的基本图形组合产生新的形体，并由二维布尔运算发展到三维图形的布尔运算。由于其在符号逻辑运算中的特殊贡献，很多计算机语言中将逻辑运算称为布尔运算。

【实战练习】使用布尔运算制作窗洞

原始文件：场景文件\Chapter 3\使用布尔运算制作窗洞-原始文件\
最终文件：场景文件\Chapter 3\使用布尔运算制作窗洞-最终文件\
视频文件：视频教学\Chapter 3\使用布尔运算制作窗洞.avi

步骤01 打开本书配套光盘中与该内容相关的场景文件。

步骤02 在右侧墙体位置创建一个长方体，使其与墙体位置相符，并进行透明显示。

步骤03 根据窗洞的位置，创建一个与其大小相符的长方体，并设置一定的厚度，使其与模拟墙体的长方体相交并穿透。

步骤04 选择墙体对象，应用Boolean（布尔）命令，并保持默认参数，单击拾取操作对象B按钮。

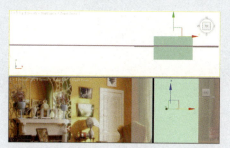

步骤05 在视口中拾取创建的长方体，模拟墙体的长方体与空洞处的墙将以差集形式进行计算，创建出带有窗洞墙体的布尔复合对象，然后取消对象的透明显示，可检查创建墙体是否与参照墙体相一致。

布尔运算的发展

从3ds Max 2.5版本开始，采用新的算法来执行布尔操作，与较早的3D Studio布尔相比，该算法的结果可预测性更强，几何体的复杂程度较低。如果打开包含较低版本3ds Max布尔的文件，则"修改"面板将显示为较低版本布尔操作的界面。

如果需要找回参与布尔运算的对象，可以在Operands（操作对象）选项组的列表中找到参与运算的对象A和对象B的名称，然后通过单击Extract Operand（提取操作对象）按钮来提取对象，并能选择Instance（实例）或Copy（克隆）两种方式。另外在提取时，还可以决定参与对象在提取后是否还使用原有名称，相关的参数面板如右图所示。

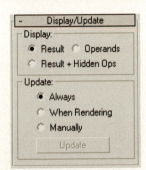

在布尔运算完成后，可以查看布尔运算之前和运算之后操作对象的关系，这在要修改结果或设置结果的动画中非常重要，可以通过Boolean（布尔）命令参数面板中的Display/Update（显示/更新）卷展栏来帮助用户查看布尔操作的构造方式，卷展栏如右图所示。

▲ Result（结果）：显示布尔操作的结果，如图1所示。

▲ Operands（操作对象）：显示操作对象，而不是布尔结果，如图2所示。

▲ Result+Hidden Ops（结果+隐藏的操作对象）：将隐藏的操作对象显示为线框，如图3和图4所示。

图1　显示操作对象

图2　显示结果（A-B）

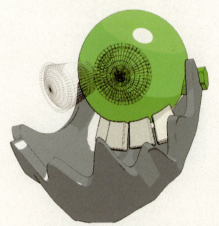

图3　显示 A-B 之后隐藏的操作对象

图4　显示B-A之后隐藏的操作对象

3.4.2 放样

Loft（放样）对象是指沿着第三个轴挤出的二维图形，形象地说就是从两个或多个现有样条线对象中创建放样对象，其中一条样条线会作为放样的路径，其余的样条线会作为放样的截面图形，然后在路径上指定的位置插入这些截面，截面之间会自动生成曲面。右图所示的公路模型，就是利用一条曲线和一个截面图形放样出来的，这幅图就很形象地诠释了放样对象的基本原理。

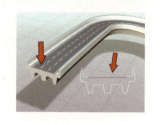

1. 如何创建放样对象

要创建放样对象，首先创建一个或多个图形，然后单击Loft（放样）按钮，并在如右图所示的Creation Method（创建方法）卷展栏中选择不同的创建方法，然后在视口中选择图形，即可完成创建。

▲ Get Path（获取路径）：将路径指定给选定图形或更改当前指定的路径。

▲ Get Shape（获取图形）：将图形指定给选定路径或更改当前指定的图形

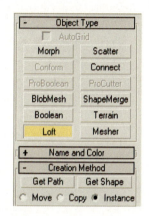

创建放样对象后的操作

创建放样对象之后，可以添加并替换横截面图形或替换路径，也可以更改或设置路径和图形的参数动画。

2. 控制放样对象表面效果

在Surface Parameters（曲面参数）和Skin Parameters（蒙皮参数）卷展栏中，可以对放样对象的表面进行调整，如曲面的平滑效果、网格的复杂性等，如下图所示。

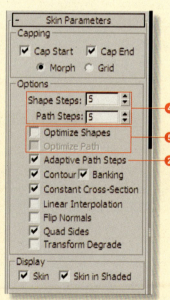

❶ **平滑**：平滑选项组中的参数可以对路径的长度和截面的周界进行平滑。

❷ **自适应路径步数**：如果启用该参数，则分析放样，并调整路径分段的数目。

❸ **输出**：决定放样对象是网格模型还是面片模型。

❹ **步数**：设置横截面图形的每个顶点之间的步数和路径的每个主分段之间的步数。

❺ **优化**：如果启用该参数，则对于横截面图形(路径)的直分段忽略图形步数。

原始文件：场景文件\Chapter 3\通过多截面放样方法创建柱子-原始文件\
最终文件：场景文件\Chapter 3\通过多截面放样方法创建柱子-最终文件\
视频文件：视频教学\Chapter 3\通过多截面放样方法创建柱子.avi

步骤 01 打开本书配套光盘中与该内容相关的场景文件。

步骤 02 在场景中创建一段直线，作为放样对象的基本路径。

步骤 03 根据参考图中的柱子，创建两个大小不一的圆形图形，作为放样对象的两个截面。

步骤 04 以直线作为放样路径，单击Loft（放样）按钮，然后再单击Get Shape（获取图形）按钮，准备拾取截面。

步骤 05 在视口中将光标靠近较小的圆形图形，直至光标变为如下图所示的形状。

步骤 06 单击鼠标左键完成放样，其中圆形作为截面、直线作为路径，组成了一个圆柱体。

如何判定路径位置？

　　在Path Parameters（路径参数）卷展栏中，可以通过输入值或拖动微调器来设置路径的级别。该路径值依赖于所选择的测量方法，更改测量方法将导致路径值的改变。选择Percentage（百分比）将路径级别表示为路径总长度的百分比；选择Distance（距离）将路径级别表示为路径第一个顶点的绝对距离。

步骤 07 设置Path（路径）值为95，再次拾取截面，在视口中拾取较小的圆形为放样截面，使路径从0到80%处都是以较小圆形为截面。

步骤 08 设置Path（路径）值为96，再次拾取较大的圆形为放样截面，使路径从80%到81%是由较小圆形到较大圆形的过渡。

3. 放样对象的变形方式

在如下图所示的放样对象的Deformations（变形）卷展栏中，提供了一系列变形控件，可以让放样对象沿着路径产生缩放、扭曲、倾斜、倒角、拟合等形变，从而创建出更复杂的模型。

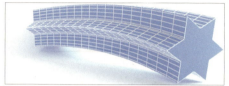

放样对象的原始效果

应用了各种变形的效果

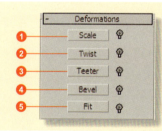

❶ **缩放**：通过路径值缩放放样对象。

❷ **扭曲**：可以沿着对象的长度创建盘旋或扭曲的对象。

❸ **倾斜**：围绕局部X和Y轴旋转图形。

❹ **倒角**：让放样对象具有切角化、倒角或减缓的边。

❺ **拟合**：使用两条"拟合"曲线来定义对象的顶部和侧部剖面。

尽管每一种变形都有各自独立的对话框，但对话框的使用方法和界面操作基本一致，下图所示为Scale（缩放）变形的对话框，从图中可观察到对话框中包括各种工具和参考标尺，以及表示路径的曲线和路径参数值的水平线。

工具栏：提供了处理曲线的各种工具，如添加点等

水平线：标记垂直缩放上的变形值

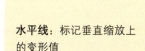
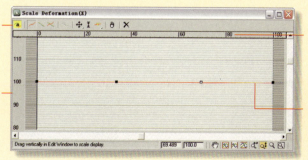

路径标尺：标尺上的值可以度量沿路径的百分比

变形曲线：通过曲线控制放样对象变形的参数

4. 控制放样子对象

在Modify（修改）命令面板中，可以分别选择Loft（放样）对象以及其Path（路径）子层级和Shape（图形）子层级，特别在其子层级的选择状态下，可以完成制作放样路径的副本和沿着放样路径对齐和比较图形等工作。

当选择Shape（图形）子层级时，可以通过参数面板中的相关参数调整多个截面的对齐和位置；当选择Path（路径）子层级时，则可以应用输出路径副本的参数，相关卷展栏如下图所示。

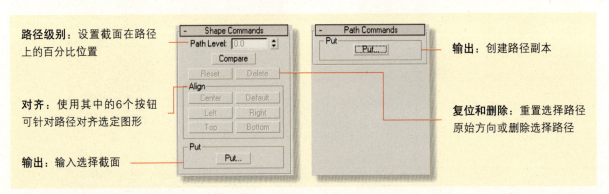

路径级别：设置截面在路径上的百分比位置

对齐：使用其中的6个按钮可针对路径对齐选定图形

输出：输入选择截面

输出：创建路径副本

复位和删除：重置选择路径原始方向或删除选择路径

当使用不同形状的图形作为放样截面时，往往会产生如下左图所示的现象，即最终的放样对象的网格方向出现问题，这是因为作为截面的图形顶点方向不一致而产生的。

可以在选择Shape（截面）子层级时，通过Compare（比较）命令，打开相应的对话框，并拾取截面到对话框中，然后参照着对话框中截面的方向，在视口中使用旋转工具将截面方向调整成一致，以解决网格方向问题，如下右图所示。

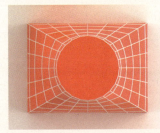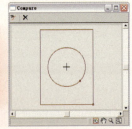

【实战练习】使用拟合放样制作木箱

原始文件：场景文件\Chapter 3\使用拟合放样制作木箱-原始文件\
最终文件：场景文件\Chapter 3\使用拟合制作木箱-最终文件\
视频文件：视频教学\Chapter 3\使用拟合放样制作木箱.avi

步骤 01 打开本书配套光盘中与该内容相关的场景文件。

步骤 02 根据图中的木箱外形，使用Line（线）命令创建一个封闭的异型截面，作为放样截面。

步骤 03 根据木箱的侧面，在场景中创建一个矩形图形，作为放样对象进行拟合变形的截面。

步骤 04 根据木箱的长度，在场景中创建一段直线，作为放样的路径。

步骤 05 将直线作为路径，异型图形作为截面，进行放样得到木箱的初步雏形。

步骤 06 打开放样对象的Fit（拟合）变形的对话框，并根据示意图在工具栏中单击相应按钮。

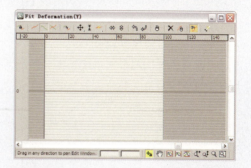

步骤 07 在视图中将光标靠近矩形截面，光标变为如下图所示形状。

步骤 08 通过拟合变形后，可观察到木箱的侧面将根据矩形图形而改变。

步骤 09 在Fit Deformations（拟合变形）对话框中选择左侧的顶点进行调整控制。

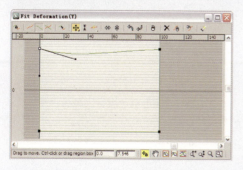

步骤 10 调整变形曲线的顶点，放样对象的外形也会产生相应的变化，使木箱的外形变得更加自然。

3.4.3 超级布尔和专业剪切器

作为最常用的复合命令，尽管ProBoolean（超级布尔）和ProCutter（专业剪切器）也能单独使用，不过当它们配合使用时，能将2D图形和3D模型更好地组合在一起。右图所示为当两个命令配合应用时，产生的碎裂等类似的动画效果。

1. 超级布尔

ProBoolean（超级布尔）与传统的布尔对象相比，添加了大量新功能，特别是为同一对象多次使用布尔运算时，能够立刻完成计算，而且还能自动将布尔结果细分为四边形面，更利于网格平滑和涡轮平滑。与传统的Boolean（布尔）复合命令相比，其具有以下优点。

▲ 更好质量的网格，小边较少，并且窄三角形也较少。

▲ 较小的网格，较小的顶点和面。

▲ 使用更容易更快捷，每个布尔运算有无限的对象。

▲ 看上去更清晰的网格，共面边被隐藏。

▲ 整合的百分数和四边形网格。

ProBoolean（超级布尔）与标准布尔的运算方式基本相同，支持Union（并集）、Intersection（交集）、Subtraction（差集）和Merge（合集）4种运算方式，如下图所示。

其中Merge（合集）运算用于相交并组合两个网格，不用移除任何原始多边形，适用于需要有选择地移除网格某些部分的情况。

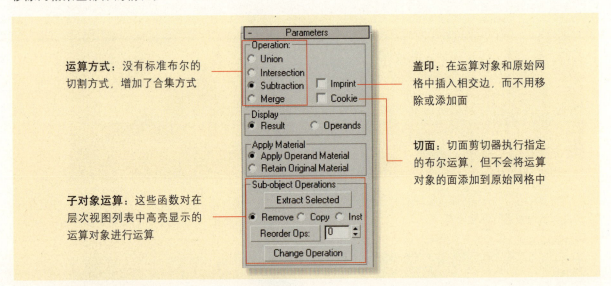

运算方式：没有标准布尔的切割方式，增加了合集方式

盖印：在运算对象和原始网格中插入相交边，而不用移除或添加面

切面：切面剪切器执行指定的布尔运算，但不会将运算对象的面添加到原始网格中

子对象运算：这些函数对在层次视图列表中高亮显示的运算对象进行运算

文本、放样和NURBS等对象在布尔操作时的注意事项

当对文本对象执行布尔操作时，应确保字符彼此不相交，并且每个字母都是闭合的。此外，用这种方法很容易不小心创建放样对象和NURBS对象，以致产生自相交的情况。借助放样对象，可以检查端点以及放样曲线弯曲处的点。

2. 专业剪切器

ProCutter（专业剪切器）复合对象能够执行特殊的布尔运算，主要目的是分裂或细分体积，也就是为什么两者需要配合使用。ProCutter（专业剪切器）运算的结果尤其适合在动态模拟中使用（在动态模拟中创建对象炸开的特效），其主要功能包括以下几点。

▲ 使用剪切器可将源对象分离为可编辑网格对象，通常剪切器为实体或曲面。

▲ 同时在一个或多个源对象上使用一个或多个剪切器。

▲ 执行一组剪切器对象的体积分解。

▲ 多次使用一个剪切器，不需要保留历史记录。

在剪切时，可以在参数面板中通过选择确定选择对象是作为剪切器还是作为需要被塑形的原料对象，并可以通过工具模式使用相同的剪切器，如下图所示。

拾取剪切器/原料对象：选择的对象将用于细分原料对象或被作为细分对象

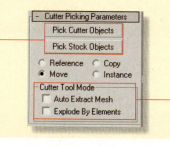

切割器工具模式：可以在不同的地方反复剪切同一对象或单独提取元素

在剪切前，如果要塑造特殊的外形，需要在Cutter Parameters（剪切器参数）中选择相应的剪切选项，如右图所示。

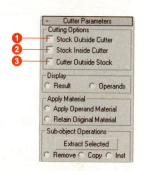

❶ Stock Outside Cutter（切割器外的原料）：结果包含所有剪切器外部的原料部分。

❷ Stock Inside Cutter（切割器内的原料）：结果包含一个或多个剪切器内的原料部分。

❸ Cutter Outside Stock（原料外的切割器）：结果包含不在原料内部的剪切器的部分。

【实战练习】制作破碎的玻璃杯

◎ 原始文件：场景文件\Chapter 3\制作破碎的玻璃杯-原始文件\
最终文件：场景文件\Chapter 3\制作破碎的玻璃杯-最终文件\
视频文件：视频教学\Chapter 3\制作破碎的玻璃杯.avi

步骤 01 打开本书配套光盘中与本部分内容相关的场景文件。

步骤 02 执行File（文件）>Iuport（导入）>Merge（合并）菜单命令，合并一个酒杯模型，并将酒杯放置在画面的相应位置。

步骤 03 根据示意图在场景中创建一些平面，用于作为剪切器。

步骤 04 选择其中一个平面对象，使用Pro Cutter（专业剪切器）复合命令，并通过Pick Cutter Objects（拾取剪切器对象）方式，拾取其他平面对象，使所有平面对象成为一个整体的剪切器。

步骤 05 将所有平面合成一个整体剪切器后，然后通过Pick Stock Objects（拾取原料对象）方式在场景中拾取酒杯对象，并在拾取前根据示意图进行设置。

步骤 06 选择最终的酒杯模型，执行四元菜单中的Convert to Editable Mesh（转换为可编辑网格）命令，将酒杯转换成网格模型。

什么是可编辑网格对象？

可编辑网格是一种可变形对象，使用三角多边形，适用于创建简单、少边的对象或用于 MeshSmooth和HSDS建模的控制网格。可以将 NURBS或面片曲面转换为可编辑网格。可编辑网格只需要很少的内存，并且是使用多边形对象进行建模的首选方法。

步骤 07 在Editable Mesh（可编辑网格）参数面板中使用Explore（炸开）命令，将酒杯按剪切的网格线炸开。

提示 四边形网格的更多效果

超级布尔和专业剪切器可以使用四边形网格算法重设平面曲面的网格。将该功能与"网格平滑"、"涡轮平滑"和"可编辑多边形"中的细分曲面工具结合使用可以产生动态效果。此外需要一定的专业知识才能知道具体效果，以及如何使用四边形镶嵌获得最佳效果。这些知识将在后面的章节进行详细讲解。

3.4.4 其他复合命令

1. 变形的用途

　　Morph（变形）特别适用于创作表情动画项目，比如属于面部连续完成高兴、吃惊、痛苦等一系列表情变化的动画，这点非常类似2D动画中的中间帧插补动画技术。

　　变形复合对象可以通过合并两个或多个对象得到，首先需要插补第一个对象的顶点，使其与另外一个对象的顶点位置相符，如果随时执行这项插补操作，将会生成变形动画。下图所示为通过Morph（变形）得到的表情动画。

　　在变形复合对象的创建过程中，原始对象被称为种子或基础对象，将变形成另一个或多个的对象称为目标对象。用户可对一个种子执行变形操作，使其变为多个目标，此时，种子对象的形式会发生连续更改，以符合播放动画时目标对象的形式。

创建变形动画的条件

　　在创建变形之前，种子和目标对象必须满足2个条件：两个对象必须是网格、面片或多边形对象；这两个对象必须包含相同的顶点数。

2. 如何创建散布复合对象

　　Scatter（散布）复合命令可以创建两种效果，一种让对象散布阵列，另一种则是将原始对象分布到另一个对象表面上，因此要创建Scatter（散布）复合对象也有两种方式。在应用散布时，如果要创建后一种效果，首先要满足有两个对象，一个作为源对象，一个作为分布对象，同时源对象必须是网格对象或可以转换为网格对象的对象，然后通过Scatter（散布）命令，将所选择的对象散布到分布对象的表面上。这种方法特别适用于创建各种随机性的场景对象，如自然分布的植物、在山坡吃草的羊群等，如下图所示。

原始文件：场景文件\Chapter 3\在桌面上复制骰子-原始文件\
最终文件：场景文件\Chapter 3\在桌面上复制骰子-最终文件\
视频文件：视频教学\Chapter 3\在桌面上复制骰子.avi

步骤 01 打开本书配套光盘中与该内容相关的场景文件，并选择骰子模型，同时对其应用Scatter（散布）复合命令。

步骤 02 在Scatter Objects卷展栏中选择Use Transforms Only（仅使用变换）选项。

步骤 03 在Source Object Parameters（源对象参数）选项组中设置Duplicates（重复）选项。

步骤 04 在Local Translation（局部平移）选项组中设置X轴的参数。

步骤 05 完成参数设置后，可观察到骰子被阵列复制，并产生了随机的距离。

步骤 06 在Transforms（变换）卷展栏的Rotation（旋转）选项组中设置Y轴旋转度数。

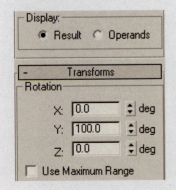

步骤 07 完成所有参数设置后，可观察到骰子之间具有随机性的距离和角度方向。

散布的分布原理

　　当使用两个对象创建散布复合对象时，散布效果是具有一定的依据的，将遵循区域、偶校验、跳过N个、随机面、沿边、所有顶点、所有边的中点、所有面的中心以及体积等方式。

　　Conform（一致）复合对象实际上是在诠释包裹现象，其通过将某个对象的顶点投影到另一个对象的表面而创建出新的对象，如桌布与茶几的关系，其中桌布为包裹器，茶几为包裹对象，如下图所示。

　　使用Conform（一致）复合命令，不仅能制作出包裹桌面的桌布模型，还能制作投影到凹凸不平地形的道路模型，如右图所示。要创建这样类似的模型需要完成以下操作。

步骤1： 创建道路和地形。

步骤2： 设置道路位于地形的上方。

步骤3： 选择道路对象，使用Conform（一致）命令，同时拾取道路对象。

步骤4： 激活Top（顶）视口，然后执行Use Active Viewport（使用激活视口）命令，并单击Recalculate Projection（重新计算投影）按钮。

步骤5： 在Update（更新）选项组中勾选Hide Wrap-To Object（隐藏包裹对象）复选框，这时可清楚看到投射在地形上的道路。

4. 利用连接修补对象

　　Connect（连接）复合命令通常应用给表面有开口的两个或多个对象，通过该命令可将这些对象开口的地方连接起来，并进行封闭。比如单独的茶杯把手和杯身，表面都有开口，如果使用Connect（连接）复合命令，把手和杯身将自动插补两者之间的空隙，完成一个完整的茶杯。

　　Connect（连接）复合命令的使用方法与Boolean（布尔）命令基本相似，其主要参数是通过Interpolation（插值）和Smoothing（平滑）来控制连接部分效果（见下图）。

插值： 可控制连接部分的分段数和曲率

平滑： 可以在连接处的面上应用平滑处理

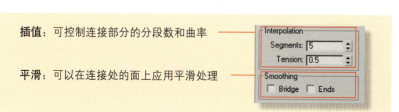

应用"连接"命令

　　Connect（连接）复合命令不适用于NURBS对象，因为复合命令会让对象转换为许多单独的网格，而不是一个大的网格。

　　如果要对NURBS对象使用"连接"命令，则可以使用以下方法：在将NURBS对象用作连接的一部分之前，对NURBS对象应用"焊接"修改器，将NURBS对象转换为一个网格，并且合上NURBS对象的缝隙。

原始文件：场景文件\Chapter 3\连接香水瓶-原始文件\
最终文件：场景文件\Chapter 3\连接香水瓶-最终文件\
视频文件：视频教学\Chapter 3\连接香水瓶.avi

步骤 01 打开本书配套光盘中与本部分内容相关的场景文件。

步骤 02 选择其中一个对象，然后应用Connect（连接）复合命令，并拾取另一个对象，将两个开放的柱体连接成一个整体，并设置相应参数。

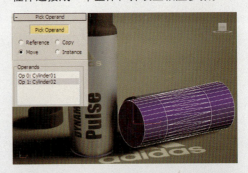

步骤 03 在Interpolation（插值）选项组中设置Segments（分段）参数值为5，使连接部分有更多的分段数，从而使模型包含更多细节。

5. 柔体的制作原理

BlobMesh（水滴网格）是直接可以进行创建的复合对象，创建后可以通过其他模型或粒子生成一组类似柔软液态物质的球体，当这些球体相互靠近时，还可连接在一起。这是在场景中创建动态水流或黏状冰柱等效果的最佳方法，如下图所示。

术语：变形球

在3D行业，采用水滴风格操作方式创建出来的球体一般称为变形球。

BlobMesh（水滴网格）复合对象可以根据场景中的指定对象生成变形球，此后，这些变形球会形成一种网格效果，即水滴网格。在设置动画期间，如果要模拟移动和流动的厚重液体和柔软物质，理想的方法是使用水滴网格，如下图所示。

6. 变形球的不同关联效果

在使用BlobMesh（水滴网格）对象时，以几何模型作为关联对象和以粒子系统作为关联对象所产生的效果有很大区别，根据生成变形球时使用的对象分别放置变形球，并设置大小，主要包括以下几种方式。

▲ **与几何模型关联**：变形球位于每个顶点，外形与BlobMesh（水滴网格）对象大小一致。

▲ **与粒子关联**：变形球位于每个粒子，外形大小与粒子大小一致。

▲ **与辅助对象关联**：变形球位于轴点，外形大小与BlobMesh（水滴网格）对象大小一致。

7. 2D和3D的结合

Shape Marge（图形合并）是比较特殊的一个复合命令，可以创建包含网格对象和一个或多个图形的复合对象，这些图形将嵌入在网格中，适用于制作一些带有文字镌刻的模型，如纪念碑、刻有祝福的戒指等，以及剃须刀刀柄上的防滑凹槽。使用Shape Marge（图形合并）复合命令，在其参数面板中可以通过Operation（运算）选项组控制合并效果，其中主要参数如下。

▲ Cookie Cutter（**饼切**）：切去网格对象曲面外部的图形。

▲ Merge（**合并**）：将图形与网格对象曲面合并。

▲ Invert（**反转**）：反转"饼切"或"合并"效果。

◆【实战练习】制作空心号码台球

原始文件：场景文件\Chapter 3\制作空心号码台球-原始文件\
最终文件：场景文件\Chapter 3\制作空心号码台球-最终文件\
视频文件：视频教学\Chapter 3\制作空心号码台球.avi

步骤 01 打开本书配套光盘中与该内容相关的场景文件。

步骤 02 根据示意图中台球的位置，在场景中创建一个球体和一个文字图形。

步骤 03 选择球体，然后执行Shape Marge（图形合并）复合命令，并在视口拾取文字图形，以默认Merge（合并）方式完成球体和文字图形合并。

步骤 04 选择Cookie Cutter（饼切）方式，将数字与球体合并处的面进行删除，成为一个空心球体，并进行相应参数设置。

8. 地形的应用

Terrain（地形）复合命令可以通过样条线数据生成地形对象，并能在轮廓上创建网格曲面，也可以创建类似梯田的地形效果，制作与传统的土地形式相似的模型，如右图所示。

当创建Terrain（地形）复合对象后，在如下图所示的Parameters（参数）卷展栏中能查看到参与地形运算的图形，并能够在Form（格式）选项组中选择不同的算法。

运算：在该选项组中列出了参与地形运算的对象名称

分级曲面：在轮廓上创建网格的分级曲面

缝合边界：启用该选项后，禁止沿着地形对象的边缘创建新的三角形

实体：可以选择侧面带有分级曲面的分级实体和类似纸板建筑模型的分层实体

重复三角算法：启用该选项后，将使用更严格遵循轮廓线的缓慢算法

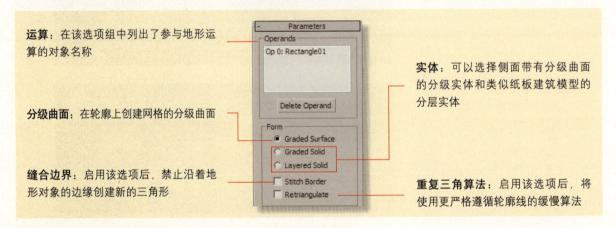

9. 将复杂对象网格化

Mesher（网格）复合命令可用于任何类型的对象，但主要为使用粒子系统而设计，以每帧为基准将对象转化为网格对象，这样可以更方便地应用修改器，例如将粒子系统弯曲。如果要制作粒子模拟倒入的牛奶效果，就需要通过创建Mesher（网格化）复合对象，让粒子与网格化进行关联，从而改变粒子发射曲率。

Mesher（网格）复合命令的参数非常简单（见下图），在参数面板中可以激活对象的拾取工作、控制时间的偏移效果，以及应用不同的定义方式和粒子流事件应用。

拾取对象：可在场景中拾取几何模型或粒子系统对象

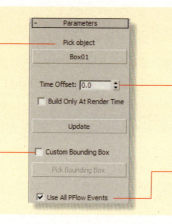

时间偏移：将运行网格粒子系统的原始粒子系统之前或之后的帧数

自定义边界盒：启用该选项后，网格化将来源于粒子系统和修改器的动态边界框替换为用户选择的静态边界框

使用粒子流事件：启用该选项后，并对粒子流系统应用网格化复合命令时，网格对象会在该系统中为每个事件自动创建网格对象

【实战练习】通过网格化对象创建副本

原始文件：场景文件\Chapter 3\通过网格化对象创建副本-原始文件\
最终文件：场景文件\Chapter 3\通过网格化对象创建副本-最终文件\
视频文件：视频教学\Chapter 3\通过网格化对象创建副本.avi

步骤01 打开本书配套光盘中与该内容相关的场景文件。

步骤02 执行"File（文件）>Import（导入）>Merge（合并）"命令，合并一个酒杯模型，并将酒杯放置在相应位置。

步骤03 利用Mesher（网格化）复合命令在任意位置创建一个网格化复合对象。

步骤04 通过调整参数拾取酒杯对象，网格化复合对象将具有与酒杯完全一样的外形。

提示　网格化应用注意事项

当网格化与粒子系统关联应用时，将渲染两种粒子系统，但原始粒子系统又必须存在，以便网格对象可以使用该系统，因此，如果只想渲染网格化的副本，需要在渲染前隐藏原始的粒子系统。

▶▶ 3.5 创建简陋的路边加油站

在本节中将综合使用本章所讲知识，创建出各种几何模型，并通过复合对象得到异型或具有更多细节的对象，最后将这些几何模型拼凑组合，完成创建简陋的路边加油站场景（见下图）。

原始文件：场景文件\Chapter 3\创建简陋的路边加油站原始文件\
最终文件：场景文件\Chapter 3\创建简陋的路边加油站最终文件\
视频文件：视频教学\Chapter 3\创建简陋的路边加油站.avi

3.5.1 创建置物架

从参照案例的效果图中可观察到，场景中主要表现了置物架和条凳，其中置物架是主要表现对象，因此相应的对象也应具有更多的细节，包括在格子上放置了装满汽油和用完汽油的玻璃瓶，在两侧悬挂汽油招牌和漏斗等。本节将通过创建标准基本体和放样等方法，完成整个置物架的创建。在创建过程中，建议将置物架分为以下4个部分，并依次进行制作。

1. 支架

两侧的支架是置物架基本的结构，在没有标准尺寸数据时，首先应该确定一个参照标准，比如支架的高度，因此在创建支架时，本例将以支架基本结构、底部基座、三角支架、螺丝、连接杆为次序进行创建。以下是创建支架的具体操作步骤。

步骤1： 在场景中创建个Box（长方体）对象，作为支架的基本结构，创建效果及参数如下图所示。

步骤2： 创建一个新的长方体，作为支架底部基座，并与之前创建的长方体居中对齐，创建位置和参数如下图所示。

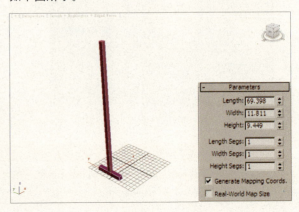

本例将不采用具体的单位，目的在于让读者熟悉创建过程中参照对象的重要性，也作为熟悉与掌握基本几何体创建的练习，但是在具体项目或创作时，一定要参照图纸的真实数据或以真实世界单位作为参照标准。

步骤3： 激活Left（左）视图，根据支架和底座的位置关系，创建一段封闭的曲线，创建位置和效果如下图所示。

步骤4： 创建一段长度适当的样条线，作为放样的路径，创建位置及大小如下图所示。

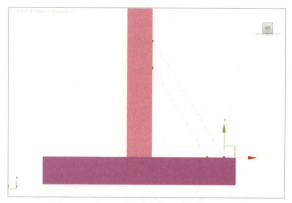

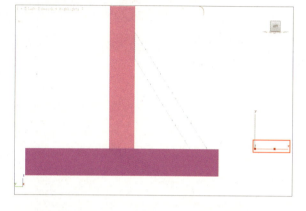

步骤5： 使用Loft（放样）复合命令，选择异型图形作为放样截面，使用Get Path（拾取路径）的方法拾取样条线，完成放样，其效果如下图所示。

步骤6： 将放样对象移动到适当位置，然后使用Mirror（镜像）工具进行复制，完成三角支架的创建，如下图所示。

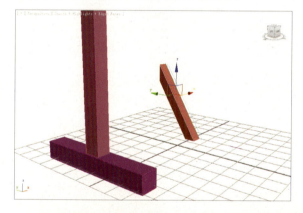

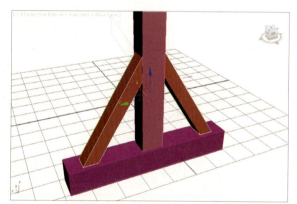

当预置的几何体不能满足预想的模型效果时，可以使用Loft（放样）等复合命令制作复杂的模型，但如果模型外形简单，却没有在预置命令中，实际上可以使用Modifier（修改器）来实现，如Extrude（挤出）、Bevel（倒角）等，关于修改器的知识，将在后面章节进行详细介绍。

步骤7： 创建一个Chamfer Cylinder（切角圆柱体），模拟三角支架底座上的螺帽，完成创建后，可将其进行适当旋转，使螺帽的方向与倾斜支架角度一致，创建参数及效果如下图所示。

步骤8： 将切角圆柱体进行移动克隆和镜像克隆，使两侧的倾斜支架上都有螺帽的存在，完成效果如下图所示。

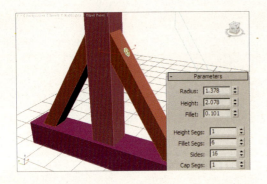

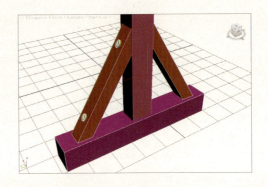

步骤9：创建一个长方体，作为支架的底部连接杆，创建参数及位置如下图所示。

步骤10：选择除连接杆外的所有支架部件，将这些选中的对象进行镜像克隆，并将其放置到连接杆的另一端，完成整个支架的创建，如下图所示。

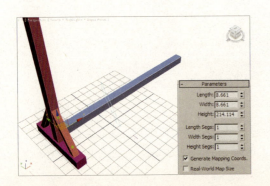

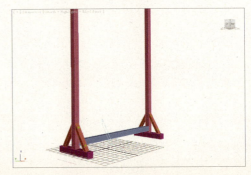

提示 对称的支架

包括在真实世界中，很多事物都是具有对称性的，在使用3ds Max进行创作时，一定要准确把握住事物的这种特性，合理使用Mirror（镜像）工具，可以让工作过程变得更加轻松。

2. 置物格

置物架上摆放具体物品的架子主要由长方体组成，包括底板和四面的档板。以下是创建置物格的具体操作步骤。

步骤1：创建一个长方体，作为置物格的底板，创建参数及位置如下图所示。

步骤2：在底板两侧创建两个参数相同的长方体，作为置物格的侧面挡板，创建参数及位置如下图所示。

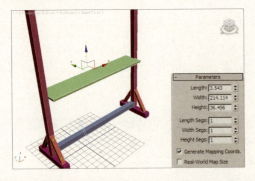

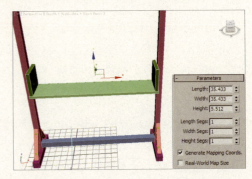

步骤3：在侧面挡板的背后创建一个长方体，作为置物格的背面挡板，创建参数及位置如下图所示。

步骤4：创建一个新的长方体，作为置物格的正面的挡板，创建参数及位置如下图所示。

步骤5：选择整个置物格部件，然后适当调其高度位置，并对其进行克隆，完成效果如右图所示。

作为路边的简易加油站，在置物架上会放置一些汽油瓶，同时为了保护这些汽油瓶，在置物架顶部应该有一个简易的顶棚用于遮阳避雨。以下是顶棚的具体创建步骤。

步骤1：在Front（前）视口中创建一段由很多顶点组成的直线，一定要将顶点数创建成奇数，这样才能让样条以顶点为中心对称，创建效果如下图所示。

步骤2：每隔一个顶点进行选择，然后将选择的顶点适当移动，使直线变为锯齿效果，在选择时从偶数顶点开始进行选择，完成操作效果如下图所示。

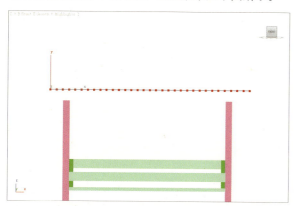

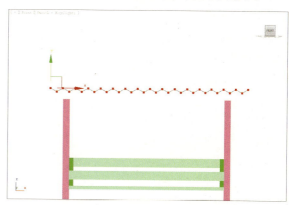

步骤3：选择所有顶点，通过四元菜单将顶点属性更改为Smooth（光滑），使锯齿产生波浪效果，如下图所示。

步骤4：在Left（左）视图中创建一段倾斜的直线，创建效果如下图所示。

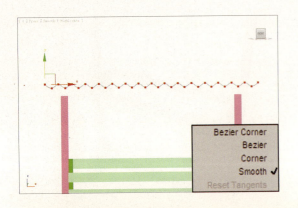
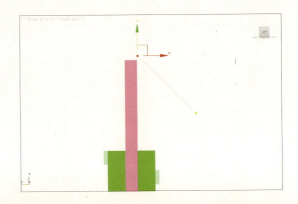

> **提示　顶棚创建方法的灵活运用**
>
> 本案例所讲解的顶棚制作方法使用非常广泛，使用这种方法还可以用于创建如窗帘、桌布等具有皱褶效果的模型。
>
> 在本例中，使用的是未封闭的曲线作为截面，创建出的对象也是单面模型，如果要制作更精细的模型或需要双面模型时，可以通过样条线的Outline（轮廓）命令为曲线添加轮廓，使其成为封闭曲线。

步骤5： 选择波浪曲线，使用Loft（放样）复合命令，以Get Path（拾取路径）的方式拾取倾斜直线进行放样，完成效果如下图所示。

步骤6： 将顶棚进行镜像克隆，并放置在适当位置，完成一组顶棚的制作，如下图所示。

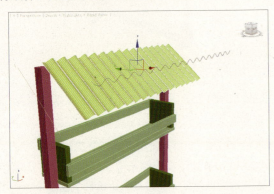

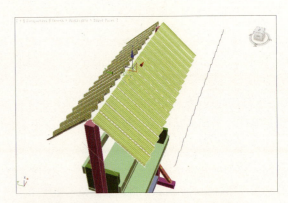

步骤7： 创建一个圆柱体，并启用其切片参数，使圆柱体只有一半，以作为顶棚顶部的固定部件，创建参数及位置如右图所示。

4. 其他

　　其他对象主要是指悬挂在支架上的招牌和加灌汽油时使用的漏斗，从构图和表现的角度观察参考图例，可观察到招牌和漏斗主要用于增加场景细节，使场景更接近真实。在本例中通过简单的几何体和复合命令进行创建，同样能达到一定的细节效果，如招牌的缺口和圆滑的边缘等。以下是招牌和漏斗的具体创建步骤。

步骤1： 在支架旁创建一个大小适当的ChamferBox（切角长方体），作为简单的招牌，创建参数及位置如下图所示。

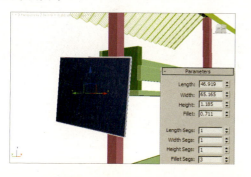

步骤2： 在Left（左）视图中创建两个大小不一的圆柱体，作为布尔运算的辅助对象，用于制作招牌上的细节，创建效果如下图所示。

> **提示 圆滑的边缘**
>
> 在真实世界中，通常情况下所有对象的边缘并不像3ds Max中创建的大部分对象那么生硬，而是具有一定的圆滑程度，包括桌面、墙角等，但如果要在3ds Max将每一个对象制作出圆滑边缘，将以增加大量的顶点和面数为代价，因此在创建一个场景时，其中模型的精细程度要根据表现的重要程度来决定。

步骤3： 使用ProBoolean（超级布尔）复合命令，在切角长方体上依次对两个圆柱体进行差集运算，完成具有一定细节的招牌的制作，效果如下图所示。

步骤4： 在场景中创建一个Donut（圆环），作为放样的截面对象，用于辅助制作漏斗的灌液体的部分，创建参数及效果如下图所示。

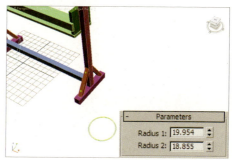

步骤5： 再创建一个较小的Donut（圆环），用于辅助制作漏斗的漏嘴部分，创建参数及效果如下图所示。

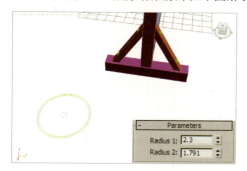

步骤6： 在Top（顶）视图中创建一段长度适当的直线，作为放样的路径，创建效果如下图所示。

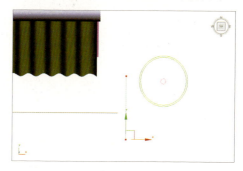

步骤7： 选择直线对象，使用Loft（放样）复合命令，以Get Shape（拾取图形）的方式，拾取较小的圆环图形，完成初步放样，如下图所示。

步骤8： 在放样的Path Parameters（路径参数）卷展栏中设置Path（路径）为60，然后再次拾取较小的圆环作为截面，完成效果如下图所示。

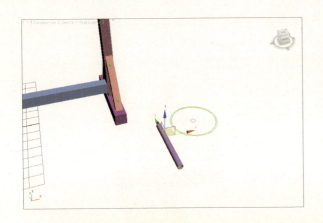
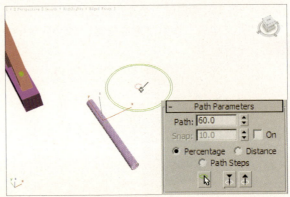

在制作漏斗前，应该仔细观察漏斗的形状结构，分析出使用哪种方法创建更为便捷，并且创建出的模型面数最少。

在本例中将使用多重截面放样的方法，因为这样在创建完成后，可以通过调整截面在路径上的位置以灵活控制漏斗灌液体的部分和漏嘴部分的长度。

步骤9：设置Path（路径）为90，并拾取较大的圆环作为截面，完成多重截面放样操作，制作好简易的漏斗，如下图所示。

步骤10：将漏斗进行旋转，并放置到支架的一侧，使其看起来像挂在支架上，如下图所示。

3.5.2 创建条凳

条凳作为简易的休息位置，从参照图示上可看出条凳外形非常简单，可以使用长方体就能完成创建，在凳脚上可以使用Boolean（布尔）复合命令完成缺口的制作。

步骤1：在视口中创建一个长方体，作为条凳的凳脚雏形，创建参数及效果如下图所示。

步骤2：在Left（左）视图中创建一个对称的异型封闭曲线，用作放样的截面，创建效果如下图所示。

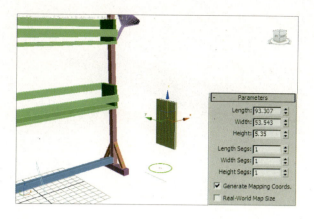

步骤3： 在Perspective（透视）视图中创建一段长度适当的直线，作为放样的路径，创建位置如下图所示。

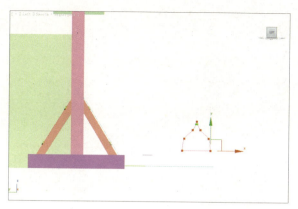

步骤4： 选择异型图形，使用Loft（放样）复合命令，以Get Path（拾取路径）的方式在场景中拾取直线，完成放样，并将放样对象与长方体对齐，如下图所示。

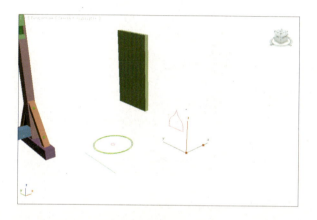

步骤5： 选择长方体，使用Boolean（布尔）复合命令，将其与放样对象进行差集运算，为条凳制作出开口，完成效果如下图所示。

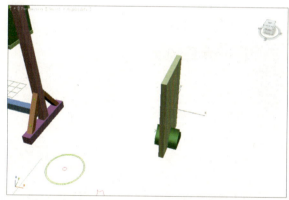

步骤6： 创建一个长方体，作为条凳支脚的连接杆，创建参数及位置如下图所示。

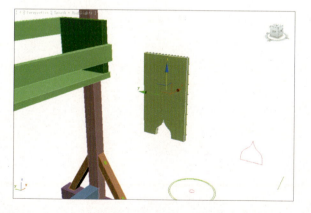

步骤7： 将条凳的支脚进行克隆，并放置到连接杆的另一侧，完成效果如下图所示。

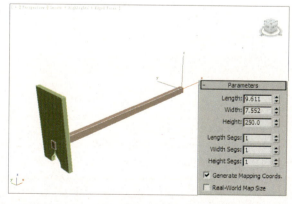

步骤8： 创建一个大小适当的长方体，作为条凳的凳面，创建参数及位置如下图所示。

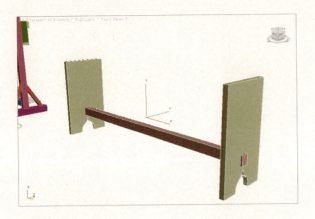

步骤9： 创建一个长方体，并将其适当旋转，用于连接凳面和凳脚，作为三脚支撑，并将其镜像克隆，创建参数和最终完成效果如下图所示。

步骤10： 完成场景所有对象的创建后，最终场景如下图所示。另外用户可自行创建平面或长方体对象作为参考图中的背景墙和地面。

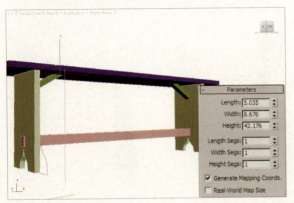

CHAPTER 4

使用修改器

【重点内容】

1. 如何使用修改器
2. 世界空间修改器
3. 对象空间修改器
4. 可编辑多边形修改器
5. 制作冲锋枪模型

经典作品赏析

▶ 艺术家Brune Marie的这幅作品是一个简单的矿泉水瓶子的产品表现，类似这种的容器模型是修改器应用的一个主要方面。通过给容器侧面的轮廓曲线添加Lathe（车削）修改器，可以得到三维对象。利用这个修改器可以很方便地制作诸如花瓶、酒杯和酒瓶等物体。

▶ 艺术家Cairo的这个作品中的心形造型是倒角剖面修改器的一个应用案例，给心形造型的二位图形添加一个倒角剖面修改器就可以利用另一条轮廓线来确定挤出对象的轮廓效果。在该案例中的这个造型的边缘轮廓非常圆滑，因此可以拾取一条圆弧形的样条线来确定心形对象的边缘效果。

▶ 艺术家John Robertson的这幅风景作品表现了荒漠中矗立的一座座岩石，这些岩石模型的特点就是表面凹凸不平，该效果可以通过给对象添加Noise（噪波）修改器来完成。使用噪波修改器能够使对象产生随机的噪波分形，比较适合制作这种表面凹凸不平的物体，而像场景中凹凸的沙漠地形，或者是起伏的海面也可以通过Noise（噪波）修改器来实现。

▶ 在艺术家Daniil Alikov的这幅作品中有一些外形不规则的物体，例如辣椒，每个辣椒的外形都会有些差别，像这种外形没有规则形态的对象可以利用FFD自由变形修改器来完成。使用自由变形修改器能够改变任意对象的外形轮廓。

▶▶ 4.1 如何使用修改器

在前面的章节中，介绍了创建几何体、图形等对象的造型以及对象变换的相关操作，这是产生造型的基本方法，但是，它们不可能完全符合造型的各方面要求，还需要对所创建的造型进行修改，这些就要在修改面板中来完成。

修改器的种类也非常多，使用修改器来修改器对象能产生许多生动的造型，学习修改器的使用必须先要熟悉掌握修改器的一些基础知识，这些基础知识将在本章节中做详细介绍。

◤ 4.1.1 使用修改面板

3ds Max 2010中，在Create（创建）命令面板中创建对象后，切换到Modify（修改）面板中，可以更改对象的原始参数或添加修改器，修改面板是对基础对象进行加工修改的一个重要工具。要使用Modify（修改）面板需要执行以下操作。

步骤1: 运行3dsMax 2010软件，在场景中新建一个标准几何体对象，并选择创建的几何体对象。

步骤2: 单击Modify（修改）命令面板按钮，在修改命令面板中对象名称会出现在面板的顶部。

步骤3: 在Modify（修改）命令面板的Parameters（参数）卷展栏中可通过修改这些参数，来调整对象造型。

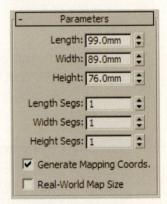

要想为对象添加相应修改器，就要在修改器下拉列表中选择修改器，之后，修改器的参数会显示在修改器堆栈下方，用户还能将要使用的修改器集显示在修改面板中，设置修改器需执行以下步骤。

步骤1: 在场景当中选择需要设置修改器的场景对象。

步骤2: 切换到修改命令面板，单击修改器堆栈下方的"配置修改器集"按钮，弹出快捷菜单。

步骤3: 在弹出的快捷菜单中勾选Show Buttons（显示按钮）命令，之后在修改命令面板中，就会显示出命令按钮。

4.1.2 使用编辑修改器堆栈

编辑修改器堆栈是Modify（修改）面板上的列表，它包含累计历史记录，上面有选定的对象，以及应用于对象的修改器名称。

修改器堆栈具有相当大的灵活性，用户可以对一个对象添加多个修改器，产生的效果也会累积呈现，修改器堆栈中添加的修改器将一层层堆积上去，从而产生复杂的效果。修改器堆栈包含了所有修改方面的信息，下面将对编辑修改器堆栈、堆栈控件和堆栈右键菜单的使用进行详细阐述。

1. 编辑修改器堆栈

在Modify（修改）面板中可以将一个对象堆栈中的修改器进行复制、剪切和粘贴到其他对象的堆栈中，也能将对象的修改器进行折叠和展开操作，编辑堆栈需执行以下步骤。

步骤1： 打开场景文件，在场景当中选择需要被指定修改器的场景对象。例如下图中显示选择的"木棍"模型。

步骤2： 单击Modify（修改）按钮，切换到修改命令面板。在修改堆栈中列出了应用在"木棍"对象上的所有修改器名称。

步骤3： 在修改器堆栈中选择一个修改器并右击鼠标，在弹出的快捷菜单中选择"复制"命令，然后将其粘贴到另一个对象的堆栈中，完成修改器的复制。

> **提示 修改器的效果开关、展开或折叠修改器堆栈**
>
> 单击堆栈列表中修改器前面的 按钮能对所应用在对象上的修改器效果进行开启和禁止设置，单击+或-能展开和折叠修改器的子对象层级，如上面中间的图中显示的效果。

2. 堆栈控件

在修改器堆栈下方包含了用来使用和编辑修改器的一些控件按钮，如右图所示。用这些控件能对修改器进行编辑修改。

- ▲ Pin Stack（锁定堆栈）按钮：单击该按钮可将修改堆栈锁定在当前物体上，即使选取场景中别的对象，修改器仍使用于锁定对象。
- ▲ Show end result on/off toggle（显示最终结果开/关切换）按钮：当单击该按钮后，即可打开或者关闭对象修改的最终结果。
- ▲ Make unique（使惟一）按钮：使选择集的修改器独立出来，只作用于当前选择对象。
- ▲ Remove modifier from the stack（从堆栈中移除修改器）按钮：单击该按钮将删除掉列表中选中的修改器。
- ▲ Configure Modifier Sets（配置修改器集）按钮：单击该按钮会弹出菜单，在其中可选择是否显示修改器按钮及改变按钮组的配置。

原始文件：Chapter 4\使用堆栈控件-原始文件\
最终文件：Chapter 4\使用堆栈控件-最终文件\
视频文件：视频教学\Chapter 4\练习使用修改器堆栈.avi

步骤01 打开〝使用堆栈控件-原始文件.max〞文件，在其中选择最小的方体对象，它和另一个小方体对象是实例对象。

步骤02 单击Modify（修改）命令面板按钮 ，进入修改面板后可观察到选择对象的所有修改器列表。

步骤03 单击堆栈控件按钮区域的Pin Stack（锁定堆栈）按钮 ，整个面板将锁定到当前对象。

步骤04 单击 按钮取消显示最终效果，此时场景中的对象不显示修改效果。

步骤05 单击堆栈控件区域的 按钮，对象将转化为副本对象，修改其参数将不影响另一个物体。

步骤06 选择修改器堆栈中的Edit Poly修改器，单击 按钮后将删除掉该修改器，相应的效果也将删除。

在修改面板中单击Configure Modifier Sets（配置修改器集）按钮 后，弹出的快捷菜单如下图所示，该菜单中的命令用来管理和自定义应用修改器的快捷键按钮的选项。

配置修改器集：选择该命令，会弹出〝配置修改器集〞对话框，在其中可以自定义修改器的快捷键按钮集的相关参数

修改器集的显示选项：可以将修改器快捷按钮显示在修改面板上，也可以显示修改器列表的所有集

修改器名称列表：罗列出已保存修改器按钮集的名称，选择一个作为当前按钮集，勾选Show Buttons（显示按钮）命令后，当前选择集将以按钮形式显示

```
Configure Modifier Sets

Show Buttons
Show All Sets in List

Selection Modifiers
Patch/Spline Editing
Mesh Editing
Animation Modifiers
UV Coordinate Modifiers
Cache Tools
Subdivision Surfaces
Free Form Deformations
Parametric Modifiers
Surface Modifiers
Conversion Modifiers
Radiosity Modifiers
```

提示 显示列表中的所有集

选择Show All Sets in List（显示列表中的所有集）命令后，在修改器下拉列表中将会显示出所有的修改器集。

执行〝配置修改器集〞命令，将弹出如下图所示的〝配置修改器集〞对话框，在其中可以自定义修改器按钮集。

修改器：罗列出当前所有的可用修改器，拖动右侧的滚动条能选择更多的修改器，其中包括通道信息、MAX 编辑、MAX 标准、变形、MAX 曲面、曲面工具、修改器、光能传递、灯光等类别

集：在其下拉列表中可以选择要编辑的修改器集

修改器组：用于设置修改器中的哪些按钮显示在修改面板上

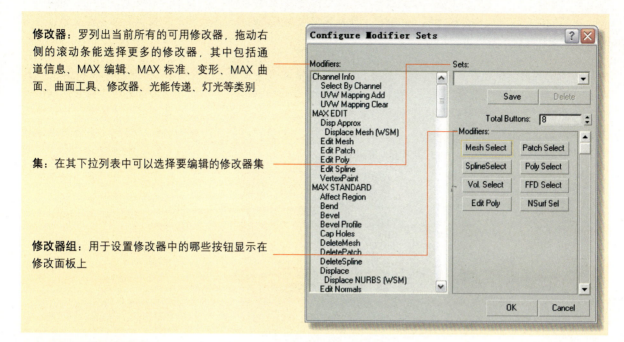

3. 堆栈右键菜单

右键快捷菜单能对修改器进行重命名、控制修改器在视口中或渲染时是否启用等操作。

① **重命名**：用于更改修改器的名称。

② **删除**：从堆栈中删除修改器。

③ **剪切**：从堆栈中剪切修改器。

④ **复制**：制作用于粘贴的修改器副本。

⑤ **粘贴**：将修改器粘贴回堆栈中。

⑥ **粘贴实例**：将修改器的实例粘贴回堆栈中。

⑦ **使唯一**：将实例化修改器转化为副本，它对于当前对象是唯一的。

⑧ **塌陷到**：将塌陷堆栈的一部分。

⑨ **塌陷全部**：塌陷整个堆栈。

⑩ **保留自定义属性**。

⑪ **保留子动画自定义属性**。

⑫ **打开**：在视口和渲染器中启用修改器的效果。

⑬ **在视口中关闭**：只关闭视口中当前选定的修改器。

⑭ **在渲染器中关闭**：只关闭渲染时当前选定的修改器。

⑮ **关闭**：禁用当前选定的修改器，但是不删除它们。

⑯ **使成为参考对象**：如果对象是实例，则将其转化为参考。

⑰ 显示/隐藏堆栈中层次项的子树。

◤ **4.1.3 重新排序修改器堆栈**

修改器堆栈列表中的修改器可以重新排序，调整完修改器的顺序后，对象的修改效果也会产生相应的变化，在视口中只显示堆栈中最顶层的修改器，用户还可以使用鼠标拖动改变堆栈的排列顺序，要重新排序堆栈顺序可以按照以下操作执行。

步骤1： 首先打开一个场景文件，并且在场景当中，我们选择任意一个需要改变其修改器堆栈顺序的模型对象，这里我们选择场景中的星形模型。

步骤2： 然后单击修改命令面板按钮，切换到修改命令面板。在修改命令面板中为选择的对象分别指定FFD 2×2×2修改器和Bend修改器。

步骤3： 观察修改器堆栈可以发现，在每指定一个修改器以后，修改器堆栈中就会显示出该修改器的名称，因此，在修改器堆栈中很容易找到使用的修改器。

步骤4： 在修改器堆栈中选择FFD 2×2×2修改器，然后使用鼠标将其移动到Bend（弯曲）修改器下方。

步骤5： 随着修改器在修改器堆栈中的位置发生变化，会影响到场景中被指定修改器的对象，改变位置后的对象如下图所示。

使用堆栈的基础知识

- 堆栈的功能是便于调整修改器。单击堆栈中的项目，就可以返回到进行修改的那个点。然后可以重做决定，比如暂时禁用修改器，或者删除修改器。
- 也可以在堆栈中的该点插入新的修改器。所作的更改会沿着堆栈向上摆动，更改对象的当前状态。
- 在修改器堆栈中，能将修改器应用于多个对象。

如果要在修改器堆栈中将修改器应用于多个对象，就可以参照以下的制作步骤来执行。

步骤1： 打开场景文件，选择场景中需要指定修改器的场景对象。

步骤2： 然后在修改器列表中选择指定给对象的修改器，这里选择使用Bend修改器。

步骤3： 最后进入修改面板调整修改器的参数，相应场景对象应从整体上发生变化。

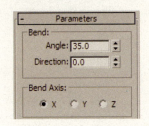

原始文件：场景文件\ Chapter 4\制作抱枕模型-原始文件\
最终文件：场景文件\ Chapter 4\制作抱枕模型-最终文件\
视频文件：视频教学\ Chapter 4\制作抱枕模型效果.avi

步骤01 打开"制作抱枕模型-原始文件.max"。

步骤02 进入到修改器堆栈，其中列出了抱枕对象的所有修改器。

步骤03 在修改器堆栈中选择Bend（弯曲）修改器，修改Angle（角度）为50度。

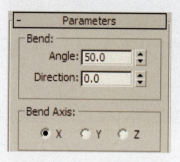

步骤04 选择Skew（倾斜）修改器，在修改面板中将Amount（数量）设置为-10mm。

步骤05 在修改器堆栈中改变修改器的顺序，将Bend（弯曲）移至堆栈的最顶层。

步骤06 设置抱枕对象的各个修改器参数，设置完毕以后，渲染并查看最终效果。

4.1.4 在子对象层级修改使用堆栈

要获得更高质量、更好效果的模型，还可以在修改器堆栈中对每个修改器的子对象层级进行直接变换、修改和对齐对象等操作。子对象是构成对象的零件，例如顶点和面，也可以选择和变换修改器的子对象组件，在子对象层级可用的特定几何体取决于对象类型。下面将从选择变换子对象、在子对象层级使用堆栈、命名子对象和复制子对象4个方面进行讲解。

1. 选择变换子对象

在修改器堆栈中会发现，可编辑多边形或者可编辑网格属性的对象，也被归纳在修改器堆栈中，通过展开堆栈才可以对相应的子对象进行选择和编辑。

下面通过一个实例场景讲解如何对子对象进行选择变换，这些方法也是对子对象选择设置的通用步骤，只要是具有子对象的场景对象，都只有通过这个方法才能够对该对象的子对象进行选择和编辑。因此这个操作步骤具有广泛的统一性和惟一性。

对子对象进行编辑的具体操作步骤如下。

步骤1: 选择场景中一个类似圆柱体的对象，并将其转化为Editable Poly（可编辑多边形）。

步骤2: 在修改面板的修改堆栈上单击＋展开子对象层级。

步骤3: 在堆栈显示区选择要操作的子对象种类，选择后该子对象的类型将以黄色高亮显示。

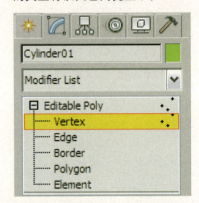

步骤4: 在场景中选择对象的子对象，在视口中将显示为默认的红色高亮状态。

步骤5: 选择子对象后就可以对子对象进行移动、旋转、缩放等变换操作。选中Polygon（多边形）层级，修改面板中将显示相关参数来修改子对象。

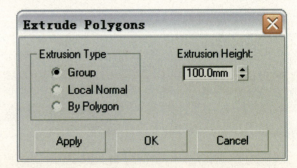

> **提示 变换子对象选择**
>
> 使用可编辑网格、多边形、面片或样条线，可以直接变换任何选择的子对象。但是，像网格选择和样条线选择只对选择的对象有效。

2. 在子对象层级使用堆栈

大部分修改器都包含有子对象组件，例如Gizmo和Center（中心）。像子对象几何体一样，可以在子对象层级访问和变换这些组件，以及直接修改其对象形状。用户还可以在子对象层级使用堆栈，在堆栈中选择子对象，则修改器名称的右侧将显示子对象的图标，表明当前选择状态。

3. 命名子对象

在修改堆栈中对子对象的选择通常非常复杂，包括许多小元素，为了能更准确快捷地选择这些小元素，用户可以使用主工具栏中的Edit Named Selection Sets（编辑命名选择集）工具 来为重要的选择集命名。

4. 复制子对象

为子对象选择命名之后，就可以在同一个堆栈的修改器之间复制它，或者将它复制到另一个相同类型对象的堆栈。

▶▶ 4.2 世界空间修改器

世界空间（WSM）是应用于整个场景的通用坐标系，世界空间修改器与对象空间修改器相对应，其影响对象，但是使用世界坐标，世界空间修改器始终显示在修改器堆栈的顶部，其效果与在堆栈中的顺序无关。

◢ 4.2.1 认识世界空间修改器及分类

世界空间是跟踪场景中的对象时所用的通用坐标系，在视口中查看主栅格时，会显示世界坐标系，世界空间是恒定不变的，与对象空间的UVW坐标对比，世界空间坐标始终是根据用XYZ坐标来表示的。

世界空间修改器的行为与特定对象空间扭曲一样，它们携带对象，但像空间扭曲一样对其效果使用世界空间而不使用对象空间。世界空间修改器不需要绑定到单独的空间扭曲Gizmo，使它便于修改单个对象或选择。应用世界空间修改器就像和应用标准对象空间修改器一样，从Modifier List（修改器列表）中可以访问到世界空间修改器，将世界空间修改器指定给对象后，修改器显示在堆栈的顶部，当空间扭曲绑定时相同区域中作为绑定列出。

在3ds Max 2010中为用户提供了多达10余种的世界空间修改器，以供用户选择使用，如下图所示。

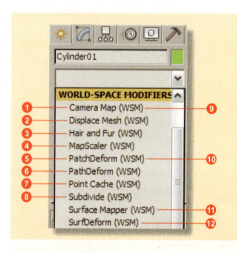

❶ 摄影机贴图修改器。

❷ 置换网格修改器。

❸ 头发和毛发修改器。

❹ 贴图缩放修改器。

❺ 片面变形修改器。

❻ 路径变形器。

❼ 点缓存。

❽ 细分修改器。

❾ 摄影机贴图修改器还有一个对象空间版本的，用于指定摄影机将UVW贴图坐标应用于对象。

❿ 贴图缩放修改器将调整对象大小而不改变贴图的比例。

⓫ 曲面贴图修改器。

⓬ 曲面变形修改器。

提示1 世界空间修改器与空间扭曲

早期Max版本中提供的路径变形和贴图缩放器空间扭曲，在后来的版本中这些空间扭曲修改器被世界空间修改器所代替，在3ds Max 2010版本中打开一个MAX文件时，绑定到该文件上空间扭曲的对象将自动指定相应的世界空间修改器。

空间扭曲也可以在世界空间中操作，其可以定义世界空间中的区域。该区域受相应空间扭曲参数的影响。绑定到空间扭曲的任何对象都会受到影响，因为该对象会遍历空间扭曲的世界空间区域。

提示2 Displace NURBS（WSM）世界空间修改器

在场景中选择NURBS对象后在修改器列表中才会显示Displace NURBS（WSM）修改器，这个修改器将NURBS对象转化为网格，如果置换贴图应用到对象上，网格对象在视口中将显示置换贴图的效果。使用此修改器，往往在达到所需的置换效果后要删除修改器。

4.2.2 细分修改器

Subdivide（WSM）即细分（世界空间）修改器，提供用于光能传递处理创建网格的一种算法，处理光能传递需要网格的元素尽可能的接近等边三角形。

Subdivide（WSM）是在整个对象上进行工作，而不是在网格中的选定面上进行工作。其主要用于对对象进行细分处理，以便增加模型的细节并使对象的表面更为平滑，它只有一个卷展栏，用来设置细分的大小值和更新方式，如下图所示。

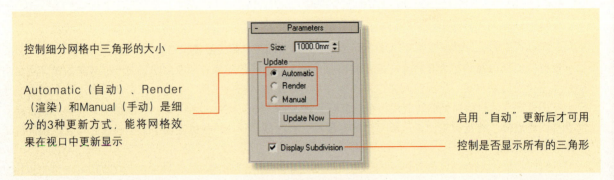

控制细分网格中三角形的大小

Automatic（自动）、Render（渲染）和Manual（手动）是细分的3种更新方式，能将网格效果在视口中更新显示

启用"自动"更新后才可用

控制是否显示所有的三角形

> **提示 细分值大小**
>
> 任何三角形中最长边的长度都不能超过细分修改器中大小的2的平方根倍。

4.2.3 摄影机贴图

Camera Map（WSM）即摄影机贴图（世界空间）修改器，其可以在摄影机的视野中指定一张贴图，贴图将以正对摄影机视图的方向作为贴图坐标的方向，这样就好像为视图设置了背景贴图一样，使用此修改器还能将背景贴图贴在被修改对象上。

Camera Map（WSM）修改器类似于Camera Map（摄影机贴图）修改器，由于它基于指定摄影机将UVW贴图坐标应用于对象，因此应用对象时将相同的贴图指定为背景的屏幕环境，在渲染场景中对象将不可见。在修改器列表中选择Camera Map（WSM）修改器，弹出的参数面板如下图所示。

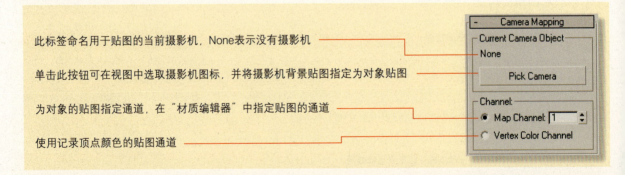

此标签命名用于贴图的当前摄影机，None表示没有摄影机

单击此按钮可在视图中选取摄影机图标，并将摄影机背景贴图指定为对象贴图

为对象的贴图指定通道，在"材质编辑器"中指定贴图的通道

使用记录顶点颜色的贴图通道

> **提示 Camera Map（WSM）与Camera Map之间的区别**
>
> 这两个修改器之间的区别在于前者是使用世界坐标系的WSM版本，后者是使用本地对象坐标。使用Camera Map（WSM）修改器为对象指定标准摄影机贴图后，移动摄影机或对象不能看见对象的存在；使用Camera Map修改器为对象指定贴图，移动摄影机或对象，就可以看到对象的存在。

4.2.4 曲面变形修改器

SurfDeform（WSM）即曲面变形修改器，用来设置对象在曲面表面发生变形依据的平面。利用此修改器可以使用NURBS曲面或CV曲面而不使用曲线作为变形路径。它与面片变形修改器类似，曲面变形修改器也有一个对象空间版本，在修改器列表中为对象指定一个SurfDeform（WSM）后，在修改面板中将显示其参数面板，其中包括Surface Deform（曲面变形）和Surface Deform Plane（曲面变形平面）两个选项组，如下图所示。

❶ Pick Surface（拾取曲面）：单击此按钮后在场景中选择要使用变形的曲面对象。

❷ U/V Percent（U/V向百分比）：根据U/V方向距离的百分比，沿着曲面的UV方向的水平轴移动对象。

❸ U/V Stretch（U/V向拉伸）：沿着曲面的U/V方向垂直缩放对象。

❹ Rotation（旋转）：关于Gizmo曲面旋转被修改对象。

❺ Move To Surface（转到曲面）：单击该按钮后将对象转到曲面的起始位置。

❻ XY/YZ/ZX：用于选择变形依据的平面。

❼ Flip（翻转）：勾选该复选框，将翻转当前的变形平面。

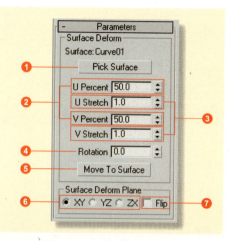

> **提示** **SurfDeform（WSM）与SurfDeform（曲面变形）修改器的区别**
>
> 这两个修改器功能相类似，它们不同之处在于SurfDeform（WSM）修改器的参数面板中增加了Move To Surface（转到曲面）按钮，其工作方法与PatchDeform（WSM）中的Move To Patch按钮相同。

SurfDeform（WSM）（曲面变形修改器）工具使用非常简单，制作模型造型的时候也非常实用，在使用曲面变形修改器的时候只需执行以下3个步骤。

步骤1： 首先打开场景文件，在场景中选择开瓶器对象。

步骤2： 然后在修改器列表中选择SurfDeform（WSM）修改器，单击Pick Surface（拾取曲面）按钮拾取视口中的曲面对象，此时开瓶器开始变形。

步骤3： 最后在修改器的参数面板中修改U Percent（U向百分比）为75，U Stretch（U向拉伸）为2，此时场景中开瓶器的效果如下图所示。

📘 4.2.5 曲面贴图修改器

Surface Mapper（WSM）即曲面贴图修改器，它是将贴图指定给NURBS曲面，并将其投射到修改的对象上，将单个贴图无缝地应用到同一NURBS模型内的曲面子对象组时，曲面贴图显得尤其有用，它也可以用于其他类型的几何体。在修改器列表中选择Surface Mapper（WSM）后，修改面板中将显示该修改器的参数面板，它只有一个卷展栏，包含了Source Texture Surface（源纹理曲面）、Map Channels（贴图通道）和Update Options（更新选项）3个选项组，如下图所示。

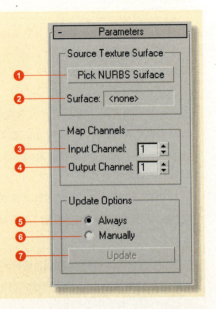

① **Pick NURBS Surface（拾取NURBS曲面）**：单击该按钮可拾取场景中用于投射的NURBS曲面。

② **Surface（曲面）**：在拾取NURBS曲面之前显示为None，在拾取曲面之后显示该曲面的名称。

③ **Input Channels（输入通道）**：在投射之前选择要使用的NURBS曲面通道。

④ **Output Channel（输出通道）**：在投射之后选择要使用的修改对象的贴图通道。

⑤ **Always（始终）**：在贴图更改时更新视口。

⑥ **Manually（手动）**：选择手动方式更新视口。

⑦ **Update（更新）**：只有选择"手动"更新方式后该按钮才可用。

Surface Mapper（WSM）主要是针对NURBS曲面对象，NURBS曲面的贴图会按该NURBS曲面的法线方向投射到其他几何体上。如果修改的对象位于该NURBS曲面的另一侧面上，那么就按法线相反的方向进行投射。在Surface Mapper（WSM）参数面板中的Map Channels（贴图通道）选项组中，设置输入通道和输出通道的参数能调整对象的贴图。

在应用Surface Mapper（WSM）时，可以参照以下的操作步骤来完成。

步骤1：打开场景文件，选择场景中的NURBS曲面和啤酒瓶盖对象，并为对象指定相同的贴图。

步骤2：为选择的对象添加Surface Mapper（WSM）修改器，单击Pick NURBS Surface（拾取NURBS曲面）按钮拾取曲面。

步骤3：在修改面板的Source Texture Surface（源纹理曲面）选项组的Surface（曲面）标签中将显示视口中曲面的名称。

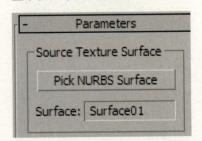

步骤4：设置Map Channels（贴图通道）选项组中的Input Channels（输入通道）和Output Channels（输出通道）为均2，此时的贴图显示正确。

步骤5：要调整网格上贴图的放置位置，还可以在曲面的"编辑纹理曲面"对话框中调整好曲面的顶点。

步骤6：在"编辑纹理曲面"对话框中调整好曲面的顶点，使贴图在视口中能显示正确后，将曲面对象隐藏，然后渲染啤酒瓶盖的贴图效果。

提示1 **Surface Mapper（WSM）修改器贴图的参数设置**

在啤酒瓶盖贴图的实例中为瓶盖添加了Surface Mapper（WSM）修改器后，瓶盖的贴图不能立即正确显示，此时需要在修改面板的Map Channels（贴图通道）选项组中设置Input Channel（输入通道）和Output Channel（输出通道）的值。

提示2 **手动更新贴图显示**

在Update Options（更新选项）选项组中选择手动方式后单击Update（更新）按钮更新。

【实战练习】制作眼镜蛇休息效果

○ 原始文件：场景文件\ Chapter 4\眼镜蛇休息-原始文件\
最终文件：场景文件\ Chapter 4\眼镜蛇休息-最终文件\
视频文件：视频教学\ Chapter 4\制作眼镜蛇休息效果.avi

步骤01 打开场景文件"蛇休息效果-原始文件.max"。

步骤02 在创建命令面板中选择Point Surface（点曲面）类型，并创建一个曲面对象。

步骤03 选择点曲面的Point（点）层级，将曲面进行变形调整，将其形状调整为所需造型。

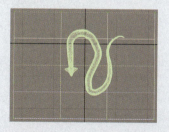
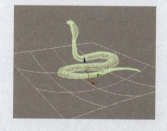

步骤04 选择蛇对象后在修改器下拉列表中选择Surface Mapper（WSM），单击拾取NURBS曲面按钮，在视口中拾取曲面。

步骤05 将参数栏中V Stretch（V向拉伸）项的参数设置为0.9，并调整场景中蛇对象的动作姿势。然后为场景指定一张位图，作为场景的背景贴图，渲染场景并查看最终效果。

4.2.6 路径变形修改器

PathDeform（WSM）即路径变形器（世界空间）修改器，用来控制对象沿路径曲线变形。它是根据图形、样条线或NURBS曲线路径来变形对象，这是一个非常有用的动画工具，对象在指定的路径上不仅沿路径移动，同时还会发生变形，常用这个功能表现对象在空间滑行的动画效果。

由于PathDeform（WSM）是世界空间修改器而不是对象空间修改器，对象在世界坐标中会受到影响，并且也会受到路径相对于对象的位置影响，因此将该修改器应用于对象后，会影响对象变形。

在修改器列表中选择PathDeform（WSM）后，修改面板中将显示路径变形的参数卷展栏。Parameters（参数）卷展栏中包括Path Deform（路径变形）和Path Deform Axis（路径变形轴）两个选项组，使用这些控件能对路径变形的对象进行精确设置。

① Path（路径）：该标签用来显示当前路径对象的名称。

② Pick Path（拾取路径）：单击该按钮后，在视口中拾取一条样条线或NURBS曲线作路径使用。

③ Rotation（旋转）：设置旋转参数以控制对象沿着Gizmo路径旋转对象。

④ Move to Path（转到路径）：单击该按钮后将对象从其初始位置转到起点位置。

⑤ X/Y/Z：选择一条轴以旋转Gizmo路径，使其与对象的指定局部轴相对齐。

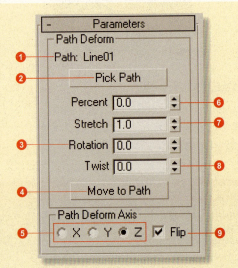

⑥ Percent（百分比）：设置根据路径长度的百分比，以便沿着Gizmo路径移动对象。

⑦ Stretch（拉伸）：使用对象的轴点作为对象缩放的中心，沿着Gizmo路径拉伸缩放对象。

⑧ Twist（扭曲）：关于路径扭曲对象，根据路径总体长度一端的旋转决定扭曲的角度。

⑨ Flip（翻转）：勾选该复选框后将Gizmo路径以指定轴反转180度。

PathDeform（WSM）修改器还有另一个对象空间版本的PathDeform（路径变形）修改器，它们的用法也基本相同。

而另一个对象空间版本的PathDeform（路径变形）修改器，相对于PathDeform（WSM）修改器，在参数面板中多了一个Move to Path（转到路径）按钮 Move to Path ，如右图所示。

单击这个按钮后，能将对象从初始的位置跳转到路径的起始点位置；如果激活Auto Keys（自动关键点）功能，还能设置动画效果。

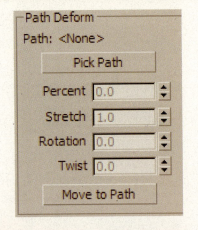

【实战练习】使用路径变形器制作动画

原始文件：场景文件\ Chapter 4\路径变形修改器（WSM）原始文件\
最终文件：场景文件\ Chapter 4\使用路径变形修改器（WSM）最终文件\
视频文件：视频教学\ Chapter 4\路径变形器制作动画.avi

步骤 01 在场景中绘制一条样条线作为路径，再创建一个圆锥体作为变形对象，如图所示。

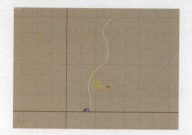

步骤 02 为圆锥体添加路径变形修改器，并单击Move to Path（转到路径）按钮拾取路径，如下图所示。

步骤 03 设置Stretch（拉伸）为20，此时场景中圆锥的变形效果如下图所示。

步骤 04 将时间滑块确定在第0帧时，单击Auto Key（自动关键点）按钮开启动画设置，设置Stretch（拉伸）为0。

步骤 05 拖动时间滑块至第20帧，设置Stretch（拉伸）为10，圆锥体就生成了相应动画效果。

步骤 06 拖动时间滑块至第40帧，设置Stretch（拉伸）为20，此时关闭动画开关，在视口中单击▶按钮播放动画效果。

4.2.7 头发和毛发修改器

Hair and Fur（WSM）（头发和毛发）修改器是产生"头发和毛发"效果的核心功能，该修改器可应用于任意要生长头发或毛发的对象，既可以为网格对象，也可以为样条线对象。如果对象是网格对象，则头发将从整个曲面生长出来，除非选择了子对象。如果对象是样条线对象，头发将在样条线之间生长。右图所示为使用毛发修改器表现的人物头发。Hair and Fur（WSM）（头发和毛发）修改器的修改面板中有11个卷展栏，修改这些参数能制作出理想的毛发和头发效果，这些卷展栏分别是Selection（选择）、Tools（工具）、Styling（设计）、General Parameters（常规参数）、Material Parameters（材质参数）、mr Parameters（mr 参数）、Kink Parameters（卷发参数）、Frizz Parameters（扭结参数）、Multi Strand Parameters（多发丝参数）、Dynamics（动力学）和Display（显示）11个卷展栏。

1. Selection（选择）卷展栏

Selection（选择）卷展栏中提供了各种用于访问不同的子对象层级和显示设置以及创建与修改选定内容，此外还显示了与选定实体有关的信息，使用这些控件能快速访问到各个子对象层级，其卷展栏如下图所示。

这4个按钮分别用来访问导向、面、多边形和元素子对象层级，单击这几个按钮可进行切换

单击Copy按钮将进行复制操作，单击Paste按钮将进行粘贴操作

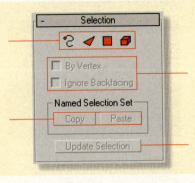

By Vertex（按顶点）功能为通过选择子对象使用的顶点来选择整个对象；启用Ignore Backfacing（忽略背面）功能后将只选择前面的子对象

根据当前子对象选择重新计算毛发生长的区域，并更新显示毛发效果

2. Tools（工具）卷展栏

Tools（工具）卷展栏中提供了使用"头发"完成各种任务所需的工具，包括从现有的样条线对象创建发型、重置头发，以及加载修改器和特定发型并保存一般预设。Tools（工具）卷展栏面板如下图所示。

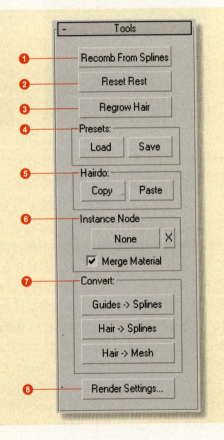

❶ **Recomb From Splines（从样条线重梳）**：单击该按钮，然后选择构成样条线曲线的对象，可使用样条线对象来设计头发样式。

❷ **Reset Rest（重置其余）**：使用生长网格的连接性，执行头发导向平均化。

❸ **Regrow Hair（重生头发）**：忽略全部头发样式信息，将头发恢复到默认状态。

❹ **Presets（预设值）**：该选项组的Load（加载）和Save（保存）用来加载和保存头发的预设值。

❺ **Hairdo（发型）**：发型选项组用来复制和粘贴发型，包括每个发型样式当前的参数设置和和样式信息。

❻ **Instance Node（实例节点）**：该选项组中的None按钮用来指定用于定制毛发的对象；X按钮控制是否停止使用实例节点；勾选Merge Material（混合材质）复选框将混合生长对象与毛发对象的材质。

❼ **Convert（转换）**：使用这些控件可以将由毛发修改器生成的导向或毛发转换为可直接操作的3ds Max对象。其中有3种类型可选择。

❽ **Render Settings（渲染设置）**：单击该按钮将打开"环境和效果"对话框，在其中可以对毛发效果的渲染进行设置。

3. Styling（设计）卷展栏

设计卷展栏中使用Guides（导向）子对象层级在视口中交互地设置发型，包含了Selection（选择）、Styling（设计）、Utilities（工具）和Hair Groups（头发组）4个选项组

从左至右依次为Select Hair by Ends（由头梢选择头发）、Select Whole Guide（选择全部顶点）、Select Guide Vertices（选择导向顶点）和Select Guide by Root（由根选择导向）4个选择顶点的工具

这3个工具分别用来反选、选择和扩展选择对象

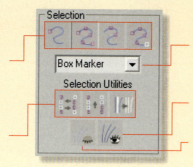

顶点显示列表中包含Box Marker（方框标记）、Plus Marker（加号标记）、X Marker（X标记）和Dot Marker（点标记）4个显示方式

该按钮用于取消隐藏选择的导向头发或显示所有隐藏的导向头发对象

隐藏选择的导向头发工具，可以用来隐藏当前不使用的导向

单击Styling（设计）卷展栏中Style Hair（设计发型）按钮 [Style Hair] 后可以激活该卷展栏中的所有参数。在不同的选择模式下，场景中的毛发对象会显示为不同的效果，下图从左到右分别为Select Whole Guide（选择全部顶点）、Select Hair by Ends（由头梢选择头发）、Select Guide Vertices（选择导向顶点）3种选择模式下对象毛发在视口中的显示效果。

选择全部顶点

由头梢选择头发

选择导向顶点

改变控制光标的大小

在设计毛发模式下，光标会变为如右图所示的圆形十字架，利用这个图标可以直接在毛发上进行修改。在Styling（设计）选项组中拖动滑块可以改变这个光标的大小。

Styling（设计）选项组中提供的控件用来进行导向头发的梳、剪、选择、将发根蓬松、旋转、缩放等操作，该选项组中的控件布局如下图所示。

这3个工具按钮分别用来梳头发、剪头发和选择移动导向顶点

启用后背面的头发不受画刷的影响

拖动此滑动条可更改画刷的大小

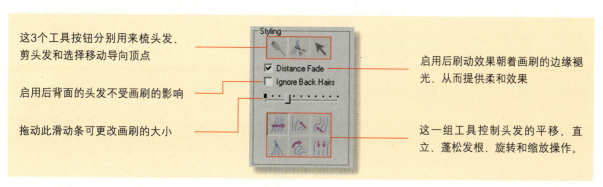

启用后刷动效果朝着画刷的边缘褪光，从而提供柔和效果

这一组工具控制头发的平移、直立、蓬松发根、旋转和缩放操作。

启用Hair Brush（发梳）工具可以对毛发进行梳理。发梳工具在透视视口中显示为圆形的二维图形，而实际在其他视口中显示为圆柱体。

启用Hair Cut（剪发）工具可以对毛发进行进行修剪，在毛发上直接单击鼠标左键，处于圆形光标内的毛发将被修剪掉。

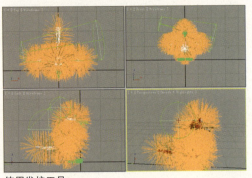

使用发梳工具

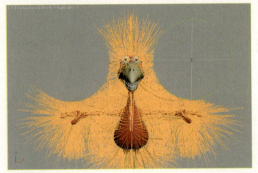

使用剪发工具

Utilities（工具组）选项组中包含了10个用于对毛发的形态进行编辑的工具。Hair Group（毛发组）选项组可以将选定的头发合并为组。

衰减长度：根据底层多边形的曲面面积来缩放选定的导向

重梳：使导向与曲面平行，使用导向的当前方向作为线索

切换头发：切换生成的（插补的）头发的视口显示

弹出控制：沿曲面的法线方向弹出选定头发

切换碰撞：设计发型时考虑头发碰撞

锁定和解除锁定：将选定的顶点相对于最近曲面的方向和距离锁定

禁用切换碰撞

当启用了Toggle Collisions（切换碰撞）后，在设计发型时因为要计算毛发间的碰撞，因此会非常慢，一般情况下禁用该选项。

4. General Parameters（常规参数）卷展栏

退出设计毛发模式后可以对General Parameters（常规参数）卷展栏中的参数进行设置。

❶ **头发数量**：设置毛发的总体数量。

❷ **密度**：设定整体头发密度。

❸ **随机比例**：在毛发中引入随机比例。

❹ **插值**：生长插入到导向头发间。

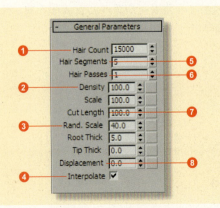

❺ **头发段**：生长插入到导向头发间。

❻ **头发过程数**：设置头发的透明度。

❼ **剪切长度**：设置头发的整体长度。

❽ **位移**：根到生长对象曲面位移。

在某些情况下，Hair Count（头发数量）是一个近似值，但是实际的数量通常和指定数量非常接近。下图所示分别为毛发数量为500、5000和15000的效果。

头发数量为500

头发数量为5000

头发数量为15000

Density（密度）参数用来控制头发的整体密度，即其充当头发数量值的一个百分比乘数因子。下图所示分别为密度参数为10、50和100的效果。

密度为10

密度为50

密度为100

Cut Length（剪切长度）数值将整体头发长度设置为比例值的百分比乘数因子。下图所示分别为设置该参数为10、50和100的效果。

剪切长度为10

剪切长度为50

剪切长度为100

Root Thick（根厚度）和Tip thick（梢厚度）可以分别为发根和发梢指定厚度，如下图所示。

发根厚度大于发梢

发梢厚度大于发根

发根与发梢厚度相同

Material Parameters（材质参数）卷展栏主要对毛发的材质属性进行设置，比如头发的颜色、亮度。

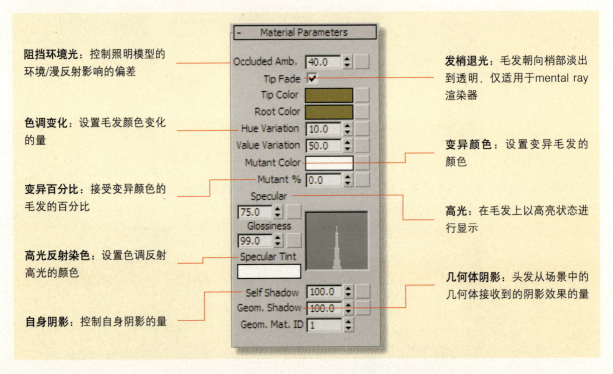

阻挡环境光：控制照明模型的环境/漫反射影响的偏差

发梢退光：毛发朝向梢部淡出到透明，仅适用于mental ray渲染器

色调变化：设置毛发颜色变化的量

变异颜色：设置变异毛发的颜色

变异百分比：接受变异颜色的毛发的百分比

高光：在毛发上以高亮状态进行显示

高光反射染色：设置色调反射高光的颜色

几何体阴影：头发从场景中的几何体接收到的阴影效果的量

自身阴影：控制自身阴影的量

Tip Color（发梢颜色）和Root Color（根颜色）选项分别用来控制发梢和发根的颜色。下左图所示为发根和发梢都设置为红色的效果，下右图所示为将发根的颜色更改为蓝色的效果。

发根和发梢都为红色

发根为蓝色发梢为红色

Hue Variation（色调变化）参数可以更改毛发的颜色色调，当该参数为0时，颜色不产生变化，如下左图所示。将该参数设置为100时，头发的颜色发生了变化，如下右图所示。

色调变化为0

色调变化为100

Specular（高光）参数用来控制头发的亮度，参数越高所产生的头发越亮。下图所示分别为设置高光参数为0、50和200的效果。

高光值为0

高光值为50

高光值为200

Glossiness（光泽度）参数用来控制头发的光滑程度，参数越小，头发看起来越光滑，下图所示分别为设置光泽度为0、50和100的效果。

光泽度为0

光泽度为50

光泽度为100

6. Frizz Parameters（卷发参数）卷展栏

卷发置换主要通过在毛发的其余位置根上进行 Perlin 噪点查找，然后采用团贴图取代曲面法线的方式取代毛发。在该卷展栏中可以对毛发卷曲的位置以及程度进行设置。

卷发根：控制头发在其根部的置换

卷发X/Y/Z频率：控制3个轴中每个轴上的卷发频率效果，卷发动画使用噪点域取代毛发。其差异在于可以移动噪点域以创建动画置换

卷发动画：设置卷发波浪形状的幅度

卷发梢：控制毛发在其梢部的置换

动画速度：控制动画噪波场通过空间的速度

卷发动画方向：设置卷发动画的方向向量，此向量在使用之前没有规格化，可以对这些值应用小调整以对给定轴上动画速度实现微调控制

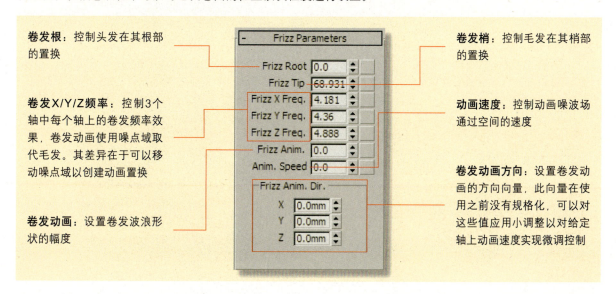

Frizz Tip（卷发梢）和Frizz Root（卷发根）可以分别用来控制发梢和发根的卷曲程度。下左图所示为将发梢和发根的卷曲程度都设置为0时的效果，下右图所示为将发梢的卷曲程度设置为200时的效果。

不产生卷曲

卷发梢为200

7. Kink Parameters（扭结参数）卷展栏

扭结的工作方式和卷发类似，但其是沿导向的整个长度评估噪点查找。其结果是一个噪点模式在比卷发噪点更大的规模上工作。Kink Root（扭结发根）和Kink Tip（扭结发梢）用来控制毛发扭结的程度，Kink X/Y/Z Freq（扭结X/Y/Z频率）控制扭结在每个轴上的频率。下图所示分别为设置扭结发梢为50和扭结发根为10的效果。

-	Kink Parameters	
Kink Root	0.0	
Kink Tip	0.0	
Kink X Freq.	2.3	
Kink Y Freq.	2.3	
Kink Z Freq.	2.3	

扭结发梢为50

扭结发根为10

【实战练习】制作人物的头发

原始文件：场景文件\Chapter 4\制作人物的头发-原始文件\
最终文件：场景文件\Chapter 4\制作人物的头发-最终文件\
视频文件：视频教学\Chapter 4\制作人物的头发.avi

步骤01 打开光盘中提供的素材文件，该场景中有一个人物的头部模型。

步骤02 顺着人物脸部右侧的位置创建一个样条线作为一根头发丝。

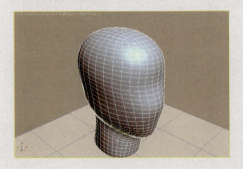

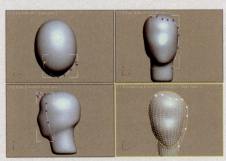

步骤03 接下来在左侧再创建一个二维样条线，注意样条线的形态。

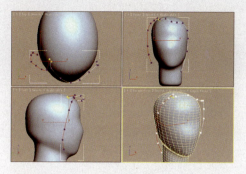

步骤04 按照相同的方法，创建多条样条线，确定发型的基本轮廓。

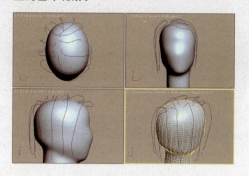

步骤05 给二维样条线对象添加一个Hair and Fur（头发和毛发）修改器。

步骤06 保持修改器默认的参数进行渲染，可以看到此时的头发非常的稀疏，也很短。

步骤07 进入修改器的常规参数卷展栏，将Hair Count（头发数量）设置为1200。

步骤08 对随机比例以及发根和发梢厚度进行设置，增大头发的长度。

步骤09 对扭结参数进行设置，使头发产生一定的扭曲。

步骤10 接下来在多发丝参数卷展栏中进行参数设置，以增加头发的密度。

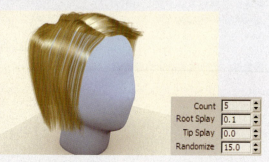

步骤 11 此时头发的发型已经基本设置完毕，在材质卷展栏中将头发的颜色设置为黑色。

步骤 12 下图所示为设置完毕后的发型另一侧的效果。

▶▶ 4.3 对象空间修改器

Object-Space Modifiers（对象空间修改器）直接影响局部空间中对象的几何体，它使用对象的Local（自身）坐标系，当对象移动时，修改器和对象一起移动。使用对象空间修改器可以对物体进行各种修改从而创建出形态各异的对象。右图所示为使用修改器所制作的叉子和蛋糕对象。

◢ 4.3.1 弯曲修改器

Bend（弯曲）修改器能够使选定的对象围绕单独的轴进行弯曲，可以在任意3个轴上控制弯曲的角度和方向。也可以对几何体的某一段限制弯曲范围。右图所示的铁轨就可以使用弯曲修改器来进行制作。弯曲修改器的应用比较广泛，例如管道、桥梁等具有弯曲部分的对象。

弯曲修改器中的主要参数包括弯曲的角度、弯曲的方向和弯曲轴选择。

角度：设置弯曲的角度，范围为-999999 至 999999

弯曲轴：选择弯曲对象的参考轴

方向：设置弯曲相对于水平面的方向

限制：启用弯曲的限制效果，使对象的一部分发生弯曲

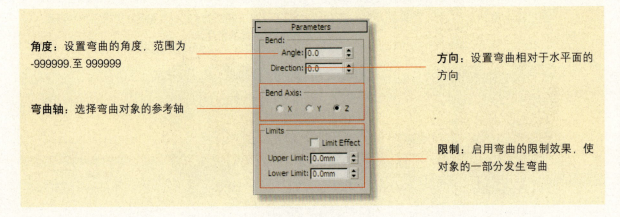

Angle（角度）参数用来设置弯曲的程度，参数越高，弯曲的程度就越厉害。左下图所示为设置两个圆柱体不同弯曲角度的效果。修改Direction（方向）参数能够改变弯曲的朝向，右下图所示为修改该参数使圆柱体的弯曲方向发生了变化。

设置不同的弯曲角度

设置弯曲的方向

在Limits（限制）选项组中勾选Limit Effect复选框可以启用限制效果，通过设置上限和下限，可以让对象在其中的一部分区域发生弯曲，如下左图所示。在修改器堆栈中展开弯曲修改器下拉列表，在其中选择Gizmo选项后进行移动，可以改变弯曲修改器控制对象的区域，如下右图所示。

启用弯曲限制

移动弯曲修改器的Gizmo选项

弯曲对象的分段数

　　对物体使用弯曲修改器时，在弯曲轴向上的对象分段数会影响弯曲的最终效果，只有当分段数足够多时才会产生平滑的弯曲效果。观察右图所示的两个圆柱体，在高度方向上分段较多的圆柱体产生了平滑的弯曲，而分段较少的圆柱体则出现了明显的弯折的效果。

4.3.2 扭曲修改器

　　通过Twist（扭曲）修改器可以在对象几何体中产生一个旋转效果使对象产生扭曲变形的效果。如果对两个对象一起使用扭曲修改器，可以使它们缠绕在一起形成如右图所示的效果。

　　常见的缠绕绳索、钻头以及螺旋冰淇淋等物体都可以通过使用Twist（扭曲）修改器来完成创建。

扭曲修改器的参数卷展栏和弯曲修改器十分相似，都包含3个选项组。下图所示为扭曲修改器的参数卷展栏。

角度：设置扭曲变形的角度，控制扭曲的程度

扭曲轴：选择以哪个轴为参考进行旋转

偏移：使扭曲旋转在对象的任意末端聚集

限制：选择以哪个轴为参考进行旋转，和弯曲修改器中的限制效果相同

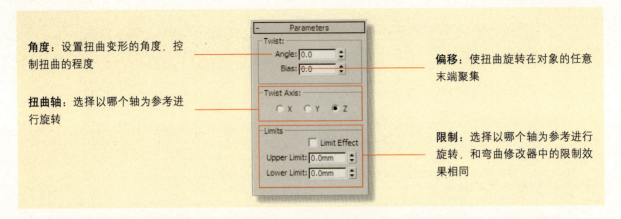

对物体设置非常大的扭曲角度就可以产生螺旋的效果，下图所示从左到右为依次增大扭曲角度的效果。

扭曲角度较小　　　　　　　　扭曲角度一般　　　　　　　　扭曲角度较大

Bias（偏移）参数能够控制扭曲的中心位置，设置该参数能够使扭曲效果向对象的两端聚集。下图所示从左到右依次为增大Bias（偏移）参数的效果。随着偏移参数的增加，扭曲效果逐渐靠近对象的上端。

偏移参数为0　　　　　　　　设置较小的偏移参数　　　　　　设置较大的偏移参数

对有棱角的对象使用扭曲

在使用扭曲修改器时，应该尽量使用有棱角的对象。右图所示的钻头模型是通过对矩形使用扭曲而得到的。如果是对一个圆柱体使用扭曲修改器，就不会产生任何效果。

4.3.3 倒角修改器

Bevel（倒角）修改器能够挤出二维图形使它变成三维对象，并在挤出的对象边缘设置形成倒角效果。

Bevel（倒角）修改器最常应用的地方就是制作如右图所示的立体文字，或者是制作立体的标志Logo。因为Bevel（倒角）修改器属于二维对象修改器，所以只有在选择了二维图形的情况下才能在修改器列表中选择Bevel（倒角）修改器。

在Bevel（倒角）修改器的参数卷展栏中可以对挤出对象封口以及挤出的方式进行设置，还可以通过一些选项来控制挤出对象的形态。

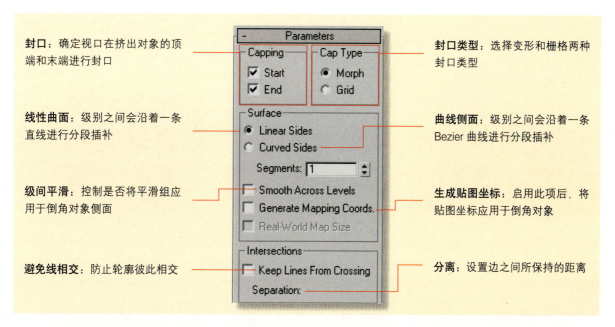

封口：确定视口在挤出对象的顶端和末端进行封口

封口类型：选择变形和栅格两种封口类型

线性曲面：级别之间会沿着一条直线进行分段插补

曲线侧面：级别之间会沿着一条Bezier曲线进行分段插补

级间平滑：控制是否将平滑组应用于倒角对象侧面

生成贴图坐标：启用此项后，将贴图坐标应用于倒角对象

避免线相交：防止轮廓彼此相交

分离：设置边之间所保持的距离

Bevel Values（倒角值）卷展栏用来对倒角各个层级的挤出高度以及轮廓进行单独的设置，并可以控制倒角修改器产生几个层级的倒角效果。

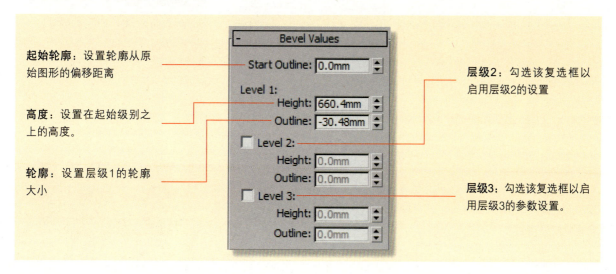

起始轮廓：设置轮廓从原始图形的偏移距离

层级2：勾选该复选框以启用层级2的设置

高度：设置在起始级别之上的高度。

轮廓：设置层级1的轮廓大小

层级3：勾选该复选框以启用层级3的参数设置。

Bevel（倒角）修改器最多可以产生2层倒角的效果，Level 1为最基础的挤出，此时的效果和使用Extrude（挤出）修改器相同，启用Level 2和Level 3选项就可以产生倒角效果。下图所示分别为启用Level 1，Leve 2和Level 3的效果。

启用层级1

启用层级2

启用层级3

如果二维图形的线条转折处距离非常近，那么在使用倒角修改器时可能会产生线条交叉的效果，通过勾选Keep Lines From Crossing（避免线相交）复选框并设置分离参数可以避免线条相交。下图所示分别为没有设置分离参数和设置较大分离参数的效果。

没有设置分离参数

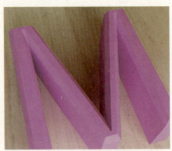
设置较小的分离参数

设置较大的分离参数

Segments（分段）参数可以设置在挤出图形的高度方向上的分段数目。下图所示分别为设置分段数为0、3和6的效果。

分段为0

分段为3

分段为6

4.3.4 车削修改器

Lathe（车削）修改器能够将二维样条线对象围绕一个轴进行旋转，从而得到三维对象。

使用Lathe（车削）可以很方便地制作如右图所示的花瓶容器，只需要绘制出花瓶侧面的轮廓线，然后应用车削修改器旋转360度就可以得到花瓶的三维对象。

Lathe（车削）修改器的参数卷展栏中包含了较多的参数设置，主要有旋转的角度、旋转的方向以及封口和输出等设置。

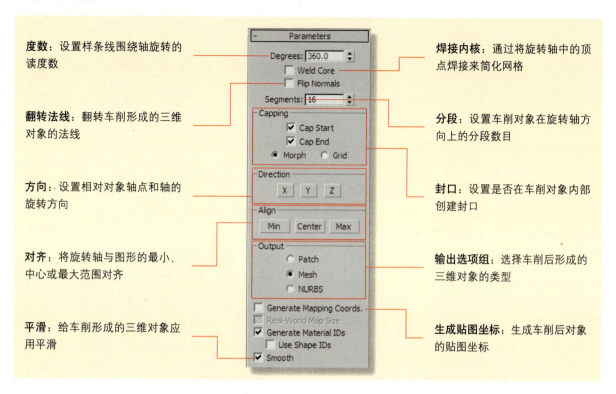

度数：设置样条线围绕轴旋转的读度数

翻转法线：翻转车削形成的三维对象的法线

方向：设置相对对象轴点和轴的旋转方向

对齐：将旋转轴与图形的最小、中心或最大范围对齐

平滑：给车削形成的三维对象应用平滑

焊接内核：通过将旋转轴中的顶点焊接来简化网格

分段：设置车削对象在旋转轴方向上的分段数目

封口：设置是否在车削对象内部创建封口

输出选项组：选择车削后形成的三维对象的类型

生成贴图坐标：生成车削后对象的贴图坐标

Degrees（度数）参数的变化范围从0到360度，如果设置为360度则表示样条线旋转一周形成封闭的对象。下图所示分别为设置旋转角度为110、180和360度的效果。

旋转110度   旋转180度   旋转360度

修改分段参数改变外形

通过对Segments（分段）参数进行设置可以得到不同形态的车削效果，分段参数较高时会形成圆柱形的效果，如果将分段参数设置得很低就会得到带有棱角的容器效果，右图所示中的两个物体分别为设置分段数为4和30的效果。

使用车削修改器在旋转的时候会以一个中心为基准，在Align（对齐）选项组中有Min（最小）、Center（中心）、Max（最大）3种对齐方式，下图所示分别为选择这3种对齐方式的旋转效果。

对齐到最小

对齐到中心

对齐到最大

4.3.5 倒角剖面修改器

使用Bevel（倒角）修改器能够形成切角的效果，但是如果要制作带有圆角的立体文字或者是异型的边缘，Bevel（倒角）修改器就无法完成。Bevel Profile（倒角剖面）修改器可以在倒角的同时，使对象的侧面匹配另一条样条线图形。

使用Bevel Profile（倒角剖面）修改器可以比较方便地制作如右图所示的罗马柱的底座，以及带有圆角的立体文字效果。

Bevel Profile（倒角剖面）修改器的参数卷展栏和倒角修改器比较相似，只不过倒角剖面修改器卷展栏中提供了一个拾取按钮用来拾取所要匹配的二维图形。

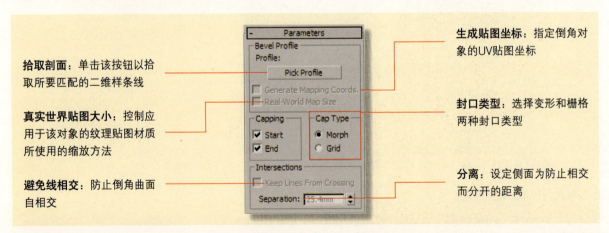

拾取剖面：单击该按钮以拾取所要匹配的二维样条线

真实世界贴图大小：控制应用于该对象的纹理贴图材质所使用的缩放方法

避免线相交：防止倒角曲面自相交

生成贴图坐标：指定倒角对象的UV贴图坐标

封口类型：选择变形和栅格两种封口类型

分离：设定侧面为防止相交而分开的距离

◆◆◆【实战练习】制作溜溜球模型

原始文件：场景文件\Chapter 4\制作溜溜球模型-原始文件\
最终文件：场景文件\Chapter 4\制作溜溜球模型-最终文件\
视频文件：视频教学\ Chapter 4\制作溜溜球模型.avi

步骤01 打开光盘中提供的素材文件，场景中放置了一张溜溜球的背景参考图片。

步骤02 首先在Top（顶）视口中创建一个Circle（圆形）样条线。为了使创建后的溜溜球模型更圆，可以增加圆形图形的步数。

步骤03 接下来在Front（前）视口中创建一个类似于数字3的直角样条线。

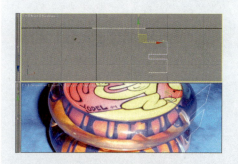

步骤04 对该图形的顶点进行编辑，使用Filet（倒角）命令将图形变为圆弧形的效果。注意图形上下两部分之间仍然为直角的转折。

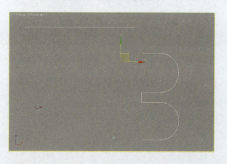

步骤05 给顶视口中的圆形图形添加一个Bevel Profile（倒角剖面）修改器。

步骤06 然后单击Pick Profile（拾取剖面）按钮，在场景中拾取前视口中的样条线，这样就创建形成了一个简单的溜溜球模型。

难点解析 调整倒角图形的大小

在使用倒角剖面修改器时，图形是以最外侧的边界为基准，然后向外部扩散以匹配侧面的轮廓样条线。

右图所示中的五角星在拾取了轮廓线后变得比原始的五角星图形面积更大了，因此在使用时要注意调整倒角图形的大小。如果想要得到比原始图形小的倒角对象，就必须使轮廓线向图形的内部延伸。

4.3.6 锥化修改器

Taper（锥化）修改器可以通过缩放几何体的两端来产生锥化轮廓。通常在两组轴上控制锥化的量和曲线，也可以通过启用限制效果对几何体的一部分产生锥化效果。例如右图所示中的这个锥形瓶的瓶口部分没有产生变形，瓶颈以下部分产生了锥化变形。锥化变形可以向对象的外侧，也可以向内部凹陷，下图所示为使用锥化修改器所产生的各种变形效果。

Taper（锥化）修改器的参数卷展栏和弯曲修改器类似，包含Taper（锥化）、Taper Axis（锥化轴）和Limits（限制）3个选项组。

数量：设置锥化变形的数量，参数越高变形越厉害

主轴：锥化的中心轴或中心线

效果轴：用于表示主轴上的锥化方向的轴或轴对，该选项取决于主轴的选择。影响轴可以是剩下两个轴的任意一个，或者是它们的合集

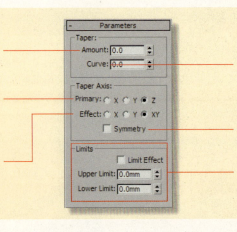

曲线：对锥化Gizmo的侧面应用曲率，使对象在锥化的方向上产生弯曲效果

对称：围绕主轴产生对称锥化效果

限制：启用锥化限制效果

设置Amount（数量）参数为负值，负值表示向对象内部缩放，正值表示向外部扩大。

锥化数量为-0.3

锥化数量为-0.5

锥化数量为-0.8

在设置Curve（曲线）参数时，正值会沿着锥化侧面产生向外的曲线，负值产生向内的曲线。值为0时，侧面不变。下图所示分别为设置曲线参数为-1、0和1的效果。

设置曲线参数为-1　　　　　　设置曲线参数为0　　　　　　设置曲线参数为1

Primary（主轴）表示锥化变形的基准轴，下图所示分别为在相同锥化参数下选择X轴、Y轴和Z轴的效果。

主轴为X轴　　　　　　　　　主轴为Y轴　　　　　　　　　主轴为Z轴

Effect（效果轴）是用来表示在主轴上的锥化方向，随着主轴的改变，效果轴的选项会产生相应的变化，下图所示为在主轴为Z的情况下分别选择效果轴为X、Y和XY的效果。

效果轴为X　　　　　　　　　效果轴为Y　　　　　　　　　效果轴为XY

设置对象的高度分段

在启用锥化曲线变形时，要保证对象在高度方向上有分段数才能产生弯曲变形的效果。右图所示的圆柱体在高度方向上没有分段，即使设置了曲线参数，对象也不会产生弯曲的效果。

4.3.7 壳修改器

3ds Max中默认创建的基本几何体都是单面模型，内部是不可见的。使用Shell（壳）修改器能够给对象的内部和外部增加厚度，使对象的内部变为可见。

通过壳修改器还能够给对象的内部、外部以及边缘设置不同的材质ID使对象的内外侧显示不同的材质效果，例如右图所示的鸡蛋壳，就可以利用Shell（壳）修改器来完成制作。

Shell（壳）修改器中的参数比较多，主要是对内外部的增长量以及材质ID进行设置。

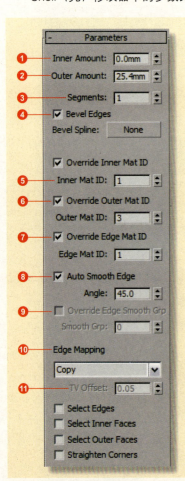

❶ **内部数量**：设置对象内部增加的厚度。

❷ **外部数量**：设置对象外部增加的厚度。

❸ **分段**：设置边缘上的分段段数。

❹ **倒角边**：启用该选项使边缘匹配样条线。

❺ **内部材质ID**：设为内部面指定材质ID。

❻ **覆盖外部材质**：使用外部材质ID参数，为所有的外部曲面多边形指定材质ID。

❼ **覆盖边材质**：使用边材质ID参数，为所有的新边多边形指定材质ID。

❽ **自动平滑边**：使用角度参数，应用自动、基于角平滑到边面。

❾ **覆盖边平滑组**：使用平滑组设置，用于为多边形中的新边指定平滑组。

❿ **边贴图**：指定应用于新边的纹理贴图类型，有复制、无、剥离和抽补4种类型。

⓫ **TV偏移**：确定边的纹理顶点间隔。只在边贴图选择剥离和插补类型时才可用。

在顶视口中绘制倒角边

在启用了倒角边选项后，为了获得最佳结果，应该在Top（顶）视口创建样条线，并从顶部到底部描绘样条线。将样条线上的顶部点应用到外边上，然后将样条线上的底部点应用到内边上。

【实战练习】制作鸡蛋壳

原始文件：场景文件\Chapter 4\制作鸡蛋壳-原始文件\
最终文件：场景文件\Chapter 4\制作鸡蛋壳-最终文件\
视频文件：视频教学\ Chapter 4\制作鸡蛋壳.avi

步骤01 打开光盘中提供的素材文件，该场景中有一个完整的鸡蛋模型。

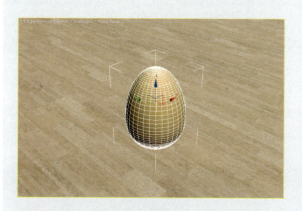

步骤03 进入可编辑多边形的Edit Geometry（编辑几何体）卷展栏，单击Cut（切割）按钮 [Cut]。

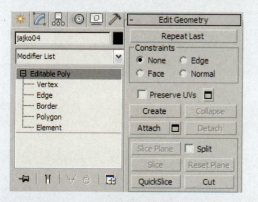

步骤05 进入可编辑多边形的Polygon（多边形）子对象层级，选择所添加的线段上半部分的面。

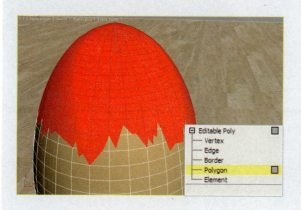

步骤02 选择鸡蛋模型并单击鼠标右键，在开启的四元菜单中执行"Convert To（转换为）>Convert to Editable Poly（转换为可编辑多边形）"命令。

步骤04 单击该按钮后，在鸡蛋壳外表将添加一圈线段模拟蛋壳破裂的边缘痕迹。

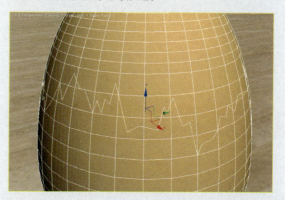

步骤06 按下Delete（删除）键将选择的面删除掉，可以看到此时的对象内部是透明的，因为是单面模型。

步骤 07 给对象添加一个Shell（壳）修改器，对象此时的厚度显得太大了。

步骤 08 进入壳修改器参数卷展栏，将Outer Amount（内部数量）数值降低，减小到符合蛋壳的厚度。

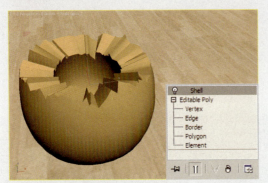

步骤 09 将对象外部和内部材质ID设置为不同的编号，这样可以使蛋壳的内外部显示出不同的颜色。

步骤 10 给蛋壳添加了材质后的效果如下图所示。

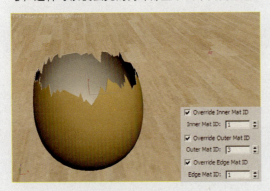

4.3.8 噪波修改器

　　Noise（噪波）修改器能够沿着3个轴的任意组合调整对象顶点的位置。它是模拟对象形状随机变化的重要动画工具。使用分形功能，可以得到随机的涟漪图案，比如风中的旗帜。也可以从平面几何体中创建多山地形，如右图所示。噪波修改器可以应用到任何对象上。

　　下图所示为给平面应用纹理后的平静海面效果。应用噪波修改器还可以表现翻滚的海面效果。

给平面应用纹理

给平面应用噪波修改器

噪波修改器包含Noise（噪波）、Strength（强度）和Animation（动画）3个选项组。噪波和强度选项组用来控制噪波的形态，动画选项组用来设置噪波的动画效果。

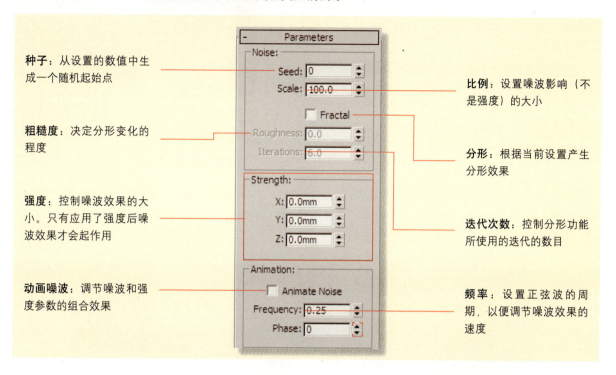

种子：从设置的数值中生成一个随机起始点

粗糙度：决定分形变化的程度

强度：控制噪波效果的大小。只有应用了强度后噪波效果才会起作用

动画噪波：调节噪波和强度参数的组合效果

比例：设置噪波影响（不是强度）的大小

分形：根据当前设置产生分形效果

迭代次数：控制分形功能所使用的迭代的数目

频率：设置正弦波的周期，以便调节噪波效果的速度

设置Scale（比例）参数为较大的值会产生平滑的噪波，较小的值会产生严重的锯齿效果。下图所示分别为设置比例参数为20和80的效果。

比例为20

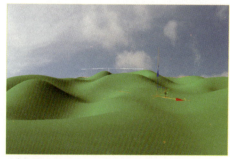

比例为80

只有设置了噪波的强度，才能观察到噪波修改器所产生的效果，通常情况下设置的都是Z轴的效果。强度越高，噪波所产生的起伏就越明显。下图所示分别为Z轴强度10和50的效果。

Z轴强度为10

Z轴强度为50

4.3.9 网格平滑修改器

Mesh Smooth（网格平滑）修改器可以通过几种不同的方式来增加几何体的面数进行细分，然后将单个的平滑应用于整个面。

应用网格平滑修改器可以将对象的角和边缘变得更加平滑，如右图所示的卡通角色造型，它的每一个边缘部分都比较圆润。Mesh Smooth（网格平滑）修改器可以控制增加的面的数量和大小以及影响曲面的方式。

Mesh Smooth（网格平滑）修改器通常在创建好基础形态后才可使用。下图所示右侧的模型为创建完成的基本形态，将该对象应用Mesh Smooth（网格平滑）修改器后会增加基础形态的面，使模型变得更加平滑，如下图左侧所示。

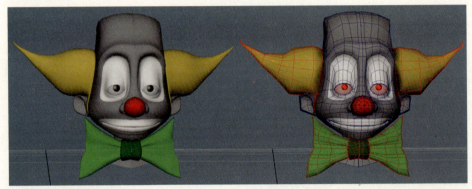

应用网格平滑修改器的对比

Mesh Smooth（网格平滑）修改器包含了众多的组件，启用该修改器会出现如右图所示的参数面板。其中共包含Subdivision Method（细分方法）、Subdivision Amount（细分数量）、Local Control·（局部控制）、Parameters（参数）、Settings（设置）和Resets（重置）7个参数卷展栏。

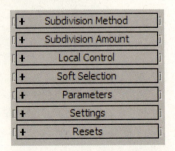

Subdivision Method（细分方法）卷展栏用于选择进行细分的方法，其中提供了Classic（经典）、Quad Output（四边形输出）和NURMS（减少非均匀有理数网格平滑对象）3种类型。

- ▲ Classic（经典）：生成三面和四面的多面体。
- ▲ Quad Output（四边形输出）：仅生成四面多面体。如果对整个对象（如长方体）应用默认参数的此控件，其拓扑与细化完全相同，即为边样式。
- ▲ NURMS（减少非均匀有理数网格平滑对象）：强度和松弛平滑参数对于 NURMS 类型不可用。NURMS 对象与可以为每个控制顶点设置不同权重的 NURBS 对象相似。通过更改边权重，可进一步控制对象形状。

Subdivision Amout（细分数量）卷展栏主要用于控制细分的数量。该卷展栏中的参数是网格平滑的重要修改参数，这些参数影响平滑后对象所产生的新的面数。在该选项组中可以启用渲染值来使对象在场景和渲染中显示出不同的细分效果。

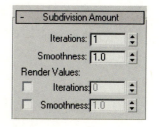

Iterations（迭代）参数用来控制网格的细分程度，每增加一次该参数就表示一个面被划分成4个新的面。下图所示分别为设置迭代参数为0、1和2的效果。随着参数的增加，对象表面的网格呈几何方式增长。

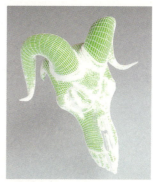

迭代次数为0　　　　　　迭代次数为1　　　　　　迭代次数为2

Smoothness（平滑度）参数锐角添加面使其变得平滑。计算得到的平滑度为顶点连接的所有边的平均角度。下图所示分别为设置平滑度为0.1、0.5和1的效果。

平滑参数为0.1　　　　　平滑参数为0.5　　　　　平滑参数为1

Local Control（局部控制）卷展栏用来对对象的局部进行控制。

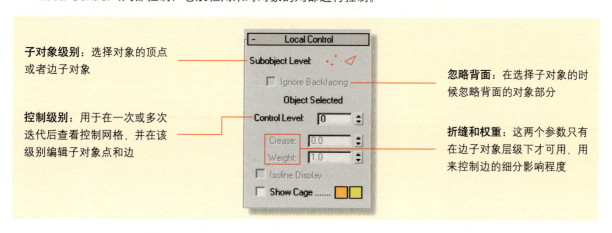

子对象级别：选择对象的顶点或者边子对象

控制级别：用于在一次或多次迭代后查看控制网格，并在该级别编辑子对象点和边

忽略背面：在选择子对象的时候忽略背面的对象部分

折缝和权重：这两个参数只有在边子对象层级下才可用，用来控制边的细分影响程度

对模型进行细分后，进入Vertex（顶点）和Edge（边）子对象层级，会显示出细分前对象原始的顶点和边。下图所示分别为选择顶点和边子对象时的状态。

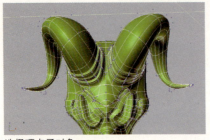
选择顶点子对象

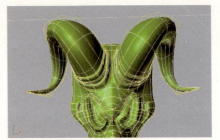
选择边子对象

Crease（折缝）参数用来控制创建曲面的连续性，从而获得褶皱或唇状结构等清晰边界效果。该参数默认为0，如下左图所示，参数为0时曲线的平滑程度最大。将参数设置为1后，线条将不进行细分，保持原来的状态，如下右图所示。

折缝参数为0

折缝参数为1

Weight（权重）参数用来控制边的权重，它可以影响边的细分效果，控制每条边之间的相互拉伸牵引，默认参数为1，如下左图所示，此时选择的各个线段之间的平滑都显示正常。将权重设置为0，可以看到由于线段间缺少了牵引，因此出现了不正确的平滑效果。

权重为1

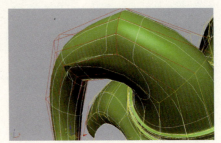
权重为0

选择细分后的子对象

在默认的情况下，子对象层级只能选择最原始的模型顶点和边，如果想要选择细分以后的边和子对象，需要设置Control Level（控制级别）参数。右图所示为将该参数设置为2，这样就可以选择对象在迭代次数为2的情况下新生成的所有的边子对象。

Isoline Display（等值线）显示复选框可以控制是否在对象细分后启用等值线效果，如下左图所示。启用该选项（即勾选该复选框，以后均同）后，当对象的细分值为2时，模型表面仍然显示的是最原始的线条在细分后的变形效果。如果不启用该选项，对象将会显示实际细分后所生面的面，如下右图所示。

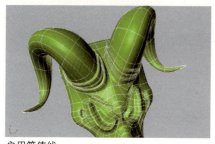

启用等值线   不启用等值线

Parameters（参数）卷展栏中的参数只能在选择Classic（经典）和Quad Output（四边形输出）类型时才可以使用。Settings（设置）卷展栏用来控制对象的更新以及操作。

❶ **强度**：使用0.0至1.0的范围设置所添加面的大小。

❷ **松弛**：应用正的松弛效果以平滑所有顶点。

❸ **投影到限定曲面**：将所有点放置到网格平滑结果的限定曲面上。

❹ **平滑结果**：对所有曲面应用相同的平滑组。

❺ **材质**：防止在不共享材质ID的曲面之间创建新曲面。

❻ **操作与**：作用于面，将每个三角形作为面并对所有边（即使是不可见边）进行平滑。

❼ **保持凸面**：保持所有输入多边形为凸面。

❽ **更新选项**：设置手动或渲染时更新选项，适用于平滑对象的复杂度过高而不能应用自动更新的情况。

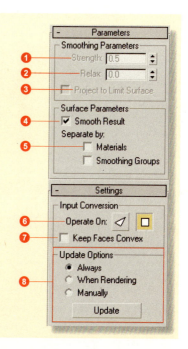

使用保持凸面选项

选择此选项后，会将非凸面多边形为最低数量的单独面（每个面都为凸面）进行处理。凸面意味着可以用一条线连接多边形的任意两点而不会超出多边形以外。大多数字母都不是凸面的。例如，在大写字母T中，不能使用不超出该形状的直线，从底部连接到左上角。圆、三角形和规则多边形都是凸面的。非凸面的面会出现的问题包括：输入对象几何体中的更改会导致网格平滑结果具有不同拓扑。

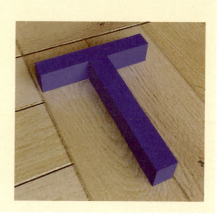

4.3.10 自由变形修改器

FFD自由变形修改器使用晶格框来包围几何对象，通过调整晶格框上的控制点可以改变几何体的外形。

3ds Max的自由变形修改器包含FFD（box）自由变形长方体、FFD（cyl）自由变形圆柱体两种类型，分别适用于不同形态的物体。

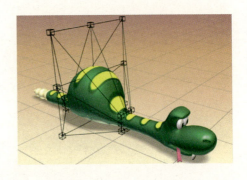

在修改器堆栈中展开自由变形修改器的下拉菜单，选择Control Points（控制点）选项，在晶格框上选择控制点进行移动就可以改变对象的外形，如下左图所示。选择Set Volume（设置体积）选项可以改变控制点的位置而不影响对象的形态，如下右图所示。

选择控制点选项

选择设置体积选项

在自由变形修改器的参数卷展栏中可以对控制点的数目以及变形力度等相关参数进行设置。

❶ **设置点数**：设置晶格框上控制点的数量。

❷ **晶格**：将绘制连接控制点的线条以形成栅格。

❸ **源体积**：控制点和晶格以未修改的状态显示。

❹ **仅在体内**：只有位于源体积内的顶点会变形。

❺ **所有顶点**：使所有顶点都产生变形。

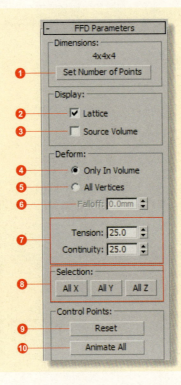

❻ **衰减**：决定自由变形效果减为零时离晶格的距离。

❼ **张力/连续性**：调整变形样条线的张力和连续性。

❽ **选择**：通过其他轴来选择控制点。

❾ **重置**：将所有控制点返回到它们的原始位置。

❿ **全部动画化**：将晶格点显示在轨迹视图中。

▶▶ 4.4 可编辑多边形修改器

Editable Poly（可编辑多边形）修改器是比较特殊的一个修改器，它提供了更为强大和自由的编辑功能。通过使用可编辑多边形修改器能够创建如右图所示的汽车、飞机等复杂的模型，也可以创建角色以及各种生物模型。可编辑多边形修改器与其他修改器不同，它可以直接对对象本身的形态进行调整，就像进行雕塑一样对物体进行局部刻画。

4.4.1 了解可编辑多边形的子对象

在修改器堆栈中展开Edit Poly（可编辑多边形）修改器的下拉菜单可以看到可编辑多边形包含了Vertex（顶点）、Edge（边）、Border（边界）、Polygon（多边形）和Element（元素）5种子对象类型，如下图所示。

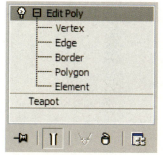
可编辑多边形的子对象

顶点子对象

边子对象

边界子对象

多边形子对象

元素子对象

在Selection（选择）卷展栏中也可以通过相应按钮来选择可编辑多边形的子对象。单击此处的按钮即与在修改器堆栈中选择子对象类型。再次单击该按钮会将其禁用并返回到对象选择层级。

在Selection（选择）卷展栏中还提供了一些用于选择子对象的命令，不同的子对象模式下可用的选择命令也不相同。Preview Selection（预览选择）选项组中可以选择启用子对象的选择预览功能，启用该功能后将光标移动到子对象上就会以黄色高亮方式显示即将被选择的子对象。

Shrink（收缩）和Grow（增长）命令可以在已经选择的子对象的基础上进行收缩和扩散，在下左图所示的物体上选择其中的一条边，使用Grow（增长）命令（即单击Grow按钮）后，将会选择和这条边相连接的其他6条边子对象，如下右图所示。再此基础上再使用Shrink（收缩）命令就又会回到原始的选择一条边的状态。

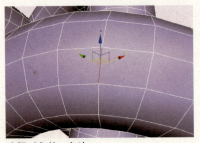

选择对象的一条边

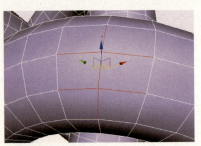

使用增长命令

Ring（环形）命令可以通过选择所有平行于选中边的边来扩展边选择。下左图所示为使用Ring（环形）命令所选择的多边形的边子对象。Loop（循环）命令可以在与选中边相对齐的同时扩展选择。下右图所示为使用循环命令所选择的首尾相连接的边子对象。

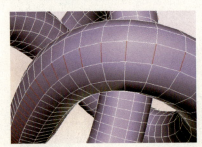

使用环形命令

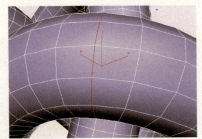

使用循环命令

使用微调器控制选择

　　Ring（环形）按钮旁边的微调器可以在任意方向将选择移动到相同循环中的其他边，即相邻的对齐边。利用环形功能可以选择相邻的环形，但其只适用于"边"和"边界"子对象层级。而Loop（循环）命令旁的微调器在任意方向将选择移动到相同环上的其他边，即相邻的平行边。右图所示为调节环形微调器后移动选择的不同边子对象效果。

当在Polygon（多边形）子对象层级下时，可以激活By Angle（按角度）选项，设置该参数可以通过角度差异来选择面，下图所示分别为设置角度为15和90所选择的面。

设置角度为15度

设置角度为90度

4.4.2 编辑几何体

Edit Geometry（编辑几何体）卷展栏是所有子对象的公用卷展栏，该卷展栏中的命令在5种子对象层级下都可以使用。

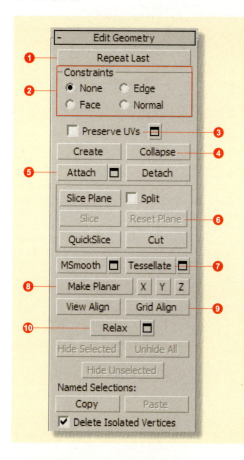

❶ **重复上一个**：重复之前使用的操作命令。

❷ **约束**：可以使用现有的几何体约束子对象的变换。

❸ **保持UV**：启用后在编辑子对象的同时不影响贴图坐标。

❹ **塌陷**：通过将顶点与选择中心的顶点焊接，使连续选定子对象的组产生塌陷效果。

❺ **附加**：用于将场景中的其他对象附加到选定的多边形对象。

❻ **重置平面**：将切片平面恢复到其默认位置和方向。

❼ **细化**：细分所选择的多边形。

❽ **平面化**：强制所有选定的子对象成为共面。

❾ **栅格对齐**：使选定对象中的所有顶点与活动视图所在的平面对齐。

❿ **松弛**：将规格化网格空间，朝着邻近对象的平均位置移动每个顶点。

使用重复上一个操作命令

使用Repeat Last（重复上一个）命令并不能重复所有的操作，一般来说它不能重复变化方面的操作。在命令面板中查看该按钮的提示可以了解可执行的重复操作的名称。

在默认的情况下，编辑多边形的子对象会改变对象的贴图坐标，移动顶点后，对象的贴图坐标也随着产生了变化，如左下图所示。如果勾选Preserve UVs（保持UV）复选框，移动顶点时，贴图坐标将不发生改变，如下右图所示。

贴图坐标随顶点移动

贴图坐标不随顶点移动

使用Attach（附加）命令可以将多个对象合并为一个单独的多边形对象。左下图所示场景中的这两个碗是单独的两个对象，因此它们具有各自的边界框。当使用Attach（附加）命令后，这两个单独对象会合并为一个多边形对象，因此它们具有一个边界框，如下右图所示。

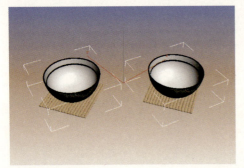
两个单独的对象

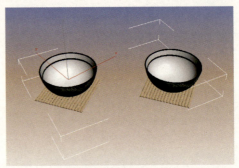
合并为一个多边形对象

当选择了多个子对象时，使用Collapse（塌陷）命令可以使所选择的这些子对象汇聚到中心的位置。比如，右图所示中选择上方的长方体侧面上的多个面子对象，使用Collapse（塌陷）命令后，这个侧面上的多边形将汇聚到中心处的顶点，形成下方长方体的效果。Collapse（塌陷）命令在其他子对象层级下同样适用，下图所示为选择多个顶点后使用塌陷命令的效果。

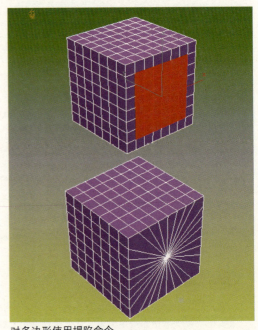

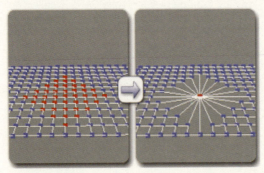
对顶点使用塌陷命令

对多边形使用塌陷命令

启用Slice Plane（切片平面）命令后，会出现一个黄色的平面矩形框，在该矩形平面穿过对象的地方会出现新的线条和顶点，如下左图所示。QuickSlice（快速切片）命令可以不用操作矩形平面框，而是直接用鼠标在对象上进行切片操作，如下右图所示。

切片操作

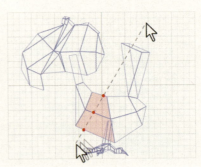
快速切片操作

勾选Slice Plane命令后的Split（分离）复选框可以通过快速切片和切割操作根据划分边位置处的点创建两个顶点集。这样，便可轻松地删除要创建孔洞的新多边形，还可以将新多边形作为单独的元素设置为动画，如右图所示。

Cut（切割）命令是多边形中非常实用的一种命令，它可以自由地在多边形的表面添加线段，当光标停留在不同的子对象上时会出现不同的提示形状以便于用户区分。下图所示分别为使用切割命令将光标停留在顶点、多边形和线段子对象上时的效果。

光标在顶点上　　　　　　光标在多边形上　　　　　　光标在边上

4.4.3 编辑顶点子对象

当选择多边形的子对象后，会出现该子对象的参数卷展栏，该卷展栏下的命令只有在所选择的子对象下才能使用。下图所示为多边形的Edit Vertices（编辑顶点）卷展栏

移除：将选择的顶点移除掉，不同于删除命令

连接：用新的线段将所选择的两个顶点连接起来

移除孤立顶点：将不属于任何多边形的所有顶点删除

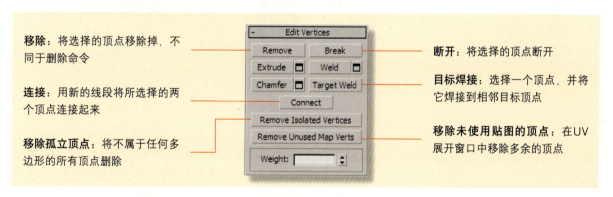

断开：将选择的顶点断开

目标焊接：选择一个顶点，并将它焊接到相邻目标顶点

移除未使用贴图的顶点：在UV展开窗口中移除多余的顶点

Remove（移除）命令和Delete（删除）命令的不同地方在于使用移除命令只是将顶点从多边形对象上移除掉，并不影响顶点所在的面。而使用删除命令后会将与该顶点相连接的所有顶点和多边形一起删除掉。下图所示为选择对象上的顶点分别使用移除和删除命令的效果。

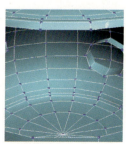

选择对象上的顶点　　　　移除顶点　　　　　　删除顶点

Break（断开）命令可以在与选定顶点相连的每个多边形上都创建一个新顶点。下左图所示对一个顶点使用断开命令后形成的4个新顶点。Weld（焊接）命令和Break（断开）命令相反，它可以将分离的顶点焊接在一起。下右图所示为使用焊接命令将分离的两个顶点重新焊接在一起。

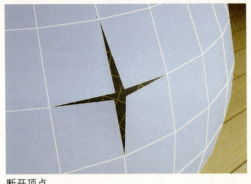
断开顶点

焊接顶点

对顶点使用Extrude（挤出）命令可以沿法线方向移动，并且创建新的多边形，形成挤出的面，将顶点与对象相连。下左图所示为对一个顶点使用Extrude（挤出）命令后形成的效果。单击Extrude（挤出）按钮 `Extrude` 后的 按钮可以开启一个对话框，在其中设置挤出的高度和基面的宽度。该对话框中的Extrusion Base Width（挤出基面宽度）用来设置挤出的顶点下方的基面大小，右下图所示为将基面宽度缩小后的效果。

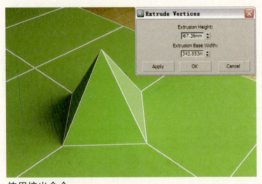
使用挤出命令

基面缩小后效果

对顶点使用Chamfer（切角）命令后所有连接原来顶点的边上都会产生一个新顶点，每个切角的顶点都会被一个新面有效替换，这个新面会连接所有的新顶点。下左图所示为对多边形上的两个顶点使用切角命令后的效果。勾选切角设置对话框中的Open（打开）复选框可以将使用切角命令后形成的新的面删掉，如右下图所示。

使用切角命令

启用打开选项

4.4.4 编辑边子对象

Edit Edges（编辑边）子对象中包含了一些和顶点相同的命令，例如Extrude（挤出）、Chamfer（倒角）等。但是使用这些命令会在边子对象上会产生不同的效果。

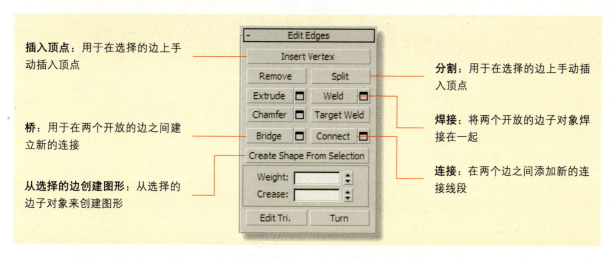

插入顶点：用于在选择的边上手动插入顶点

桥：用于在两个开放的边之间建立新的连接

从选择的边创建图形：从选择的边子对象来创建图形

分割：用于在选择的边上手动插入顶点

焊接：将两个开放的边子对象焊接在一起

连接：在两个边之间添加新的连接线段

对边子对象使用Extrude（挤出）命令时，该边界将会沿着法线方向移动，然后创建形成挤出面的新多边形，从而将该边与对象相连。下左图所示为对边子对象使用挤出命令的效果。边子对象在使用挤出命令时也可以设置挤出的高度和基面宽度，下右图所示为增加基面宽度并降低高度的效果。

对边使用挤出命令

设置基面宽度和高度

对边子对象使用Chamfer（切角）命令可以使选择的边分离形成两条新的边，下左图所示为对两条边对象使用切角命令的效果。Segments（分段）参数用来设置所分离的两条边之间的分段数量，右下图所示为设置分段参数为5的效果。

使用切角命令

设置分段数量

使用Connect（连接）命令可以在选定的边之间创建新的线段，单击Connect（连接）按钮 Connect 后的 □ 按钮可以开启如下左图所示的设置对话框，其中的Segments（分段数）用来控制新创建的连接数目。右下图所示为设置分段数为4，从而在两条边之间创建4条新线段的效果。

连接设置对话框

设置分段数

该对话框中的Pinch（收缩）参数用来控制所添加的新线段之间的距离，下左图所示为缩小间距后的效果。Side（滑块）参数用来控制所添加的新边和两侧的相对位置，下右图所示为设置该参数使新边向一侧移动的效果。

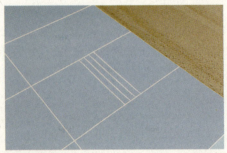

设置收缩参数

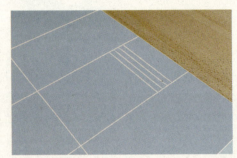

设置滑块参数

在多条边之间建立连接

使用Connect（连接）命令不仅可以在两条边之间创建新的连接，也可以在多条选择的边之间创建新的连接，如右图所示。

使用Create Shape From Selection（从选择的边创建图形）命令可以从所选择的边子对象上创建图形。在如下左图所示的画面中选择对象上的一圈矩形边，然后单击Create Shape From Selection（从选择的边创建图形）按钮 Create Shape From Selection 按钮，会弹出一个对话框用来设置新建图形的名称和类型。确定后就可以从所选择的边创建出新的图形，如下右图所示。

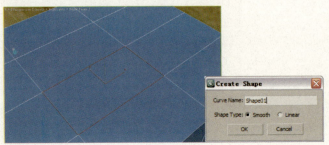

选择对象上的边

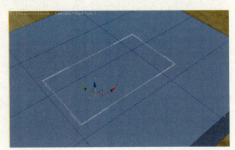

创建新的图形

4.4.5 编辑边界子对象

在了解边界的编辑命令前，先来看看边界子对象是如何产生的。选择多边形对象上的几个面，如下左图所示，将所选择的面删除掉，所留下的空洞边缘就形成了一个边界子对象，如下右图所示。

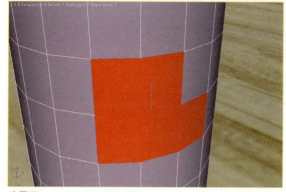
选择面

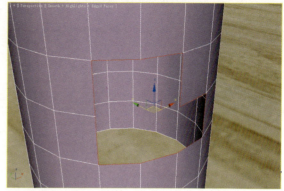
新的边界子对象

Edit Border（编辑边界）子对象的参数卷展栏和Edit Edges（编辑边）子对象的参数卷展栏基本相似，只是编辑边界卷展栏多了一个特殊的Cap（封口）命令。

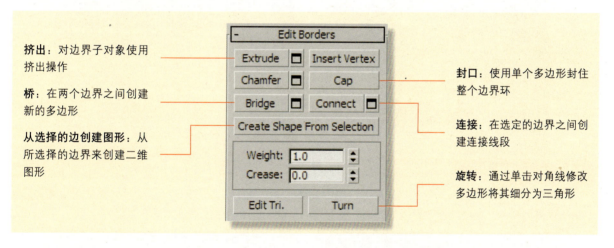

挤出：对边界子对象使用挤出操作

桥：在两个边界之间创建新的多边形

从选择的边创建图形：从所选择的边界来创建二维图形

封口：使用单个多边形封住整个边界环

连接：在选定的边界之间创建连接线段

旋转：通过单击对角线修改多边形将其细分为三角形

使用Bridge（桥）命令可以在两个边界之间创建新的多边形连接。下左图所示这两个圆柱体上各有一个边界对象，使用Bridge（桥）命令后可以在这两个边界之间建立新的多边形连接效果，如下右图所示。

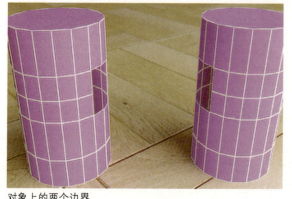
对象上的两个边界

使用连接命令

单击Bridge（桥）按钮 Bridge 后的 ▣ 按钮可以开启如下左图所示的对话框，在该对话框中可以对连接多边形进行设置。Segments（分段）参数用来设置在创建的连接多边形上所划分的段数，如下右图所示为设置分段数为5时的效果。

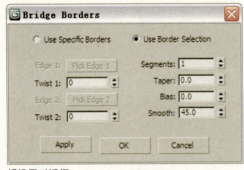
桥设置对话框

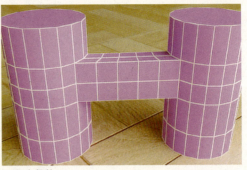
设置分段数

Taper（锥化）参数用来设置桥宽度距离其中心的变化程度，并以此形成的锥形变形效果，该参数可以设置为负值，负值可以形成向内锥化的效果，如下左图所示。右下图所示为设置Taper（锥化）参数为正值的效果。

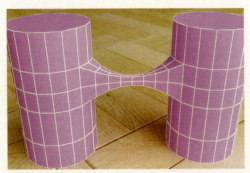
设置锥化参数为负值

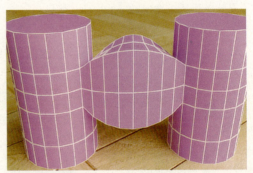
设置锥化参数为正值

Bias（偏移）参数用来决定锥化量最大位置的偏移，下左图所示为设置Bias（偏移）参数后使锥化偏向一侧的效果。Twist（扭曲）参数可以旋转边界使连接的多边形产生扭曲效果，如下右图所示。

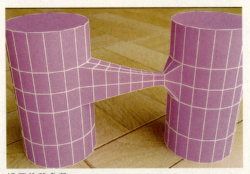
设置偏移参数

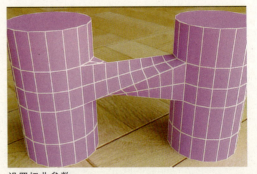
设置扭曲参数

连接桥的两种类型

Bridge（桥）设置对话框中提供了Use Specific Borders（使用特定的边界）和Use Border Selection（使用边界选择）两种类型。使用特定的边界类型可以通过单击其上的拾取按钮来拾取对象上的边界。使用边界选择类型可以直接在已经选择的边界之间建立桥连接。

前面已经讲解过，边界就是删除面后遗留下的一个空洞的边缘，如下左图所示。在已经选择了边界子对象的情况下使用Cap（封口）命令可以用一个完整的多边形将边界重新填补上，如右下图所示。注意所填补的多边形是一个完整的面，上面没有线条。

删除面后留下的边界

使用封口命令

4.4.6 编辑多边形子对象

Polygon（多边形）子对象是指以3条或者3条以上的边所围成的面。实际上在3ds Max中最基本的面是三角面，只是默认不显示最小的三角面，在Configure Direct3D（配置Direct3D）对话框中勾选Display All Triangle Edges（显示所有三角面）复选框就可以显示出最小的三角面。下图所示为通过设置在场景中显示出对象的三角面。

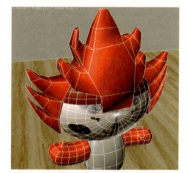

默认的面显示

勾选显示所有三角面复选框

显示所有三角面

配置Direct3D

在Preference Settings（首选项设置）面板的Viewports（视口）选项卡中可以打开配置Direct3D对话框。

插入顶点：在多边形上插入顶点

倒角：对选择的多边形子对象进行倒角操作

编辑三角部分：通过绘制内边修改多边形细分为三角形的方式

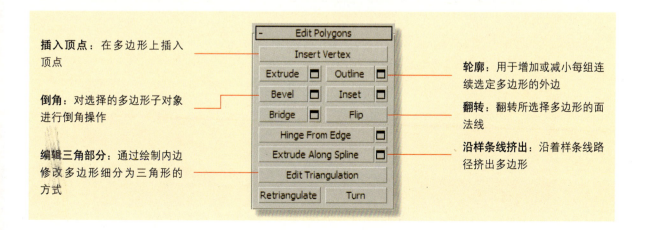

轮廓：用于增加或减小每组连续选定多边形的外边

翻转：翻转所选择多边形的面法线

沿样条线挤出：沿着样条线路径挤出多边形

对多边形子对象使用Extrude（挤出）命令可以将选择的面拉伸出来形成新的对象，在Extrude Polygons（挤出多边形）对话框（见右图）中提供了3种不同的挤出类型。

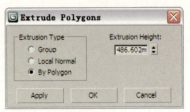

▲ Group（组）：沿着每一个连续的多边形组的平均法线执行挤出操作。

▲ Local Normal（局部法线）：沿着每一个选定的多边形法线执行挤出操作。

▲ By Polygon（按多边形）：独立挤出或倒角每个多边形。

下图所示分别为选择这3种挤出类型的效果。

组类型

局部法线类型

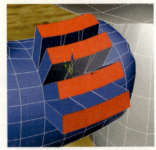

按多边形类型

Bevel（倒角）命令和Extrude（挤出）命令相似，同样可以将面拉伸出来，但是它还包含一个Outline Amount（轮廓数量）参数用来控制挤出面的大小（见右图）。倒角命令也提供了和挤出相同的3种类型。下图所示分别为选择这3种类型的倒角效果。

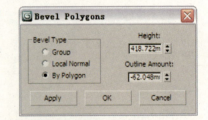

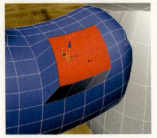

组类型

局部法线类型

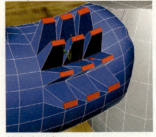

按多边形类型

Inset（插入）命令可以在选择的多边形内插入新的多边形，所插入的新多边形和原始多边形之间会产生线段连接。插入命令包含组和按多边形两种类型。

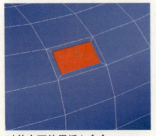

对单个面使用插入命令

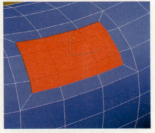

对一组面使用插入命令

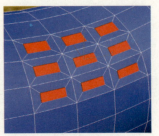

对一组面按多边形进行插入

使用Hinge From Edge（从边旋转）命令后，多边形将会绕着某条边旋转，然后创建形成旋转边的新多边形，从而将选择的边与对象相连。如果旋转边属于选定多边形，将不会对边执行挤出操作。右图所示为Hinge Polygons From Edge（从边旋转多边形）设置对话框。其中的Angle（角度）参数用来控制旋转多边形的角度。在旋转的同时设置分段数可以产生圆弧形的效果。

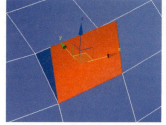
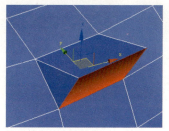
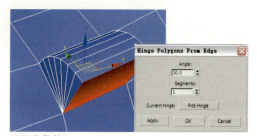

设置较小的旋转角度　　　　　　设置较大的旋转角度　　　　　　设置分段数量

使用Extrude Along Spline（沿样条线挤出）命令可以沿着指定的二维样条线路径来挤出多边形。使挤出的多边形产生各种不同的形态。使用该命令可以制作例如章鱼的触手、怪兽的角等一些从多边形上伸展出来的部位。单击Extrude Along Spline按钮后弹出的对话框如右图所示。

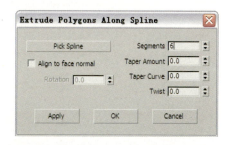

使用Extrude Along Spline（沿样条线挤出）命令需要在场景有一条二维样条线对象，如下左图所示。使用该命令后拾取这个图像就可以使选择的面沿着样条线的方向进行挤出，如下右图所示。其对话框中的Segments（分段）参数用来控制挤出的多边形部分所划分的段数。

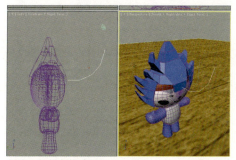

创建二维样条线路径　　　　　　　　沿样条线挤出多边形

Taper Ameunt（锥化数量）参数用来使挤出的多边形部分产生锥化变形效果，负值会使锥化的一端缩小，正值可以放大锥化端。

设置锥化参数为负值　　　　　　　　设置锥化参数为正值

Taper Curve（锥化曲线）参数可以控制多边形的锥化率，下左图所示为设置Taper Curve（锥化曲线）参数使中间部分变细的效果。Twist（扭曲）参数可以使挤出的多边形产生扭曲效果，如右下图所示。

设置锥化曲线参数

设置扭曲参数

【实战练习】制作高尔夫球

最终文件：场景文件\Chapter 4\制作高尔夫球-最终文件\
视频文件：视频教学\ Chapter 4\制作高尔夫球.avi

步骤01 在场景中创建一个GeoSphere（几何球体），设置Segments（分段数）为6。

步骤02 给球体添加一个Edit Poly（可编辑多边形）修改器，进入Edge（边）子对象层级，使用快捷键Ctrl+A选择所有的边。

步骤03 对选择的边使用Chamfer（切角）命令，可以看到使用切角命令后，对象的一些边缘产生了重叠效果。

步骤04 进入Vertex（顶点）子对象层级，选择所有的顶点，使用Weld（焊接）命令将重合位置处的顶点焊接在一起。

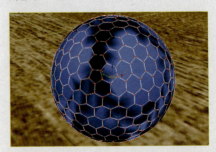

提示 查看焊接顶点的数目

在Weld Vertices（焊接顶点）对话框的Number of Vertices（顶点数量）选项组中可以查看焊接前和焊接后的顶点的数量。Before（之前）表示焊接前的对象顶点数目，After（之后）表示焊接后的顶点数目。

步骤 05 接下来进入Polygon（多边形）子对象层级，使用快捷键Ctrl+A选择球体上所有的面。

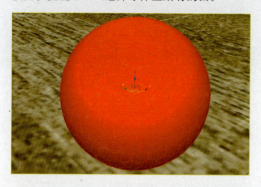

步骤 06 对选择的多边形使用Inset（插入）命令，按每个多边形来进行插入。

步骤 07 然后对这些面使用Bevel（倒角）命令，使其向内挤压形成凹槽。

步骤 08 最后给球体添加一个网格平滑修改器，设置迭代次数为1，此时即完成了模型的制作。

难点解析 设置迭代次数

在使用网格平滑修改器时，通常将迭代次数设置在3以内，较高的迭代次数会产生大量的面。右图所示中的两个对象迭代次数设置为2和3，已经基本看不出什么区别，因此应该尽量保持较低的迭代参数设置。

▶▶ 4.5 制作冲锋枪模型

　　本章主要讲解了3ds Max中的各种修改器，使用修改器是建模的一个主要方法。实际创作中，灵活运用不同修改器能够创建一些比较复杂的模型对象，本节将利用3ds Max的修改器来制作一把冲锋枪模型，使读者了解修改器的具体应用方法，本案例创建对象的原始和效果如下图所示。

原始文件：场景文件\Chapter 4\制作冲锋枪模型-原始文件\
最终文件：场景文件\Chapter 4\制作冲锋枪模型-最终文件\
视频文件：视频教学\Chapter 4\制作冲锋枪模型.avi

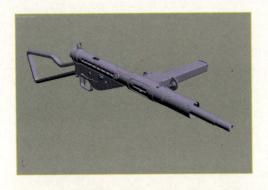

步骤1：打开光盘中提供的素材文件，场景中已经导入了一张冲锋枪的参考图片。

步骤2：在Front（前）视图中创建一个Tube（管状体）对象，长度和枪筒的长度相当。

步骤3：将圆柱体转换为可编辑多边形，使用Connect（连接）命令添加两条线段。

步骤4：在Polygon（多边形）子对象层级下选择这两条线段中间的面。

步骤5：对选择的面使用Extrude（挤出）命令将这部分面向外拉伸。

步骤6：接下来对尾部的这个面也使用一次挤出命令。

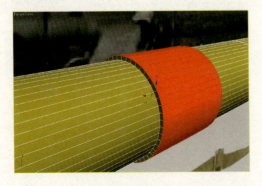

步骤7： 使用同样的方法对这部分面使用Extrude（挤出）命令进行拉伸。

步骤8： 进入Edge（边）子对象层级，选择如下图所示的边缘向右侧移动一段距离。

步骤9： 创建一个新的圆柱体对象，插入到管状体对象中。

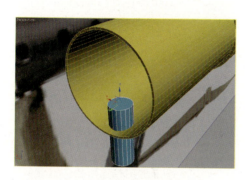

步骤10： 在主工具栏中单击Angle Snap Toggle（角度捕捉）按钮，在打开的窗口中将Angle（角度）设置为60度。

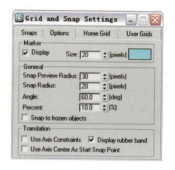

步骤11： 将圆柱体的Gizmo对齐到管状体的中心，然后按住Shift键对其进行旋转复制操作。

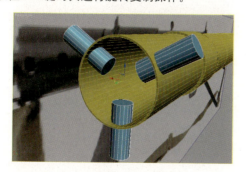

步骤12： 将这几个圆柱体合并为一组，然后在Front（前）视口中依次向后再复制两组。

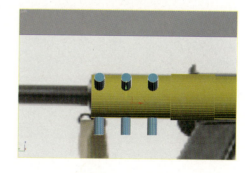

步骤13： 对管状体使用超级布尔运算，在管状体上挖出如下图所示的圆形的孔。

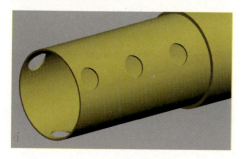

步骤14： 接下来从侧面视口中创建一个如下图所示的二维样条线图形。

步骤15：给该图形添加一个Extrude（挤出）修改器，然后将挤出的对象插入到枪筒中。

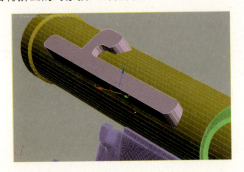

步骤16：对枪筒对象使用超级布尔运算，拾取刚才所挤出的对象。

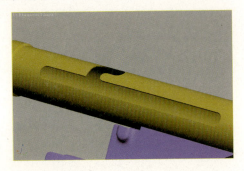

步骤17：继续在枪筒的尾部创建一个管状体对象，并将该对象转换为可编辑多边形。

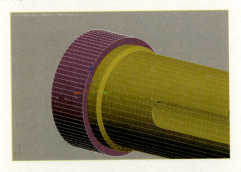

步骤18：给管状体对象上添加一圈靠近边缘的线段，并选择中间部分这几个面。

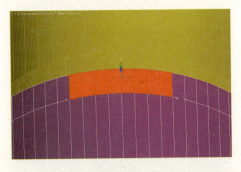

步骤19：对这部分面使用挤出命令向上拉伸，并使用布尔运算在中间挖一个圆洞。

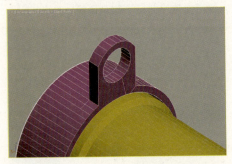

步骤20：创建一个新的圆柱体对象，设置分段数为24，并将两侧的面删除掉。

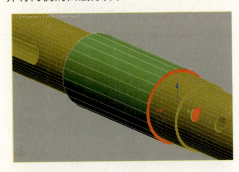

步骤21：使用Connect（连接）命令在圆柱体的两端添加两条线段。

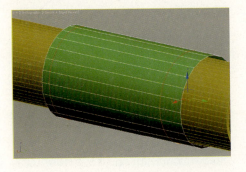

步骤22：在侧面视图中将左侧的这几个中间的顶点向左侧移动一段距离。

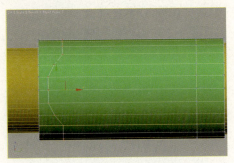

步骤23： 进入Polygon（多边形）子对象层级，对所选择的这部分面使用Inset（插入）命令，然后将这部分面删除掉。

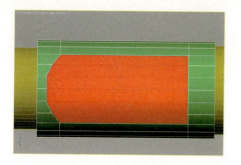

步骤24： 接下来给这个多边形对象添加一个Shell（壳）修改器，设置Inner Amount（内部数量）参数使对象产生厚度。

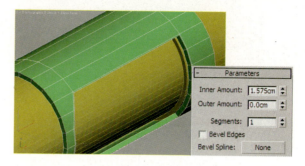

步骤25： 接下来旋转视口到对象的另一面，选择中间的这几个面。

步骤26： 对这部分面使用Extrude（挤出）命令向外拉伸，然后使用Make Planar（共面）命令将拉伸出来的面对齐在同一水平线。

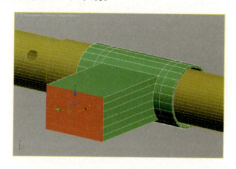

步骤27： 接下来在对象上添加线段，将如下图所示的这个角落上的多边形删除掉。

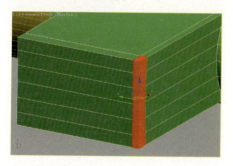

步骤28： 对边缘进行复制拉伸操作，然后焊接顶点，将删除面后所留下的这个空缺填补起来。

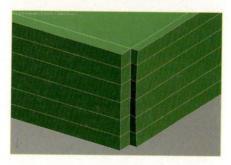

步骤29： 进入Polygon（多边形）子对象层级，将选择的面向内部进行拉伸。

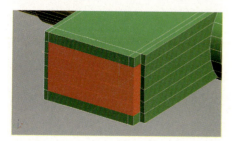

步骤30： 向内拉伸后，对边缘进行布线处理。

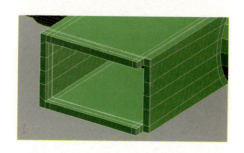

步骤31: 编辑完成后给对象添加网格平滑修改器，设置迭代次数为3。

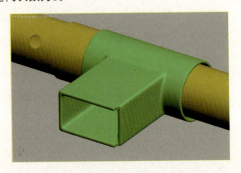

步骤32: 在Top（顶）视口中创建一个弯曲的二维样条线图形。

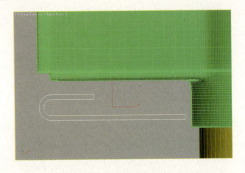

步骤33: 给该图形添加一个Extrude（挤出）修改器，然后对边缘使用切角命令进行倒角处理。

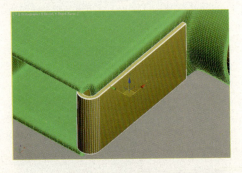

步骤34: 进入多边形子对象层级，选择所有的多边形并设置一个平滑组编号。

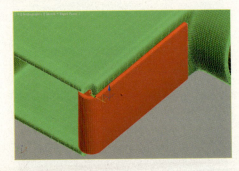

步骤35: 接下来创建一个Box（长方体）对象并转换为可编辑多边形作为弹夹4。

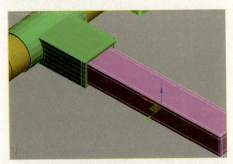

步骤36: 将长方体的一侧向内部挤压制作出一条凹槽，然后对边缘进行布线。

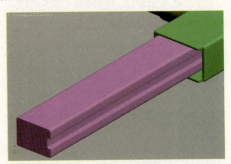

步骤37: 接下来使用前面所介绍过的一些方法，制作弹夹上的零部件。

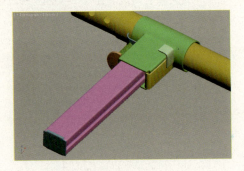

步骤38: 进入Left（左）视口，绘制一个如下图所示的二维样条线图形。

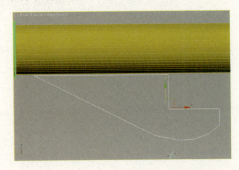

步骤39： 直接将该图形转换为可编辑多边形，然后在表面添加线段。

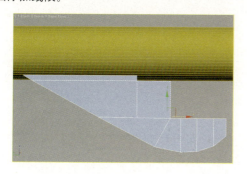

步骤40： 继续使用Cut（切割）命令在对象上添加如下图所示的线段。

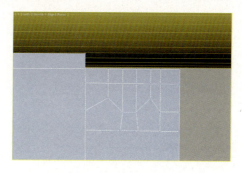

步骤41： 选择添加线段后所形成的面，然后使用挤出命令向外拉伸在其上形成凸起效果。

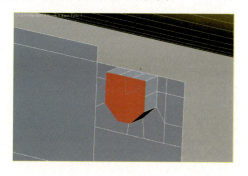

步骤42： 给该对象也添加一个Shell（壳）修改器，使对象产生厚度，然后对边缘布线。

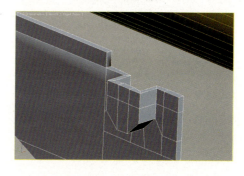

步骤43： 将该对象进行镜像复制，然后将它们合并为一个多边形。

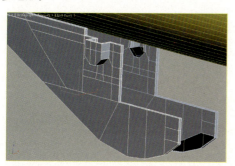

步骤44： 将复制出的这两个多边形用面连接起来。

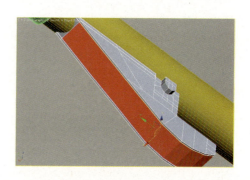

步骤45： 旋转视口到另一侧，继续添加线段，划分出一个小的矩形区域。

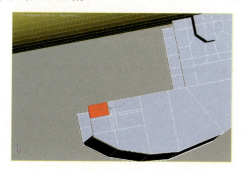

步骤46： 将这个矩形向外拉伸，形成一个凸起效果。

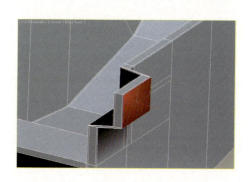

步骤47： 编辑完成后给对象添加一个网格平滑修改器得到平滑的效果。

步骤48： 接下来在该对象的后方创建一个长方体并转换为可编辑多边形。

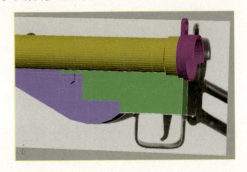

步骤49： 在长方体上添加线段，并将后方调整为如下图所示的效果。

步骤50： 然后对边缘进行复制拉伸，将这个台阶状形态填补起来。

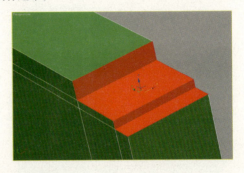

步骤51： 对这个对象的边缘部分进行倒角布线。

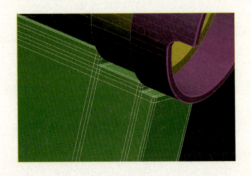

步骤52： 选择底部该矩形的面并使用Inset（插入）命令插入新的多边形。

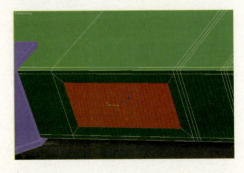

步骤53： 对新插入的这个面使用Extrude（挤出）命令将其向内部挤压。

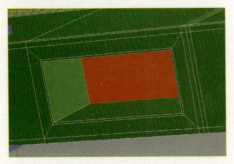

步骤54： 将挤出的这个面删除掉，然后在边缘的地方添加一圈线段。

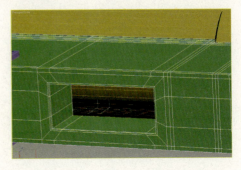

步骤55：创建一个新的长方体多边形对象，在侧面视口中根据背景参考图进行编辑。

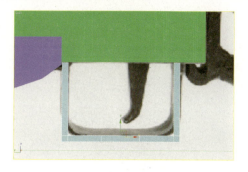

步骤56：删除对象的一侧，然后将顶部的这个面向外挤压两次。

步骤57：对另一侧也进行同样的操作，然后复制出另一半并将中间部分焊接起来。

步骤58：在侧面视口中根据参考图绘制一个二维的样条线图形作为扳机的截面图形。

步骤59：对这个图形使用挤出修改器，并对边缘使用切角命令。

步骤60：继续利用挤出二维图形的方法创建一个如下图所示的L形对象。

步骤61：在枪的尾部创建一个圆柱体对象，并将它转换为可编辑多边形。

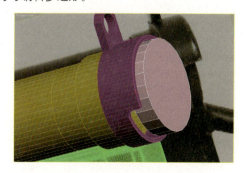

步骤62：选择圆柱体下方的几个面并使用挤出命令将其向下拉伸。

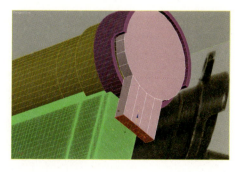

步骤63： 继续对这个面进行拉伸并向枪的前部弯折。

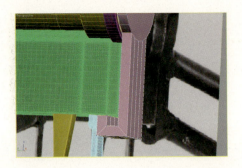

步骤64： 对圆柱体的背面使用两次挤出命令，形成如下图所示的效果。

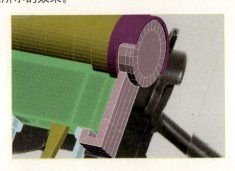

步骤65： 在Front（前）视口中创建一个带两个圆角的矩形图形。

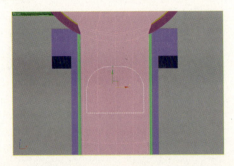

步骤66： 然后在侧面视口中根据背景参考图绘制枪托的侧面线条图形。

步骤67： 以侧面视口中的图形为路径，前视口中的图形为截面进行放样。

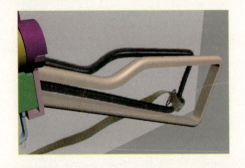

步骤68： 将放样对象转换为可编辑多边形，然后对边缘使用切角命令。

步骤69： 给整个对象的所有面设置一个平滑分组。

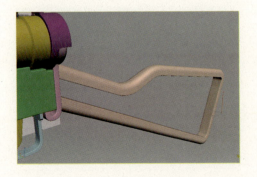

步骤70： 至此，冲锋枪模型已经创建完成，读者可以根据所提供的模型最终文件来完成冲锋枪上的一些小零件的创建。

CHAPTER ▶ 5

制作材质

【重点内容】

1. 了解材质编辑器
2. 掌握各种材质类型
3. 为场景对象制作材质

经典作品赏析

▶ 玻璃的质感非常鲜明，在创作时往往难以把握，而这张由Michel Doumit制作的静帧，将玻璃的通透性和光滑性特质表现得近乎真实，除了作者的深厚功底以外，VRay的强大渲染功能也功不可没。

▶ 照片级别的最终效果是所有CG爱好者的最高追求，也是大多数人为之奋斗并且不断努力的力量之源，随着软件的升级和配套设施的不断更新以后，离这样的目标似乎越来越近。这张图通过了巧妙的灯光、精致的模型和超写实的贴图共同完成了模型与材质的完美结合，创作者Jesus Selvera对作品中的材质处理确实让人感叹。

▶ 变形金刚席卷全球的同时，很多的CG爱好者也行动了起来，Angel Nieves制作的这个作品中有明显的旧金属质感，很符合怀旧的总体色调。

▶ 制作汽车模型是很多CG所热衷的一件事情，以本作品来说，能够将汽车的质感表现得如此完美，艺术家Vadim Yur的确是费了一番心思。

▶ 啤酒在现实生活中无处不在，材质在3ds Max中也是如此，来自德国的Sebastian Napp将他对啤酒的热爱在本作品中表现得淋漓尽致，这里将啤酒标签的纸质颗粒肌理都拿捏得异常出色，让人感受真实的质感。

▶▶ 5.1 了解材质编辑器

"材质是指定给对象的曲面或面，以在渲染时按某种方式出现的数据。其会影响对象的颜色、光泽度和不透明度等属性。"这是行业通用对材质的专业解释，用通俗的语言来讲，材质就是电脑模拟的对象表现出来的物理质感，比如表面光滑的石头，具有透明特性的玻璃，带有强烈高光的金属等都是材质的一种。

如何随心所欲调整材质特性，让其表现出足够真实的物理特性，就需要借助材质编辑器来完成。有关于材质的一切参数和属性都是通过材质编辑器来设置和修改的。

在菜单中执行Rendering（渲染）>Material Editor（材质编辑器）命令，或者在工具栏中单击"材质编辑器"按钮 ，以及按下快捷键M都可以打开"Mnterial Editor（材质编辑器）"窗口。通过材质编辑器窗口提供的各种类型的参数和命令，就能创建出各种各样类型的材质了。

材质编辑器的主菜单中包含了最常用的材质编辑器工具，其中包含的工具，在材质编辑器的工具栏中都能够找到

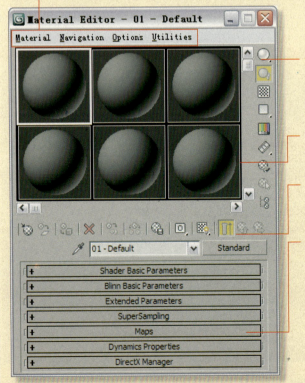

材质编辑器示例窗侧边工具栏主要是由：采样类型、背光、背景、采样UV平铺、视频颜色检查、生成预览、播放预览、保存预览、材质编辑器选项、按材质选择、材质/贴图导航器等几部分组成。位于侧边的工具栏，主要是用于辅助材质参数设置和编辑的

示例窗显示材质的预览效果，它是"材质编辑器"界面最突出的功能。示例窗一次可存储24种材质，默认情况下，一次可显示六个示例窗

示例窗底部工具栏主要是由：获取材质、将材质放入场景、将材质指定给选定对象等部分组成

材质库界面还包括多个卷展栏，卷展栏的具体内容取决于当前的材质，单击材质的示例窗使其处于激活状态。每个卷展栏都包含标准控件，如下拉列表、复选框、带有微调器的数值字段和色样

5.1.1 材质编辑器示例窗侧边工具栏详解

位于材质编辑器示例窗侧边的工具栏，汇集了辅助材质设置和编辑的很多命令，如可以更改材质球造型的采样类型，便于直观查看材质球的背景和背景光等，为用户快速且直观地编辑材质提供了极大方便。

1. 采样类型

采样类型是用来设置示例窗中材质预览效果的模型造型的。单击采样器弹出按钮可以选择更多的造型，用户还可以自定义采样类型。

可以通过执行菜单中的Options>Options命令打开"Material Editor options（材质编辑选项）"对话框，在Custom Sample Object（自定义采样对象）参数组中单击空白长按钮，在弹出的对话框中选择一个需要替换的MAX文件模型，就完成了采样对象的自定义。切换到自定义按钮就可以看见重新载入的造型显示在示例窗中（见下图）。

【实战练习】使用自定义选项将球体替换成茶壶　　　视频教学\Chapter 5\自定义采样类型.avi

步骤 01 在顶视图中创建一个茶壶模型，并将茶壶模型的大小设置为40mm 。

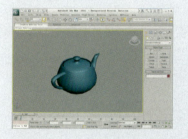

步骤 04 在"自定义采样对象"参数组中单击File Name（文件名）旁的按钮，在弹出的对话框中，选择保存的模型文件。

步骤 02 将创建好的茶壶模型保存到自定义的文件夹当中，并为模型文件命名。

步骤 05 确定选择以后关闭对话框，此时，"自定义采样对象"的空白按钮上显示出了被自定义的模型对象名称。

步骤 03 打开材质编辑器，执行Options>Options命令打开材质编辑选项对话框。

步骤 06 关闭对话框，在工具栏中将采样类型弹出按钮选择为"自定义"按钮，示例窗口中的造型就变成了茶壶造型了。

2. 背光

顾名思义，背光的作用就是为示例窗口的材质球添加背景光。背光可以更加明确地显示材质的质感，添加了背光的示例窗口可以清晰看见材质的漫反色效果（见下图）。

提示　用户可以改变背景光颜色

在材质编辑选项对话框的背景光选项中可以改变背景光的颜色（见下图）。

3. 背景

开启背景以后，材质球背景上就被添加了一张包含多种颜色的色块图片，通常在设置具有透明属性的材质时会开启（见下图）。

提示　用户可以改变背景图片

在材质编辑选项对话框的自定义背景选项中可以改变背景图片（见下图）。

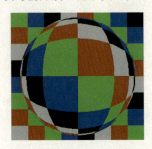

4. 采样UV平铺

采样UV平铺可以在活动示例窗口中调整采样对象贴图的图案重复。使用这个选项的图案平铺只会影响到活动示例窗，而不会影响到场景中的对象，这与贴图卷展栏中的图案平铺是不一样的（见下图）。

5. 视频颜色检查

视频颜色检查用于检查示例对象上的材质颜色是否超过安全NTSC或PAL阈值。这些颜色用于从计算机传送到视频时进行模糊处理，并且将在示例对象上标记包含这些"非法"颜色或"热"颜色的像素。只能将此选项作为指导。渲染场景中的颜色不仅取决于材质颜色，而且还取决于照明的强度和颜色。

NTSC和PAL的概念

　　NTSC（国家电视标准委员会）是北美、大部分中南美国家和日本所使用的电视制式标准的名称。帧速率为每秒 30 帧（fps）或者每秒 60 场，每个场相当于电视屏幕上的隔行插入扫描线。

　　PAL（相位交替线）是大部分欧洲国家使用的视频标准。帧速率为每秒 25 帧（fps）或者每秒 50 场，每个场相当于电视屏幕上的隔行插入扫描线。

可以把动画文件添加到贴图当中，利用播放预览按钮可以在活动示例窗中预览动画效果。

生成动画 🔧：先为材质添加动画贴图，然后单击生成预览按钮，在弹出的创建材质预览面板中保持默认参数，并单击OK按钮，软件开始生成动画（见下图）。

播放动画 🔧：生成动画以后会自动弹出播放器，如果用户需要再一次预览效果，只需要切换弹出按钮为播放预览按钮，不用再一次进行计算（见下图）。

保存动画 🔧：单击保存预览按钮，就会自动弹出保存视频对话框，用户可以将生成的动画保存为另外名称的动画格式文件（见下图）。

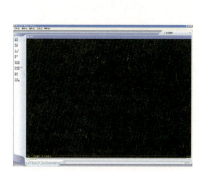

材质编辑器选项主要的作用就是在示例窗中设置材质的显示和背景等参数（见下图）。

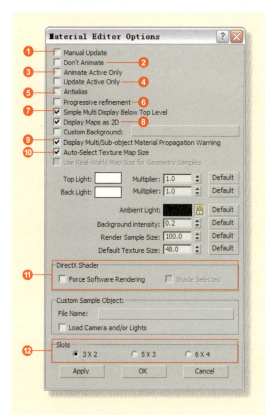

❶ **手动更新**：启用该选项时，只有在单击视窗时才会使之内容更新。

❷ **不显示动画**：启用该选项时，播放动画或移动时间滑块时不更新示例窗中的动画贴图。

❸ **仅动画显示活动示例**：启用该选项时，当播放动画或移动时间滑块时，仅将活动示例窗显示为动画。

❹ **仅更新活动示例**：启用该选项时，示例窗不加载或产生贴图，除非激活示例窗。

❺ **抗锯齿**：在示例窗中启用抗锯齿功能。默认设置为禁用状态。

❻ **逐步优化**：在示例窗中启用逐步优化功能。

❼ **在顶级以下简化多维/子对象材质显示**：启用该选项时，多维/子对象材质的示例球仅在材质顶层中显示多个面片。

❽ **以2D形式显示贴图**：启用该选项时，示例窗以 2D 形式显示包括独立贴图在内的贴图。

❾ **显示多维/子对象材质传播警告**：可以对实例化的 ADT 基于样式的对象应用多维/子对象时显示警告对话框。

❿ **自动选择纹理贴图大小**：启用该选项时，并且拥有使用纹理贴图将其设置为"使用真实世界比例"的材质，来确保贴图在示例球中的正确显示。

⓫ **DirectX明暗器组**：该选项组中的选项用于对明暗器材质的视口行为产生影响。

⓬ **示例窗数目组**：该选项组中的选项用于设置示例窗显示的数目。

默认情况下按材质选择按钮处于不可用状态，单击按材质选择按钮，会弹出 "Select Objects（从场景选择）" 窗口（见下图）。在该窗口显示所有对象的列表中选择对象，便可选择或指定对象。

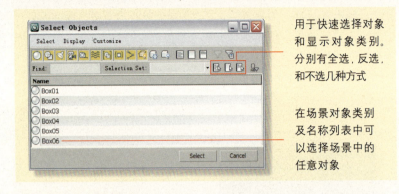

用于快速选择对象和显示对象类别。分别有全选，反选，和不选几种方式

在场景对象类别及名称列表中可以选择场景中的任意对象

提示 场景选择与资源管理器的差别

在 "从场景选择" 窗口中不能改变对象属性，它们的差别还包括如下方面。

- 没有层次操纵，无法链接对象或取消链接对象。
- 隐藏对象和冻结对象不能出现在列表中。
- 如果要在场景中继续操作则必须关闭该窗口。

9. 材质/贴图导航器

导航器显示当前活动实例窗中的材质和贴图。通过单击列在导航器中的材质或贴图，可以导航当前材质的层次。

❶ 查看列表模式：以列表格式显示材质和贴图。蓝色球体是材质。绿色平行四边形是贴图。

❷ 查看列表图标：在列表中材质和贴图显示为小图标。

❸ 查看小图标：以小图标显示材质和贴图。

❹ 查看大图标：以大图标显示材质和贴图。

▍5.1.2 材质编辑器示例窗下边工具栏的使用

材质编辑器示例窗下边工具栏主要是针对材质参数和材质编辑的。包括了设置、调整材质参数；将材质应用于场景中的对象；材质的保存与调用等许多很实用的命令。

1. 将材质放入场景

该功能会将场景当中相同名字的材质进行更新。这个功能只有在以下情况才可以使用。

（1）在活动示例窗中的材质与场景中的材质具有相同的名称。

（2）活动示例窗中的材质不是热材质。也就是说，该命令是用来适合处理材质的整个序列。

（3）通过将热材质应用到场景中的对象或从场景中通过获取热材质创建的另一个热材质。

（4）制作该材质的一个副本。

（5）对该材质的副本进行更改。

（6）通过将更改的材质放回到场景中可以更新场景。

2. 获取材质

在材质编辑器工具栏上单击获取材质按钮，就会弹出一个"Material/Map Browser（材质/贴图浏览器）"窗口（见下图）。在其中可以选择材质、贴图或则Mental ray明暗器。

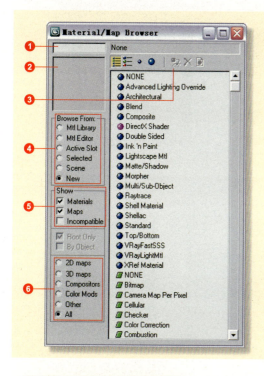

① **文本输入**：在此文本框中输入材质名称，将选择列表中第一个匹配的文本项。

② **示例框**：它显示当前选择的示例。示例窗可通过单击从一个列表项迅速转换到下一列表项，而无需等待。

③ **工具按钮**：包括"查看小图标"或"查看列表 + 图标"等4种查看列表的模式。以及"从库更新场景材质"、"从库中删除"、"清除材质库"等工具，用于编辑材质列表。

④ **"浏览自"选项组**：此选项组中的控件用于选择材质/贴图列表中显示的材质来源。分别有材质库、材质编辑器、活动示例窗、选定、场景、新建几个部分，每个都是代表材质的来源位置。比如场景，就是指材质来自于场景中。

⑤ **"显示"选项组**：这些选项会过滤列表中的显示内容。"材质"或"贴图"之一一般始终启用，或者二者同时启用。

⑥ **"显示"选项组**：它控制在材质/贴图列表中所显示的贴图类型。包括2D、3D、合成器、颜色修改器、其他、全部6种类型。只有在从"浏览自"选项组中选择了"新建"选项以后，才会显示该选项组中的单选按钮。

"文件"组的显示与作用

只有当在"浏览自"组中选择了"材质库"、"材质编辑器"、"选定"或"场景"时，才会显示如右图所示的File（文件）选项组。并且只有在从"材质库"进行浏览时才显示全部4个按钮，否则只会显示"另存为"按钮。文件选项组的作用主要有：**①** 打开材质库；**②** 从其他材质库或场景合并材质；**③** 保存打开的材质库；**④** 以其他名称保存打开的材质库。

① 打开
② 合并
③ 保存
④ 另存

3. 将材质指定给选定对象

使用"将材质指定给选定对象"功能可将活动示例窗中的材质应用于场景中当前选定的对象。这个时候，示例窗中的材质将显示为热材质，具体操作步骤如下。

步骤1：在视图当中选定需要被赋予材质的对象，默认情况下，场景对象会自带默认的材质。

步骤2：按下快捷键M打开材质编辑器，选定设置好的材质并单击"将材质指定给选定对象"按钮即可将材质赋予场景对象。

"热"材质与"冷"材质

"热"材质是指被赋予给了场景中对象的材质。从一个场景对象获得的材质一定是热材质。无论是否将材质赋予给了对象，只要对热材质的参数进行任何修改，都会影响场景中的对象。"冷"材质就是没有被赋予任何对象的材质，不论冷材质的参数如何改变，都不会影响到场景中的对象。

使用"重置贴图/材质为默认设置"功能可以重置活动示例窗中的贴图或材质的值，比如移除材质颜色并设置灰色阴影；将光泽度、不透明度等重置为其默认值；移除指定给材质的贴图。如果处于贴图级别，该功能将重置贴图为默认值。重置贴图/材质为默认设置的具体操步骤如下。

步骤1： 在材质编辑器示例窗中选择要重置的材质，单击"重置贴图/材质为默认设置"按钮。

步骤2： 在弹出的提示框显示是否确定将材质重置，单击"是"按钮就完成了材质的重置。

5. 生成材质副本

"生成材质副本"功能就是通过复制自身的材质将其变为冷材质。材质示例窗中不再显示热材质，但是复制的材质仍然会保持以前的属性和名称。即使重新调整该材质的参数也不会影响场景中被赋予了场景对象的材质属性。

赋予对象的材质在示例窗中显示为热材质。

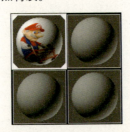

利用"生成材质副本"功能后变为冷材质。

6. 使惟一

利用"使惟一"功能可以使贴图实例成为惟一的副本。还可以使一个实例化的子材质成为惟一的独立的子材质。还可以为实例化的子材质提供一个新的材质名称。当子材质是"多维/子对象"材质中的一个材质时，使用"使惟一"功能可以防止对顶级材质实例所作的更改影响"多维/子对象"材质中的子对象实例。

没有使用"使惟一"功能时材质与副本材质的参数始终一致。

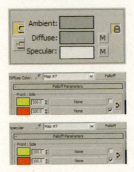

使用该功能以后，修改副本材质参数不会影响原始材质参数。

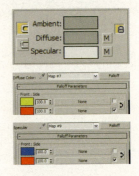

7. 放入库

使用"放入库"功能可以将选定的材质添加到当前库中。单击"放入库"按钮，将显示"Put To Library（放入库）"对话框，在其中可以输入材质的名称。在"材质/贴图浏览器"中显示的材质库中，可以看见放入库的材质。该材质被保存在磁盘上的库文件当中。将材质放入库的具体操作步骤如下。

步骤1： 选择要放入库的材质，单击"放入库"按钮，在对话框中输入材质名称。

步骤2： 在"材质/贴图浏览器"显示的材质库中能找到在上一步中保存的材质。

8. 材质ID通道

"材质 ID 通道"弹出菜单上的按钮用于将材质标记为 Video Post 效果或渲染效果，以及存储以RLA或则 RPF 文件格式保存的渲染图像的目标，以便通道值可以在后期处理应用程序中使用。默认值为0时，表示未指定材质ID通道。范围从1到15之间的值表示将使用此通道ID的Video Post或渲染效果应用于该材质。

9. 在视口中显示标准/硬件贴图

单击"在视口中显示标准/硬件贴图"按钮，就可以在视口中看见被赋予了材质贴图的对象显示被贴图以后的效果。在视口中显示标准/硬件贴图包括标准显示和硬件显示两种显示方式。标准显示指使用旧软件显示活动材质的所有贴图。硬件显示是指使用硬件显示活动材质的所有贴图。

标准显示与硬件显示的区别

标准显示只是将贴图花纹显示在对象表面，这种显示方式显示速度很快，节约了预览时间。用硬件显示在视口中渲染的功能允许交互查看并调整某些参数，而不必生成最终渲染，从而在编辑材质时节约了时间。但是，硬件显示不完全支持所有材质参数。具体区别如下表所示。

标准显示	硬件显示
支持所有材质	仅支持"标准"材质以及"建筑与设计"材质
仅支持漫反射贴图	支持漫反射、高光反射和凹凸贴图以及各向异性和 BRDF 设置
无反射	反射天空明暗器
根据每个面，计算高光反射	根据每个像素计算高光反射
速度快，没有特殊硬件要求	速度慢，但更精确，需要兼容DirectX9.0c 的视频卡
正确渲染面状显示模式	将面状显示模式渲染为平滑的模式

10. 显示最终结果贴图

使用"显示最终结果"功能可以仅查看所处级别的材质，而不需查看所有其他贴图和设置的最终结果。当此按钮处于禁用状态时，示例窗只显示材质的当前级别。使用复合材质时，此功能非常实用。如果不能禁用其他级别的显示，将很难精确地看到特定级别上创建的效果。

没有开启"显示最终效果"功能的示例窗，只显示材质的贴图花纹，如下图所示。

开启"显示最终效果"功能的示例窗，将显示材质被赋予贴图后的效果，如下图所示。

11. 转到父级

使用"转到父级"功能可以在当前材质中向上移动一个层级。只有当材质不属于复合材质的顶级时，"转到父级"按钮才可用。同理可知，当这个按钮不可用时，说明该材质正处于复合材质的顶级，并且在编辑字段中的名称与在"材质编辑器"标题栏中的名称相匹配。

没有单击"转到父级"按钮的时候，示例窗显示的是当前子材质的效果，如下图所示。

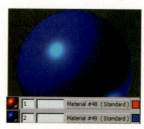

单击"转到父级"按钮以后，材质会转到上一个层级，显示上一级的材质效果，如下图所示。

▣ 5.1.3 材质编辑器的卷展栏

材质编辑器卷展栏中包含了很多的选项组和参数，这些参数都是与材质效果紧密相关的。材质编辑器中的卷展栏不是一成不变的，用户一旦选择不同的材质类型，默认的卷展栏也会变成与被选材质相关的参数卷展栏。改变卷展栏的具体操作步骤如下。

步骤1： 按下快捷键M打开材质编辑器，可以看见默认的卷展栏是标准材质的卷展栏。

步骤2： 在材质编辑器示例窗底部工具栏中单击"获取材质"按钮，在弹出的"材质/贴图浏览器"中选择一个材质类型。

步骤3： 选定后即可将默认材质替换为上一步中选择的材质类型，材质编辑器中的卷展栏相应会发生改变。

卷展栏的作用是不可忽视的，而且不同的材质类型就会有相应的卷展栏，因此要全面透彻地了解卷展栏是一件比较花时间的事情，但是一旦学会了如何去熟练操作卷展栏，那么一切又将变得简单且顺手了。下面，我们就以最常用的标准材质的卷展栏为例，来认识卷展栏的组成和分布。

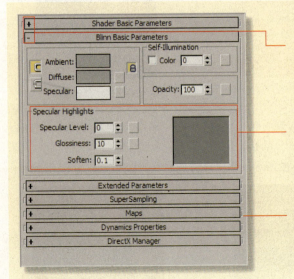

每一个卷展栏都由多个选项组组成，单击卷展栏名称前的＋号就能将该卷展栏展开，此时卷展栏前面的＋号就会自动变成－号。再一次单击卷展栏前面的－号，就能将卷展栏收起来

在卷展栏中每一组用灰色线框包围的参数为一个选项组，通常情况下，同一选项组里面的参数都是控制同类属性，或则相互关联属性的参数

不同的材质类型总是有相应的卷展栏，用户一旦替换了材质类型，卷展栏就会自动发生改变，变成与新的材质类型相对应的卷展栏

▶▶ 5.2 掌握各种材质类型

在前面的章节就已经介绍了有关材质类型的一些基础知识。3ds Max中的材质类型很多，根据不同的特点大致可以分为标准材质、光线跟踪材质、建筑材质、Mental ray材质和复合材质5大类别。每一种类别又具有很多小的种类，常见材质如下图所示。

金属质感的材质

玻璃质感的材质

木头质感的材质

大理石质感的材质

墙砖质感的材质

沙发布料质感的材质

5.2.1 标准材质

标准材质是众多类别材质中的一种，之所以将其称之为标准材质是因为其材质参数和材质属性具有普遍性。通过标准材质可以衍生出很多的材质类别，因此标准材质的运用范围很广，实用性也很强，可以说标准材质是一切材质的根本。

标准材质的参数非常丰富，可操控性很强，在默认的状态下，标准材质呈灰黑色，渲染出来的效果很一般。用户可以为材质设置颜色、光滑度、高光、衰减性等参数让材质显现出不同的物理特性，从而让材质的质感凸显出来（见下图）。

▶ 默认的材质渲染出的石膏质感

▶ 修改材质属性赋予玻璃质感

▶ 渲染出的玻璃特点的材质效果

1. 材质示例窗

由于窗口的大小限制，示例窗默认只能显示出6个材质球，用户可以拖动旁边的滚动条，来选取更多的材质。也可以右击鼠标，在弹出的快捷菜单中修改材质球的排列方式，显示出更多材质以供用户选择，具体操作步骤如下。

步骤1： 在材质编辑器中选择示例窗中任意一个材质球，作为需要编辑的材质球。

步骤2： 单击鼠标右键，在弹出的快捷菜单当中将排列方式改为6×4的排列方式。

步骤3： 修改以后就会发现示例窗材质球的排列方式变成了6×4的排列方式。

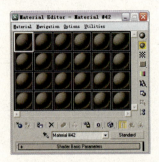

2. "明暗器基本参数"卷展栏

从材质编辑器中可以看见，在默认状态下，其中拥有多个参数卷展栏。标准材质的参数主要分布在"Shade Basic Parameters（明暗器基本参数）"卷展栏、"Blinn Basic Parameters（Blinn基本参数）"卷展栏、"Extended Parameters（扩展参数）"卷展栏、"Maps（贴图）"卷展栏、"Pynamics Properties（动力学属性）"卷展栏5个卷展栏中。其余的卷展栏参数通常情况下很少会运用，只需保持默认参数即可。首先来认识"明暗器基本参数"卷展栏的具体参数和构成（见下图）。

明暗器的下拉列表中提供了8种明暗器给用户选择

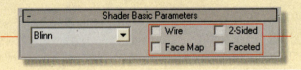

影响材质的显示方式，勾选显示方式对应的复选框就启动了该方式

（1）明暗器

对于标准材质，明暗器是一种算法，它告知 3ds Max 如何计算表面渲染。每种明暗器都有一组用于特定目的的独特特性。某些明暗器是按其执行的功能命名的，如金属明暗器。其他明暗器是以开发人员的名字命名的，如Blinn明暗器和Strauss明暗器。3ds Max 中的默认明暗器为 Blinn 明暗器。

Anisotropic（各向异性）明暗器： 用于产生磨沙金属或头发的效果。可创建拉伸并成角的高光，而不是标准的圆形高光。

Blinn明暗器： 与Phong明暗器具有相同的功能，但它在数学计算上更精确。这是标准材质的默认明暗器。

Metal（金属）明暗器： 金属明暗器主要在制作金属效果的时候使用。

Multi（多层）明暗器：成为一体的两个各向异性明暗器。用于生成两个具有独立控制的不同高光。可模拟如覆盖了发亮蜡膜的金属材质。

Oren-Nayar-Blinn明暗器：Blinn明暗器的改编版。它可为对象提供多孔而非塑料的外观，适用于模拟像皮肤一样的表面。

Phong明暗器：一种经典的明暗方式，它是第一种实现反射高光的方式。适用于模拟塑胶表面。

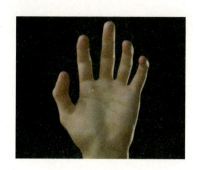

Strauss明暗器：适用于模拟金属。可用于控制材质呈现金属特性的程度。

Translucent Shader（半透明）明暗器：半透明明暗方式与Blinn 明暗方式类似，但它还可用于模拟半透明效果。

提示

半透明对象允许光线穿过并在对象内部散射光线。可使用半透明明暗器来模拟被霜覆盖或被侵蚀的玻璃。

（2）显示模式

在“明暗器基本参数”卷展栏中的4种显示方式分别是：Wire（线框）显示模式、2-Sided（双面）显示模式、Face Map（面贴图）显示模式和Faceted（面状）显示模式。每种显示方式都有不同的特点和作用，并且为制作模型对象带来很大的便利。

比如线框显示模式，就对制作镂空的对象造型提供了便利快捷的解决方法；双面显示模式对于单面建模的模型来说就能避免显示不出效果的问题；面贴图显示模式对于规范的贴图来说可以省去很多计算贴图坐标的麻烦等。显示方式的运用方法很简单，只需用鼠标单击相应的显示方式前的小框就可以了，一旦启用以后小框当中会以“√”号表示该方式已经启用，小框中没有任何符号，就表示该显示方式未被启用。

Wire（线框）显示模式：以线框模式渲染材质。

2-Sided（双面）显示模式：使材质成为双面。

Face Map（面贴图）显示模式：将材质用到几何体的各个面。

Faceted（面状）显示模式：
将表面当作平面一样，渲染其中的
每一面。

提示 面状显示模式和面贴图显示模式都与模型的段数有关

面贴图显示模式和面状显示模式的最终效
果都和模型的段数有关，模型的段数越
大，表面越光滑，显示出来的效果就越细
腻，右上图所示的物体段数为40。

同样的，模型的段数越小，表面越粗糙，
显示的效果就越明显。右下图所示的物体
段数为20。

3. "Blinn基本参数"卷展栏

　　在前面简介当中提到过的明暗器与卷展栏是相互对应的，因此从卷展栏的名称当中就能轻易发现，在这里选择的是Blinn材质明暗器，也就是系统默认的标准材质明暗器。

　　"Blinn基本参数"卷展栏中的参数都是有关Blinn标准材质的参数，其中包括了最常见的参数设置控件和应用于材质各种组件的贴图。

（1）颜色控件

　　用于设置材质的漫反射颜色、高光反射颜色及背景光颜色，或者使用贴图来替代它们。单击组件之间的锁定按钮，就能打开或则关闭锁定功能。

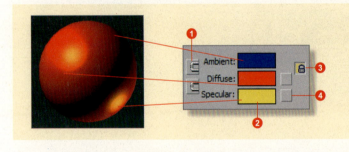

❶ **该锁定按钮使颜色保持一致。**

❷ 材质颜色控件设置材质颜色。

❸ 要使用不同的环境光和漫反射贴图，请禁用
该锁定按钮。

❹ 单击该按钮，就可以在弹出的材质贴图面板
中使用贴图来代替材质的颜色。

（2）自发光

　　自发光使用漫反射颜色替换曲面上的阴影，从而创建白炽效果。当增加自发光时，自发光颜色将取代环境光。自发光有两种表现方式，其中一种是通过启用复选框，使用自发光颜色，这相当于使用灰度自发光颜色。也可以改变颜色使用其代颜色替代默认的灰色，具体操作步骤如下。

步骤1： 勾选自发光控件"Color
（颜色）复选框，材质球自动变
成了灰色的自发光的材质。

步骤2： 单击颜色选项后面的色
块，会自动弹出"Color Selector
（颜色选择器）对话框，用户可
以在其中选择任意颜色替换默认
的灰色。

步骤3： 可以直接通过输入参数，
或用鼠标单击最左边的色调来选择
最终的颜色，然后单击OK按钮完
成颜色的替换。

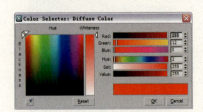

（3）单色微调器

要设置自发光的强度就需要使用"单色微调器"，具体操作步骤如下。

步骤1：只有在取消勾选自发光颜色复选框的时候才能使用单色微调器，这里在单色微调器对应的文本框中输入参数20。

步骤2：单色微调器的参数大小与材质的自发光强度是一致的，参数越大，自发光的强度越大，效果也越明显。

步骤3：设置材质参数为100时，材质自发光强度效果，与使用自发光颜色的强度效果是一样的。

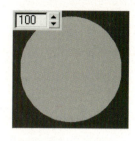

（4）不透明度

不透明度是控制材质的不透明属性的。参数越高则材质透明度越低，反之透明度就越高（见下图）。

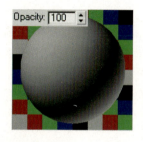

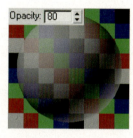

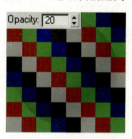

（5）反射高光

Specular Highlights（反射高光）选项组包括3个参数：Specular Level（高光级别）、Glossiness（光泽度）和Softenl（柔化）。

高光级别：影响反射高光的强度
光泽度：影响反射高光的大小
柔化：柔化反射高光的效果

Specular Level（高光级别）：影响反射高光的强度。随着该值的增大，高光将越来越亮（见下图），默认设置为5。

Glossiness（光泽度）：影响反射高光的大小。随着该值增大，高光将越来越小，材质变得越来越亮（见下图），默认设置为25。

Soften（柔化）：柔化反射高光的效果，特别是由掠射光形成的反射高光（见下图）。

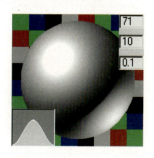

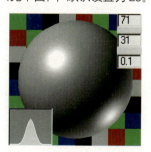

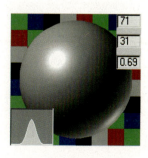

　　"Extended Parameters（扩展参数）"卷展栏（见下图）的参数对于"标准"材质的所有明暗处理类型来说都是相同的，其中具有与透明度和反射相关的控件，还有"线框"模式的选项。

高级透明度选项组：这些控件影响透明材质的不透明度衰减。它包括不透明度衰减、不透明度数量、不透明度类型和折射率选项

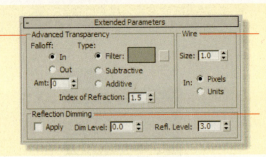

线框选项组：设置线框模式中与线框的相关的参数

反射暗淡选项组：其中这些控件使阴影中的反射贴图显得暗淡

（1）Falloff（衰减）

　　高级透明度选项的衰减参数用于控制在内部还是在外部进行衰减，以及衰减的程度。In就是向着对象的内部增加不透明度，就像玻璃瓶中一样。Out就是向着对象的外部增加不透明度，就像在烟雾云中一样。而Amt（数量）往往是与衰减配合使用的，用于控制衰减的程度。利用这些参数进行设置的具体操作步骤如下。

步骤1：默认情况下材质设置的是内部衰减，数量是0，只需要将数量改为50就能看见效果。

步骤2：将材质的衰减设置改为外部衰减，保持步骤1中的数量参数不变，此时衰减方向发生了变化。

步骤3：重新将衰减参数设置为最大的100，将衰减改成内部衰减，可以看见衰减程度明显变强了。

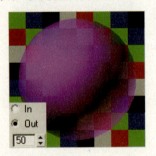

（2）Type（类型）

　　透明度类型用于选择如何应用不同的透明度。它包括"Filter（过滤器）"、"Subtractive(相减)"、"Additive（相加）"3种类型。在将材质透明度数量设置为100的情况下，分别观察不同类型下的相应效果。

Filter（过滤器）类型：用于计算与透明曲面后面的颜色相乘的过滤色。可通过"颜色修改器"更改过滤颜色（见下图）。

Subtractive（相减不透明度）：相减不透明度可以从背景颜色中减去材质的颜色，以便使该材质背后的颜色变深（见下图）。

Additive（增加不透明度）：增加的不透明度通过将材料的颜色添加到背景颜色中，使材料后面的颜色变亮（见下图）。

Wire（线框）选项组

这个选项组只有设置显示模式为线框显示模式的时候才会有效果，主要用于设置线框大小和线框度量方式。

Size（大小）：设置线框模式中线框的大小。可以按像素或当前单位进行设置（见下图）。

Pixels（像素）：用像素度量线框。对于像素选项来说，不管线框的几何尺寸多大，以及对象的位置远近，线框总是有相同的外观厚度（见下图）。

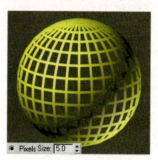

Units（单位）：用3ds Max单位度量线框。在一定单位情况下，线框在远处显得较细，在近距离范围内显得较粗，如同在几何体中处理建模一样（见下图）。

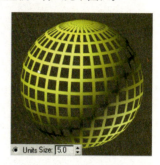

Reflection Dimming（反射暗淡组）

该选项组中的参数可以控制场景对象阴影中的反射贴图显得暗淡。它包括"Apply（应用）"、"Dim Level（暗淡级别）"和"Refl Level（反射级别）"3个参数。

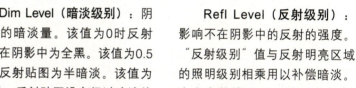

Apply（应用）：用于开启反射暗淡效果。禁用该选项后，反射贴图材质就不会因为灯光的直接存在或不存在而受到影响。默认设置为禁用状态（见下图）。

Dim Level（暗淡级别）：阴影中的暗淡量。该值为0时反射贴图在阴影中为全黑。该值为0.5时，反射贴图为半暗淡。该值为1.0时，反射贴图没有经过暗淡处理，材质看起来好像与禁用"应用"选项一样（见下图）。默认设置是0。

Refl Level（反射级别）：影响不在阴影中的反射的强度。"反射级别"值与反射明亮区域的照明级别相乘用以补偿暗淡。在大多数情况下，默认值为3.0会使明亮区域的反射保持在与禁用反射暗淡时相同的级别上（见下图）。

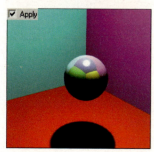
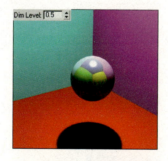
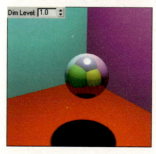
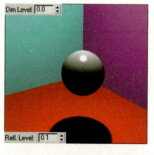
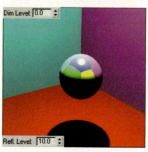

5. "贴图"卷展栏

贴图是与材质关系非常紧密的一个功能，单独的材质虽然能够模拟出一些物理质感，但是想要丰富、美观地完整表现一个场景，仅靠独立的材质是远远不够的，关于贴图所包含的知识非常丰富，而"Maps（贴图）"卷展栏（见下图）则是运用贴图的主要途径，因此熟悉贴图卷展栏的构成和功能则变成为运用贴图的基础。

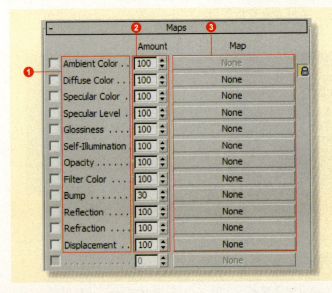

❶ 贴图通道以贴图的方法来控制物体的材质，3ds有很多贴图通道，每一种通道用于控制不同的材质表现，常见的有控制物体固有图案的，还有专门控制物体高光的控制透明度，控制凹凸起伏的等。

❷ "数量"微调器确定该贴图影响材质的数量，用完全强度的百分比表示。例如，设置100%的漫反射贴图是完全不透光的，会遮住基础材质，设置50%时，它为半透明，将显示基础材质。

❸ 此处包含每个贴图类型所对应的按钮。单击此按钮可选择磁盘上存储的位图文件，或者选择程序性贴图类型。选择位图之后，它的名称和类型会出现在按钮上。使用按钮左边的复选框，可以禁用或启用贴图效果。

6. "动力学属性"卷展栏

"Dynamics Properties（动力学属性）"卷展栏可用于指定影响对象的动画与其他对象碰撞时的曲面属性。如果模拟中没有碰撞，则这些设置无效。动力学属性由动力学工具使用。

由于"动力学属性"卷展栏位于所有材质的顶层，因此可以为对象的每个面指定不同的曲面动力学属性。也可使用"动态"工具中的控件调整对象级别的曲面属性，但只有通过使用多维/子对象材质，"材质编辑器"才可以改变子对象级别的曲面属性。

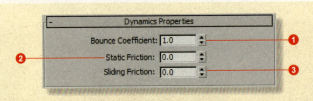

❶ **反弹系数**：设置撞击曲面之后，对象反弹的范围。值越大，反弹越大。值为1表示"碰撞弹性非常好"或碰撞中反弹时没有动能损失。默认设置为1.0。

❷ **静摩擦**：设置对象沿着曲面开始移动时的摩擦度。值越大，则移动越困难。默认设置是0。如果没有粘合剂或摩擦材质，很难在真实世界中创建静摩擦接近1的状态效果。

❸ **滑动摩擦**：设置对象在曲面上保持移动状态的摩擦度。值越高，使对象保持移动的状态就越难。默认设置是0。如果两个对象在另一个对象滑动，则静摩擦消失，开始有滑动摩擦。

原始文件：场景文件\Chapter 5\茶壶质感模拟-原始文件\
最终文件：场景文件\Chapter 5\茶壶质感模拟-最终文件\
视频文件：视频教学\ Chapter 5\茶壶质感模拟.avi

步骤01 打开场景文件，在材质编辑器中选择一个默认材质球，将材质球的漫反射颜色、高光颜色及背景颜色均设置成灰白色，其他参数保持默认。

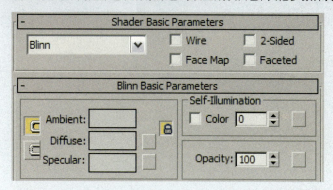

步骤02 将材质赋予场景中茶壶模型，按快捷键F9快速渲染场景。

步骤03 根据场景将材质颜色修改得与灯光一致，并依照示例窗显示的效果为依据调整材质的高光，模拟出具有光滑特点的塑料质感。

步骤04 渲染场景文件，观察材质最终效果与示例窗显示材质球效果。

步骤05 保持之前的参数不变，将明暗器选择为Phong明暗器，并分别在贴图卷展栏的反射和折射通道中为材质添加Raytrace（光线跟踪）贴图，通道中的参数值越大，通道所对应的效果越明显，参考如下图所示的参数，使材质具有透明的玻璃质。

步骤06 将玻璃材质赋予茶壶模型，为了便于观察透明效果，将背景赋予棋盘贴图，快速渲染场景，可见茶壶具有的玻璃质感。

5.2.2 光线跟踪材质

"Raytrace（光线跟踪）"材质是高级表面明暗处理材质，与标准材质类似，同样支持漫反射表面明暗处理。光线跟踪材质最大的优势是在于制作折射、反射类材质时，生成的折射与反射效果非常精确。它还支持雾、颜色密度、半透明、荧光及其他特殊效果。另一方面，"光线跟踪"材质对于渲染3ds Max场景是经过优化处理的。通过将特定的对象排除在光线跟踪之外，可以在场景中进一步优化。

1. 光线跟踪基本参数卷展栏

Raytrace Basic Parameters（光线跟踪基本参数）卷展栏（见下图）与标准材质的基本参数卷展栏相似，同样具有明暗器和显示模式，尤其在反射和折射的参数设置和选项上进行了加强，其在折射和反射上的优异效果表现也缘于此。

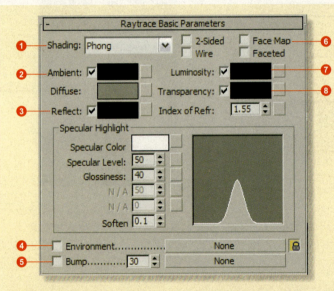

❶ **明暗处理下拉列表**：选择一个明暗器。取决于选择的明暗器，"反射高光"会更改以显示该明暗器的控件。

❷ **环境光**：环境光控件用于控制环境光的吸收系数，也就是说控制该材质吸收多少环境光。

❸ **反射**：用颜色的亮度来控制材质反射的强弱，反射的颜色越接近白色，材质的反射就越强烈。

❹ **环境**：指定覆盖全局环境贴图的相应贴图。反射和透明度都使用整个场景范围内的环境贴图，除非使用右侧按钮指定另一贴图。利用复选框可启用或禁用此贴图。

❺ **凹凸**：可以选择一个位图文件或者程序贴图用于凹凸贴图。凹凸贴图使对象的表面看起来凹凸不平或者呈现不规则的形状。

❻ **显示模式**：与标准材质基本卷展栏中的功能一样。

❼ **发光度**：与标准材质的自发光组件相似，控制材质的发光强度。

❽ **透明度**：透明度用颜色的亮度来控制材质透明度的强弱，透明度的颜色越接近白色，材质就越透明。

（1）**反射**：光线跟踪材质的反射设置，与目前最流行的渲染插件"VRay渲染器"很相似。与标准材质最大的不同就是，光线跟踪材质的反射强弱是通过色块的亮度来控制的，具体操作步骤如右边所示。

步骤1：选择一个光线跟踪材质球，单击基本参数卷展栏中反射选项旁的色块，在弹出的颜色选择器中利用"白度"控制栏中的滚动条来控制颜色的色值。

步骤2：在示例窗中可以看见材质的反射强弱随着颜色的改变而发生了改变。将颜色亮度设置为白色的时候，材质的反射最强烈。

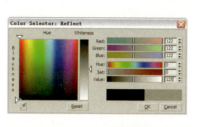

（2）**透明度**：透明度有两种设置透明度强弱的方式，一种方式与标准材质一样通过参数设置，另一种也是通过改变颜色亮度来改变材质的透明度，具体操作步骤如右边所示。

步骤1：在默认情况下是采用的色块调整材质透明度，单击透明度旁的色块，在颜色选择器中改变颜色亮度，材质透明度与材质颜色亮度一致，颜色亮度越接近白色，材质透明度越强。

步骤2：取消勾选Transparency（透明度）复选框，就可以使用参数来控制材质透明度的强弱。

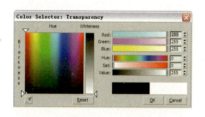

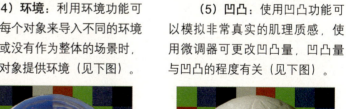

（3）**发光度**：与标准材质的自发光组件相似，但它不依赖于漫反射颜色。蓝色的漫反射对象可以具有红色的发光度（见下图）。

（4）**环境**：利用环境功能可以基于每个对象来导入不同的环境贴图，或没有作为整体的场景时，向指定对象提供环境（见下图）。

（5）**凹凸**：使用凹凸功能可以模拟非常真实的肌理质感，使用微调器可更改凹凸量，凹凸量与凹凸的程度有关（见下图）。

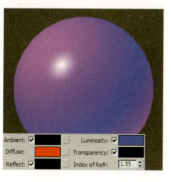

　　光线跟踪材质的"Extended Parameters（扩展参数）"卷展栏主要用于控制材质的特殊效果，如材质的透明度属性，以及高级反射率等。值得注意的是在"光线跟踪"材质的"扩展参数"卷展栏中，除了线框控件之外，其他控件都只对"光线跟踪"材质才会有效。

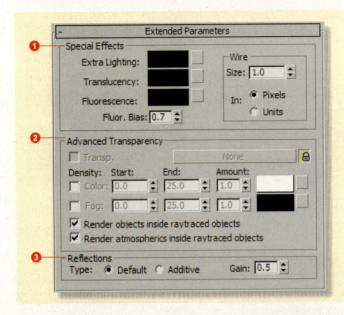

❶ **特殊效果选项组**：本选项组主要用于设置材质的特殊效果，其中包括"附加光"、"半透明"、"荧光和荧光偏移"以及线框等参数。其中，线框部分的相关参数选项，与标准材质的线框参数完全一样。

❷ **高级透明选项组**：本选项组的数据能够更进一步调整透明度的效果。包括"透明环境"、"密度"、"颜色"、"雾"的参数设置，以及"渲染光线跟踪对象内的对象"和"渲染光线跟踪对象内的大气"两个功能。

❸ **反射选项组**：本选项组为用户提供了新的反射类型，其中由"类型"和"增益"两个选项组成。

Special Effects（特殊效果）选项组

　　（1）Extra Lighting（附加光）：利用"光线跟踪材质"将灯光加在材质表面。通过映射此参数，可以模拟光能传递，环境光源于场景中反射光。

　　光能传递的一种效果为映色。好比在强光的时候，有颜色的物体旁边的白色材质上将被反射出相应的物体颜色。

　　（2）Translucency（半透明）："半透明"颜色是无方向性漫反射。对象上的漫反射颜色取决于曲面法线与光源位置的夹角。如果不考虑曲面法线对齐，该颜色组件用于模拟半透明材质。

　　半透明的强弱跟颜色的明度有关，明度越强半透明效果也就越强烈，反之半透明效果就越弱。

（3）Fluorescence（荧光）与 Fluor Bias（荧光偏移）：使用荧光选项可以使材质产生发光效果，类似于黑色灯光下的荧光效果。荧光便宜的范围可以设置在0~1之间控制着荧光效果的程度。偏移为0.5时，荧光就像漫反射颜色一样。比0.5更高的偏移值增加荧光效果，使对象比场景中的其他对象更亮。比0.5更低的偏移值使对象比场景中的其他对象显得更暗。

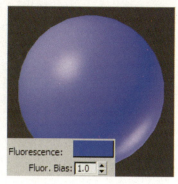

Advanced Transparency（高级透明）选项组

（1）Transp（透明环境）：与"基本参数"中的环境贴图类似，只是用透明度（折射）覆盖场景的环境。透明对象折射该贴图，与此同时反射仍然是反射场景中的图像。默认情况下是不可用状态，单击该选项旁的锁按钮解锁以后就能选择折射贴图。

使用透明环境的具体操作步骤如下。

步骤1：打开材质编辑器，将默认材质替换为光影跟踪材质。

步骤2：改变光影跟踪材质的透明度色块的明度，为材质设置透明属性。

步骤3：在光影跟踪材质的扩展参数卷展栏中找到透明环境选项，并单击该选项旁边的锁按钮激活透明环境选项。

解锁以后透明环境选项才可用。

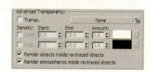

步骤4：单击透明环境选项的None（无）按钮，弹出材质/贴图浏览器。

步骤5：在弹出的对话框中选择Bitmap（位图）选项，并在弹出的文件路径中选择一张位图图片。

步骤6：回到材质编辑器，通过材质示例窗可以看见具有透明属性的材质显示出位图的图像。

（2）Density（密度）：密度控件只能作用于透明材质。如果材质不具有透明的属性，那么它们将没有效果。密度包括Color Density（颜色密度）和Fog Density（雾密度）两个类别。

（3）Color（颜色）：颜色与透明对象的厚度有关，Star（开始）值是颜色的开始位置；End（结束）值是颜色达到最大值的距离；Amount（数量）用于控制颜色深度的大小。

"开始"的默认值为0.0，"结束"的默认设置为25.0，为了获得更明显的效果，应该增加"结束"值。为了获得更暗的效果，就要减小"结束"值。并且在修改参数的时候，对象要始终保持一致的"厚度"。

当我们将默认的颜色设置成蓝色，渲染场景中的透明球体可以看见球体颜色发生了改变。

为了提高场景对象的明度，把"结束"值提高，渲染场景玻璃球，发现球体颜色变淡了。

使用减少颜色数量的方式，将数量值变小，渲染场景对象，发现玻璃球体颜色也会变淡。

保持默认参数

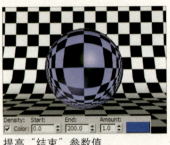

提高"结束"参数值

降低"数量"参数值

（4）Fog（雾）：密度雾也是基于厚度的效果。其使用不透明和自发光的雾填充对象，这种效果类似于在玻璃中弥漫的烟雾或在蜡烛顶部的蜡。要使用该选项，首先要确保对象为透明状态。单击色样，在颜色选择器中选择一种颜色，然后启用该复选框。

"数量"控制密度雾的数量。减小此值会降低密度雾效果，并使雾半透明，范围为0~1.0，默认设置为1.0。

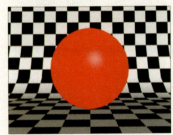

"数量"值为1

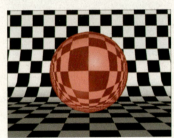

"数量"值为0.5

"数量"值为0

"开始"和"结束"控件用于根据对象的尺寸调整雾的效果。它们用世界单位表示。"开始"是密度雾在对象中开始出现的位置（默认设置为0.0）。"结束"是对象中密度雾达到其完全数量值的位置（默认设置为25.0）。为了获得更明亮的效果，应该增加"结束"值。为了获得更暗的效果，应该减小"结束"值。

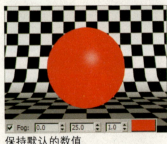

保持默认的数值

不改变"开始"值的同时增加"结束"值

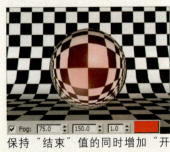

保持"结束"值的同时增加"开始值"

（5）Render objects inside raytraced objects（渲染光线跟踪对象内的对象）：启用或禁用光线跟踪对象内部的对象渲染。默认设置为启用。

（6）Rend atmospherics inside raytraced objects（渲染光线跟踪对象内的大气）：启用或禁用光线跟踪对象内部大气效果的渲染。大气效果包括火、雾、体积光等。默认设置为启用。

Reflections（反射）选项组

（1）Type（类型）：当设置为Defaulf（默认）时，反射将使用"漫反射"颜色分层。例如，如果材质并不透明，可以完全反射，那么就没有漫反射颜色。当设置为Additive（附加）时，反射会加到漫反射颜色上，与"标准"材质一样。漫反射组件始终可见。

（2）Gain（增益）：控制反射亮度。值越小，反射越亮。在增益为1.0时，没有反射。默认设置为0.5。

3. 光线跟踪器控件卷展栏

光线跟踪材质控件的"Raytracer Controls（光线跟踪器控件）"卷展栏影响光线跟踪器自身的操作。它能提高渲染性能。卷展栏由"Local Options（局部选项）"选项组、"Raytracer Enable（启用光线跟踪器）"选项组、"Falloff End Distance（衰减末端距离）"选项组和"Ray Antialiasing Globally Disabled（光线跟踪反射和折射抗锯齿器）"选项组构成。

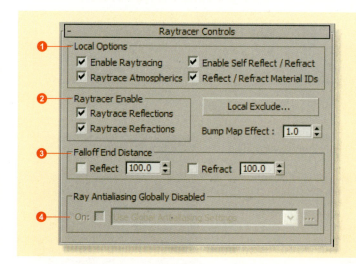

❶ 局部选项选项组：局部选项选项组适用于控制局部材质和材质局部的光线跟踪。

❷ 启用光线跟踪器选项组：其中的两个复选框用于启用或禁用材质的反射或折射光线跟踪。

❸ 衰减末端距离选项组：控制反射折射从起始位置衰减至黑色的距离。

❹ 光线跟踪反射和折射抗锯齿器选项组：此组控件用于覆盖光线跟踪贴图和材质的全局抗锯齿设置。

局部选项组

该选项组由"Enable Raytracing（启用光线跟踪）"、"Raytrace Atmospherics（光线跟踪大气）"、"Enable Self Reflect/Refract（启用自反射/折射）"、"Reflect/Refract Material（IDS反射/折射材质ID）"4个选项组成。

（1）**启用光线跟踪**：启用或禁用光线跟踪器。在默认设置下是启用状态。如果禁用了光线跟踪，光线跟踪材质和光线跟踪贴图仍然会反射和折射场景环境，其中也包括用于场景的环境贴图和指定给光线跟踪材质的环境贴图。

（2）**光线跟踪大气**：该选项用于启用或者禁用大气效果的光线跟踪。大气效果包括火、雾、体积光等。在默认状态下设置为启用。

（3）**启用自反射/折射**：该选项用于启用或者禁用，材质自身的反射或者折射效果。在默认状态下为启用状态。如果不需要这种效果，则可以通过禁用此项设置来关闭自身的折射反射效果，缩短渲染的时间。球体是无法实现自身的反射效果，因此如果场景中有球体造型，可以关闭此选项。

（4）**反射/折射材质ID**：启用该选项之后，材质将反射启用或禁用渲染器的G缓冲区中指定给材质ID的效果。默认设置为启用。

默认情况下，光线跟踪材质和光线跟踪贴图反射指定给某个材质 ID 的效果，因此G缓冲区的效果不会丢失。例如，如果光线跟踪的对象反射使用 Video Post（镜头效果光晕）过滤器制作的带有光晕的灯，则也将反射光晕。

4. DirectX 管理器卷展栏

用于选择 DirectX视口明暗器，以便查看 Direct3D 硬件明暗器。DirectX 明暗器需要使用 DirectX 的 Direct3D图形驱动程序。使用 DirectX 明暗处理，视口中的材质可以更精确地显现材质如何显示在其他应用程序中或在其他硬件上。

5. 光线跟踪贴图卷展栏

与使用标准材质一样，光线跟踪材质的"贴图"卷展栏包含贴图的光线跟踪材质组件的贴图按钮，利用它们可以从大量的贴图类型中挑选。

【实战练习】运用光影跟踪材质模拟金属质感

原始文件：场景文件\Chapter 5\盔甲-原始文件\
最终文件：场景文件\Chapter 5\盔甲-最终文件\
视频文件：视频教学\ Chapter 5\光线跟踪材质制作盔甲.avi

步骤 01 打开场景文件，按下快捷键F9快速渲染场景文件，场景对象使用的是默认的标准材质。

步骤 02 按下快捷键M打开材质编辑器，选择任意一个材质球，单击Standard按钮，弹出材质/贴图浏览器。

步骤 03 在材质/贴图浏览器中选择Raytrace（光线跟踪）材质，从而将标准材质设置为光线跟踪材质。

步骤 04 将材质明暗器选择为需要的金属明暗器，保持其他参数不变。

步骤 05 设置金属材质的高光大小，参数设置如下图所示。

步骤 06 单击材质反射选项旁的色块，在颜色选择器中设置材质明度为200。

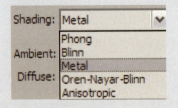

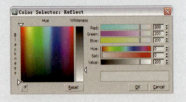

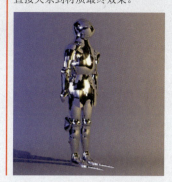

5.2.3 复合材质

复合材质就是将两个或者多个子材质组合在一起，从而创建出种类更丰富的新材质。

根据材质的不同，再配以不同类型的组合方式，使得合成材质的运用领域异常广泛。最简单的复合材质就是两两组合的形式，如双面材质，顶底材质，也有以3种贴图组合的形式，如混合材质，以及具有更多的子材质的虫漆材质、多维材质等。

复合材质从根本上改变了材质单一的特点，并且不需要再借用第三方软件就能创建出更多效果的贴图、纹理。

复合材质能够简单的以类似1+1=1的形式来表明，就如下图所示的那样，两张不同的材质通过不同的混合方式，成一种崭新的材质。复合材质以简单的方式将材质的局限性打破，同时也产生了更多材质效果。有时，复合材质并不是单纯的以两种材质复合，有的复合材质也会是两种以上，甚至由更多的材质复合而成。

1. 混合材质

混合材质可以在曲面的单个面上将两种材质进行混合。混合具有可设置动画的"混合量"参数，该参数可以用来绘制材质变形功能曲线，以控制随时间混合两个材质的方式。

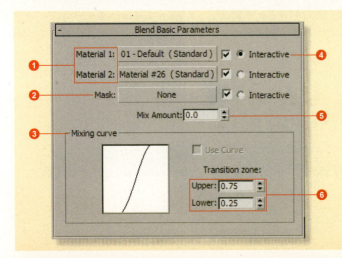

1 **材质1/材质2**：设置两种用以混合的材质。通过复选框来启用或禁用材质。

2 **遮罩**：设置用于遮罩的贴图。

3 **混合曲线**：确定"混合曲线"是否影响混合。只有指定并激活遮罩，该控件才可用。

4 **交互式**：选择由交互式渲染器显示在视口中对象曲面上的两种材质。

5 **混合量**：确定混合的比例。

6 **转换区域**：转换区域的数值用于调整"上限"和"下限"的级别。

【实战练习】运用混合材质制作做旧材质

🔴 原始文件：场景文件\Chapter 5\路牌-原始文件\
最终文件：场景文件\Chapter 5\路牌-最终文件\
视频文件：视频教学\Chapter 5\混合材质制作做旧材质.avi

步骤01 打开场景文件，按快捷键F9快速渲染场景文件，看见场景中是一个路障模型。

步骤02 关闭渲染窗口，按快捷键M打开材质编辑器，可见看见场景中的路障材质球。

步骤03 选择路障模型的材质，单击Standard（标准）按钮，在弹出的对话框中选择Blend（混合）材质。

步骤04 选择混合材质以后单击OK按钮，在弹出的对话框中会提示用户是否替换贴图，这里选择保留贴图信息。

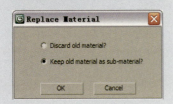

Replace Material（替换贴图）对话框的含义

此对话框是询问用户是要丢弃示例窗中的原始材质，还是将它保留为子材质。这里有两个选项供用户选择。

Discard old material（丢弃旧贴图）：这个选项会将之前的材质贴图全部删除。

Keep old material as sub-material（将旧帖图保存为子贴图）：这个选项将在复合材质的默认1号材质中保留之前材质中的贴图信息。

步骤 05 保持1号材质的设置不变，单击混合材质的2号材质球。此时，混合材质的子材质是标准材质。

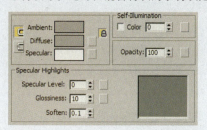

步骤 06 在2号子材质的表面贴图中为该材质赋予一个生锈的金属贴图。

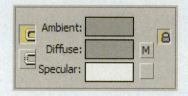

步骤 07 返回到顶层界面，将交互式视口中显示的材质选择为2号子材质，在透视图中就可以看见当前材质的效果了。

步骤 08 为遮罩通道选择一张位图贴图作为遮罩贴图。

步骤 09 保持其他参数不变，按快捷键F9渲染场景效果。

难点解析：遮罩贴图的作用

遮罩贴图是用于控制混合材质的两个子材质之间的混合度的，遮罩贴图较白的区域主要显示的是"材质1"的效果，而较黑的区域主要显示的是"材质2"的效果。使用复选框可以启用或者禁用遮罩贴图。禁用该选项以后就可以通过"混合曲线"功能来控制。

复合材质最多可以合成10种材质。按照在卷展栏中列出的顺序，从上到下叠加材质（见下图）。使用相加不透明度、相减不透明度来组合材质，或使用Amount（数量）值来混合材质。

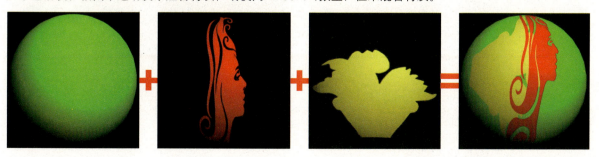

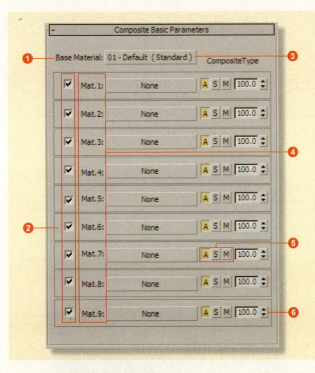

① **基础材质**：显示基础材质的材质类型，默认情况下基础材质就是标准材质。其他材质是按照从上到下的顺序，通过叠加在基础材质上合成的。

② **复选框**：启用此选项后，将在合成中使用材质。如果禁用此选项，则不使用材质。默认设置为启用。

③ **按钮**：单击该按钮会弹出材质/贴图浏览器，在其中可以指定基础材质类型。

④ **材质1~材质9**：这9组包含用于合成材质的控件。默认情况下，不指定材质。

⑤ **ASM按钮**：这些按钮控制材质的合成方式。默认激活A按钮。

⑥ **数量**：控制混合的数量。默认值为100.0。

ASM按钮的具体含义

- **A**：该材质使用相加不透明度。材质中的颜色基于其不透明度进行汇总。
- **S**：该材质使用相减不透明度。材质中的颜色基于其不透明度进行相减。
- **M**：该材质根据数量值混合材质，颜色和不透明度将按照使用无遮罩混合材质时的样式进行混合。

数量的具体含义

　　A由相加的（A）和相减的（S）合成，数值的范围从0~200。数值为0.0时，不进行合成，并且下面的材质不可见。如果数值为100将完成合成。如果数值大于100则合成将"超载"：材质的透明部分将变得更不透明，直至下面的材质不再可见。

　　对于混合（M）合成，数值范围从0.0~100.0。当数值为0.0时，不进行合成，下面的材质将不可见。当数值为100.0时，将完成合成，并且只有下面的材质可见。

2. 双面材质

　　与材质编辑器中的"双面"设置效果很相似，使用双面材质可以使得材质的两面都可见。

　　但是与"双面"效果最大的区别是，使用双面材质可以给对象的前面和后面指定两个不同的材质，如右图所示。而不像"双面"设置，始终只能使得材质的两面保持一致。

双面材质与双面设置的对比

在新建的场景当中为瓷器模型设置一个陶瓷材质，将材质赋予模型，因为模型是单面模型，所以模型的内部无法显示（图1）。

将材质设置为双面材质，可以发现模型的内部能够显示陶瓷材质效果了，但是两面的材质始终都是一致的（图2）。

将材质设置成双面材质，并将背面材质修改成粗糙的陶瓷效果（图3）并赋予场景对象，可以看见对象的两个面显示出了不同的材质效果。（图4）。

图1

图2

图3

图4

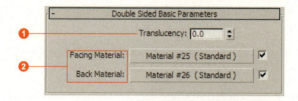

❶ **半透明**：设置一个材质通过其他材质显示的数量。这是范围从 0.0 到 100.0 的百分比。设置为 100% 时，可以在内部面上显示外部材质，并在外部面上显示内部材质。设置为中间的值时，内部材质指定的百分比将下降，并显示在外部面上。默认设置为 0.0。

❷ **正面材质和背面材质**：和标准材质的使用一样，只是一个是设置表面的材质，另一个是设置背面的材质（见右图）。

半透明为50的效果

半透明为100的效果

外部材质效果

内部材质效果

3. 变形器材质

"变形器"材质与"变形"修改器相辅相成。它可以用来创建角色脸颊变红的效果，或者创建角色在抬起眼眉时产生的前额褶皱。借助"变形器"修改器的通道微调器，还能够以类似变形几何体的方式来混合材质。

"变形器"材质有 100 个材质通道，可以在其中直接绘图。对对象应用"变形器"材质并与"变形"修改器绑定之后，需要在"变形"修改器中使用通道微调器来实现材质和几何体的变形。"变形"修改器中的空通道仅可以使材质产生变形效果，它不包含几何体变形数据。"变形"材质基本材质卷展栏如下图所示。

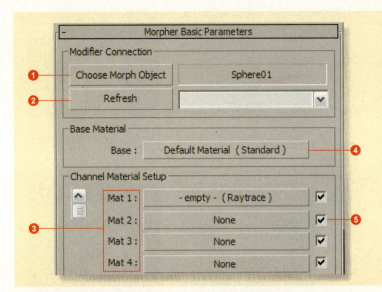

① **选择变形对象**：此选项用于在视口中选中一个应用变形修改器的对象。

② **刷新**：这个选项用于更新通道里面的材质信息。

③ **材质通道**：可以使用的100个材质通道。

④ **基础材质按钮**：单击此按钮对对象应用一个基础材质。基础材质表示在所有通道混合前模型所用的材质。

⑤ **材质开关切换**：启用或禁用通道。禁用的通道不影响变形的结果。

应用变形器材质的条件

　　应用变形器材质的对象在其修改器堆栈中必须至少包含一个"变形"修改器。用户可以将材质指定给一个对象并与对象的"变形"修改器通过一种或两种方式进行绑定。

　　将"变形"修改器应用于对象之后，在"变形"修改器的"全局参数"卷展栏中使用"指定新材质"命令。同时对对象应用"变形器材质"并将材质与"变形"修改器进行绑定。

　　打开"材质编辑器"，选中"变形器材质"并单击"参数"卷展栏中的"选择变形对象"按钮，然后在视口中单击该对象。单击该对象之后，在视口中出现一个对话框，在此对话框中选中"变形"修改器。此操作会将"变形器"材质绑定到"变形"修改器。

【实战练习】运用变形器材质

🔘 最终文件：场景文件\Chapter 5\运用变形器材质-最终文件\
视频文件：视频教学\ Chapter 5\运用变形器材质.avi

步骤01 在创建命令面板单击球体按钮，在顶视图中创建一个球体。

步骤02 选择球体并单击鼠标右键，在弹出的四元菜单中选择Convert to Editable Mesh命令，用于将球体转化为可编辑网格。

步骤03 在修改命令面板中选择"Morpher（变形器）命令"选项，将变形器应用于球体。

步骤04 单击"变形修改器"的"全局参数"卷展栏"中的指定新材质"按钮 ，将"变形器材质"应用于对象并将其绑定于"变形"修改器。

步骤05 打开"材质编辑器"，单击"从对象拾取材质"按钮 ，然后在视口中单击球体。在"变形器基本参数"卷展栏的"修改器连接"组中单击"选择变形对象"按钮。

步骤06 在弹出的对话框中单击"变形器"选项以高亮显示该修改器，然后再单击"绑定"按钮，完成材质与修改器的绑定。

步骤07 在"变形器材质数"卷展栏中单击 Mat 1 示例窗。

步骤08 在弹出的"材质/贴图浏览器"中选择需要的材质类型，在这里我们选择标准材质。

步骤09 在"基本参数"卷展栏中，将材质的"漫反射"颜色修改成红色。

步骤10 选择球体并打开"修改"面板，在"变形修改器"的"通道列表"卷展栏上，将通道 1 的微调器设置为100。

步骤11 切换到"材质编辑器"中，可以看见示例球体的颜色变为红色。

步骤12 拖动"变形修改器"的"通道列表"卷展栏上通道 1 的微调器，可以看见示例窗材质随着微调器数值而改变。

"混合计算选项"选项组

　　如果需要对很多的活动材质进行混合，系统速度可能会减慢。使用此组（见右图）中的选项可以控制开始计算变形结果的时间。

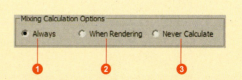

❶ 始终：选择此项将始终对材质的变形结果进行计算。

❷ 渲染时：选择此项可在渲染时对材质的变形结果进行计算。

❸ 从不计算：选择此选项可绕过材质混合。

4. 多维/子对象材质

使用多维/子对象材质可以根据几何体的子对象级别分配不同的材质。创建的多维材质，可以将其指定给对象并使用网格选择修改器选中对象的面，然后选择多维材质中的子材质指定给选中的面（见右图）。

正是基于多维/子材质的这个特点，在完成场景较为复杂，对象种类比较多的作品时，往往要对一个对象模型对应一个多维/子材质，这样便于对材质的管理。

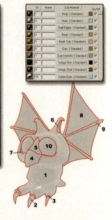

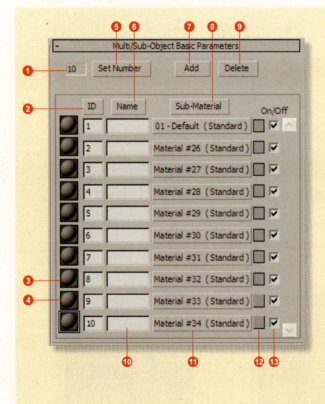

❶ **数量**：此字段显示包含在多维/子对象材质中的子材质的数量。

❷ **ID**：将列表排序，其顺序开始于最低材质 ID 的子材质，结束于最高材质 ID。

❸ **小示例球**：子材质的微型预览。

❹ **ID**：显示指定于此子材质的 ID 数。

❺ **设置数量**：设置构成材质的子材质的数量。

❻ **名称**：单击此按钮将以输入到"名称"文本框的名称为标准进行排序。

❼ **添加**：可将新子材质添加到列表中。

❽ **子材质**：单击此按钮将显示"子材质"按钮上子材质名称排序。

❾ **删除**：可从列表中移除当前选中的子材质。

❿ **名称**：用于为材质输入自定义名称。

⓫ **"子材质"按钮**：单击"子材质"按钮将创建或编辑一个子材质。

⓬ **色样**：为子材质选择漫反射颜色。

⓭ **开关切换**：启用或禁用子材质。

　　设置数量："设置数量"功能用于设置"多维/子材质"所需要的子材质个数。单击该按钮会自动弹出"Set Number of Materials（设置材质个数）"对话框，在其中输入需要的子材质个数，单击OK按钮，卷展栏中就会显示出所设置的数量的子材质，设置步骤如右图所示。

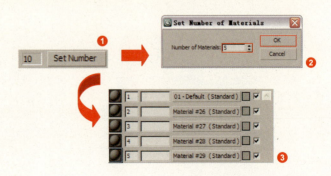

原始文件：场景文件\Chapter 5\卡通鹦鹉-原始文件\
最终文件：场景文件\Chapter 5\卡通鹦鹉-最终文件\
视频文件：视频教学\ Chapter 5\运用"多维/子材质"设置卡通鹦鹉材质.avi

步骤 01 打开场景文件，场景中是一个卡通鹦鹉造型的模型。

步骤 02 选择鹦鹉模型，在修改命令面板中选择"元素"层级，然后在视口中点选鹦鹉的身体部位，被选中部分就会以红色显示。

步骤 03 在"Surface Properties（曲面属性）"卷展栏的"Set ID（设置ID）"文本框中输入参数1，将模型被选择部分设置ID为"1"。

步骤 04 使用同样的方法分别将鹦鹉模型的各个部分分别设置上不同的ID号码。

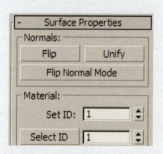

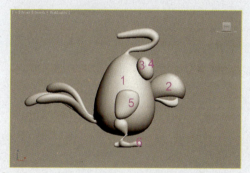

步骤 05 按快捷键M打开材质编辑器，选择任意一个材质球，单击"标准"按钮 Standard ，在弹出的对话框中选择材质类型为多维材质。

步骤 06 在"多维/子材质"基本参数卷展栏中单击"设置数量"按钮 Set Number ，在弹出的对话框中将多维材质的材质个数设置为6个。

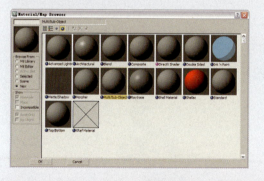

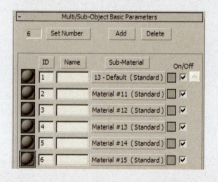

难点解析：显示数字材质名

有时"子材质"按钮会显示材质数量。这个数值并不是子材质的 ID，只有ID栏显示的才是材质的ID号码，其他的只是材质的数量或者材质名称（见右图）。

这里的数字是材质的名称，而不是ID号码

步骤07 在子材质列表中单击ID为1的子材质按钮,这里的每个子材质都是个独立的。这里要将鹦鹉模型材质设置为光滑的陶瓷质感,因此选用光线跟踪材质。

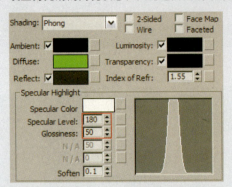

步骤08 为了让材质具有陶瓷的弱反射效果,在光线跟踪的反射色块项将默认的颜色添加一点明度。

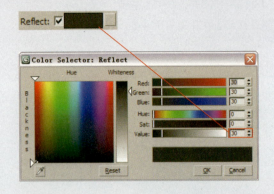

步骤09 在卷展栏中按住ID为1的材质球按钮将其直接拖到ID为2的材质球按钮上,松开鼠标左键,在弹出的对话框中选择"Copy(复制)"选项,将1号材质球属性复制到2号材质球中。

步骤10 单击ID2的子材质按钮,在该材质的卷展栏中将材质的漫反射颜色修改为黄色。其他参数保持不变。

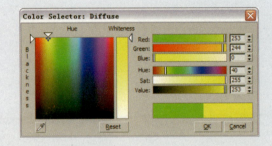

快速修改子材质漫反射颜色

　　单击子材质按钮旁边的色块,也会弹出颜色选择对话框,因此,通过修改子材质按钮旁边的色块也可以修改材质颜色,但是只限于修改材质的漫反射颜色。

步骤11 使用同样的方法依次将6个子材质按照不同的ID号码分别设置相应的颜色,ID号码对应的材质应该与鹦鹉模型的ID设置部分材质一致。

步骤12 为鹦鹉的眼睛部分子材质赋予一张眼睛贴图,将设置好的多维/子材质赋予场景文件,查看最终效果。

5. 虫漆材质

虫漆材质以叠加方式将两种材质混合（见右图）。叠加材质中的颜色称为虫漆材质，被添加到基础材质的颜色中。

虫漆材质与混合材质有一些相似的地方，但是混合材质的混合量是有上限的，最大数值是100，在最大混合量的时候显示的是底层材质的效果，而虫漆材质的虫漆颜色混合数值没有上限，参数越高，只会不断地加载虫漆材质颜色。虫漆材质的基本参数卷展栏如下图所示。

基础材质：转到基础子材质的层级

虫漆材质：转到虫漆材质的层级

虫漆颜色混合：控制颜色混合的量

虫漆颜色混合值越大，颜色加载效果越强烈

与混合材质不同，虫漆材质混合是将虫漆材质的颜色叠加到基础材质上，虫漆颜色混合的值没有上限，值越高，虫漆材质颜色的叠加的程度就越强（见下图所示）。

用顶/底材质可以向对象的顶部和底部指定两个不同的材质，并且可以将两种材质混合在一起（见右图）。

学习了前面章节的各种类型的材质以后，掌握"顶/底材质"是比较简单的，其就相当于是比较特殊的"多维/子材质"，但是在操作的过程当中需要注意的是"顶/底材质"的操作还是具有一定的局限性，对于对象的"顶"面和"底"面是系统通过法线的位置来识别的，而不是通过用户指定的，因此在操作的时候还是会有些不方便。

顶/底材质的基本参数卷展栏也非常的简单，主要分为"顶材质"、"底材质"、"交换"以及"坐标"组几个部分，而"顶材质"与"底材质"的设置和很多材质都一样，都是基于基础材质的设置。其卷展栏如下图所示。

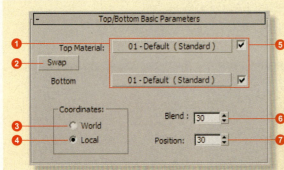

❶ 顶材质和底材质：单击以显示顶或底子材质的参数。

❷ 交换：交换顶和底材质的位置。

❸ 世界：按照场景的世界坐标让材质的各个面朝上或者朝下。

❹ 局部：按照场景的局部坐标让材质的各个面朝上或朝下。

❺ 复选框可用于关闭材质，使它在场景和示例窗中不可见。

❻ 混合：混合顶子材质和底子材质之间的边缘。

❼ 位置：确定两种材质在对象上划分的位置。

Coordinates（坐标）选项组：使用此选项组中的控件可选择让3ds Max如何确定顶和底的边界。它包含"World（世界）"和"Local（局部）"两个选项。当选择"世界"选项时将旋转对象，顶面和底面之间的边界会一直保持不变（见右上图）。

当选择"局部"选项时旋转对象，材质会跟随着对象的旋转而旋转（见右下图）。

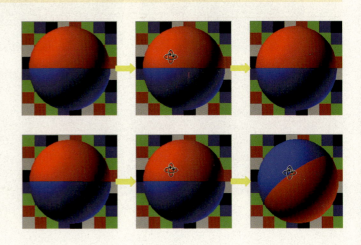

Blend（混合）：这是一个范围从0～100 的百分比值（见右图）。值为0时，顶子材质和底子材质之间存在明显的界线。值为100时，顶子材质和底子材质彼此混合。设置值为50时则效果处于两者之间。

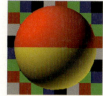  

值为0 　　　　　值为50 　　　　　值为100

Position（位置）：这是一个范围从0～100的百分比值（见右图）。值为0时表示划分位置在对象底部，只显示顶材质。值为100时表示划分位置在对象顶部，只显示底材质。设置值为50时则效果处于两者之间。

 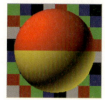 

值为0 　　　　　值为50 　　　　　值为100

【实战练习】运用"顶/底材质"设置铜锅材质

原始文件：场景文件\Chapter 5\铜锅-原始文件\
最终文件：场景文件\Chapter 5\铜锅-最终文件\
视频文件：视频教学\ Chapter 5\运用"顶/底材质"设置铜锅材质.avi

步骤 01 打开光盘中的"铜锅原始文件.max"，场景是一个已经设置好灯光的铜锅造型的模型。

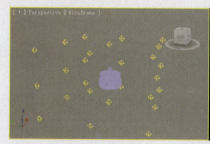 

步骤 02 按快捷键 M 打开材质编辑器，选择任意一个材质球，单击 Standard（标准材质）按钮 `Standard` ，在弹出的材质／贴图浏览器中将默认材质类型修改为 Top/Bottom（顶／底材质）类型。

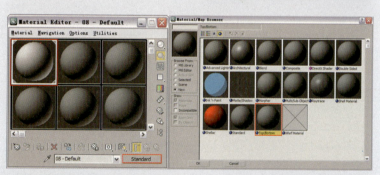

步骤 03 在修改材质类型的时候，单击OK按钮，确认替换标准材质的时候会弹出替换材质对话框，在这里选择任何一个选项即可。然后单击"顶部材质"按钮，并将材质类型修改为"光线跟踪"材质。

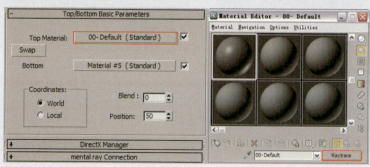

将"顶部"材质设置为"光线跟踪"材质

步骤04 设置"顶部材质"展栏中的参数，使其产生金属铜的质感。

首先将明暗器设置为金属明暗器，然后设置金属铜的高光级别和高光光泽度。

在漫反射色块项将漫反射颜色修改为红铜色。

修改反射色块项的明度，让材质具有一些反射效果。

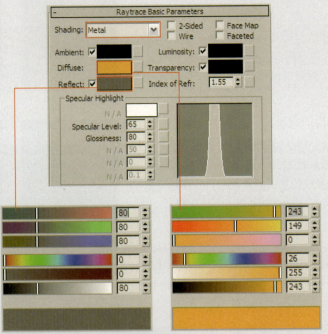

金属铜效果

光线跟踪材质相关色块的具体参数

步骤05 将"顶部材质"复制到"底部材质"中，在顶部材质的基础上修改"底部材质"的效果。

单击漫反射色块旁边的空白按钮，为漫反射添加一个Mix（混合）贴图。

分别为混合贴图的#1和#2设置不同的颜色。

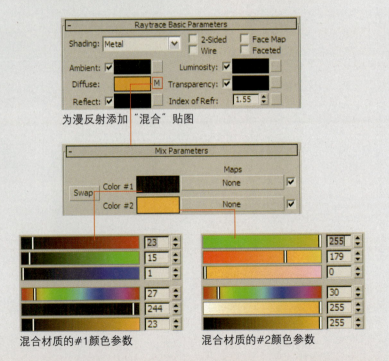

为漫反射添加"混合"贴图

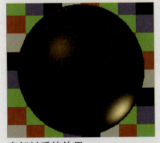

底部材质的效果

混合材质的#1颜色参数　　　　混合材质的#2颜色参数

提示

为了保证案例的最终效果，这里为材质使用了简单的贴图，由于前面的章节均未涉及贴图部分的知识点，因此在制作过程当中，读者只需按照文中的制作步骤完成即可，在随后的章节中学习了贴图部分的相关知识以后，就能更加清楚贴图的使用方法。

步骤 06 单击混合贴图卷展栏中
"混合量"旁边的空白按钮。
在弹出的材质/贴图浏览器中选
择Bitmap（位图）选项。
双击该选项确认选择位图贴图以
后，在弹出的选择位图的对话框
中选择一张位图。
完成以上操作以后，"底部材
质"的效果就会显得更加有被火
烧过的痕迹。

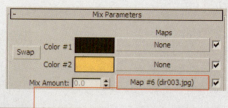

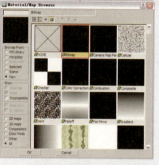

添加贴图后的底部材质效果

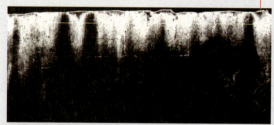

为混合材质的"混合量"选项添加一张位图贴图

步骤 07 将材质赋予场景中的铜
壶模型并渲染场景，会发现铜壶
的顶部与底部的分割界限非常的
明显。
回到材质顶层，将顶/底材质的
"混合"与"位置"的参数均设
置为30，从而降低底部材质的
位置，并将顶部与底部的分界限
弱化。
再一次渲染场景，就能达到满意
的效果了。

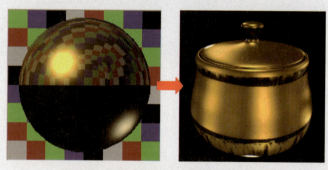

5.2.4 光度学材质

这一部分介绍光度学材质（见右图），该材质包括"建筑材质"和"高级照明覆盖材质"两个类别。

"建筑材质"的设置是物理属性，当与光度学灯光和光能传递一起使用时，其能够提供最逼真的效果；而"高级照明覆盖材质"通常是基础材质的补充，基础材质可以是任意可渲染的材质。"高级照明覆盖材质"对普通渲染没有影响。

1. 建筑材质

建筑材质为用户提供了很多预设的材质参数（见下图），可以通过修改这些预设的材质参数，快速完成所需要材质特性的设置。

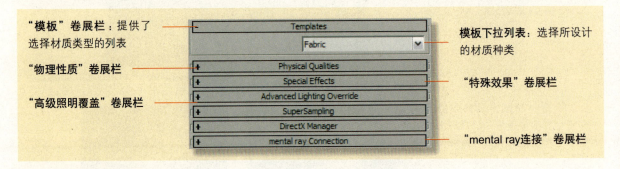

"模板"卷展栏：提供了选择材质类型的列表

模板下拉列表：选择所设计的材质种类

"物理性质"卷展栏

"特殊效果"卷展栏

"高级照明覆盖"卷展栏

"mental ray连接"卷展栏

2. "模板"卷展栏

"模板"卷展栏提供了可从中选择材质类型的列表。对于"物理性质"卷展栏而言，模板只是一组预设的参数，不仅可以提供要创建材质的近似种类，而且可以提供入门指导。选择模板之后，可以调整其设置并添加贴图，以增强逼真效果，并改进材质的外观。

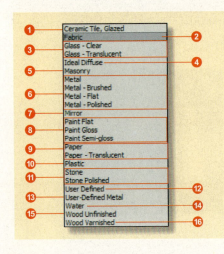

1 陶瓷平铺，玻璃

2 织物（用于制作布料材质）

3 玻璃类分清晰和半透明两种

4 理想漫反射，中间为白色

5 砖瓦常用作漫反射贴图基础

6 磨砂金属、平面和磨光金属

7 镜像（常作为镜子的材质使用）

8 颜料平面、颜料光泽、半光泽

9 纸材质和半透明纸材质

10 塑料材质（常用于制作塑料质感）

11 石头材质和光滑石头材质

12 用户自定义

13 自定义金属

14 常用于制作水质感的水材质

15 未加工的木材

16 上漆的木材

当创建新的或编辑现有的建筑材质时，最需要调整"物理性质"卷展栏中的设置（见下图）。

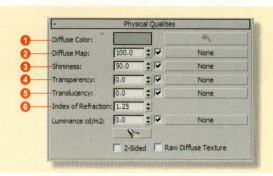

❶ **漫反射颜色**：设置漫反射颜色。

❷ **漫反射贴图**：为漫反射添加贴图。

❸ **反光度**：值越高，材质反光度越强。

❹ **透明度**：当值为100时，材质全透明。

❺ **半透明**：值越高，半透明度越强。

❻ **折射率**：控制材质对光的折射程度。

4. "特殊效果"卷展栏

创建新的建筑材质或编辑现有材质时，可使用"特殊效果"卷展栏上的设置来指定生成凹凸或位移的贴图，以及调整光线强度或控制透明度。

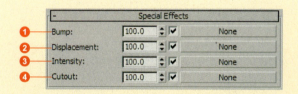

❶ **凹凸控件**：为材质指定凹凸贴图。

❷ **置换控件**：为材质指定置换贴图。

❸ **强度控件**：为材质指定强度贴图。

❹ **裁切控件**：为材质指定裁切贴图。

在每个控件旁边都有一个控制数值的"数量"微调器，用于调节贴图的强度，值越高贴图的效果就越强烈

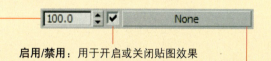

启用/禁用：用于开启或关闭贴图效果

在每个控件最右边都有一个长条按钮，只要单击该长条按钮，就会弹出相应的材质/贴图浏览器，在其中寻找合适的贴图

5. "高级照明覆盖"卷展栏

创建新的建筑材质或编辑现有建筑材质时，使用"调整光能传递"上的设置可以调整材质在光能传递解决方案中的行为方式。

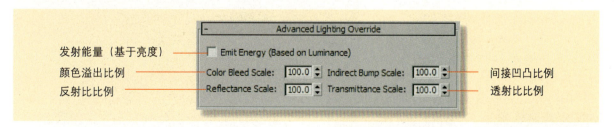

发射能量（基于亮度）：当选中此选项时，材质会根据它的亮度值为光能传递解决方案增添能量（见图❶）。需要注意的是，在普通渲染的时候，启用该选项不会对场景产生影响（见图❷）。

颜色溢出比例：增加反射颜色的饱和度（见图❶）或减少反射颜色的饱和度（见图❷）。颜色溢出比例数值的范围为0.0～1000.0，默认值为100.0。

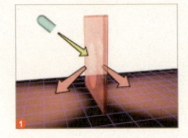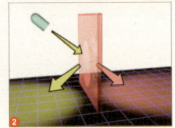

反射比比例：增大材质反射的能量值（见图❶）或降低材质反射的能量值（见图❷）。反射比比例数值的范围从0.0到1000.0，默认值为100.0。

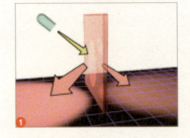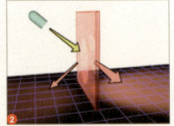

透射比比例：增大材质透射的能量值（见图❶）或降低材质透射的能量值（见图❷）。透射比比例数值的范围为0～1000.0，默认值为100.0。

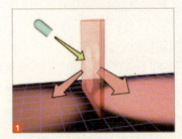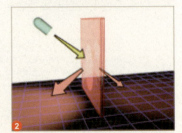

间接凹凸比例：在间接照明的区域中，缩放基础材质的凹凸贴图效果。此值为零时，不会由于间接灯光产生任何凹凸贴图。增大"间接凹凸比例"的数值会增大间接照明下的凹凸效果。

在基础材质被直接照射的区域中，此值不影响凹凸量，范围为 –999.0 ～ 999.0，默认设置为 100.0。

5.2.5 无光/投影材质

Matte/Shadow（无光/投影）材质是一种特殊的材质类型，把这种材质应用于对象，则该对象的部分区域，或者整个对象就会变为不可见。这样就会让对象的背景或者对象后面的物体显示出来。

指定了"无光/投影"材质的对象可以反射和接受阴影，但是只能在渲染之后才能看见。

Matte/Shadow（无光/投影）材质常用于场景的虚实结合（见右图）。

"无光/投影"材质的参数不少，均包含在"无光/投影基本参数"卷展栏中，如下图所示。

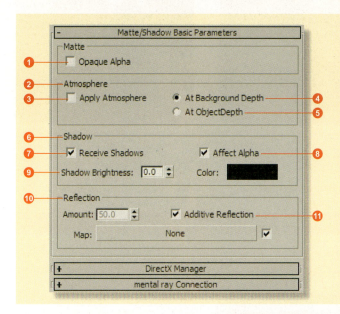

① **不透明Alpha**：确定无光材质是否显示在 Alpha 通道中。

② **"大气"选项组**：其中的选项确定雾效果是否应用于无光曲面和它们的应用方式。

③ **应用大气**。

④ **以背景深度**。

⑤ **以对象深度**。

⑥ **"阴影"选项组**：其中的参数用于确定无光曲面是否接收投射于其上的阴影和接收方式。

⑦ **接收阴影**。

⑧ **影响Alpha**。

⑨ **阴影亮度**。

⑩ **"反射"组**：该组中的控制器确定无光曲面是否具有反射。使用阴影贴图创建无光反射。

⑪ **附加反射**。

不透明Alpha：禁用"不透明 Alpha"无光材质，将不会构建 Alpha 通道，并且图像将用于合成就好像场景中没有隐藏对象一样，如图①所示。默认设置为禁用状态，启用效果如图②所示。

应用大气：用于启用或禁用隐藏对象的雾效果。应用雾后，可以在两个不同方法间进行选择。禁用"应用大气"效果如下图所示。

以背景深度：这是 2D 方法。扫描线渲染器雾化场景并渲染场景的阴影，如下图所示。这种情况下，阴影不会因为雾化而变亮。如果希望使阴影变亮，需要提高阴影的亮度。

以对象深度：这是 3D 方法。渲染器先渲染阴影然后雾化场景，如下图所示。因为此操作使 3D 无光曲面上雾的量发生变化，所以生成的无光/Alpha 通道不能很好地混入背景。

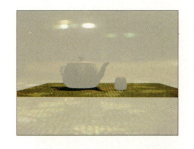

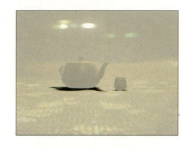

接收阴影：渲染无光曲面上的阴影。默认设置为启用。

影响Alpha：启用此选项后，将投射于无光材质上的阴影应用于 Alpha 通道，默认设置为启用。

阴影亮度：设置阴影的亮度。值为0.5时阴影将不会在无光曲面上衰减；值为1.0时阴影使无光曲面的颜色变亮。

颜色：显示颜色选择器，允许对阴影的颜色进行选择。默认设置为黑色，如图❶所示。现在将系统默认的黑色阴影修改为白色阴影，效果如图❷所示。

附加反射：为反射增加额外的反射强度。

数量：控制要使用的反射数量。除非指定了贴图，否则此控件不可用。默认设置为50。

贴图：单击Map旁的None按钮，将会显示材质贴图浏览器，在其中可以指定一个贴图使用反射。

【实战练习】运用"无光/投影材质"进行场景虚实结合

原始文件：场景文件\Chapter 5\阴影材质-原始文件\
最终文件：场景文件\Chapter 5\阴影材质-最终文件\
视频文件：视频教学\ Chapter 5\运用"无光/投影材质"进行场景虚实结合.avi

步骤01 打开场景文件，场景显示一个简单的茶壶模型。

步骤02 打开材质编辑器，任意选择一个材质球作为茶壶和茶杯的材质，设置材质球的参数如下图所示。

步骤03 再选择一个材质球，将材质类型设置为"无光/投影"材质，并将这个材质赋予茶壶所在的平面。

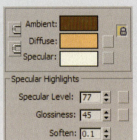

步骤01 执行Rendering（渲染）>Environment and Effects（环境与效果）命令，打开"环境和效果"对话框，并在背景选面组中为背景选择一张位图贴图。

步骤02 在摄像机视图中，单击左上角的明暗处理视口标签菜单，在弹出菜单的Viewport Background（视口背景）子菜单中选择Show Background（显示背景）命令。

步骤03 通过上一步的操作就能在摄像机视图中看见被指定的背景贴图。渲染摄像机视口的场景，就会发现茶壶模型与背景贴图结合起来了。

5.2.6 Ink'n Paint材质

Ink'n Paint（卡通）材质可以将场景对象渲染为卡通效果。

该材质包含ink和Paint两个主要部分，可以分别对它们进行自定义设置。在3ds Max中卡通材质可以与任何材质和贴图配合使用。

右图所示场景中左边的卡通猫被赋予的是标准材质的渲染效果，而右边的卡通猫是被赋予的卡通材质的渲染效果。

卡通材质的卷展栏由"Basic Material Extensions（基本材质扩展）"卷展栏、"Paint Controls（绘制控制）"卷展栏和"Ink Controls（墨水控制）"卷展栏3个卷展栏组成。分别控制参数的基本属性，材质的颜色以及材质的划线、轮廓的墨水。

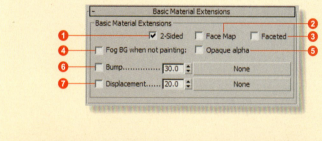

❶ 使材质成为双面。

❷ 面状。

❸ 面贴图。

❹ 未绘制时雾化效果。

❺ 不透明Alpha。

❻ 将凹凸贴图添加到材质。

❼ 将置换贴图添加到材质。

❶ 墨水。

❷ 墨水质量。

❸ 墨水宽度。

❹ 可变宽度。

❺ 钳制。

❻ 最小值。

❼ 最大值。

❽ 轮廓：对象外边缘处，相对于背景或其他对象前面的墨水。

❾ 重叠：当对象的某部分自身重叠时所使用的墨水。

❿ 延伸重叠：与重叠相似，墨水应用到较远的曲面而不是较近的曲面。

⓫ 平滑组：平滑组边界间绘制的墨水。

⓬ 材质ID：材质ID值之间的墨水。

墨水：启用该功能时，会对渲染施墨（如下左图所示）。禁用时则不出现墨水线（如下右图所示）。默认设置为启用。

钳制：启用了"可变宽度"功能后，有时场景照明会使一些墨水线变得很细，以至于几乎不可见。如果发生这种情况，应启用"钳制"，它会强制墨水宽度始终保持在"最大"值和"最小"值之间，而不受照明的影响。默认设置为禁用状态。

Overlap Bias（相交偏移）：使用该选项来调整两对象相交时可能出现的缺陷。实际上，这会移动施墨的对象，使之靠近或远离渲染观察点，这样就可以确定哪一个对象在前面（见右图）。正值使对象远离观察点，负值则将对象拉近。默认设置为0.0。

Underlap Bias（延伸重叠偏移）：使用此选项来调整跟踪延伸重叠部分的墨水中可能出现的缺陷。正值使对象远离观察点，负值则将对象拉近。默认设置为0.0。

墨水质量：影响画刷的形状及其使用的示例数量。范围从1~3，默认设置为1。

Overlap Bias（重叠偏移）：使用此选项来调整跟踪重叠部分的墨水中可能出现的缺陷。表示重叠应在后面曲面前的多远处才能启用"重叠"墨水。

正值使对象远离观察点，负值则将对象拉近。右图所示的蓝色球体偏移值为20，红色球体偏移值为1。

Only Adjacent Faces（仅相邻面）：使用此选项后，将对相邻面之间的材质ID边界施墨，但不对不同对象之间施墨。禁用此选项后，将对两对象间的材质ID边界或其他不相邻面施墨。默认设置为启用。

墨水宽度：以像素为单位的墨水宽度。

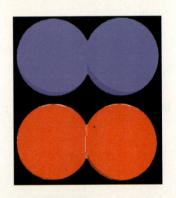

Intersection Bias（相交偏移）：禁用"仅相邻面"功能时，使用此选项来调整具有不同材质ID的两个对象之间的边界出现的缺陷。默认设置为0.0。

亮区：禁用此组件将使对象不可见，但墨水除外（见图❶）。默认设置为启用（见图❷）。

暗区：左侧微调器中的值为显示在对象非亮面亮色的百分比（见图❶）。禁用此组件将显示色样，使用色样可以为明暗处理区域指定不同的颜色，默认设置为启用（见图❷）。

高光：反射高光的颜色。默认设置为白色。可以通过修改高光的色块改变高光的颜色，图❶所示为将高光颜色改为绿色。禁用此组件后，将没有反射高光（见图❷）。

5.2.7 mental ray材质

mental ray材质是3ds Max 提供的专门与mental ray 渲染器一起配合使用的材质。

这些材质不能与默认扫描线渲染器一起使用，在默认渲染器中Mental ray材质渲染出来会显示为黑色。

mental ray材质具有真实的反射特性，能够更逼真地表现出材质质感。右图所示为使用的mental ray材质。

mental ray材质可以分为3大类别，分别是ProMaterials类材质、mental ray的建筑与设计材质，以及专用的mental ray材质，如下图所示。

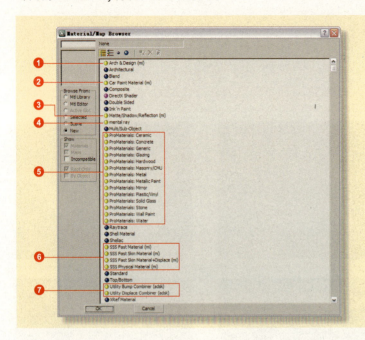

① mental ray的建筑与设计材质。

② 专用mental ray材质中的Car Paint Material（汽车颜料材质）。

③ 专用mental ray材质中的Matte/Shadow/Reflection（无光/投影/反射）材质。

④ mental ray材质。

⑤ 基于供应制造业数据和专业图像的mental ray材质库——ProMaterials系列材质库。

⑥ 专用mental ray材质中的SSS Fast（SSS快速材质）系列和SSS Physical（SSS物理材质）。

⑦ Utility Bump Combiner（通用凹凸组合器）材质和Utility Displace Combiner（通用置换组合器）材质。

ProMaterials：这是一套基于供应制造业数据和专业图像的mental ray材质库。这些材质为创建逼真的纹理提供了便捷的方式，如下图所示。

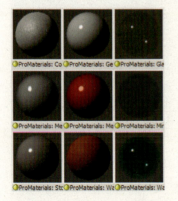

mental ray 建筑与设计材质：改善了建筑渲染的图像质量，增进了总体工作流程和性能以及有光泽曲面的性能，尤其是地板，如下图所示。

专用的Mental ray材质与Pro-Material或"建筑和设计"材质相比，在用途方面更加明确和具有针对性，如下图所示。

mental ray的建筑与设计材质：能够真实地表现建筑类材质的质感，并且对于自发光、反射率和透明度的高级选项、环境光阻光设置以及使作为渲染效果的锐角和边变圆的功能，这些特殊功能的加入使得mental ray的建筑与设计材质应用更加广泛和强大，如下图所示。

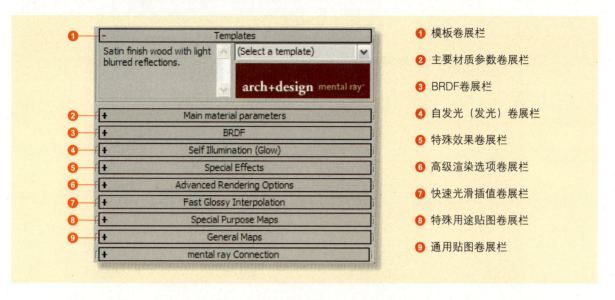

（1）**模板卷展栏**：为用户提供了访问"建筑与设计"材质的预设材质选择，以便快速创建不同类型的材质，从下拉列表中选择相应模板，对应材质的说明将出现在左侧窗格中。

（2）**主要材质参数卷展栏**：为用户提供了修改材质基本参数的各类选项组，用户可以在其中修改材质的颜色、高光、反射、折射等基本属性，也可以修改材质的折射率、权重等高级参数。

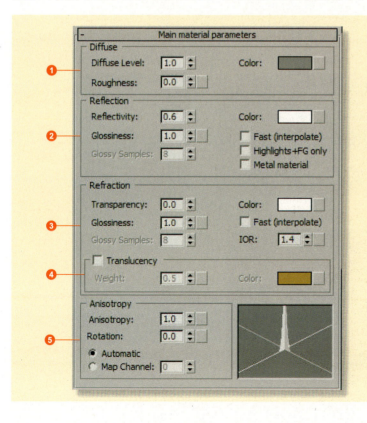

❶ **漫反射选项组**：用于修改材质的漫反射级别、粗糙度以及材质的颜色

❷ **反射选项组**：用于修改材质的反射率、颜色、光泽度、光泽采样数、快速（插值）、仅高光+最终聚集、金属材质

❸ **折射选项组**：用于修改材质的透明度、颜色、光泽度、快速（插补）、光泽采样数、折射率

❹ **半透明选项组**：将半透明作为特殊的透明来处理；要使用半透明功能，首先必须存在某个级别的透明度。其中包括"权重"及"颜色"两个选项

❺ **各向异性选项组**：这个选项组包括"各向异性"、"旋转"、"自动/贴图通道"3个参数项

漫反射选项组主要是设置材质的基本参数，与标准材质相似，只是多了一项材质粗糙度，这个选项可以理解为标准材质中的材质高光设置。

漫反射级别：漫反射级别控制漫反射颜色组件的亮度。范围从0.0～1.0，默认设置为1.0。

颜色：控制漫反射颜色。漫反射颜色是位于直射光中的颜色。默认设置为50%灰色。

粗糙度：控制漫反射组件混合到环境光组件的速度快慢，下图所示为不同粗糙度的效果。

在反射选项组中的参数都是用于设置材质的反射属性的，需要注意的是，这里的材质是通过反射率值和颜色值一起定义反射的级别和传统高光的强度，也称为反射高光。

反射率：最终曲面反射率实际上是计算漫反射效果、实际反射效果和模拟光源反射的反射高光3个组件反射率的和得到的，如图1所示。

颜色：反射光的总体颜色。默认设置为白色。

光泽度：定义曲面"光泽度"，范围从1.0（最佳镜像）～0.0（漫反射曲面），如图2所示，系统默认的参数为1.0。

图1 漫反射、反射和高光

图2
最左侧对象的光泽度为1.0。
中间对象的光泽度为0.5。
最右侧对象的光泽度为0.25。

光泽采样数：定义 mental ray 发出的采样（光线）的最大数目，以产生光泽反射。值如果较高则会降低渲染速度，但会得到较平滑的结果。值较低则会加快渲染速度，但所得到结果的颗粒性会更强。大多数情况下，值为32就足够了。

　　光泽反射需要跟踪多束光线才能生成平滑的结果，这可能会影响性能。因此，该材质具有以下两种特殊功能专门设计用来提高性能。

　　快速（插值）：启用"快速（插值）"功能以后，平滑算法使得可以重用光线并使其平滑。得到的光泽反射较快且较平滑，但不精确。

　　仅高光+最终聚集：启用该功能后，mental ray 不跟踪实际的反射光线。相反只会显示高光和通过使用"最终聚集"模拟的软反射，如下图所示。

▶ 左侧的两个杯子使用的是实际的反射，右边使用的则是仅高光+最终聚集方式

　　金属材质：金属对象实际上会影响其反射的颜色，而其他材质则不存在这一问题。

　　例如，金条的反射光为金色，但是红色玻璃球的反射光并不是红色的。这些将通过"金属材质"选项对此提供支持：禁用该功能后，"反射颜色"参数定义颜色，"反射率"参数与 BRDF 设置一起定义反射的强度和颜色；启用后该功能，"漫反射颜色"参数定义反射的颜色，"反射率"参数设置漫反射和光泽（金属）反射之间的"权重"。

▶ 左侧：禁用"金属材质"功能　　中心：启用"金属材质"功能　　右侧：反射率为0.5

折射选项组用设置材质透明度属性，与传统的透明度设置不同，为了更加真实的表现透明材质的特点，mental ray的建筑与设计材质还引入了只有真实透明属性的材质所具备的参数——折射率。

透明度：用于定义材质折射的级别。范围从0.0（不透明，见下图左侧物体）~1.0（透明见下图右侧物体）。系统默认的参数设置为0.0。

颜色：定义折射的颜色。可以通过修改材质的此颜色来创建"有色玻璃"材质，下图所示为将材质折射的颜色修改为蓝色。

光泽度：定义折射/透明度的锐度，范围从1.0~0.0。系统默认设置为1.0。下图所示分别为设置材质的光泽度为1.0、0.5和0.25。

快速（插补）：启用该功能后，平滑算法使得可以重用光线并使其平滑。得到的光泽折射较快、较平滑，但不精确。只有当光泽度不等于1时可用，因为光泽度值为1时会得到非常清晰的透明度，在此情况下发出多条光线是没有意义的，只要发出一条折射光线就可以了。

光泽采样数：定义 mental ray 发出的采样（光线）的最大数目，以产生光泽折射。值如果较高则会降低渲染速度，但会得到较平滑的结果。值较低则会加快渲染速度，但所得到结果的颗粒性会更强，就像覆盖了霜的玻璃。

折射率："折射率"用于衡量光线在进入材质时的弯曲度。光线的弯曲方向取决于它是进入对象还是离开对象。不管是进入还是离开对象，建筑与设计材质都使用曲面法线的方向作为主要的计算信息。下图从左至右所示分别为设置的折射率为1.0、1.5和2.0。

▶ 最左侧的折射率为1.0　中间的折射率为1.5　最右侧的折射率为2.0

半透明作为特殊的透明来处理。要使用半透明效果，首先必须存在某个级别的透明度。建筑与设计材质中半透明的实现简化为只与来自对象后面的光线照到它的前面有关，这并不是真正的 SSS（子面散射）效果。可以通过结合使用光泽透明和半透明来创建类似 SSS 的效果，但与专用的 SSS shaders相比，此方法的速度较慢，而且功能也较少。

半透明选项组中的参数简单而实用，包括半透明的开启与关闭选项、控制透明度的权重选项，以及设置半透明颜色的选项。

半透明：启用该功能后，其余的半透明将可用，并且在渲染时发挥作用。

权重：用于决定多少现有透明度将当作半透明，下图所示左边物体材质权重为0.0，右边物体为0.5。

颜色：设置材质半透明的颜色。下图所示左边物体颜色为白色，右边物体颜色为蓝色。

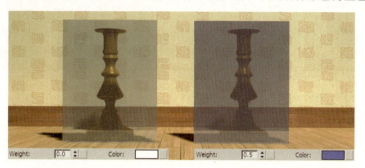

权重的设置技巧

如果将权重设置为0.0，则材质的所有透明度都将用作半透明；如果将权重设置为0.3，则材质30%的透明度将用作半透明。

各向异性选项组中的参数主要是用于控制材质的高光。其中"各向异性"用于控制材质高光的形状，而"旋转"用于控制材质高光的角度。

各向异性：控制高光的各向异性或形状。值为1.0时，高光为圆形，即不具有各向异性。值为0.01时，高光将变为细长。高光图的一个轴更改以显示该参数中的变化。系统默认设置参数为1.0，如下左图所示

旋转：更改高光的方向，示例窗中会显示材质高光方向的更改。旋转的值的范围在0.0~1.0之间，当参数为1.0时高光旋转角度为360度；当参数为0.25时材质高光旋转角度为90度，当参数为0.5时，材质高光角度为180度。

自动/贴图通道：可以选择性地为材质的指定贴图通道应用各向异性。如果设置"贴图通道"为"自动"，将根据对象的局部坐标系进行基础旋转。如果指定贴图通道，定义高光拉伸方向的空间将由该通道的纹理空间生成，如下右图所示。

▶ 各向异性分别为1.0、4.0、8.0

▶ 旋转分别为0.0、0.25纹理贴图

BRDF 是 Bidirectional Reflectance Distribution Function（双向反射比分布函数）的缩写。这一属性使得可以由查看对象曲面的角度最终控制该材质的反射率。

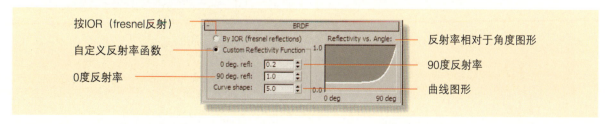

按IOR（fresnel反射）：反射率与角度的关系由材质的折射率决定。

这被称为 Fresnel 反射并且遵循大多数电介质材质（如水和玻璃之类）的行为方式。

自定义反射率函数：选择该选项以后，就能激活下面的反射率参数组和曲线图形，该设置将根据视角来决定反射率。

反射率相对于角度图形：该图形用于描述组合后的"自定义反射率函数"的设置状况。

（3）**自发光（发光）卷展栏**：其中的这些参数允许用户在"建筑与设计"材质中指定发光曲面，如半透明灯明暗处理。这样的曲面事实上不投射光，但是当最终聚集有效时，它可以选择作为间接光源，而且可能对渲染的图像中场景照明有影响，如下图所示。

▶ 自发光球体不对场景进行照明

▶ 自发光球体对场景进行照明

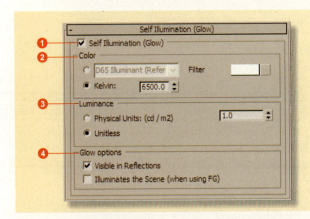

❶ **自发光（发光）**：启用此选项之后，材质将设置为自发光，并且其余的卷展栏设置可用。

❷ **颜色**：设置照明颜色。可以选择公用灯规格，也可以选择开尔文作为标准。

❸ **亮度**：设置自发光的亮度。可以选择物理单位，也可以选择数值表示亮度。

❹ **光晕选项**：分为"在反射中可见"和"照亮场景（使用FG时）"两个选项。

（4）**特殊效果卷展栏**：其中的参数能够在处理图像的细节中提供更加真实的效果。特殊效果卷展栏中的参数主要具备两项功能，其中之一就是启用AO（环境光阻光），AO的主要作用是在对象之间的衔接中提供更好的投影效果，使得对象避免"漂浮"的视觉错觉，如下图所示。

没有启用AO的效果

启用了AO的效果

而特殊效果卷展栏中的第二个功能就是为对象之间实际相交的凸角和曲面添加凸面效果。但只接触但不相交的凹角不会显示这样的效果。

要在凹角中产生该效果，则必须移动对象，使对象之间彼此稍微交叉。该效果主要用于直边，对于弯曲程度较大，交叉又非常复杂的情况，不能保证会产生该效果，并且这个功能只会影响渲染效果，它不会影响几何体，如下图所示。

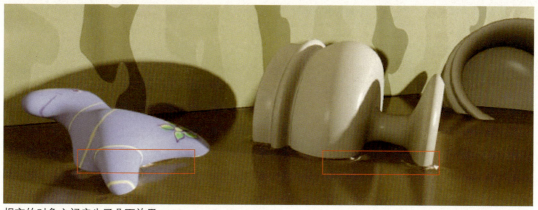

相交的对象之间产生了凸面效果

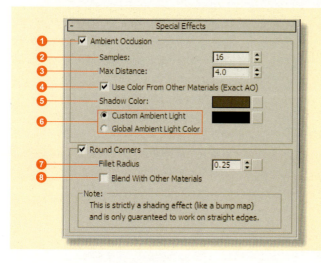

① **环境光阻光**：启用该选项后，就可以使用相应的控件。

② **采样**：创建AO所发出的光线数量。

③ **最大距离**：定义了 mental ray 在此范围内寻找阻挡对象的半径。

④ 使用其他材质的颜色（标准的AO）。

⑤ 阴影颜色。

⑥ 自定义/全局环境光颜色。

⑦ 圆角半径。

⑧ 与其他材质混合。

（5）**高级渲染选项卷展栏**：由"反射"选项组、"折射"选项组、"高级反射率选项"选项组、"高级透明选项"选项组和"间接照明选项"选项组组合而成的。这些参数都是对相应的材质参数进行的细节调整，比如对限制反射范围（如下右图所示）、限制折射范围、半透明材质的表现形式（如下左图所示）等。

使用限制反射范围

不同半透明表现形式

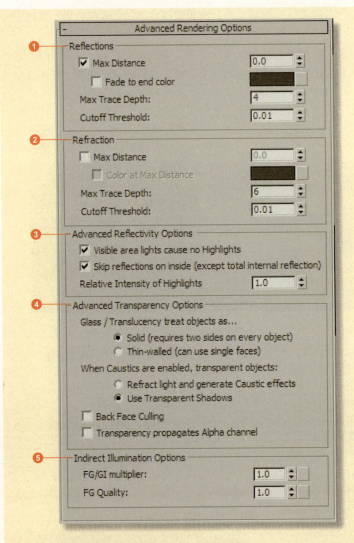

❶ "反射"选项组分别由以下参数组成。

最大距离：限制反射的最大距离。

褪到末端颜色：启用后反射将慢慢淡出，直到显示地面颜色。

最大跟踪深度：当达到最大跟踪深度的时候材质只显示高光和用"最终聚集"创建的"模拟"反射。

终止阀值：拒绝进行反射的级别。

❷ "折射"选项组分别由以下参数组成。

最大距离：限制折射的距离。

最大距离颜色：启用该选项后材质将模拟经过物理校正的吸收效果。

最大跟踪深度：当达到此跟踪深度时，材质将折射黑色。

终止阀值：拒绝进行折射的级别。

❸ "高级反射率选项"选项组由以下参数组成。

可见区域光源不创建高光效果：启用该选项后，在具有"在渲染器中显示图标"属性的mental ray 区域中的光不会产生反射高光。

略过内部反射（整体内部反射TIR 除外）：启用该选项后将完全忽视弱反射，但保留 TIR，从而节约了渲染时间。

高光的相对强度：定义反射高光和真正反射的强度。

❹ "高级透明选项"选项组由以下参数组成。

玻璃半透明将视对象为：选择半透明对象为"实体"或者"薄壁"两种表现方式。

当启用焦散时，透明对象：该选项提供了"折射光并生成焦散效果"和"使用透明阴影"两个选项。

背面消隐：启用该选项后，将产生类似反转法线的效果，使摄影机无法从曲面的另一侧看到曲面。

透明度传播到Alpha通道：定义透明对象在背景中处理任何 Alpha 通道信息。

❺ "间接照明选项"选项组由以下参数组成。

最终聚集（FG）/全局照明（GI）倍增：允许调整该材质对间接光进行反应的强度。

最终聚集（FG）质量：由该材质发出的最终聚集光线的数量的局部倍增。

（6）**快速光滑插值卷展栏：**在其中可以插补光泽反射和折射，这样会提高渲染速度并使折射和反射看起来更平滑（如下图所示）。插补的工作方式是预计算图像栅格中的光泽反射。每个点所用的采样（光线）数量由反射>光泽采样或折射>光泽采样参数控制，这与无插补的情况一样。

左侧：无插补 中心：查询两个点 右侧：查询四个点

插补可导致不真实的效果

　　因为以上图中展示的作品这是在低分辨率栅格上完成的，所以可能会漏掉细节。而且由于这会混合此低分辨率栅格的相邻栅格，因此可能会导致过于平滑。插补主要适用于平面，不适合用于波状、高度细化的曲面或使用凹凸贴图的曲面。

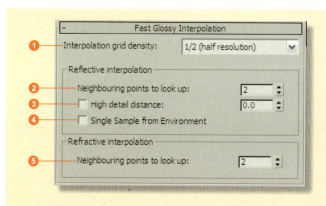

① **插值栅格密度**：用于插补光泽反射和折射的栅格分辨率。从下拉列表中进行选择。

② **要查询的邻近点**：定义要查询多少存储栅格点，来平滑反射光泽度。

③ **高细节距离**：允许跟踪另外一组细节光线，以在指定的半径内创建更清晰的版本。

④ **来自环境的单一采样**：要创建真实的模糊光泽反射，通常需要采用多个环境采样，这可能会产生颗粒状的、渲染速度较慢的环境反射。启用该复选框后mental ray只会采用一个采样。

⑤ **要查询的邻近点**：定义要查询多少存储栅格点来平滑折射光泽度。

　　（7）**特殊用途贴图卷展栏**：可使用户应用凹凸、位移和其他贴图，如下图所示。每个左对齐的设置都包含一个用于启用和禁用贴图的复选框，以及用于定义贴图的按钮。

使用限制反射范围

使用贴图透明度和使用裁剪的效果

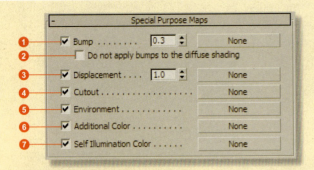

① **凹凸**：让用户应用凹凸贴图和倍增。

② **不应用凹凸到漫反射明暗处理**：禁用该选项后，凹凸将应用于所有明暗处理组件，如漫反射、高光、反射、折射等。启用该选项后，凹凸将应用于除漫反射之外的所有组件。这意味着在反射、高光等组件中，可以看到凹凸不平的效果。但是在漫反射明暗处理上没有显示凹凸不平的效果。材质的漫反射曲面似乎是平滑的，但它上面覆盖了一个凹凸不平的涂层。

③ **置换**：应用位移贴图和倍增。

④ **裁切**：应用不透明贴图完全移除对象的某些部分。

⑤ **环境**：应用环境贴图和明暗器。

⑥ **附加颜色**：让用户应用附加颜色贴图和任何明暗器。

⑦ **自发光颜色**：将此明暗器的输出添加到由建筑与设计材质进行的明暗处理的顶部，可用于对自发光类型效果以及添加想要的其他任何明暗处理。

（8）**通用贴图卷展栏**：支持对任何"建筑与设计"材质参数所应用的贴图或者明暗器。用户也可以通过单击其贴图按钮，在其在用户界面中的标准位置将明暗器应用于参数。

因此，通用贴图卷展栏的主要价值在于，无需移除贴图即可使用复选框切换参数的明暗器，如下图所示。

通用贴图卷展栏中、英文界面

ProMaterials材质：其是基于建筑与设计材质而演变的mental ray材质，为通常用于构造、设计和环境相关的材质建模，如下图所示。

和建筑与设计材质类似，当将它们用于物理精确（光度学）灯光和以现实世界单位建模的几何体时，会产生最佳效果。另一方面，每个ProMaterials的界面远比"建筑和设计"材质界面简单，这样一来，付出比较少的工作量就可以获得逼真的物理校正结果。

ProMaterials 库中的各种类型材质效果

【实战练习】调用"ProMaterials 材质"给场景对象

> 原始文件：场景文件\Chapter 5\ProMaterials 材质-原始文件.max
> 最终文件：场景文件\Chapter 5\ ProMaterials 材质-最终文件.max
> 视频文件：视频教学\ Chapter 5\调用"ProMaterials 材质"给场景对象.avi

步骤 01 打开场景文件，通过摄像机视口渲染场景文件。

步骤 02 按快捷键F10打开渲染设置窗口。

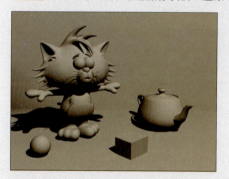

步骤 03 展开Assign Renderer（指定渲染器）卷展栏。

步骤 04 单击Production旁边的按钮，在打开的"选择渲染器"对话框将默认渲染器修改为"mental ray渲染器"。

步骤 05 在切换了渲染器以后才能在"材质/贴图浏览器"中找到mental ray材质。按快捷M打开"材质/贴图浏览器"。

步骤 06 选择材质编辑器中的一个材质球，单击编辑器中的 Standard 按钮，打开"材质/贴图浏览器"，此时浏览器中添加了很多mental ray材质。

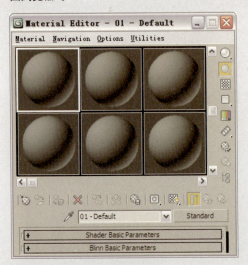

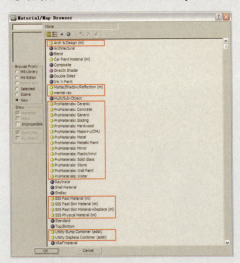

步骤 07 在"材质/贴图浏览器"中双击浏览器中的PorMaterials:Concrete 材质，将默认材质替换成"混泥土"材质。

步骤 08 将替换的"混泥土"材质赋予场景中的背景墙，在摄像机视图中渲染场景效果。

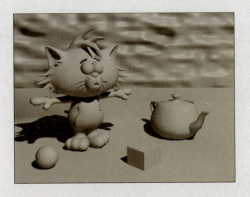

步骤 09 在材质编辑器中修改材质的参数设置，渲染场景文件。

步骤 10 选择不同的ProMaterials 系列材质，将材质赋予场景对象并渲染场景。

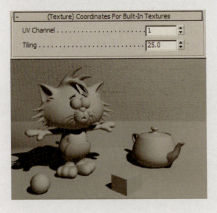

本部分介绍的mental ray材质与ProMaterials或"建筑与设计"材质相比，在用途方面更加明确具体，如右图所示。

本部分介绍的mental ray 材质如下。

▲ Car Paint Material（汽车颜料材质）；

▲ Matte/Shadow/Reflection（无光/投影/反射）；

▲ 曲面散射（SSS）材质；

▲ mental ray 材质；

▲ 通用mental ray 材质。

Car Paint Material（汽车颜料材质）材质常用于设置汽车漆类的材质效果。

其卷展栏（如右图所示）主要由："漫反射"卷展栏、"金属片"卷展栏、"镜面反射"卷展栏、"反射率"卷展栏、"尘土层"卷展栏和"高级选项"卷展栏组成。

+	Diffuse Coloring
+	Flakes
+	Specular Reflections
+	Reflectivity
+	Dirty Layer (Lambertian)
−	Advanced Options

Irradiance Weight (Indirect Illumination) 1.0

Global Weight 1.0

1 环境/附加光：环境光组件。

2 基础颜色：材质的基础漫反射颜色。

3 边颜色：在材质斜度可看见的颜色。

4 边偏移：朝向边颜色的衰减比率。

5 朝向光的颜色：面对光源区域的颜色。

6 朝向光的颜色偏移：颜色的衰减比率。

7 漫反射权重：控制漫反射颜色的级别。

8 漫反射偏差：控制漫反射明暗处理的衰减。

设置材质的"边偏移"所呈现的不同角度下的材质效果

设置材质的"朝向光的颜色偏移"所呈现的不同材质效果

Flakes

1. Flake Color . . . .
2. Flake Weight 1.0
3. Flake Reflections (Ray-Traced) 0.0
4. Flake Specular Exponent 45.0
5. Flake Density 0.5
6. Flake Decay Distance (0 = No Decay) 0.0
7. Flake Strength 0.8
8. Flake Scale 0.12

1. **金属片颜色**：金属片的颜色。
2. **金属片权重**：金属片颜色的标准倍增。
3. **金属片反射**：光线反射的数量。
4. **金属片反射指数**：金属片的反射指数。
5. **金属片密度**：金属片的密度。
6. **金属片衰减距离**：不产生影响的距离。
7. **金属片强度**：金属片方向之间的差异。
8. **金属片比例**：金属片的大小。

金属片功能给材质带来的效果

Specular Reflections

1. Specular Color #1 . . . .
2. Specular Weight #1 . . . . 0.2
3. Specular Exponent #1 . . . . 60.0
4. Specular Color #2 . . . .
5. Specular Weight #2 . . . . 0.3
6. Specular Exponent #2 . . . . 25.0
7. Glazed Specularity #1 . . . . ✓

1. 主要反射高光的颜色。
2. Specular Color #1的标量倍增。
3. Specular Color #1的Exphone指数。
4. 次级反射高光的颜色。
5. Specular Color #2的标量倍增。
6. Specular Color #2的Exphone指数。
7. 在主要反射高光上启用一个特殊模式。

Reflectivity

1. Reflection Color . . . .
2. Edge Factor 7.0
3. Edge Reflections Weight 1.0
4. Facing Reflections Weight 0.2
5. Glossy Reflection Samples (0 = Not Glossy) 0
6. Glossy Reflections Spread 0.0
7. Max Distance 0.0
8. Single Environment Sampling . . . . ☐

1. **反射颜色**：透明图层中反射的颜色。
2. **边缘因子**：斜角度的狭窄程度。
3. **边缘反射权重**：边缘的反射强度。
4. **面向角反射权重**：面向角的反射强度。
5. **反射光泽采样**：启用光泽的透明图层。
6. **光泽反射扩散**：设置光泽度。
7. **最大距离**：限制反射光线的范围。
8. **单个环境采样**：优化环境贴图的查找。

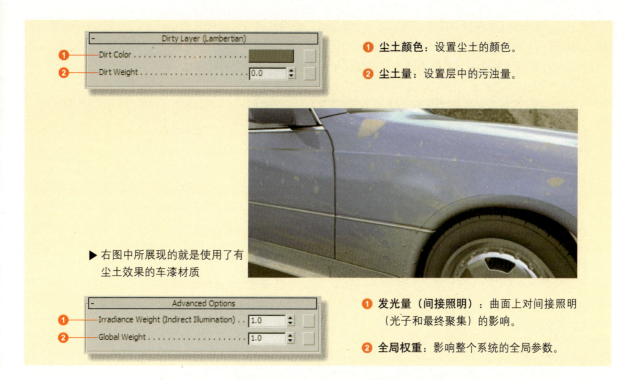

1 尘土颜色：设置尘土的颜色。

2 尘土量：设置层中的污浊量。

▶ 右图中所展现的就是使用了有
尘土效果的车漆材质

1 发光量（间接照明）：曲面上对间接照明
（光子和最终聚集）的影响。

2 全局权重：影响整个系统的全局参数。

　　Matte/Shadow/Reflection（无光/投影/反射）材质和前面所讲解的"无光/投影"材质很相似，作为产品级明暗器库的一部分，用于创建"无光对象"，即用作场景背景的照片中代表真实世界对象的对象，如下图所示。该材质提供了诸多的选项，以使照片背景与 3D 场景紧密结合，这些选项包括对凹凸贴图、环境光阻挡以及间接照明的支持。

　　3ds Max特别提供了4种曲面散色（SSS）材质，这类材质通常用于制作具有半透明属性的材质，但是又区别于纯粹的半透明物体，专业的说法应该称之为"次表面散射"现象。次表面散射（SubSurface Scattering）是指光线照射到物体后，进入物体内部，经过在物体内的散射从物体表面的其他顶点/像素离开物体的现象。在透明/半透明的材质上，这种效果比较明显，比如皮肤、玉等，如下图所示。

在mental ray 材质系列中还包含mental ray的材质，使用该材质可以创建专供mental ray渲染器使用的材质。mental ray材质拥有用于曲面明暗器及用于另外几个可选明暗器（构成mental ray中的材质）的组件。

mental ray 材质主要由"材质明暗器"卷展栏和"高级明暗器"卷展栏组成。

1. **曲面**：为具有此材质的对象的曲面明暗处理。
2. **阴影**：指定阴影明暗器。
3. **光子**：指定光子明暗器。
4. **光子体积**：指定光子体积明暗器。
5. **凹凸**：指定凹凸明暗器。
6. **置换**：指定位移明暗器。
7. **体积**：指定体积明暗器。
8. **环境**：指定环境明暗器。
9. **将材质标记为不透明**：打开此设置时，表示材质完全不透明。
10. **轮廓**：指定轮廓明暗器。
11. **光贴图**：指定光贴图明暗器。

在mental ray 材质系列中还包括通用mental ray 材质，该材质可将材质与多个贴图结合在一起。

通用mental ray材质包括了Utility Bump Combiner（通用凹凸组合器adsk）以及Utility Displace Combiner（通用置换组合器adsk）两个参数类别。它们的卷展栏和参数的作用都非常相似，如下图所示。

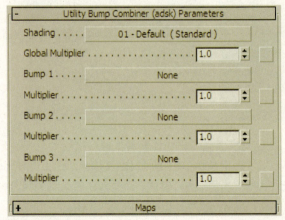

通用凹凸组合器

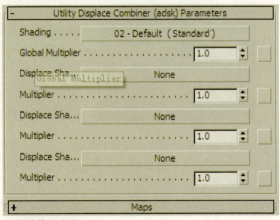

通用置换组合器

在这两个类别的参数卷展栏中，Shading（明暗处理）按钮可指定基础材质。该材质可以是mental ray支持的任何材质。其中的Displace Shader1, Displace Shader2和 Displace Shader3与Bump1, Bump2和Bump3一样，都是为材质指定添加一个置换（凹凸）贴图，并且贴图的强度均是由Multiplier（倍增）来控制。

而这两个类别的Maps（贴图）卷展栏则用于为Global Multiplier（全局倍增）和3个倍增指定贴图。

▶▶ 5.3 为场景对象制作材质

在本章当中，我们认识了各种各样不同类型的材质。从中可以发现其实不论材质的种类是多么繁多，类型是多么丰富，对其设置不外乎还是从3个方面入手：材质的反射属性、材质的折射属性（材质的透明度）以及材质的光滑程度。

下面我们就来为场景中的胶囊模型设置材质（如下图所示）。不同用户对于其材质的认识不同，设置也有不同，而且同样的材质效果，也可以有不同的设置途径，因此，本案例中的设置方法只是其中的一种设置方式，仅供用户参考。

原始文件：场景文件\Chapter 5胶囊-原始文件\
最终文件：场景文件\Chapter 5胶囊-最终最终文件\
视频文件：视频教学\Chapter 5\制作胶囊材质.avi

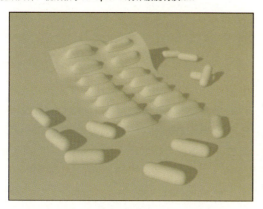

◤ 5.3.1 制作胶囊材质

胶囊的材质跟塑料材质的质感非常相似，可以按照塑料材质的质感为模板来设置，为了更好地表现材质的反射效果，我们将采用软件自带的mental ray渲染器来渲染场景效果。

步骤1：打开场景文件，在该场景当中已经设置好了摄像机以及场景的灯光。

步骤2：按快捷键F10打开渲染设置窗口，在"指定渲染器"卷展栏中将渲染器设置为mental ray 渲染器。

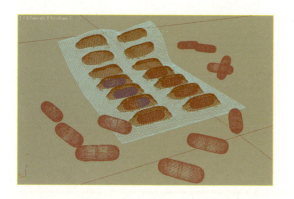

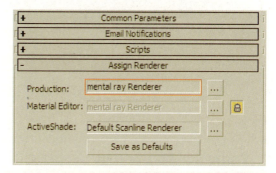

保存为默认设置

在指定渲染器卷展栏的最下方有一个"保存为默认设置"按钮 Save as Defaults ，在修改了指定渲染器以后单击该按钮，就会将所选择的渲染器设置为默认的渲染器，以后软件都会将该渲染器作为起始的渲染器使用。

步骤3： 关闭渲染设置窗口，按快捷键M打开材质编辑器面板，在材质编辑中选择任意一个材质球作为胶囊材质。

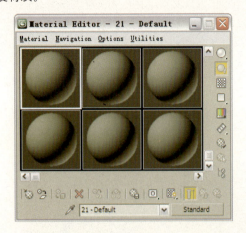

步骤5： 在材质/贴图浏览器中罗列了众多的材质类型，一般使用Raytrace材质来设置胶囊材质能够达到良好的效果，但是在这里还有一个更好的选择，在ProMaterials 材质库中就有一个现成的塑料材质。

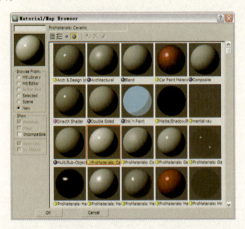

步骤7： 使用同样的方法，再创建一个颜色为黄色和蓝色的塑料质感的材质球。

步骤4： 相对于标准材质而言，Raytrace材质更适合表现折射与反射效果。单击标准材质按钮，打开材质/贴图浏览器。

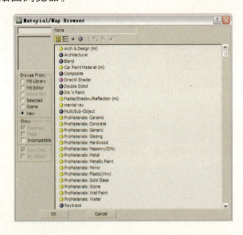

步骤6： 双击所选择的材质球，选择该材质作为胶囊材质的基础材质，然后进行进一步的修改。在材质的基本参数卷展栏中将材质的颜色修改为红色，材质的其他参数保持默认。

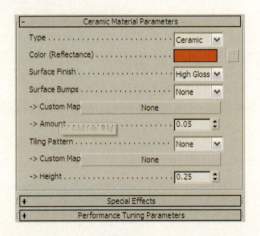

步骤8： 分别将3种颜色的材质球赋予场景中的胶囊模型。

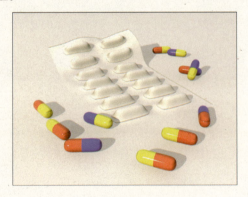

5.3.2 制作锡箔材质

材质的物理属性决定了材质可设置的参数并不会太多，但是由于材质之间存在的往往是细微的区别，基于这个因素，软件将材质按照属性进行了归类，同样属性的材质有许多的种类。我们可以借用这些最接近要求的相似材质作为基础材质，然后进行修改来完成所要求的材质的制作。

步骤1： 打开材质编辑器，选择一个默认材质来制作锡箔材质。单击标准材质按钮，打开材质/贴图浏览器，在其中选择建筑与设计材质为基础材质。

步骤2： 在建筑与设计材质的模板参数卷展栏中，我们选择最接近锡箔效果的金属类型的材质。金属类中又有几种类型供用户选择，在这里我们选择具有激光纹理的金属效果。

步骤3： 首先在"主要材质参数"卷展栏中，将漫反射的颜色修改为灰白色，然后在"各向异性"选项组中将"旋转"参数赋予一个贴图。

步骤4： 单击"旋转"参数旁边标有M字母的按钮，就会弹出贴图参数卷展栏，利用"渐变坡度参数"卷展栏中的"渐变类型"参数可以修改贴图渐变的类型。

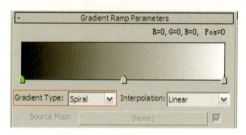

步骤5： 在"渐变类型"下拉列表中有更多的渐变类型供用户选择。

步骤6： 渐变类型与材质的反光纹理是一一对应的，不同的渐变类型对应了不同的纹理效果。

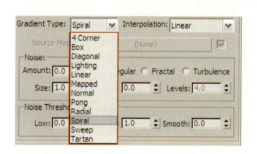

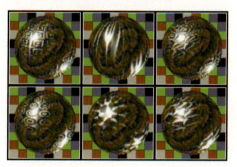

步骤7：通过对渲染效果的对比，这里选择默认的渐变类型作为最终的反射纹理。将设置好的锡箔材质赋予场景中的胶囊片中，观察渲染场景效果。

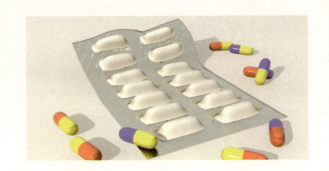

5.3.3 制作塑料材质

在软件自带的材质库中有塑料属性的材质，但是这些材质对透明参数的设置不容易被用户理解，因此，透明塑料材质的制作我们选择了比较容易操控的Raytrace（光线跟踪）材质。

步骤1：首先仍旧是在材质编辑器中选择一个标准材质，并将其替换为Raytrace（光线跟踪）材质。然后在光线跟踪材质的基本参数卷展栏中，修改材质的反射颜色以及透明度的颜色，使得材质具有一定的反射属性和一定的透明度。

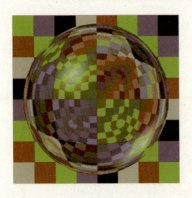

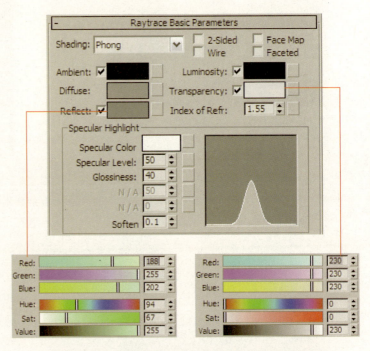

步骤2：将材质的漫反射颜色修改成浅绿色，并修改材质的反射高光，使得材质具有较强反射效果和光滑质地。

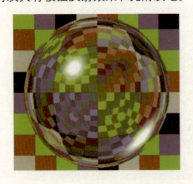

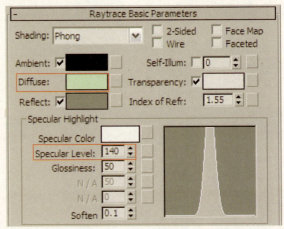

步骤3： 将设置好的塑料材质赋予场景中的胶囊片包裹部分的造型。然后再在材质编辑器中选择一个标准材质，将其替换成"建筑与设计"材质中的"硬木"材质，保持其参数为默认即可。在漫反射位置，为硬木材质赋予一个木纹贴图。之后将硬木材质赋予场景中的地面，观察最终的渲染场景效果。

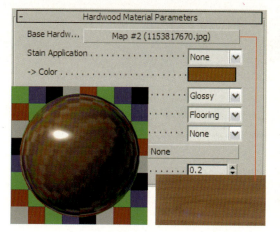
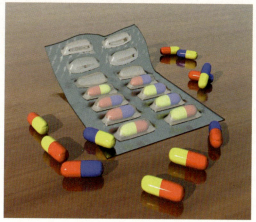

CHAPTER 5

贴图与贴图坐标

经典作品赏析

▶ 贴图的魅力表现为让一幅简单的画面变得生动，让平凡的效果显得精美。就像上面的这张图片一样，简单的造型和简单的布局，再配以简单的灯光，恰到好处的贴图却让这看似简单的场景拥有了黑色幽默般的气息和怀旧的氛围。体现了贴图不可或缺的魅力所在。

▶ 上面的这幅足以以假乱真的图片在造型方面几乎完美，但是对最终的效果掌握上，贴图也是功不可没的。材质或许可以制作出模型的肌理，但是鹦鹉嘴角的纹路、皮肤上的颜色渐变都需要通过精致的贴图来完成。

▶ 或许在制作效果图的时候会不那么依赖贴图，但是制作类似上面这种类型的仿古建筑的时候，斑驳的墙体和剥落了油漆的大门的效果却是无法不依赖贴图的。由此可见，贴图的优势是显而易见的，尤其是在制作类似于古旧场景对象的时候，如果找到合适的贴图，确实能达到事半功倍的效果。

▶▶ 6.1 了解贴图

简单来说，贴图就是为材质的表面贴上一张选好的图片。其作用就类似于给家中的墙壁贴上墙纸一样。下图所示的标准材质就像是一块深灰色的石膏，在为标准材质赋予了一张位图以后，材质的表面就显得丰富了许多。

贴图既能丰富材质的色彩和纹理，有的也会影响材质的最终效果，比如使用凹凸贴图。这里设置了一个金属铜的材质效果，在为金属铜材质赋予了凹凸贴图以后，由于材质表面的粗糙纹理导致了材质的反射效果明显降低了，如下图所示。

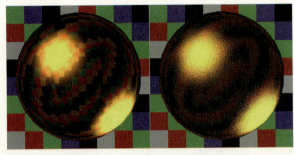

巧妙运用贴图，可以让呆板的画面显得丰富且具有感染力。下面的图就能很好地说明贴图的作用，右上方的小图显示的是一个只有默认材质场景的渲染效果，画面显得比较呆板。在为其赋予贴图以后，场景不仅显得更加真实，并且画面中也流露出了一种怀旧的气氛。

▶▶ 6.2 掌握各种贴图类型

贴图的种类很多，经常用到的除了在前面章节中提及的表面贴图和凹凸贴图以外，还有方格贴图、衰减贴图、细胞贴图等，要全面地认识贴图，就不得不再一次来熟悉"材质/贴图浏览器"，如下图所示。在"材质/贴图浏览器"中显示了众多的贴图类型。

❶ 2D贴图就是指的二维图像，2D贴图通常是用于贴图到几何对象的表面，或用作环境贴图来为场景创建背景。最简单的2D贴图是位图。

❷ 3D贴图是根据程序以三维方式生成的图案。例如，"大理石"拥有通过指定几何体生成的纹理。如果将指定纹理的大理石对象切除一部分，那切除部分的纹理与对象其他部分的纹理一致。

❸ 合成器专用于合成其他颜色或贴图。在图像处理中，合成图像是指将两个或多个图像叠加以将其组合。

❹ 使用"颜色修改器"贴图可以改变材质中像素的颜色。

❺ "其他"组中的贴图用于创建反射和折射的贴图。

❻ 当选择"All（全部）"选项的时候，在"材质/贴图浏览器"中将会显示所有的材质和贴图信息。

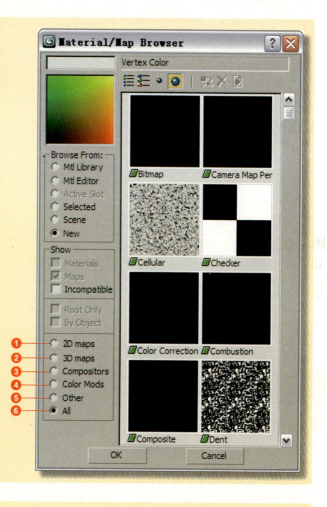

"材质/贴图浏览器"的分组和预览功能

"材质/贴图浏览器"的布局是非常人性化的，从前面的章节当中我们知道了"材质/贴图浏览器"有几种显示方式，可以根据材质/贴图的名称选择，也可以根据效果选择，并且根据类别的不同，可以只选择所需的材质或者贴图类别显示，为寻找贴图和材质带来了极大的方便，如右图所示。

预览框中的效果会随着被选择对象的改变而发生相应的改变

选择需要的类型后，"材质/贴图浏览器"中就只显示所选择的类型

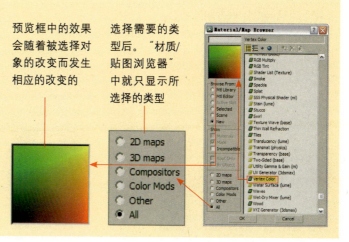

6.2.1 二维贴图

2D贴图的作用比较单一，通常情况下是作为材质的表面贴图，或者作为背景贴图使用。

2D贴图包括了Bitmap（位图）贴图、Checker（方格）贴图、Combustion 贴图、Gradient（渐变）贴图、Gradient Ramp（渐变坡度）贴图、Swirl（漩涡）贴图和Tiles（平铺）贴图7个类别的贴图，如右图所示。

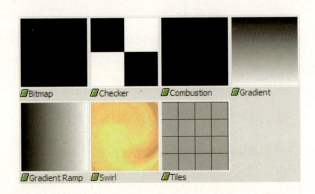

Bitmap（位图）贴图：位图是由彩色像素的固定矩阵生成的图像，如马赛克。位图可以用来创建多种材质，并且支持很多的文件格式，运用在动画、视频文件中均可。

Checker（方格）贴图：方格贴图将黑白两色的棋盘图案应用于材质。方格贴图是 2D 程序贴图。组成方格的两个组件方格既可以是颜色，也可以是贴图。

Combustion贴图：使用该贴图的时候，可以使用Autodesk Combustion和3ds Max交互式创建贴图，材质将在"材质编辑器"和明暗处理视口中自动更新。

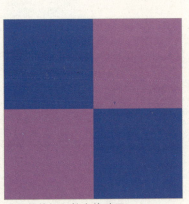

使用其他颜色的方格贴图

只有与Combustion交互使用的时候才会显示效果

Gradient（渐变）贴图：渐变贴图可以设置贴图从一种颜色到另一种颜色进行明暗处理。

Gradient Ramp（渐变坡度）贴图：与"渐变"贴图相似，在这个贴图中，可以为渐变指定任何数量的颜色或贴图。

Swirl（漩涡）贴图：生成的图案类似于漩涡。同其他双色贴图一样，该贴图的颜色都可用其他贴图替换。

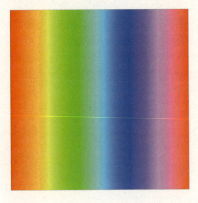

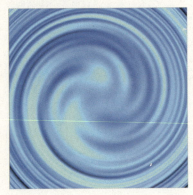

Tiles（平铺）贴图：使用平铺贴图，可以创建砖、彩色瓷砖等材质的材质贴图，如图1所示。

3ds Max软件为"平铺"贴图内置了很多定义的建筑砖块图案，可以提供给用户使用，如图2所示。用户也可以设计一些自定义的图案。

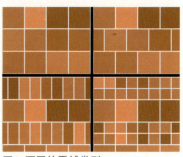

图1 用平铺制作的砖纹贴图　　图2 不同的平铺类型

在2D贴图的7种贴图类型中，除了Bitmap（位图）贴图可以自定义图片以外，其余的贴图类型都是程序贴图，可以通过修改参数来改变贴图的样式。在2D贴图的所有参数卷展栏中，Coordinates（坐标）卷展栏和Noise（噪波）卷展栏是公共的，每个2D贴图都具有这两个卷展栏，在其中主要设置贴图的坐标和为贴图设置噪波。

1. Coordinates（坐标）卷展栏

坐标卷展栏的详细参数如右图所示。

坐标卷展栏的主要作用就是通过修改坐标参数，来改变贴图在其应用的材质对象表面的位置。在其中通过选择排列类别可以改变贴图的排列方式，从而实现贴图能够覆盖在对象表面的适当位置，达到满意的效果。

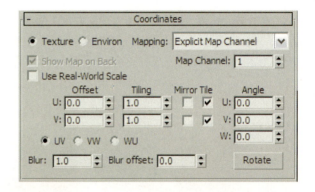

Texture（纹理）：纹理也称为纹理贴图，是一种对对象曲面添加颜色（见图1）和图案（见图2）的图像。

广义而言，纹理是任何一种用于为表面赋予特征的贴图。纹理坐标会将贴图锁定到几何体。

图1 将颜色应用于对象

图2 将图案应用于对象

Environ（环境）：与纹理贴图不同，环境坐标将贴图锁定到世界。如果移动对象，贴图将保持不变。如果移动视图（或摄影机），则贴图将随之改变（见右图）。

这种类型的贴图系统可用于反射、折射和环境贴图。

▶ 只设置了人头图像为环境时，对象中图案的初始位置

▶ 移动对象以后，钟表图像随之移动，而人头图像位置没发生变化

Mapping（贴图）：Mapping（贴图）下拉列表中的内容会因选择"纹理"贴图或选择"环境"贴图而有所差异。

| Explicit Map Channel |
| Vertex Color Channel |
| Planar from Object XYZ |
| Planar from World XYZ |

选择"纹理"贴图时的下拉列表目录

| Spherical Environment |
| Cylindrical Environment |
| Shrink-wrap Environment |
| Screen |

选择"环境"贴图时的下拉列表目录

当选择"纹理"贴图时，下拉列表中依次是：Explicit Map Channel（显示通道贴图）、Vertex Color Channel（顶点颜色通道）、Planar form Object XYZ（对象XYZ平面）和Planar form World XYZ（世界XYZ平面），不同贴图的效果依次如下图所示。

顶点颜色通道

对象XYZ平面

世界XYZ平面

当选择"环境"贴图时，下拉列表中依次是：Spherical Environment（球形环境）、Cylindrical Environment（柱形环境）、Shrink-wrap Environment（收缩包裹环境）和Screen（屏幕），不同贴图的效果依次如下图所示。

球形环境

柱形环境

收缩包裹环境

UV/VW/WU的作用

　　UV、VW和WU分别是表示不同的坐标系，更改这3个选项，就是更改贴图使用的贴图坐标系。默认的 UV坐标将贴图作为幻灯片投影到表面。而VW 坐标与 WU 坐标则是用于对贴图进行旋转，使其与表面垂直。

Offset（偏移）：在用户所选择的坐标中更改贴图的位置，可以移动贴图以符合它的大小。

Tiling（平铺）：决定贴图沿每根轴平铺、重复的次数。

Angle（角度）：设置旋转的角度，让贴图围绕着U、V或者W轴旋转。旋转是以度为单位。

Mirror（镜像）：从左至右（U轴）镜像贴图效果如下图中所示；从上至下（V轴）镜像贴图效果如下右图所示。下左图为原始贴图效果。

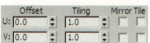

Tile（平铺）：在U轴禁用平铺效果如下左图所示；在U轴启用平铺效果如下中图所示；在V轴启用平铺效果如下右图所示。

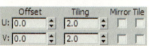
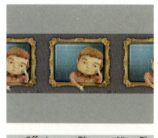
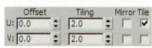
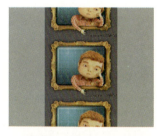
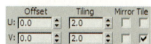

Blur（模糊）：模糊会基于贴图离视图的距离影响贴图的锐度或模糊度。贴图距离越远，模糊就越大。该功能只会模糊世界空间中的贴图，主要是用于消除锯齿。图所示为不同的模糊值对贴图的影响。

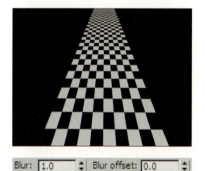
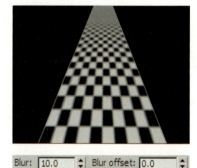

Blur Offside（模糊偏移）：模糊偏移会影响贴图的锐度或模糊度，而与贴图离视图的距离无关。如果需要对贴图的细节进行软化处理或者散焦处理以达到模糊图像的效果时，就可以使用此选项。右图所示为不同的模糊偏移值对贴图的影响。

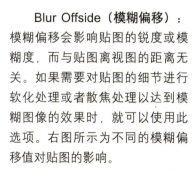

- 模糊和模糊偏移控制确定2D贴图的模糊方式或在渲染过程中柔化的方式。只有在渲染最终输出时才可看到其效果。
- 模糊偏移和模糊是与深度无关的贴图。也就是说，不管贴图中的所有像素距离摄影机多近或多远，模糊效果是相同的。
- 模糊值主要用于避免出现锯齿，而当用户需要柔和或者散焦贴图中的细节时，模糊偏移是非常有用的。在将其应用作为材质贴图之前，在图像处理程序中进行模糊贴图的效果是等同的。

2. Noise（噪波）卷展栏

噪波卷展栏（见右图）可以将随机噪波添加到材质外观中。噪波通过应用分形噪波函数调节像素的UV贴图。

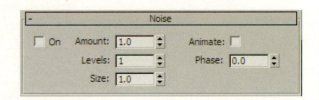

On（启用）：决定"噪波"参数是否影响贴图。

Animate（动画）：决定动画是否启用噪波效果。如果要将噪波设置为动画，须启用此参数。

Phase（相位）：控制噪波函数的动画速度。

Amount（数量）：设置分形功能的强度值，以百分比表示。

数量值越大噪波就越明显，数值的范围从0.001到100，默认设置为1。

当数值为0.001时，效果如图1所示；当将数值设置为最大值100时效果如图2所示。

Levels（级别）：设置应用函数的次数。其数量值决定了层级的效果。数量值越大，增加层级值的效果就越强。

Levels（级别）的设置范围从1（见图1）至10（见图2），默认设置为1。

Size（大小）：设置噪波函数相对于几何体的比例。如果值很小，噪波效果相当于白噪声。如果值很大，超出几何体的尺度，将不会产生效果或者效果不明显。范围从0.001（见图1）至100（见图2），默认设置为1.0。

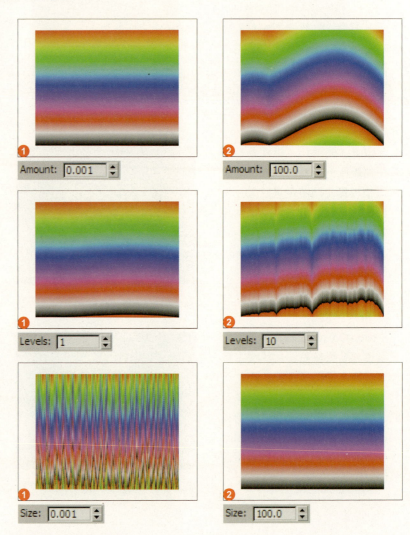

6.2.2 三维贴图

3D贴图是在程序中以三维方式生成的图案，相对2D贴图来说，3D贴图能够保持很好的延展性。

我们以3D的"大理石"贴图为例和2D的"棋盘格"贴图作对比。先将"大理石"贴图指定给场景中的几何体对象，如果将大理石对象切除一部分，那么切除部分的纹理与对象其他部分的纹理仍然会保持一致，如图1所示。而使用了"棋盘格"的模型却明显产生了两个截面，如图2所示。

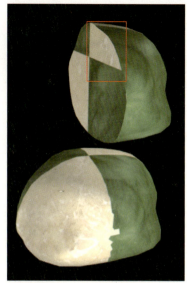

图1 "大理石"贴图的效果　　　　图2 "棋盘格"贴图的效果

与2D贴图类似，在3D贴图当中也有一个通用的卷展栏，即Coordinates（坐标）卷展栏，用于设置3D贴图的样式和贴图的位置，如下图所示。

❶ Source（源）：选择需要使用的坐标系，下拉列表中的选项如下图所示，其中包括"对象 XYZ"、"世界 XYZ"、"显示贴图通道"和"顶点颜色通道"4 个坐标系。

❷ Offset（偏移）：沿着指定轴移动贴图图案。

❸ Tiling（平铺）：沿指定轴平铺贴图图案。

❹ Angle（角度）：沿着指定轴旋转贴图图案。

❺ Blur（模糊）：基于贴图离视图的距离影响贴图的锐度或模糊度。

❻ Blur offset（偏移模糊）：影响贴图的锐度或模糊度，而与贴图离视图的距离无关。

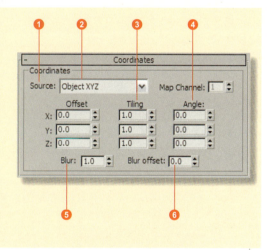

Cellular（细胞）：细胞贴图是一种程序贴图（见下左图）。利用细胞贴图可以生成用于各种视觉效果中类似细胞的图案（见下中图），比如马赛克（见下右图）瓷砖、鹅卵石表面甚至海洋表面等。

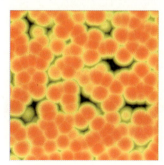

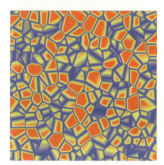

要修改贴图的造型，就需要通过下图中的"Cellular Parameters（细胞参数）"卷展栏来完成。在细胞参数卷展栏中包括了修改贴图颜色、造型等基本，却尤其重要的参数。

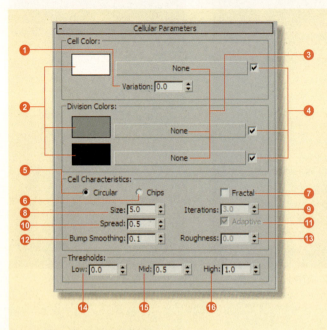

1 **变化**：通过随机改变RGB值，更改细胞的颜色。值越大，随机效果越明显。

2 **色样**：为细胞选择一种颜色。

3 **贴图按钮**：将贴图指定给细胞而不使用颜色。

4 **复选框**：启用此选项后将启用贴图；反之，禁用此选项后将禁用贴图。

5 **圆形**：选择细胞外观为圆形。

6 **碎片**：选择细胞外观为碎片。

7 **分形**：将细胞图案定义为不规则的碎片图案，激活后能使用下面的3种参数。

8 **大小**：更改贴图总体尺寸。

9 **迭代次数**：设置应用分形函数的次数。

10 **扩散**：更改单个细胞大小。

11 **自适应**：启用此选项后，分形迭代次数将自适应地进行设置。

12 **凹凸平滑**：将细胞贴图用作凹凸贴图时，在细胞边界处可能会出现锯齿效果。增加该值就能减弱锯齿。

13 **粗糙度**：将细胞贴图用作凹凸贴图时，控制凹凸粗糙的程度。

14 **低**：调整细胞大小。默认设置为 0.0。

15 **中**：相当于第二分界颜色，调整最初分界颜色的大小。默认设置为0.5。

16 **高**：调整分界的总体大小。默认设置为1.0。

Dent（凹痕）贴图：凹痕是3D程序贴图。当选用默认的扫描线渲染场景对象的时候，"凹痕"会根据分形噪波而产生随机的图案。图案的效果取决于贴图类型。

凹痕主要是为"凹凸"贴图而设的，其默认参数就是对这个贴图的优化。当作为凹凸贴图时，"凹痕"在对象表面提供了三维的凹痕效果。可编辑参数控制大小、深度和凹痕效果的复杂程度。下图所示为不同参数下的凹痕贴图所产生的不同效果。

默认参数的效果

减小了强度的效果

改变了大小的效果

大小：设置凹痕的相对大小。随着大小的增大，其他设置不变时凹痕的数量将减少

强度：决定两种颜色的相对覆盖范围。值越大，颜色#2的覆盖范围越大；而值越小，颜色#1的覆盖范围越大

交换：反转#1和#2的颜色或贴图的位置

迭代次数：设置用来创建凹痕的计算次数

Falloff（衰减）贴图：衰减贴图会依据几何体曲面上的法线角度进行衰减，从而生成由白到黑的一个衰减贴图。根据默认设置，贴图会在法线从当前视图指向外部的面上生成白色，而在法线与当前视图相平行的面上生成黑色。

衰减贴图一般用来制作会随视角变化而变化的材质，比如有毛绒质地的布料，也可以用来制作类似X光片的效果或者细胞效果，如下图所示。

  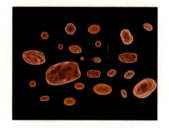

Falloff（衰减）贴图的衰减参数卷展栏比较简单，如下图所示。与标准材质"扩展参数"卷展栏的"衰减"设置相比，在"衰减"贴图的衰减参数卷展栏中提供了更多的不透明度衰减效果，相信用户能在这些衰减类别中，找到适合的衰减效果。

❶ **衰减类型**：选择衰减的种类。具有垂直/平行、朝向/背离、Fresnel、阴影/灯光和距离混合5种类型供用户，选择如下图所示。

❷ **衰减方向**：选择衰减的方向，分别有如下类型。
❸ **查看方向（摄影机Z轴）**
❹ **摄影机 X/Y 轴**
❺ **对象**
❻ **局部 X/Y/Z 轴**
❼ **世界 X/Y/Z 轴**

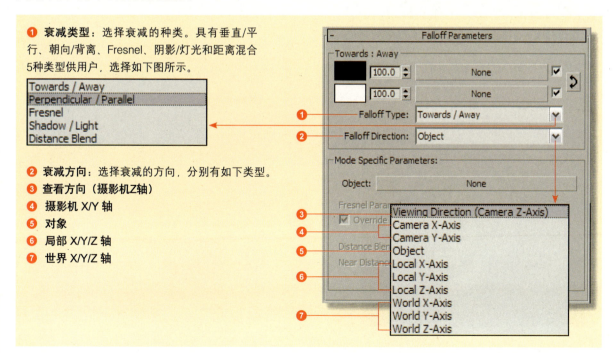

Mode Specific Parameters（模式特定参数）组在默认情况下是不可用的，只有将"衰减方向"选项设置为"对象"类别的时候才可以启用。而对象下面的参数只有将"衰减类型"设置为Fresnel的时候才能使用。

Object（对象）：单击该按钮以后，从场景中拾取对象，对象的名称就会显示在按钮上。

Override Material IOR（覆盖材质IOR）：允许更改为材质所设置的"折射率"。

Index of Refraction（折射率）：设置一个新的"折射率"。只有在启用"覆盖材质 IOR"后该选项才可用。

Near Distance（近端距离）：设置混合效果开始的距离。

Far Distance（远端距离）：设置混合效果结束的距离。

Extrapolate（外推）：启用此选项之后，效果将继续超出"近端"和"远端"距离。

① 使用"混合曲线"卷展栏上的图形，可以精确地控制由任何衰减类型所产生的渐变。

② 将一个选中的点向任意方向移动。

③ 在选定点渐变范围内对其进行缩放。

④ 在图形线上任意位置添加 Bezier点。

⑤ 删除选定的点。

⑥ 将图形返回到默认状态。

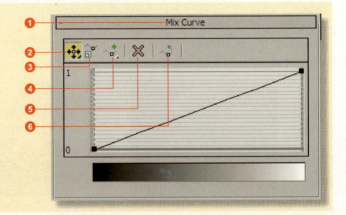

【实战练习】制作X光片效果

原始文件：场景文件\Chapter 6\骷髅-原始文件\
最终文件：场景文件\Chapter 6\骷髅\最终文件\
视频文件：视频教学\ Chapter 6\制作X光片效果.avi

步骤 01 打开场景文件，场景中是一个骷髅的模型，渲染效果如下图所示。按快捷键M打开材质编辑器，选择任意一个材质，作为骷髅的材质。在材质"基本参数"卷展栏中单击材质"漫反射"颜色旁边的按钮，在弹出的"材质/贴图浏览器"中选择"衰减"贴图，如右图所示。

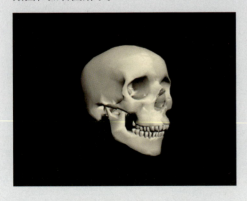

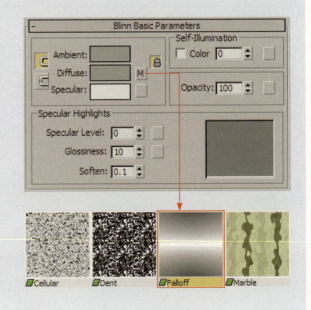

步骤 02 将设置好的材质赋予场景中的骷髅模型，渲染效果如下图所示。为了加强画面对比效果，我们将环境照明级别提高，按快捷键8打开"环境与效果"对话框，将照明的级别设置为1.5，如右图所示。

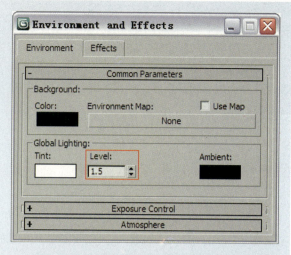

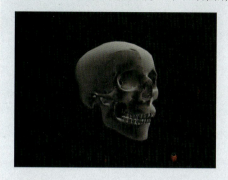

步骤 03 通过"材质编辑器"的预览窗可以发现，材质虽然具有X光片的衰减效果，但是却不具备X光片特有的透明性，如下图所示。在材质的"贴图"卷展栏，将漫反射颜色中的"衰减"贴图拖曳至"不透明度"栏并设置参数，在弹出的对话框中选择"复制"类别，如右图所示。

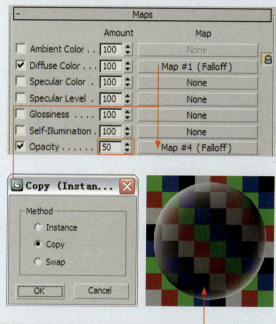

步骤 04 将修改的材质赋予骷髅对象，渲染效果如下图所示。也可以修改衰减贴图的渐变颜色，如右图所示。

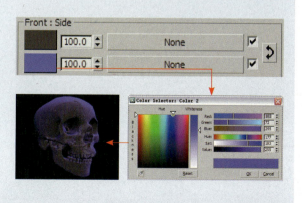

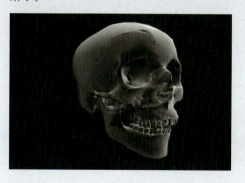

Marble（大理石）贴图：在本章前面的知识点中以大理石为例，对大理石贴图进行了简单的介绍。

大理石材质可以设置的参数并不多，它的特点是会针对彩色背景，生成带有彩色纹理的大理石曲面。并且会根据用户所定义的两种颜色而自动生成第三种颜色。

右图所示为用于制作栏杆的大理石贴图效果。

在"Marble Parameters（大理石参数）"卷展栏中可以修改大理石的纹理间距，大理石的颜色、贴图，以及大理石的纹理宽度，如下图所示。

大小：设置纹理间的间距

纹理宽度：设置纹理的宽度

交换：切换两个颜色或贴图的位置

颜色/贴图：为纹理（Color#1）和背景（Color#2）选择颜色或者贴图

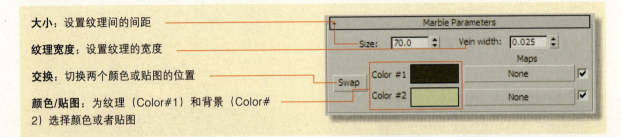

Noise（噪波）贴图：Noise（噪波）贴图是基于两种颜色或者材质的交互来创建曲面的随机扰动纹理。

噪波贴图比较频繁的与"凹凸贴图"配合使用，用于制作具有凹凸肌理质感的材质，比如石头表面、粗糙的金属表面等。

右图所示为运用了噪波贴图来制作的街道边缘的效果。

噪波类型：有3种类型供用户选择

噪波阈值：通过调整高低值来调整贴图对比度

大小：设置噪波函数的比例

级别：决定有多少分形能量用于分形和湍流噪波函数

相位：控制噪波函数的动画速度。默认值为0

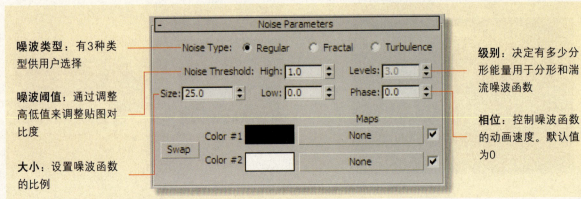

Particle Age（粒子年龄）贴图："粒子年龄"贴图用于粒子系统。通常可以将"粒子年龄"贴图指定为漫反射贴图，或者在"粒子流"中指定为材质动态操作符。它会基于粒子的寿命而更改粒子的颜色（或贴图）。

系统中的粒子以一种颜色开始。在指定的年龄，它们开始更改为第二种颜色（通过插补），然后在消亡之前再次更改为第三种颜色，如右图所示。

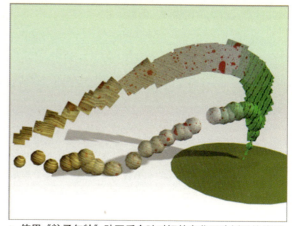

▶ 使用"粒子年龄"贴图后会随时间的变化更改例子的外观

如何访问和编辑样条线的元素

Line（线）样条线就是最原始的可编辑样条线对象，也只有对该对象可以直接进行顶点、线段和样条线层级的编辑，如果要对其他样条线图形或扩展样条线图形也进行相同操作，可以通过添加修改器、将其转换为可编辑样条线对象来实现。

颜色#1：设置粒子开始的颜色

年龄#1：设置粒子开始从颜色#1更改为颜色#2时的年龄，以粒子整个寿命的百分比表示

颜色#2：设置粒子中间时期的颜色

年龄#2：设置粒子为颜色#2时的年龄，以粒子整个寿命的百分比表示

颜色#3：设置粒子消亡时的颜色

Particle M Blur（粒子运用模糊）贴图：与"粒子年龄"贴图相似，"粒子运动模糊"贴图也适用于粒子系统。

"粒子运动模糊"贴图会基于粒子的运动速率更改其前端和尾部的不透明度。该贴图通常应用作为不透明贴图，但是为了获得特殊效果，也可以将其作为漫反射贴图。

右图所示为使用"粒子运动模糊"贴图使粒子随着移动逐渐模糊的效果。

- "粒子运动模糊"贴图必须位于指定给粒子的相同材质中。为了获得最佳结果，应将其指定为不透明贴图。
- 粒子系统必须支持"粒子运动模糊"贴图。支持"粒子运动模糊"的粒子系统包括"粒子阵列"、"粒子云"、"超级喷射"和"喷射"。
- 在粒子系统的"粒子旋转"卷展栏的"自旋轴控制"组中，必须启用"运动方向/运动模糊"选项。
- 在同一个组中，"拉伸"微调器必须设置为大于0，才能根据粒子的"速度"设置将粒子拉伸为粒子长度的一定百分比。
- 必须使用粒子的正确类型。"运动模糊"适用于除"恒定"、"面片状"、"变形球粒子"和"粒子阵列对象碎片"以外的所有粒子类型。此外，在"标准粒子"类别中，"运动模糊"不支持三角形和六角形粒子类型。
- 指定给粒子系统的材质不能是"多维/子对象"材质。

颜色#1：当达到最慢速度时，粒子采用此颜色

颜色#2：当粒子加速时，采用此颜色

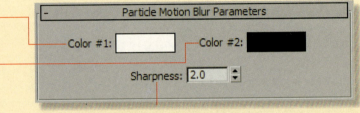

锐度：控制透明度相对于速度的关系。如果将其设置为0则无论粒子速度的快慢，整个粒子都是模糊而透明的

　　Perlin Marble（Perlin大理石）贴图："Perlin大理石"贴图与"大理石"贴图很相似，惟一的不同是，这个贴图是基于使用"Perlin 湍流"算法生成的大理石图案。

　　"Perlin大理石"贴图可以替代"大理石"贴图来制作大理石材质。

　　右图所示为使用"Perlin大理石"贴图制作的大理石材质效果。

❶ **大小**：设置大理石图案的大小。

❷ **级别**：设置湍流算法应用的次数。该值越大，大理石图案就越复杂。

❸ **饱和度**：控制贴图中颜色的饱和度，一般无需更改色样中显示的颜色。值越小颜色越暗；值越大，颜色越亮。

❹ **颜色**：更改材质的颜色。

❺ **贴图**：为材质指定贴图。

❻ **交换**：单击该按钮可交换颜色1和颜色2。

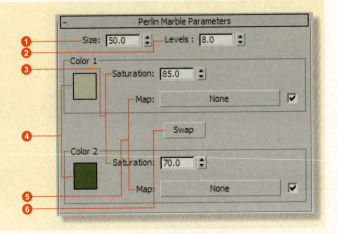

Smoke（烟雾）贴图：烟雾是生成无序的、基于分形的湍流图案的3D贴图。

其主要设计用于设置动画的不透明贴图，用来模拟一束光线中的烟雾效果或其他云状流动的贴图效果。

右图所示为用烟雾贴图制作的云雾效果。

通过修改烟雾贴图的参数，可以创建出各种不同效果的烟雾效果。"Smoke Parameters（烟雾贴图参数）"卷展栏如下图所示。

❶ **大小**：改变烟雾体积的大小。

❷ **相位**：转移烟雾图案中的湍流。

❸ **迭代次数**：设置应用分形函数的次数。

❹ **指数**：调整烟雾颜色#2的清晰度。

❺ **交换**：交换Color（颜色）#1与Color（颜色）#2的颜色。

❻ **颜色#1**：表示效果的无烟雾部分。

❼ **颜色#2**：表示效果的烟雾部分。

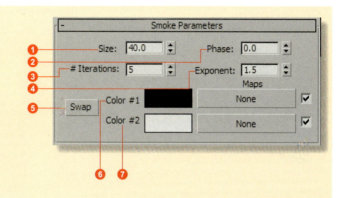

Speckle（斑点）贴图：斑点是一个3D贴图，它生成斑点的表面图案。

如果将该图案用于漫反射贴图和凹凸贴图，就可以创建类似花岗岩的表面和其他图案的表面效果。

右图所显示的就是使用斑点贴图创建的花岗岩石的效果。

Speckle（斑点）贴图的参数卷展栏和前面介绍的"烟雾"贴图、"大理石"贴图的卷展栏很相似，参数设置和功能都是大同小异，如下图所示。

大小：调整斑点的大小

颜色#1：表示斑点的颜色

交换：交换两个颜色

颜色#2：表示背景的颜色

贴图：指定一个替换颜色的贴图

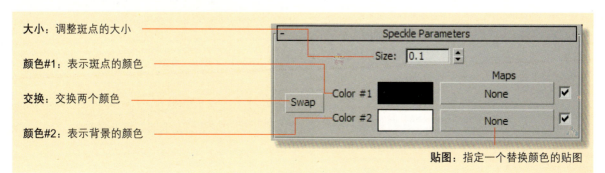

Splat（泼溅）贴图：泼溅是一个3D贴图，它能生成分形表面图案，将这种图案应用于漫反射贴图，创建类似于泼溅的图案。

右图为泼溅贴图的几种效果。

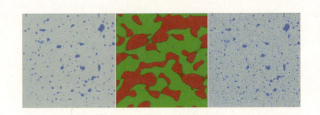

Splat（泼溅）贴图的参数卷展栏如下图所示。通过修改当中的参数，就能够创建出各种效果的泼溅贴图。

❶ **大小**：调整泼溅的大小。

❷ **阈值**：与颜色#2混合的颜色#1的量。

❸ **迭代次数**：计算分形函数的次数。

❹ **交换**：交换两个颜色。

❺ **颜色#1**：表示背景的颜色。

❻ **颜色#2**：表示泼溅的颜色。

❼ **贴图**：指定贴图来替换颜色组件。

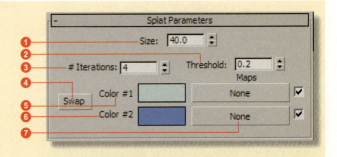

Stucco（灰泥）贴图：灰泥是一个3D贴图，系统会生成一个表面图案，将该图案应用于凹凸贴图，创建灰泥表面的效果非常有用。

右图所示为在不同参数下生成的不同贴图对材质的影响。

❶ **厚度**：用于模糊两种颜色的边界。

❷ **大小**：调整缩进的大小。

❸ **阈值**：与颜色#2混合的颜色#1的量。

❹ **颜色#1**：表示缩进的颜色。

❺ **交换**：交换两个颜色。

❻ **颜色#2**：表示背景灰泥的颜色。

❼ **贴图**：指定贴图来替换颜色组件。

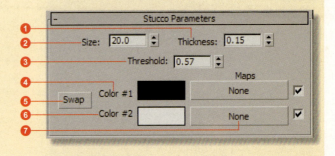

Waves（波浪）贴图：波浪是一种用于制作水花或波纹效果的3D贴图，如右图所示。

它会从中心生成一定数量的球形波浪，并将它们随机分布在球体上。可以通过控制波浪组数量、振幅和波浪速度，来设置波浪造型。

波浪贴图相当于同时具有漫反射和凹凸效果的贴图，通常与不透明贴图结合使用。波浪贴图的参数卷展栏如下图所示。

① **波浪组数量**：指定在图案中使用多少个波浪组。

② **波半径**：设置以3ds Max为单位的，指定想象的球体或圆圈的半径。

③ **波长最大值/最小值**：定义每个波浪中心随机所使用的间隔。

④ **振幅**：通过增大两种颜色之间的对比度，调整波浪的强度和深度。

⑤ **分布3D/2D**：3D将波浪中心分布在假想球体的表面，影响3D对象的各个侧面。2D将波浪分布在以 XY 平面为中心的圆圈内，2D更适合用于扁平造型的水面。

⑥ **随机种子**：提供一个种子数以生成水波图案。

⑦ **交换**：交换颜色。

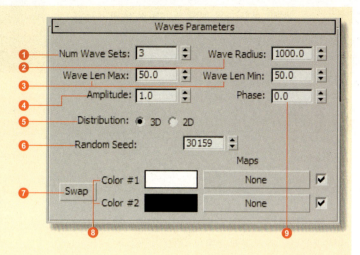

⑧ **颜色**：一个作为波峰的颜色，另一个为波谷的颜色。

⑨ **相位**：改变波浪图案。

Wood（木材）贴图：木材是3D程序贴图，使用木材贴图，会将整个对象体积渲染成波浪纹图案。通过修改参数可以控制木材贴图纹理的方向、粗细和复杂度。

右图所示为使用木材贴图制作的椅子木材效果。

把木材用作漫反射颜色贴图时，将指定给〝木材〞的两种颜色进行混合使其形成纹理图案。也可以在木材贴图的参数卷展栏（如下图所示）中，用其他贴图来代替其中任意一种颜色。当使用凹凸贴图时，〝木材〞将纹理图案当作三维雕刻板面来进行渲染。

① **颗粒密度**：设置构成纹理的彩色条带的相对宽度。

② **径向噪波**：在与纹理垂直的平面上创建随机性的噪波和环形纹理。

③ **轴向噪波**：在与纹理垂直的平面上创建随机性的噪波和竖条纹理。

④ **交换**：交换颜色的位置。

⑤ **颜色**：为纹理图案选择任意两种颜色。

⑥ **贴图**：用贴图替代颜色。复选框用于启用或禁用相关联的贴图。

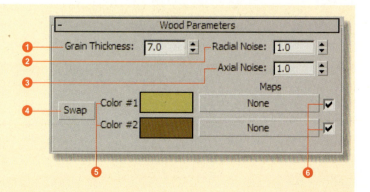

6.2.3 合成器贴图

合成器专用于合成其他颜色或贴图。在图像处理中，合成图像是指将两个或多个图像叠加以将其组合，如右图所示。

合成器贴图包含了：合成贴图、遮罩贴图、混合贴图和RGB倍增贴图4种类别。

合成器贴图的每种类别都是基于不同的合成手法，因此合成器贴图的参数与设置都比较类似，只要研究清楚其中的一种，其他的也就可以按照相同方式进行操作。

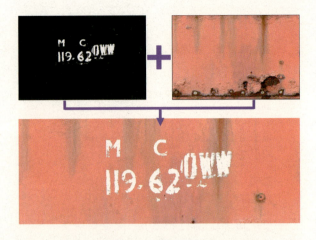

首先来认识合成器贴图中功能较强的Composite（合成）贴图，该控件包括其所要使用的混合模式、不透明设置以及各自的遮罩组件和贴图的列表。

合成贴图类型由其他贴图组成，并且可使用Alpha 通道和其他方法将某层置于其他层之上。对于这类贴图，可使用已经包含了Alpha通道的叠加图像，或使用内置遮罩工具仅叠加贴图中需要的某些部分。

右图所示的合成贴图就是通过不同的叠加方式、不同的混合模型，将两张或者多张贴图组合成一张贴图的效果。

> **视口显示与显示驱动程序**
>
> 视口可以在合成贴图中显示多个贴图。对于多个贴图显示，显示驱动程序必须是OpenGL或者Direct3D。软件显示驱动程序不支持多个贴图显示。

合成贴图参数卷展栏如下图所示，与前面所讲到的卷展栏不同，合成贴图卷展栏中的参数与贴图的图层成正比，用户可以自定义需要的图层数量。

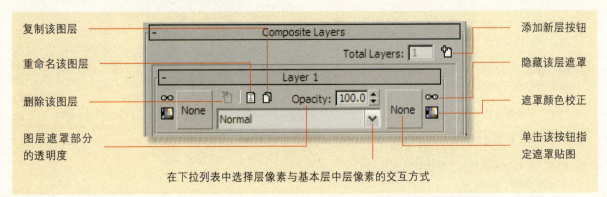

1. Total Layers（总层数）

总层数包括了两个部分，其中一个是数值字段会显示贴图层数▯▯，而另一个是Add a New Layer（添加一个新层）按钮▯，单击该按钮就能够添加一个新的图层在卷展栏中，如图1和图2所示。

2. Color Correct This Texture（对该纹理进行颜色校正）

这个控件的参数卷展栏与"对遮罩进行颜色校正"的参数卷展栏一样，如图3所示。

"颜色修正"参数是基于堆栈的参数卷展栏，该参数卷展栏上下的排列顺序是无法改变的，其中为基本贴图的校色提供了一系列的工具。校正颜色的工具包括单色、倒置、颜色通道的自定义重新关联、色调切换以及饱和度和亮度的调整。

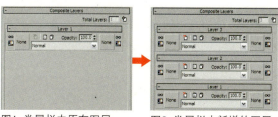

图1 卷展栏中原有图层　　图2 卷展栏中新增的图层

图3 颜色修正的参数卷展栏

3. Basic Parameters（基本参数）卷展栏

在其中可以指定贴图和设置颜色，如右图所示。

全部重置　　指定颜色　　指定贴图

4. Channels（通道）卷展栏

该卷展栏包括了Normal（法线）、Monochrome（单色）、Invert（反转）和Custom（自定义）4种操作方式，每个方式都具有相同的下拉列表供用户选择使用。

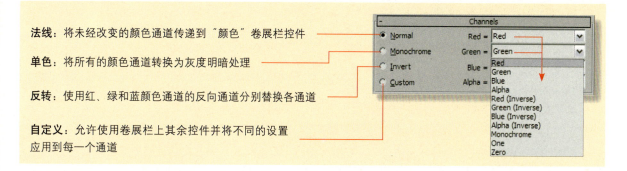

法线：将未经改变的颜色通道传递到"颜色"卷展栏控件

单色：将所有的颜色通道转换为灰度明暗处理

反转：使用红、绿和蓝颜色通道的反向通道分别替换各通道

自定义：允许使用卷展栏上其余控件并将不同的设置应用到每一个通道

5. Color（颜色）卷展栏

该卷展栏提供3种用于总体颜色转换的控件，如右图所示。其功能分别如下。

❶ **色调切换**：使用标准色调谱更改颜色。

❷ **饱和度**：设置贴图颜色的强度纯度。

❸ **色调染色**：根据色样值色化所有非白色的贴图像素。

❹ **强度**："色调染色"设置的程度影响贴图像素。

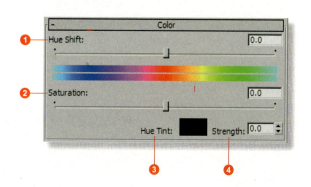

"Lightness（亮度）"卷展栏有Standard（标准）和Advanced（高级）两种模式，其中的"标准"模式（见右图）提供了两个简单易用的控件。

❶ 亮度：贴图图像的总体亮度，可以通过拖动滑块或输入数值来设置。

❷ 对比度：贴图图像深、浅两部分的区别。

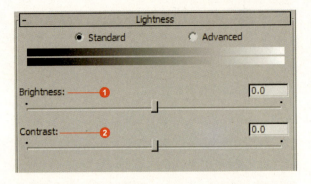

在"高级"模式（见下图）下可以在贴图中模拟摄影机曝光效果以及照片显影效果。可以通过逐步更改曝光量来提亮或变暗贴图。

❶ 曝光方法：从下拉列表中选择曝光方式，其中选项如下。

　• Gain（增益）：将像素颜色值乘以此值。

　• F-Stops（F制光圈）：摄影中增加1将增大一倍亮度，并增加因子为2的增益。

　• Printer Lights（打印机灯光）：一个可定义的设置，通过用"每次停止的打印机灯光"设置的值（N）增加此值可增大一倍亮度（N打印机灯光 =F制光圈）。

❷ RGB/R/G/B：可以同时为所有3个颜色通道更改设置，也可以单独为每一个通道更改设置。此外，可以使用复选框切换单个通道的设置。

❸ 每次停止的打印机灯光：当使用"打印机灯光"曝光方法时，这个设置可以确定打印机灯光数等于一个F制的光圈；即，所需数值将增大一倍曝光或者减半曝光。

❹ Gamma/对比度：Gamma 校正量可以通过对比度或常用 Gamma 指数表达。

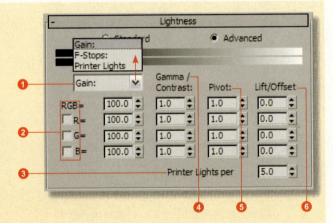

❺ 轴：应用的 Gamma 校正大约等于轴值。即，等于轴值的像素值将不会发生改变。

❻ 提升/偏移：提升仅是一种添加到所有像素值的统一偏移。提升通常作为过程的最后一步使用，也可用于控制贴图的总体亮度。

在熟悉了"颜色修正"的具体用法以后，就可以通过"混合模式"来将图层之间的贴图或者颜色进行混合，但是需要注意的是，假如只有一个图层，则"混合模式"是无效的。

在"混合模式"的下拉列表当中提供了25种混合模式供用户使用，混合模式中常用模式的具体作用如下。

▲ 正常：显示无任何混合的A，这是默认设置。

▲ 添加：每个A和B像素的和。

▲ 变暗：比较 A 值和 B 值后，为每个像素取两个值中较暗的值。

▲ 平均：A与B的和除以2。

▲ 减去：B 减 A。

▲ 相乘：乘以每个A、B像素的颜色值。由于非白色通道的值少于1.0（取值范围介于 0.0 和 1.0 之间），因此将它们相乘会使颜色变暗。

▲ **颜色加深**：使用A中的颜色着色B中较暗的像素。

▲ **聚光灯**：类似于相乘，但亮度比相乘高一倍。

▲ **叠加**：根据B颜色，暗化或亮化像素。

▲ **强光**：如果像素颜色比中度灰色浅，则应用屏幕模式。如果像素颜色比中度灰色深，则应用相乘模式。

▲ **硬混合**：根据 A与B之间的相似度生成白色或者黑色。

▲ **排除**：类似于"差集"，但对比度相对较低。

▲ **饱和度**：使用A的饱和度，以及B的值和色调。

▲ **值**：使用A的值，以及B的色调和饱和度。

▲ **线性Burn**：与颜色加深相同，但对比度相对较低。

▲ **聚光灯混合**：与聚光灯相同，但还会向B中添加环境光照明。

▲ **柔光**：如果A颜色比中度灰色亮，则会亮化图像。如果A颜色比中度灰色暗，则暗化图像。

▲ **枢轴灯光**：根据A颜色的亮度替换B颜色。如果A颜色比中度灰色浅，则替换比A颜色深的B颜色。

▲ **差集**：从每对像素中的浅颜色减去深颜色。

▲ **色调**：使用A的颜色，以及B的亮度和饱和度。

▲ **颜色**：使用A的色调和饱和度，以及B的值。

"混合模式"下拉列表展开后具体的模式名称排列如下图所示。左边与右边是一一对应的中英文对比。

【实战练习】为集装箱"印号"

视频教学\ Chapter 6\使用合成器贴图制作新贴图.avi

步骤01 首先选择一个标准材质，并在其漫反射项赋予一个合成器贴图。

步骤02 在"合成层"卷展栏下的Layer 1（图层1）中，单击左边的None按钮，为该层指定一张位图贴图，在指定了贴图以后，None按钮位置会显示贴图效果。

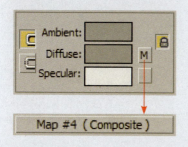
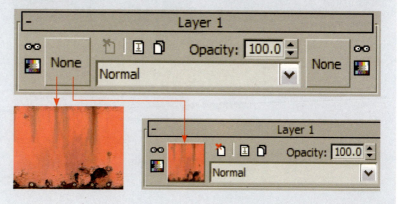

步骤 03 单击"转到父对象"按钮，回到"合成层"卷展栏，单击卷展栏下方的"添加新层"按钮，添加一个新的图层。

步骤 04 在新添加的Layer 2（图层2）卷展栏下，单击左边位置的None按钮，为该层也指定一张位图贴图，在指定了贴图以后，None按钮位置会显示贴图效果。

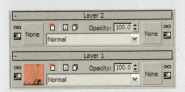

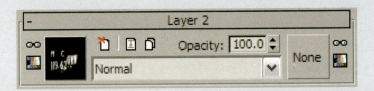

步骤 05 指定贴图以后，在Layer 2的卷展栏的"混合模式"下拉列表中，选择不同的"混合模式"，贴图就会以相应的模式将两张贴图混合。下图所示的预览效果，就是在不同的混合模式下，两张贴图混合以后的效果。在这里我们选择的是Lighten混合效果。

Mask（遮罩）贴图：使用遮罩贴图，可以在曲面上通过一种材质查看另一种材质。遮罩控制应用到曲面的第二个贴图的位置。

默认情况下，白色的遮罩区域为不透明，显示贴图。黑色的遮罩区域为透明，显示基本材质。

使用遮罩贴图以后，最终效果中就只会显示白色部分的贴图效果，如右图所示。

遮罩贴图的参数卷展栏很简单，一共只有3个选项，如下图所示。

贴图：为材质指定需要通过遮罩查看的贴图

遮罩：为材质指定需要通过遮罩查看的贴图

反转遮罩：反转遮罩的效果

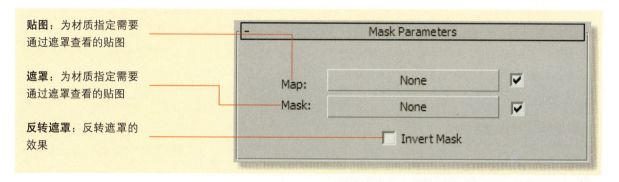

Mix（混合）贴图：通过"混合贴图"可以将两种颜色或材质按照比例混合在一起。也可以将"Mix Amount（混合数量）"参数设为动画然后画出使用变形功能曲线的贴图，来控制两个贴图随时间混合的方式。

右图所示为通过混合量贴图来控制两张贴图的混合量，从而将两张贴图混合在一起。

❶ 交换：交换两种颜色或贴图。

❷ 颜色#1、颜色#2：在颜色选择器中选中要混合的两种颜色。

❸ 混合量：确定混合的比例。

❹ 混合曲线。

❺ 转换区域：调整上限和下限的级别。

❻ 贴图：选中或创建要混合的位图或者程序贴图来替换每种颜色。

❼ 复选框能够启用或禁用相关联的贴图。

❽ 使用曲线：确定"混合曲线"是否对混合产生影响。

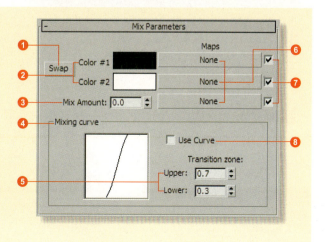

RGB Multiply（RGB相乘）贴图：RGB相乘贴图通过将RGB值相乘的方式，将两个贴图组合起来。

对于每个像素，一个贴图的红色相乘将使第二个贴图的红色加倍，同样，相乘蓝色将使蓝色加倍，相乘绿色将使绿色加倍。

用户也可以使用一个位图，让贴图成为实心颜色。从而对其他贴图进行染色。

RGB相乘贴图通常用于凹凸贴图，如右图所示。上边效果是使用贴图的效果，下边的是在凹凸贴图上使用了RGB相乘贴图的效果。

使用了位图贴图的效果

使用了RGB相乘贴图的效果

在〝RGB相乘参数〞卷展栏中（如下图所示）可以看见，除了常见的对颜色的设置和指定贴图选项以外，该卷展栏中还多了一个〝Alpha From（Alpha来源）〞选项组，这是因为如果贴图拥有Alpha通道，则〝RGB 倍增〞既可以输出贴图的Alpha通道，也可以输出通过将两个贴图的Alpha通道值相乘创建的新Alpha通道。

❶ **Color（颜色）**：单击色样后在〝颜色选择器中选择色彩颜色。

❷ **Maps（贴图）**：单击贴图按钮可指定一个贴图。使用复选框可禁用或启用贴图。要对一个贴图染色，则需禁用其他贴图，并单击色样，在〝颜色选择器〞中选择色彩颜色。

❸ **Maps#1（贴图#1）**：使用第一个贴图的Alpha 通道。

❹ **Maps#2（贴图#2）**：使用第二个贴图的Alpha 通道。

❺ **Multiply Alpha（相乘Alpha）**：通过将两个贴图的 Alpha 通道相乘生成新的 Alpha 通道。

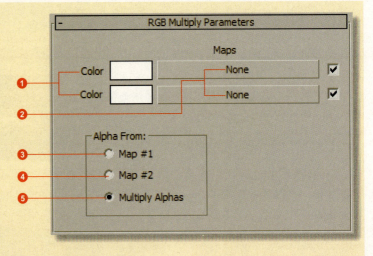

对贴图染色的注意事项

如果要对贴图进行染色，则要将不被染色的贴图禁用，否则无法对另一个贴图进行染色。图1所示为没有禁用贴图的效果，图2所示为禁用了贴图的效果。

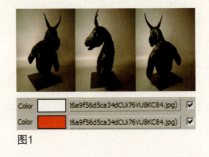

图1

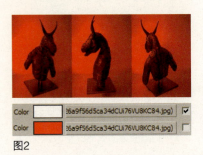

图2

6.2.4 颜色修改器贴图

颜色修改器贴图的作用比较简单，就是用以改变材质中像素的颜色。

颜色修改器贴图包括Color Correction（颜色修正）、Output（输出）、RGB Tint（RGB染色贴图）以及Vertex Color（顶点颜色）4种贴图类型，如右图所示。其中颜色修正贴图，在介绍合成器贴图的时候已经对其功能进行了讲解。

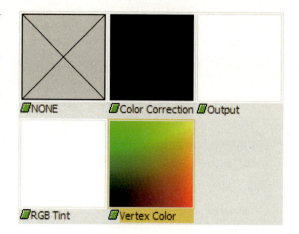

Output（输出）贴图：使用"输出"贴图，可以将输出设置应用于没有这些设置的程序贴图，如方格或大理石等。

输出贴图包括两个部分，一个是指定需要应用"输出"设置贴图的Output（输出）卷展栏，一个是用于设置"输出"的Output Parameters（输出参数）卷展栏，如下图所示。值得一提的是，本知识点中的输出卷展栏，与内置的输出选项卷展栏的参数完全一致。

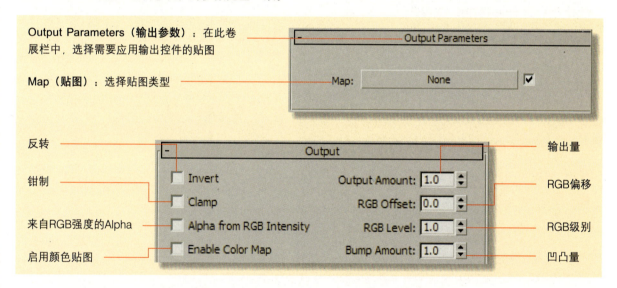

Invert（反转）：显现出反转贴图的色调，使贴图产生类似于彩色照片的底片效果。软件默认设置为禁用状态。

Clamp（钳制）：启用该选项之后，此参数限制比1.0小的颜色值。

启用此选项并且逐渐增加RGB的级别，贴图会逐渐变亮，但是最终不会显示出自发光效果。

Alpha from RGB Intensity（来自RGB强度的Alpha）：启用此选项后，会根据在贴图中RGB通道的强度生成一个Alpha通道。使得黑色变得透明而白色变得不透明，中间值根据它们的强度变得半透明。

Enable Color Map（启用颜色贴图）：启用此选项来使用颜色贴图。

Output Amount（输出量）：控制要混合为合成材质的贴图数量。对贴图中的饱和度和Alpha值产生影响。

RGB Offset（RGB偏移）：根据微调器所设置的量增加贴图颜色的RGB值，此项对色调的值产生影响。降低这个值减少色调会使贴图趋向于黑色转变。

RGB Level（RGB级别）：根据微调器所设置的量使贴图颜色的RGB值加倍，此项对颜色的饱和度产生影响。最终贴图会完全饱和并产生自发光效果。

Bump Amount（凹凸量）：调整凹凸的量。这个值仅在贴图用于凹凸贴图时产生效果。默认设置为1.0。

凹凸量的特点

假设贴图同时包含"漫反射"和"凹凸"组件。如果要在不影响"漫反射"颜色情况下对凹凸量进行调整，就要调整这个值，它会在不影响贴图中使用其他材质组件的情况下改变凹凸量。

"输出"卷展栏底部的"Color Map（颜色贴图）"设置（如下图所示）仅在"启用颜色贴图"选项处于启用状态时才可以使用。使用"颜色贴图"的图，允许对图像的色调范围进行调整。坐标1，1点是控制图像的高光，坐标0.5，0.5点是控制图像中间影调，而坐标0，0点是控制图像的阴影。

❶ **Copy Curve Points（复制曲线点）**：启用此选项后，当切换到RGB图时，将复制添加到单色图的点。如果是对RGB图进行此操作，这些点会被复制到单色图中。

❷ **RGB/Mono（RGB/单色）**：将贴图曲线分别指定给每个RGB过滤通道（RGB）或合成通道（单色）。

❸ ：将一个选中的点向任意方向移动。

：将运动约束为水平方向。

：将运动约束为垂直方向。

❹ ：在保持控制点相对位置的同时改变它们的输出量。

❺ ：在图形线上的任意位置添加一个Bezier角点。

：在图形线上的任意位置添加一个Bezier平滑点。

❻ ：删除选定的点。

❼ ：将图返回到默认状态，介于 0,0 和 1,1 之间的直线。

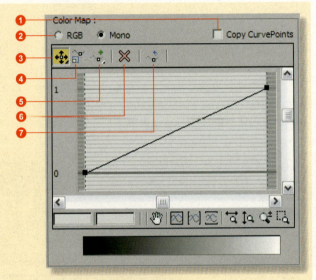

在颜色贴图底部的按钮是用于控制视图的，改变视图不会影响图像的最终结果。

平移：在视图窗口中向任意方向拖动图形。

最大化显示：显示整个图形。

水平方向最大化显示：显示图形的整体水平范围。曲线的比例将发生扭曲。

垂直方向最大化显示：显示图形的整体垂直范围。曲线的比例将发生扭曲。

水平缩放：在水平方向压缩或扩展显示图形的视图。

垂直缩放：在垂直方向压缩或扩展显示图形的视图。

缩放：围绕光标进行放大或缩小。

缩放区域：围绕图上任何区域绘制长方形区域，然后缩放到该视图。

RGB Tint（RGB染色）贴图："RGB 染色"可调整图像中三种颜色通道的值。

三种色样代表三种通道，更改色样可以调整其相关颜色通道的值，如右图所示。

RGB Tint Parameters（RGB染色参数）卷展栏如下图所示。虽然在卷展栏中通道的默认颜色命名为红、绿和蓝，但是可以为它们指定任何颜色。

R/G/B:单击通道色块，显示颜色选择器可调整特定通道的值

贴图:单击None按钮后，可在弹出的"材质/贴图浏览器"中选择要进行染色的贴图。使用复选框启用或禁用贴图效果

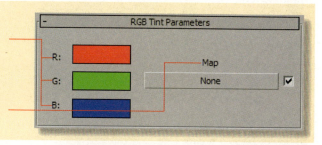

Vertex Color（顶点颜色）贴图：顶点颜色贴图设置应用于可渲染对象的顶点颜色。可以使用"顶点绘制修改器"、"指定顶点颜色"工具指定顶点颜色，也可以使用可编辑网格顶点控件、可编辑多边形顶点控件或者可编辑多边形顶点控件指定顶点颜色。

右图所示的上方图片是默认的顶点颜色贴图的渲染效果，下方图片为通过多边形顶点控件为模型设置的颜色的渲染效果。

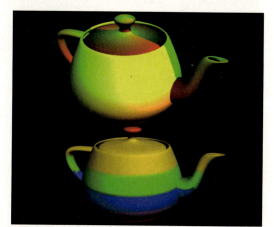

贴图通道:可以指定需要使用的通道。范围从0到99，默认设置为0

子通道:可以指定贴图是使用指定贴图通道的哪个子通道，或者使用所有的子通道

通道名称:将带有顶点颜色贴图的材质，指定到带有已命名贴图，或顶点颜色通道的对象后，从下拉列表中选择对象的已命名贴图通道

更新:更新"通道名称"下拉列表的内容。在为对象使用材质后，或者在为对象添加了通道后，需单击"更新"按钮

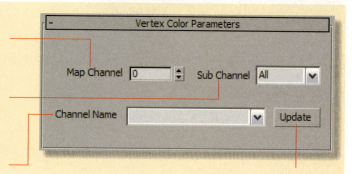

通道间会发生冲突

如果将"顶点颜色"贴图的材质指定给不同名称的"贴图通道"（一个通道名将显示在另一个通道名前），此时将会产生冲突。

6.2.5 反射和折射贴图

反射和折射贴图，位于"材质/贴图浏览器"中的"其他"组，用于创建反射和折射效果的贴图。它的功能非常简单且实用，就是用于给对象赋予反射、折射属性的贴图。

反射和折射贴图包含了Flat Mirror（平面镜）贴图、Raytrace（光线跟踪）贴图、Reflect/Refract（反射/折射）贴图和Thin Wall Refraction薄壁折射贴图4种类型，每种贴图都会给材质带来不同的效果，如下图所示。

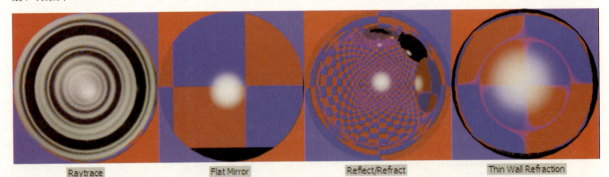

Raytrace   Flat Mirror   Reflect/Refract   Thin Wall Refraction

Flat Mirror（平面镜）贴图：Flat Mirror（平面镜）贴图的主要作用就是将平面镜贴图指定为材质的反射贴图后，材质就会表现出镜片反射的效果，如右图所示。

平面镜贴图与反射/折射贴图最大的不同就是，反射/折射贴图不适合平面曲面，因为每个面基于其面法线所指的地方反射部分环境。使用此技术，一个大平面只能反射环境的一小部分。

> **使用平面镜的规则**
>
> "平面镜"只有遵循以下规则才能正确生成反射。
> - 只将"平面镜"指定给选定的面。为此，有两种方法可供选择。可以将"平面镜"作为多维/子对象材质的子材质，也可以使用Apply Faces With ID（应用于带 ID 的面）控件。
> - 如果将"平面镜"指定给多个面，这些面必须位于一个平面上。
> - 同一个对象中的非共面的面不能拥有相同的"平面镜"材质。也就是说，如果要使一个对象的两个不同的平面都具备平面反射，则必须使用多维/子对象材质。将"平面镜"指定给两个不同的子材质，并将不同的材质ID指定给不同的平面。
> - 对于对象中共同的面，"平面镜"子材质所使用的材质 ID 必须惟一。如果使用"应用于带ID的面"来指定"平面镜"，则不带ID的面会显示材质（带有"平面镜"反射贴图）的非反射组件（漫反射颜色等）。

在Flat Mirror Parameters（平面镜参数）卷展栏中可以设置平面镜的"模糊"、"扭曲"以及"噪波"等参数。

在卷展栏的最下方有一个Note（注意）事项显得尤其明显，如右图所示。

应用于带ID的面

除非选中"Apply Faces With ID（应用于带ID的面）"选项，否则该材质必须作为子材质应用于一组共同的面。

❶ **应用模糊**：打开过滤功能，对贴图进行模糊处理。

❷ **模糊**：根据生成的贴图与对象的距离，影响贴图的锐度或模糊程度。

❸ **仅第一帧**：渲染器仅在第一帧上创建自动平面镜。

❹ **每N帧**：渲染器基于微调器所设置的帧速率来创建自动平面镜。

❺ **使用环境贴图**：禁用该选项后，平面镜将在渲染期间忽略环境贴图。

❻ **应用于带ID的面**：在要指定平面镜位置指定材质ID号。

❼ **无**：无扭曲。

❽ **使用凹凸贴图**：使用材质的凹凸贴图扭曲反射。

❾ **扭曲量**：调整反射图像的扭曲量。

❿ **规则**：生成普通噪波。

⓫ **分形**：使用分形算法生成噪波。

⓬ **湍流**：生成应用绝对值函数来制作故障线条的分形噪波。

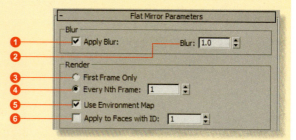

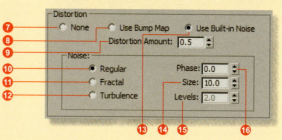

⓭ **使用内置噪波**：使用"噪波"组中的设置扭曲反射。

⓮ **大小**：设置噪波功能的比例。值越小噪波碎片就越小。

⓯ **级别**：设置湍流作为一个连续函数的分形迭代次数。

⓰ **相位**：控制噪波函数的动画速度。可以将该参数设置成噪波效果的动画。

【实战练习】制作镜面反射效果

原始文件：场景文件\Chapter 6\镜子-原始文件\
最终文件：场景文件\Chapter 6\镜子-最终文件\
视频文件：视频教学\Chapter 6\制作镜面反射效果.avi

步骤01 打开场景文件，其中已经设置好了灯光以及摄像机，场景由一个手臂骨骼，一个骷髅头和一个长方体薄壁组成，如图1所示。通过摄像机镜头可以看见如图2所示的场景对象。

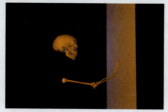

图1 场景对象组合

图2 摄像机镜头

步骤 02 在场景中选择长方形薄壁对象,单击鼠标右键,在弹出的四元菜单中选择Convert to Editable Mesh(转化为可编辑网格)命令,如图1所示。然后在修改命令面板中,选择可编辑网格的子对象层级中的Polygon(面),如图2所示。

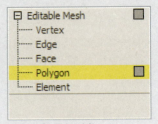

图1 转化场景对象　　　　　图2 选择层级对象

步骤 03 在选择好子层级对象类型以后,切换到视图中,选择长方体薄壁中面对骷髅的面,选中以后该面显示为红色,如图1所示。

　　在修改命令面板的Surface Properties(曲面属性)卷展栏下的Material(材质)选项组中,将对象被选择面的ID设置为1,如图2所示。

图1 被选择面显示为红色　　图2 设置被选择面的ID

步骤 04 按快捷键M打开材质编辑器,选择一个材质作为镜面材质。单击材质的Maps(贴图)卷展栏中Reflection(反射)选项旁边的按钮,在弹出的"材质/贴图浏览器"中选择镜面贴图,如右图所示。

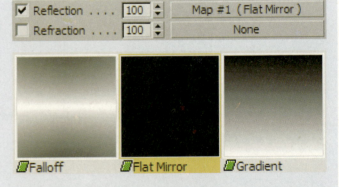

步骤 05 在镜面贴图卷展栏的Render(渲染)选项组中勾选Apply to Faces with ID(应用于带ID的面)复选框,如右图所示。其他参数保持不变,并将材质赋予场景的长方体薄壁对象。

步骤 06 切换到摄像机视图并渲染场景对象,渲染效果如图1所示。回到材质编辑器,将镜面材质的颜色全部设置为黑色,再一次渲染场景,渲染效果如图2所示。

图1 默认颜色下镜面的效果　　图2 设置为黑色的镜面效果

Raytrace（光线跟踪）贴图：使用"光线跟踪"贴图可以为材质提供良好的光线跟踪反射和折射效果，如右图所示。

渲染使用"光线跟踪"贴图对象的计算速度比使用"反射/折射"贴图对象的计算速度要慢。

另一方面，光线跟踪对渲染3ds Max场景进行了优化，并且通过将特定对象或效果排除于光线跟踪之外可以进一步优化场景，从而加快渲染速度。

"光线跟踪"贴图的用处非常广泛，也非常重要。该贴图的可操控参数也是种类繁多，它包括Raytracer Parameters（光线跟踪器参数）卷展栏（如下图所示）、Attenuation（衰减）卷展栏、Basic Material Extensions（基本材质扩展）卷展栏和Refractive Material Extensions（折射材质扩展）卷展栏4个参数卷展栏。

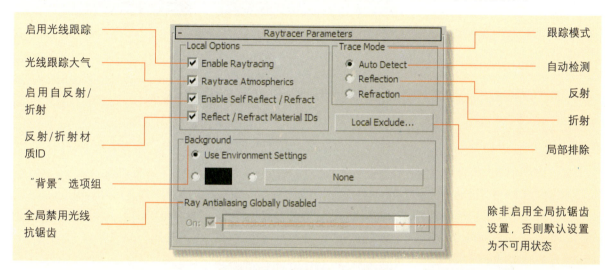

启用光线跟踪

光线跟踪大气

启用自反射/折射

反射/折射材质ID

"背景"选项组

全局禁用光线抗锯齿

跟踪模式

自动检测

反射

折射

局部排除

除非启用全局抗锯齿设置，否则默认设置为不可用状态

启用光线跟踪：启用或禁用光线跟踪器，默认设置为启用。

启用以后在反射贴图中被指定了光线跟踪贴图的材质就能够反射场景对象，如图1所示。如果禁用光线跟踪器，就无法反射场景中的对象，如图2所示。

图1 启用光线跟踪器效果

图2 禁用光线跟踪器效果

禁用光线跟踪不影响环境贴图

禁用光线跟踪，光线跟踪材质和光线跟踪贴图仍然会反射和折射环境，包括用于场景的环境贴图和指定给光线跟踪材质的环境贴图，如右图所示。

启用光线跟踪器效果

禁用光线跟踪器效果

光线跟踪大气：启用或禁用大气效果的光线跟踪。大气效果包括火、雾、体积光等。默认设置为启用。

反射/折射材质ID：启用该选项之后，材质将反射启用或禁用渲染器的G缓冲区中指定给材质ID的效果。

启用自反射/折射：启用或禁用对象自身的反射/折射效果。例如，茶壶的壶体反射茶壶的手柄。下左图所示为启用了自反射/折射效果，下右图所示为禁用了自反射/折射效果，但是球体永远不能反射自己。

启用"自反射/折射"效果

禁用"自反射/折射"效果

"背景"选项组："背景"选项组用于设置场景背景、环境的相关参数，它包括Use Environment Settings（使用环境设置）、色样和贴图按钮3个部分，具体作用如下所述。

▲ **使用环境设置**：涉及当前场景的环境设置。

▲ **色样**：使用指定颜色覆盖环境设置。

▲ **贴图按钮**：使用指定贴图覆盖环境设置。

"跟踪模式"选项组：使用此其中的这些选项，可以选择是否投射反射或折射光线，具体作用如下。

▲ **自动检测**：如果指定给材质的反射组件，则光线跟踪器将反射。如果指定给折射，则将进行折射。如果将光线跟踪指定给其他组件，则必须手动指定是要反射光线还是折射光线。

▲ **反射**：向对象曲面投射反射光线（离开对象）。

▲ **折射**：向对象曲面投射反射光线（进入或穿过对象）。

▲ **局部排除**：单击"局部排除"按钮，可显示局部"排除/包含"对话框。在对话框中可以选择需要排除的对象。局部排除的对象将只从此贴图中排除。

当光线从对象上反射过来或通过它折射时，在系统的默认情况下，光线始终通过空间传递，不存在衰减现象。通过Attenuation（衰减）卷展栏（如下图所示）上的控件可用于设置衰减光线，让光线强度会随着距离降低，从而使效果显得更加贴近真实。

1 **衰减类型**：选择光线跟踪衰减的类型。

2 **范围**：以世界单位计算衰减开始的距离，和衰减结束的距离。其中的指数，是设置指数衰减使用的指数。

3 **自定义衰减**：使用衰减曲线来确定开始范围和结束范围之间的衰减。

4 **近端**：设置开始范围距离处的反射/折射光线的强度。

5 **控件1/2**：控制接近曲线开始处的曲线形状。

6 **远端**：设置结束范围距离处的反射/折射光线的强度。

7 **背景**：随着光线的衰减，会恢复为背景而不是透过"反射/折射"光线看到的实际颜色。

8 **指定**：设置光线衰减后恢复为的颜色。

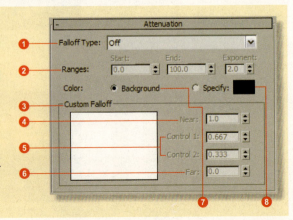

Basic Material Extensions（基本参数扩展）卷展栏：是用于微调光线跟踪贴图效果的控件，如下图所示。

反射率/不透明度：这些控件影响光线跟踪器效果的
强度。其中选项如下。

- **微调器**：控制所指定材质使用的光线跟踪数量。
- **贴图按钮**：指定控制光线跟踪数量的贴图。
- **复选框**：启用或禁用贴图。

色彩：指定反射的色彩颜色。

凹凸贴图效果：控制曲面反射和折射光线上的凹凸
贴图效果。

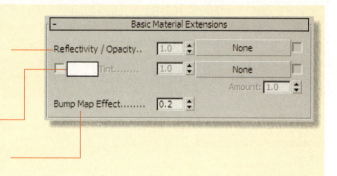

在不同"凹凸贴图效果"参数值中的不同反射/折射效果

Refractive Material Extensions（折射材质扩展）卷展栏：该卷展栏下的控件主要是用于设置材质折射组件
上的光线跟踪效果。

❶ **颜色**：使用这些控件，可以基于厚度指定过渡色，
其中选项如下。
复选框：启用或禁用颜色密度。
色样：选择过渡色。
数量：控制密度颜色的数量。
颜色贴图：向密度颜色指定贴图。
开始和结束："开始"是对象中开始出现密度颜
色的位置。"结束"是对象中密度颜色达到其完
全"数量"值的位置。

❷ **雾**：密度雾也是基于厚度的效果。这种效果类似
于在玻璃中弥漫的烟雾或在蜡烛顶部的蜡，其中
选项如下。
复选框：启用或禁用雾。
色样：用于选择雾的颜色。
数量：控制密度雾的数量。
颜色贴图：向雾组件指定贴图。
开始和结束：以世界单位为基准，通过设置参数
来调整雾的效果。

❸ **渲染光线跟踪对象内的对象**：启用或禁用光线跟

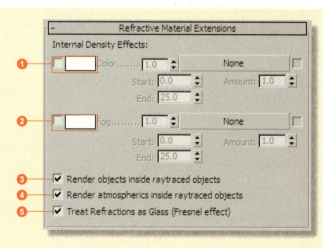

踪对象内部的对象渲染。

❹ **渲染光线跟踪对象内的大气**：启用或禁用光线跟踪对
象内部大气效果的渲染。

❺ **将折射视为玻璃效果（Fresnel效果）**：启用此选项
之后，将向折射应用 Fresnel 效果。

Reflect/Refract（反射/折射）贴图：反射/折射贴图会在材质表面生成反射或折射效果，如右图所示。

如果要为场景材质创建反射效果，则要将"反射/折射"贴图类型作为材质的"反射"贴图；如果要为场景材质创建折射效果，则要将"反射/折射"贴图类型作为材质的"折射"贴图。

"反射/折射"贴图除了能够让材质具有反射与折射的效果以外，还可以通过Reflect/Refract Parameters（反射/折射参数）卷展栏（见下图）下的命令，加载渲染好的6个方向的贴图来避免对材质的二次渲染，这样就极大提高了材质的渲染速度。

① 来源：选择6个立方体贴图的来源，有"Automatic（自动）"和"From File（从文件）"两种方式。

② 大小：设置反射/折射贴图的大小。数值越低，图像损失的细节就会越多。

③ 使用环境贴图：禁用该选项时，在渲染过程中"反射/折射"贴图会忽略环境贴图。

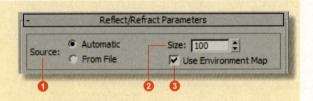

① 应用：打开过滤，对贴图进行模糊处理。

② 模糊偏移：影响贴图的清晰度和模糊度，而与其和对象的距离无关。

③ 应用：根据生成的贴图与对象的距离，影响贴图的锐度或模糊程度。

① 大气范围：如果场景包含环境雾，那么立方体贴图则必须具有近距离范围和远距离范围设置，才能从为材质指定对象的角度，正确渲染雾效果。

② 近/远：分别是用于设置雾的"近"范围和"远"范围。

③ 取自摄像机：场景中使用摄影机的"近"和"远"大气范围设置。

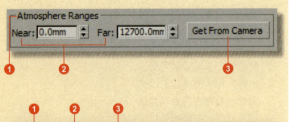

① 自动：只有在启用"自动"选项作为反射/折射贴图的来源时，这些控件才可用。

② 仅第一帧：仅在第一帧上创建自动贴图。

③ 每N帧：根据微调器设置的帧速率，创建自动贴图。

① **从文件**：只有当启用"从文件"作为"反射/折射"的来源时，这些控件才可用。

② **上/下/左/右/前/后**：指定立方体6个面中的贴图。

③ **重新加载**：重新加载指定的贴图并更新示例窗。

④ **到文件**：选择Up贴图（_UP）的文件名。

⑤ **拾取对象和渲染贴图**：单击以启用此控件，然后在视口中选择贴图对象，以渲染6个立方体贴图。将立方体贴图指定给"从文件"中的6个按钮。

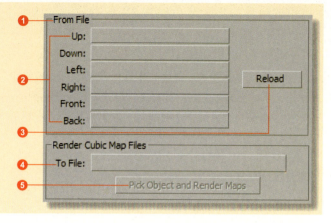

贴图文件的命名注意事项

为立方体位的6个面的贴图文件命名时，有以下两种命名的方法可供选择。

- 指定完整文件名，例如，myview_up.bmp。
- 仅指定文件前缀和扩展名，例如，myview.bmp。

需要特别注意的是，命名的时候至少要指定前缀和扩展名，并且不能选择其他的命名的方式，否则系统无法自动加载贴图文件。

Thin Wall Refraction（薄壁折射）贴图："薄壁折射"能够模拟出透明材质折射产生的位移效果，如右图所示。

我们通过观察，透过一块有厚度的玻璃，看玻璃后面的图像就会看到这种效果。对于创建玻璃对象的材质，使用这种贴图对象的渲染速度更快，所用内存更少，并且提供的视觉效果要优于"反射/折射"贴图。

Thin Wall Refraction Parameters（薄壁折射）贴图的参数卷展栏如下图所示，透过这些参数，用户可以设置材质的"模糊"效果和"折射"效果。

应用模糊：打开过滤，对贴图进行模糊处理

模糊：根据生成的贴图与对象的距离，影响贴图的锐度或模糊程度。贴图距离越远，模糊就越大

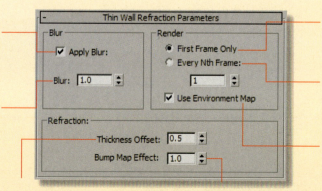

仅第一帧：只在第一帧创建折射图像

每N帧：根据微调器设置的帧速率重新生成折射图像

使用环境贴图：渲染时折射计算环境贴图

偏移厚度：影响折射偏移的大小或缓进效果。值为0时没有偏移，值为10时偏移的效果最强。

凹凸贴图效果：当材质存在凹凸贴图时，影响折射的数量级。减小此值会降低二次折射的效果；增大此值会提高二次折射的效果

▶▶ 6.3 Maps（贴图）卷展栏

　　材质的"Maps（贴图）"卷展栏用于访问并为材质的各个组件指定贴图。在前面的知识点中已经遇到，并且运用过贴图卷展栏，但是由于贴图卷展栏与贴图类型之间是紧密联系的，因此将对贴图卷展栏的认识和运用放在了贴图类型之后，这样更方便读者对材质贴图的理解和运用。

　　贴图卷展栏的运用方法很简单，这里需要学习的是在贴图卷展栏中，不同的贴图类型会带来什么样的效果。Maps（贴图）卷展栏的界面如下图所示。

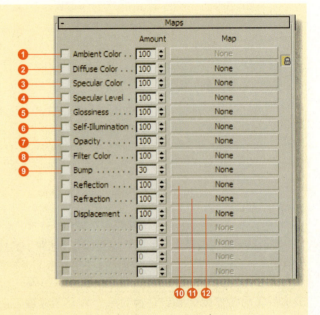

❶ **环境光颜色贴图**：指定材质的环境光贴图。

❷ **漫反射颜色贴图**：用指定的贴图来代替材质的漫反射颜色。

❸ **高光颜色贴图**：用指定的贴图来代替材质的高光颜色。

❹ **高光级别贴图**：用指定的贴图控制材质的高光强度。

❺ **光泽度贴图**：用指定的贴图控制材质的光泽度。

❻ **自发光贴图**：用指定的贴图控制材质的自发光强度。

❼ **不透明度贴图**：用指定的贴图控制材质的透明度。

❽ **过滤色贴图**：用指定的贴图代替材质的过滤色。

❾ **凹凸贴图**：用指定的贴图控制材质的凹凸效果。

❿ **反射贴图**：用指定的贴图代替材质反射场景中的效果。

⓫ **折射贴图**：用指定的贴图代替材质折射场景中的效果。

⓬ **置换贴图**：用指定的贴图控制材质所赋予的，场景对象的几何外观。

　　Ambient Color（环境光颜色）贴图：该贴图可以选择位图文件或程序贴图，将图像映射到材质的环境光颜色，图像绘制在对象的明暗处理部分，如右侧图中所显示的那样，左上角的就是环境光颜色使用的位图。

　　在默认的情况下，漫反射贴图也映射环境光组件，因此很少对漫反射和环境光组件使用不同的贴图。如果要应用单独的环境光贴图，则首先需要单击位于"贴图"卷展栏的"贴图"None按钮右侧的锁定按钮，禁用锁定，如下图所示。

环境光颜色贴图效果

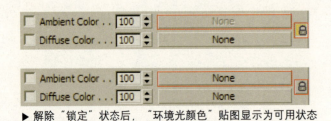

▶ 解除"锁定"状态后，"环境光颜色"贴图显示为可用状态

提示 使用"环境光颜色"

　　在使用"环境光颜色"的时候，除非环境光的级别大于黑色的默认值，否则环境光颜色贴图在视口或渲染中不可见。

Diffuse Color（漫反射颜色）贴图：漫反射颜色贴图可以选择位图文件或程序贴图，以将图案或纹理指定给材质的漫反射颜色，贴图的颜色将替换材质的漫反射颜色组件，这是最常用的贴图种类。右图所示左边的陶罐是使用的系统颜色，而右侧的陶罐则是指定的一张位图，来替代漫反射颜色的效果。

Specular Color（高光颜色）贴图：高光颜色贴图可以选择位图文件或程序贴图，并将图像指定给材质的高光颜色组件，贴图的图像只会出现在场景对象的反射高光区域中。右图所示左边的陶罐是原始对象，它的高光区域颜色是默认的白色高光，而右边的陶罐则是指定的位图，它的高光区域显示的是指定的位图贴图效果。

Specular Level（高光级别）贴图：高光级别贴图可以选择一个位图文件或程序贴图，基于位图的强度来改变反射高光的强度。贴图中的白色像素部分会产生全部反射高光。黑色像素部分将完全移除反射高光，而贴图的中间值则是依据灰度的程度相应减少反射高光。右图所示左边的陶罐为默认效果，而右边的陶罐在高光贴图中指定了一张位图，高光会依据位图的颜色呈现高光强弱。

Glossiness（光泽度）贴图：光泽度贴图可以选择影响反射高光显示位置的位图文件或程序贴图。指定给光泽度决定曲面的哪些区域更具有光泽，哪些区域不太有光泽，具体情况取决于贴图中颜色的强度。贴图中的黑色区域将会产生全面的光泽；贴图中的白色区域将完全消除光泽；中间值会依据贴图的灰度程度，相应减少高光的大小，如右图所示。

Self Illumination（自发光）贴图：自发光贴图是选择位图文件或程序贴图来设置自发光值的贴图，这样将使对象的部分出现发光。贴图的白色区域渲染为完全自发光；黑色区域渲染为无自发光效果；灰色区域渲染为部分自发光，发光强弱取决于位图的灰度值。右图所示左边的陶罐是默认的自发光效果，右边的陶罐是指定了贴图的效果。

Opacity（不透明度）贴图：不透明度贴图选择位图文件或程序贴图来生成部分透明的对象。贴图的白色区域渲染为不透明；黑色区域渲染为透明；介于浅色和深色之间的灰色区域渲染为半透明，如右图所示。除了贴图的颜色深浅之外，贴图的"数量"也会影响材质的透明度。将不透明度贴图的"数量"设置为100时，透明区域将完全透明。将"数量"设置为0时将禁用贴图。中间的"数量"值可以与"基本参数"卷展栏上的"不透明度"值混合。贴图的透明区域将变得更加不透明。

Filter Color（过滤色）贴图：该贴图用于过滤或透射颜色，表现通过透明或半透明材质（比如玻璃材质等）透射的颜色，可以选择位图文件或程序贴图来设置过滤色组件的贴图，如右图所示。在通常情况下，可以将贴图过滤色与体积照明结合起来，创建像有色光线穿过脏玻璃窗口的效果。透明对象投射的光线跟踪阴影由过滤色进行染色。

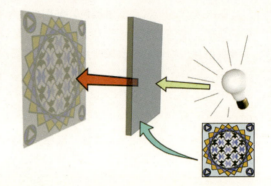

过滤色贴图的注意事项

在使用过滤色贴图的时候，材质必须具有透明属性，否则无法观察到过滤色贴图给材质带来的效果。

通过材质编辑器的预览窗可以发现，在同样具有透明属性的材质上，指定过滤色贴图与指定漫反色贴图的效果非常相似，但是对于透过材质所产生的阴影却完全不同。下左图所示为漫反射贴图的预览效果和渲染效果；下右图所示为过滤色贴图的预览效果和渲染效果。

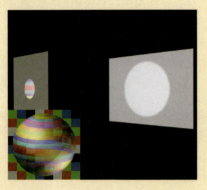
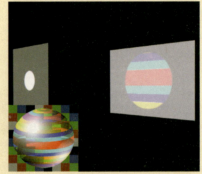

Bump（凹凸）贴图：可以选择一个位图文件或者程序贴图用于凹凸贴图。凹凸贴图使对象的表面看起来凹凸不平或呈现不规则形状。用凹凸贴图材质渲染对象时，贴图较明较白的区域看上去会凸起，而较黑的区域看上去会凹陷。为材质指定一个凹凸贴图以后，材质表面会依据贴图颜色的黑白区域，为材质表面模拟出相应的凹凸纹理，如右图所示。

Reflection（反射）贴图：为材质指定反射贴图，就能让材质模拟出具有反射效果的质感，如右图所示。反射贴图可以创建基本反射、自动反射和平面镜反射3种类别的反射贴图。如果在"基本参数"卷展栏中增加"光泽度"和"高光级别"值，反射贴图看起来就会更逼真。

- 基本反射贴图：基本反射贴图能创建铬合金、玻璃或金属的效果，方法是在几何体上使用贴图，使得贴图看起来好像表面反射的场景一样。
- 自动反射贴图：指定"反射/折射"贴图作为反射贴图。另一种生成自动反射的方法是，指定光线跟踪贴图作为反射贴图。
- 平面镜贴图：指定"平面镜反射"贴图作为反射贴图。用于一系列共面的面，把面对它的对象反射，与实际镜子一模一样。
- 反射贴图不需要贴图坐标，因为它们锁定于世界坐标系，而不是几何坐标系。因为贴图不会随着对象移动，而是随着视图的更改而移动，与实际的反射一样，这就创建出了反射效果。

Refraction（折射）贴图：折射贴图类似于反射贴图。它将视图贴在表面上，这样图像看起来就像是透过表面所看到的一样，而不是从表面反射的样子，如右图中表示的那样。就像反射贴图一样，折射贴图的方向锁定到视图而不是对象。比如在移动或旋转对象时，折射图像的位置仍固定不变。

Displacement（置换）贴图：置换贴图可以使曲面的几何体产生位移。它的效果与使用"置换"修改器相类似。与"凹凸"贴图不同，位移贴图实际上更改了曲面的几何体或面片细分，如右图所示。置换贴图依据贴图的黑、白、灰的颜色来生成位移。在2D图像中，较白的颜色向外凸出得更明显，而较暗的黑色则是显得更平缓，导致几何体的3D置换。

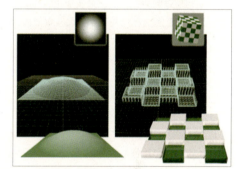

▶▶ 6.4 贴图坐标

贴图坐标用于指定几何体上贴图的位置、方向以及大小。坐标通常以U、V和W指定，其中U是水平维度，V是垂直维度，W是可选的第三维度，一般表示深度。

如果将贴图材质应用到没有贴图坐标的对象上，"渲染器"就会指定默认的贴图坐标。内置贴图坐标是针对每个对象类型而设计的。

3ds Max 提供了以下多种方式应用贴图坐标。

- ▲ 使用任何标准基本体的"创建参数"卷展栏中的"生成贴图坐标"选项。对于大多数对象来说，这个选项在默认情况下处于启用状态，它提供了为每个基本体而设计的贴图坐标。
- ▲ 应用UVW贴图修改器。可以从几种贴图坐标系类型中进行选择，并通过定位贴图图标来自定义对象上贴图坐标的位置。另外，可以设置贴图坐标变换的动画。
- ▲ 对于特殊的对象使用特殊的贴图坐标控件。比如放样对象提供了内置的贴图选项，可以沿着它们的长度和周界应用贴图坐标。
- ▲ 应用"曲面贴图"修改器。这个世界空间修改器将贴图指定给NURBS曲面，并将其投射到修改的对象上。将单个贴图无缝地应用到同一NURBS模型内的曲面子对象组时，曲面贴图显得尤其有用。

6.4.1 UVW贴图修改器

"UVW贴图"修改器是除了最基本的"生成贴图坐标"选项以外，最为常用的贴图坐标修改器。

通过将贴图坐标应用于对象，"UVW贴图"修改器将能够控制在对象曲面上如何显示贴图材质和程序材质。贴图坐标指定如何将位图投影到对象上，如右图所示。

UVW坐标系与XYZ坐标系相似。位图的U和V轴对应于X和Y轴；对应于Z轴的W轴一般仅用于程序贴图。

可以在"材质编辑器"中将位图坐标系切换到VW或WU。在这些情况下位图被旋转和投影，以使其与该曲面垂直。

使用"UVW 贴图"修改器可执行以下操作

- 对指定贴图通道上的对象应用7种贴图坐标之一。贴图通道1上的漫反射贴图和贴图通道2上的凹凸贴图可具有不同的贴图坐标，并可以使用修改器堆栈中的两个"UVW贴图"修改器单独控制。
- 将7种贴图坐标中的一种应用于对象。
- 变换贴图Gizmo以调整贴图置换。具有内置贴图坐标的对象缺少Gizmo。
- 对不具有贴图坐标的对象，例如导入的网格可以应用贴图坐标。
- 在子对象层级应用贴图。

贴图通道：在"材质编辑器"中为每个贴图指定不同的通道编号，然后将多个"UVW 贴图"修改器添加到对象的修改器堆栈，每个"UVW 贴图"修改器设置为不同贴图通道。要为特定位图更改贴图类型或Gizmo的置换，可在修改器堆栈中选择"UVW 贴图"修改器之一，并更改参数。

UVW 贴图操纵器：启用"选择并操纵"按钮时，操纵器可见并且可用，此按钮位于默认的主工具栏上。在操纵器上移动鼠标时，操纵器会变为红色，这表示当拖动或单击它将产生相应效果，并且会显示工具提示，其中包括显示对象名、参数和它的值。在视口中，拖动"UVW 贴图"Gizmo的边可以更改宽度或高度。在视口中，拖动U边或V边旁的小圆圈可以调整该维度中的平铺。实际操作状态如右图所示。

Gizmo："UVW 贴图"Gizmo将贴图坐标投影到对象上。可定位、旋转或缩放Gizmo以调整对象上的贴图坐标；还可以设置Gizmo的动画。如果选择新的贴图类型，Gizmo变换仍然生效。如果缩放球形贴图Gizmo，并切换到平面贴图，那么平面贴图Gizmo也会缩放。

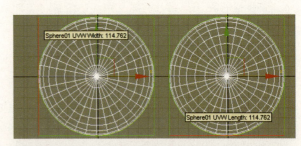

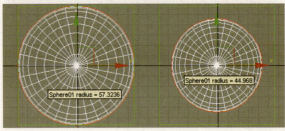

启用Gizmo变换以后，在此子对象层级可以在视口中移动、缩放和旋转Gizmo以定位贴图。在"材质编辑器"中启用"在视口中显示贴图"选项，以便在着色视口中显示贴图，变换Gizmo时，贴图在对象表面上移动。

在使用Gizmo变换的同时，也需要在修改器堆栈的卷展栏（如下图所示）中设置相应的参数，这样更加便于调整贴图的坐标。

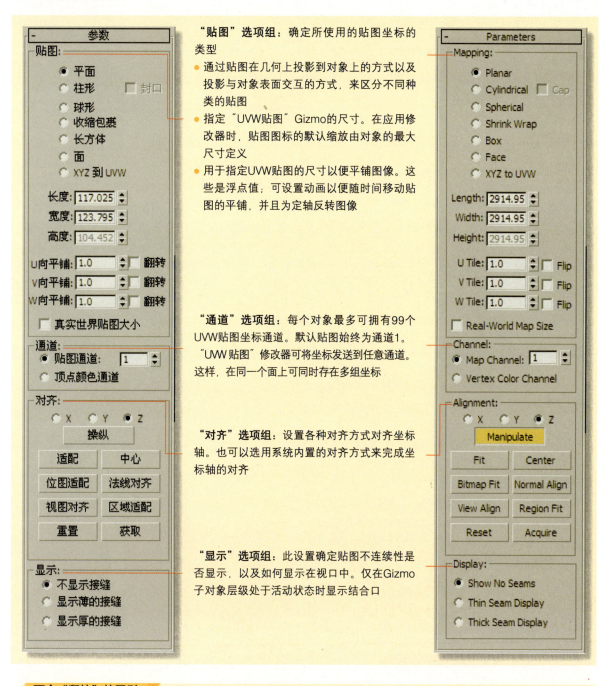

"贴图"选项组：确定所使用的贴图坐标的类型

- 通过贴图在几何上投影到对象上的方式以及投影与对象表面交互的方式，来区分不同种类的贴图
- 指定"UVW贴图"Gizmo的尺寸。在应用修改器时，贴图图标的默认缩放由对象的最大尺寸定义
- 用于指定UVW贴图的尺寸以便平铺图像。这些是浮点值；可设置动画以便随时间移动贴图的平铺，并且为定轴反转图像

"通道"选项组：每个对象最多可拥有99个UVW贴图坐标通道。默认贴图始终为通道1。"UWW贴图"修改器可将坐标发送到任意通道。这样，在同一个面上可同时存在多组坐标

"对齐"选项组：设置各种对齐方式对齐坐标轴。也可以选用系统内置的对齐方式来完成坐标轴的对齐

"显示"选项组：此设置确定贴图不连续性是否显示，以及如何显示在视口中。仅在Gizmo子对象层级处于活动状态时显示结合口

两个"翻转"的区别

　　"贴图"选项组中的"翻转"选项，与"U/V/W 平铺"微调器旁的"翻转"复选框不同。"对齐"选项按钮实际上是翻转Gizmo的方向，而"翻转"复选框中的"翻转"则是翻转指定贴图的方向。

Planar（平面）：从对象上的一个平面投影贴图，在某种程度上类似于投影幻灯片，如下图所示。

Cylindrical（柱形）：圆柱形投影用于基本形状为圆柱形的对象。位图接合处的缝是可见的，除非使用无缝贴图，如下图所示。

Spherical（球形）：球形投影用于形状为球形的对象。在球体顶部和底部，位图边与球体两极交汇处会看到缝和贴图极点，如下图所示。

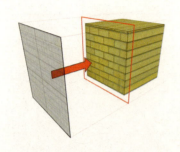
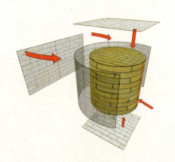

Shrink Wrap（收缩包裹）：收缩包裹使用球形贴图，但是会截去贴图的各个角，然后在一个单独极点将它们全部结合在一起，仅创建一个极点，如下图所示。

Box（长方体）：从长方体的6个侧面投影贴图。每个侧面投影为一个平面贴图，且表面上的效果取决于曲面法线，如下图所示。

Face（面）：对对象的每个面应用贴图副本。使用完整矩形贴图来组成贴图对象的每个面。贴图的面数与对象的面数是一一对应的，如下图所示。

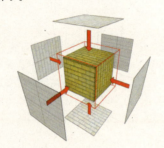
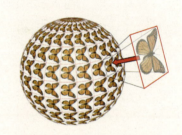

XYZ to UVW（XYZ到UVW）：将3D程序坐标贴图到UVW坐标。这会将程序纹理贴到表面。如果表面被拉伸，3D程序贴图也被拉伸。

右图所示左边物体的效果是已复制具有3D程序纹理的球体且副本被拉伸。右边物体的效果是在对象上使用"XYZ到UVW"选项并贴上3D程序纹理，并使其随曲面拉伸。

"UVW贴图修改器"的其他修改器

与"UVW贴图修改器"相对应的还有"UVW贴图添加修改器"、"UVW贴图清除修改器"和"UVW贴图粘贴修改器"，它们都是针对"贴图信息通道"而设置的。

"贴图通道信息"对话框会显示选中对象的所有通道数据。使用该对话框还可以命名通道以及清除、复制和粘贴通道。除重命名以外，以上每个命令都要在堆栈上添加一个修改器，才能达到效果。

6.4.2 展开UVW修改器

通过"展开 UVW"修改器可以为子对象选择指定贴图坐标，以及编辑这些选择的UVW坐标。

还可以使用它来展开和编辑对象上已有的UVW坐标。在"网格"、"面片"、"多边形"、HSDS或NURBS模型中，可以将贴图调整到合适的大小，如右图所示。

"展开UVW"修改器可以用作独立的UVW贴图器和UVW坐标编辑器，它也可以与"UVW贴图"修改器一起使用。

"展开UVW"修改器包括了选择参数卷展栏、参数卷展栏和位图参数卷展栏3个参数卷展栏。

Map Parameters（位图参数）卷展栏可以为选定的面、面片或曲面应用任意贴图类型，并用任何方式对齐贴图Gizmo。

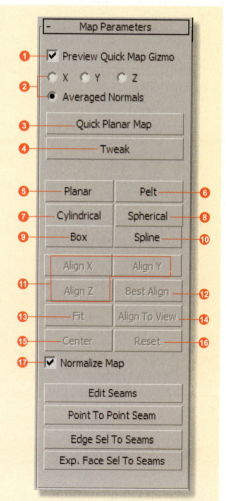

❶ **预览快速贴图Gizmo**：启用此选项时，只适用于"快速贴图"工具的矩形平面贴图Gizmo，会显示在视口中选择的面的上方。

❷ **X/Y/Z/平均法线**：选择快速贴图Gizmo的对齐方式，垂直于对象的局部X、Y或Z轴，或者基于面的平均法线对齐。

❸ **快速平面贴图**：基于"快速贴图"Gizmo的方向将平面贴图应用于当前的选定选择。

❹ **扭曲**：单击该按钮，则可以在视口中拖动对象的编辑点，以改变展开图中改点的位置。

❺ **平面**：将平面贴图应用于选定面。

❻ **皮毛**：将毛皮贴图应用于选定面。

❼ **柱形**：对当前选定的面应用圆柱形贴图。

❽ **球形**：将球形贴图应用于选定面。

❾ **长方体**：对当前选定的面应用长方体贴图。

❿ **样条线**：将样条线贴图应用于选定的面。

⓫ **对齐X/Y/Z**：将 Gizmo 对齐到对象本地坐标系中的 X、Y、Z 轴。

⓬ **最佳对齐**：调整贴图Gizmo的位置、方向，根据选择的范围和平均法线缩放使其吻合面选择。

⓭ **适配**：将Gizmo缩放为所选择的范围，使其居中于所选择范围上。

⓮ **对齐到视图**：重新调整贴图 Gizmo 的方向使其面对活动视口，然后根据需要调整其大小和位置以使其与选择范围相符。

⓯ **中心**：移动贴图Gizmo以使它的轴与选择中心对齐。

⓰ **重置**：缩放Gizmo使其与选择吻合并与对象的本地空间对齐。

⓱ **规格化贴图**。

Normalize Map（规格化贴图）：启用此选项后，缩放贴图坐标，使其符合标准坐标贴图空间0至1。禁用此选项后，贴图坐标的尺寸与对象本身相同。

Edit Seams（编辑接缝）：在视口中用鼠标选择边来指定毛皮接合口。

Point To Point Seam（点到点的接缝）：在视口中用鼠标选择顶点来指定毛皮接合口。

Edge Sel To Seams（边选择转换为结合口）：将修改器中的当前边选择转化为毛皮接合口。

Exp.Face Sel To Seams（将面选择扩展至结合口）：扩展当前的面选择使其与毛皮接合口的边界吻合。

使用Selection Parameters（选择参数）卷展栏中的这些设置，可以创建或修改要在修改器中使用的子对象选择。

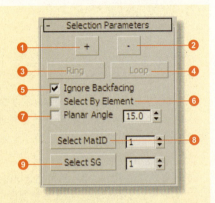

❶ **+按钮**：通过选择选定面附近的所有面来扩展选择。

❷ **-按钮**：通过取消选中非选定面附近的所有面减少选择。

❸ **环形**：通过选择所有平行于选中边的边来扩展边选择。圆环只应用于边选择。

❹ **循环**：在与选中边相对齐的同时，尽可能远地扩展选择。循环仅用于边选择，而且仅沿着偶数边的交点传播。

❺ **忽略朝后部分**：进行区域选择时，不选中视口中不可见的面。

❻ **按元素选择**：可以选择 "元素"。

❼ **平面角**：单击一次，就可以选择连续共面的面。

❽ **选择MatID**：可以通过 "材质 ID" 启用面选择。

❾ **选择平滑组**：可以通过 "平滑组" 启用面选择。

Parameters（参数）卷展栏中的参数，集中了展开UVW编辑器最常用和最重要的参数。

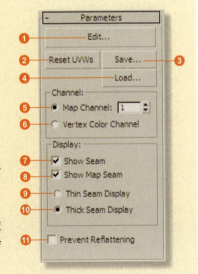

❶ **编辑**：显示 "编辑UVW" 对话框。

❷ **重置UVW**：在 "编辑UVW" 对话框中重置UVW坐标。

❸ **保存**：将UVW坐标保存为UVW格式的文件。

❹ **加载**：加载一个保存的UVW文件。

❺ **贴图通道**：设置贴图通道。

❻ **顶点颜色通道**：可将通道定义为顶点颜色通道。

❼ **显示接缝**：启用此选项时，毛皮边界在视口中显示为蓝线。

❽ **显示贴图接缝**：启用此选项时贴图的边界在视口中显示为绿线。

❾ **显示薄的结合口**：使用相对细的线条，在视口中显示对象曲面上的贴图结合口和毛皮结合口。

❿ **显示厚的结合口**：使用相对粗的线条，在视口中显示对象曲面上的贴图边界。

⓫ **防止重展平**：此选项主要用于纹理烘焙。启用此选项后，渲染到纹理自动应用的 "展开UVW" 修改器的版本，默认情况命名为 "自动展平UV"，不会展平面。

⬛ **显示开放的贴图边和接口**

　　在应用 "展开UVW" 修改器以后，开放的贴图边或接合口会出现在视口中的修改对象上。这可以帮助用户来观察和识别对象表面上的贴图簇的位置，并且可以使用 "显示" 设置来切换这一功能，并设置线条的粗细。

6.4.3 曲面贴图修改器

Surface Mapper（WSM），即曲面贴图（WSM）修改器，在将贴图指定给NURBS曲面的时候，用于编辑贴图位置，并将贴图投影到曲面对象。

曲面贴图修改器的参数卷展栏只有几个参数供用户使用，如下图所示。

1 拾取NURBS曲面：拾取用于投影的 NURBS 曲面。

2 曲面：在拾取NURBS曲面之前显示"none（无）"；在拾取NURBS曲面之后显示该曲面的名称。

3 输入通道：在投影之前选择要使用的 NURBS 曲面贴图通道。

4 输出通道：在投影之后选择要使用的修改对象的贴图通道。

5 始终：在贴图更改时更新视口。

6 手动：仅在单击"更新"按钮时才更新视口。

7 更新：更新视口。只有在选择了"手动"选项后，此选项才可用。

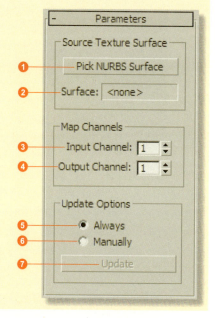

▶▶ 6.5 为场景添加材质贴图

贴图能够让材质表现得更加丰富，在学习完本章的知识点以后，读者即可将材质与贴图结合起来使用，从而使画面的表现更具冲击力和真实感。

通过下面的案例，来充分展示贴图的作用和使用方法，看看是如何将下左图中的白模，变成下右图中的极具质感的写实场景效果。

原始文件：场景文件\Chapter 6\场景-原始文件\
最终文件：场景文件\Chapter 6\场景-最终文件\
视频文件：视频教学\Chapter 6\为场景添加材质贴图.avi

6.5.1 运用混合贴图制作墙面材质

步骤1： 打开场景文件，在场景中已经设置好了灯光与摄像机，如下图所示。切换到摄像机视图中，并按快捷键F9渲染场景对象，如右图所示，场景是一个类似于公园的一个角落的模型。

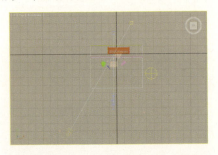

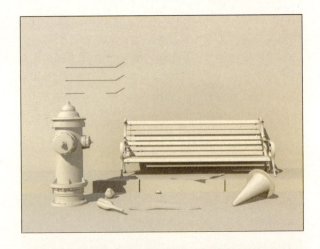

步骤2： 按快捷键M打开材质编辑器，选择任意一个材质球，单击该材质球漫反射旁的空白按钮，为材质表面赋予一个混合贴图，并且依次为混合贴图指定砖纹贴图、石头颗粒贴图和一张黑白贴图，材质球效果如下图所示。材质贴图的具体位置及设置，如右图所示。

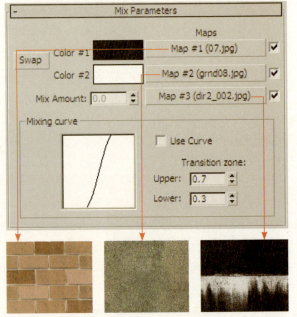

步骤3： 依次调整3张贴图的贴图坐标，Color#1的贴图坐标如下图所示。在将贴图的"平铺"参数设置为7以后，砖纹的大小就显得更加符合场景大小的比例了。

Color#2的贴图坐标如下图所示。为了让贴图之间的接缝显得不明显，在这里使用的是将贴图"镜像"并且细分，这样贴图的大小得到了调整，并且接缝也不会很明显。

将Color#3的贴图进行裁剪，保留贴图的一部分，并且对贴图进行旋转，效果如下图所示。

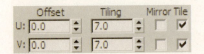

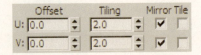

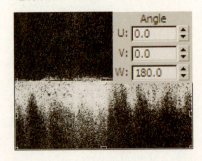

步骤4: 将漫反色颜色的贴图关联复制到凹凸贴图的位置，如下图所示。渲染场景文件，预览墙体的效果，如右图所示。

◢ 6.5.2 为消防栓制作贴图

消防栓贴图还是运用的混合贴图来完成，在一般情况下，混合贴图总是能够很好地表现做旧的贴图效果。

步骤1: 首先还是选择一个材质在漫反射颜色贴图上赋予混合贴图，并以此制定混合贴图的位图贴图，材质球效果如下图所示，混合贴图指定的位图和位置如右图所示。

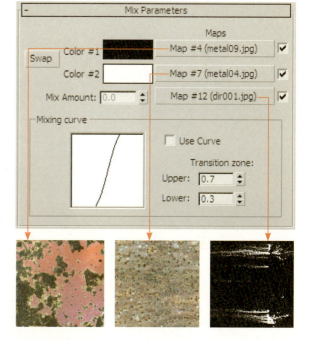

步骤2: 依次设置3张贴图的贴图坐标。Color#1的贴图保持不变；Color#2的贴图需要进行镜像平铺，Color#2的贴图效果与参数如图1所示；对Color#3的贴图进行裁剪旋转，效果如右图2所示。

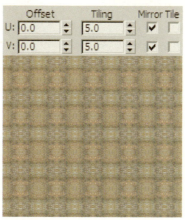

图1

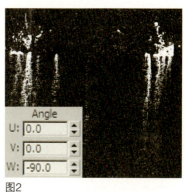

图2

步骤3：将材质的漫反射贴图位置的贴图关联复制到凹凸贴图的位置，让材质具有做旧效果的颗粒感，材质球效果如下图所示。

步骤4：将材质赋予场景中消防栓的柱身，并为对象添加UVW贴图修改器，设置修改器的贴图类型为"柱形"，然后单击"匹配"按钮，效果如下图所示。

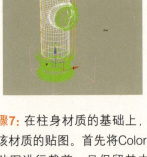

步骤5：调整材质的高光及光滑度，修改凹凸贴图的"数量"参数，将默认的30修改为100，并渲染场景对象，效果如下图所示。

步骤6：在材质编辑器中将消防栓柱身的材质球，拖曳到旁边的材质球上，复制一个该材质球，如下图所示。

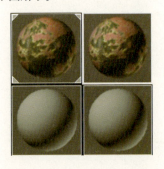

步骤7：在柱身材质的基础上，调整该材质的贴图。首先将Color#1的贴图进行裁剪，只保留其中一部分，如下图所示。

步骤8：然后将原来柱身材质中Color#3的贴图进行替换，将下图所示的贴图作为混合贴图的蒙板。

步骤9：将修改的材质赋予消防栓的顶部对象，并对顶部对象添加UVW贴图修改器，将顶部对象的贴图修改器类型设置为"长方体"，然后单击卷展栏下方"适配"按钮，如图1所示。渲染场景，效果如图2所示。

图1

图2

步骤10：将顶部材质指定给消防栓的其他部分，并为底部对象和两个接口添加UVW贴图修改器。设底部对象修改器类型为"长方体"；接口的修改器类型为"柱形"，如图1所示。按快捷键F9渲染场景文件，如图2所示。

图1

图2

6.5.3 为地面材质制作贴图

在为地面材质添加贴图的时候，使用的是"置换"贴图，因为置换贴图是依据贴图的颜色，通过改变对象的外形，来模拟出凹凸的纹理质感的，比较适合于制作纹理质感很强的材质上。

在同样的参数效果下，凹凸贴图与置换贴图的区别如右图所示，从右边的对比图片就能明确在什么情况下适合使用置换贴图，什么情况下适合使用凹凸贴图。

步骤1： 在材质编辑器中为地面材质的漫反射贴图和置换贴图指定同样的一张贴图，如右图所示。指定了贴图的材质球效果如下图所示。

步骤2： 在贴图卷展栏的"置换"贴图项中，将默认的置换贴图的数量修改为5。

将地面材质赋予场景中的地面对象，渲染场景效果如下图所示。

步骤3： 修改贴图的贴图坐标，将贴图的纹理进行细分。为了避免相邻贴图之间的接缝导致贴图失真，在这里选择"镜像"类型进行细分，具体参数如下图所示。

难点解析 使用"置换"贴图

可以将置换贴图直接应用到以下种类的对象中。
- Bezier 面片
- 可编辑网格
- 可编辑多边形
- NURBS 曲面

对于其他各种几何体，例如基本体、扩展基本体、复合对象等，不可以直接应用置换贴图。

要对这些种类的对象使用置换贴图时，要先使用"置换近似"修改器。

步骤4： 为使用置换贴图的对象
添加"置换网格"修改器，使用
了置换网格修改器以后，在视图
中可以发现，地面对象的造型依
据贴图发生了改变，如下图所
示。渲染场景对象，效果如右图
所示。

6.5.4 制作其他材质的贴图

在将上面材质的贴图制作完
毕以后，剩下的贴图就显得相对
比较简单了。贴图的作用就是在
材质表现对象的物理质感的基础
上，再为对象添加符合其特点的
纹路和颜色，这样材质的真实感
就愈加显得鲜明，如右图所示。

在对剩余部分对象的贴图进
行选择的时候，可以根据摄像机
镜头中对象的主次关系和所选择
的贴图质量的要求高低来决定。

步骤1： 制作墙面指示牌的木纹贴图。制作指示牌的贴图很简单，分别给材质的漫反射颜色贴图，和凹凸贴图上制定同一张木纹图片，然后对选择的木纹贴图进行裁剪修改，只保留其中的一半，如右图所示。

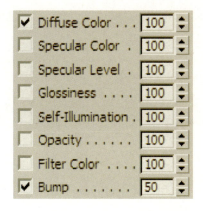

步骤2： 为指示牌制定贴图坐标。将设置的材质赋予指示牌对象，选择该对象，为其添加UVW贴图修改器，设置贴图类型为"面"，对齐轴为X，然后单击"匹配"按钮，让贴图坐标大小与对象匹配，如下图所示。

步骤3： 通过顶视图会发现，由于对象的坐标与贴图坐标不吻合，导致贴图坐标与对象不一致，如下图所示。

选择对象，在修改命令面板的UVW贴图修改器堆栈中单击Gizmo选项，调整贴图坐标轴，使其与对象吻合，如右图所示。

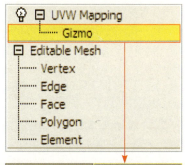

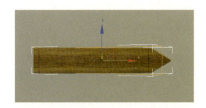

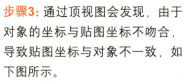

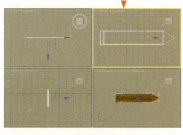

步骤4： 复制指示牌的材质，将漫反射贴图与凹凸贴图位置的位图替换，并将新的贴图材质指定给椅子木条对象，如下图所示。

步骤5： 选择一个新的材质，为该材质的漫反射贴图指定一个红白相间条纹的位图，并将其赋予场景中的路障对象，如下图所示。

步骤6： 选择一个新的材质球，在该材质球的漫射颜色位置，指定一张贴图，为了符合场景色调，这里选择了一张做旧的手绘图，如下图所示。

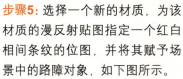

步骤7：制作地面的砖石贴图。选择一个新的材质球，并在其漫反射颜色位置指定一张红色的大理石贴图，并将贴图进行裁剪，如下图所示。

为材质的凹凸贴图指定"噪波"贴图，并设置噪波贴图的参数，如右图所示。

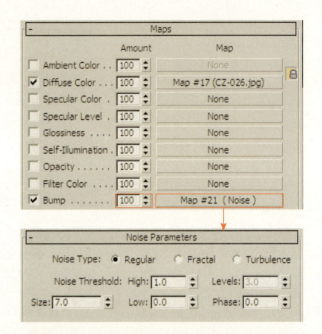

步骤8：设置草地材质的贴图。选择一个新的材质球，在其漫反射颜色位置指定一张草地的贴图，并设置草地贴图的坐标，然后将漫反射颜色的贴图关联复制到材质的凹凸贴图位置，并将凹凸贴图的"数量"修改为100，如右图所示。草地材质的最终效果如下图所示。

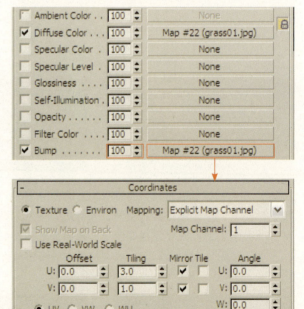

步骤9：为灯光阴影指定贴图。灯光也是可以使用贴图的，在通常情况下为灯光指定贴图，都是为了模拟出光线照射时产生的阴影，使用灯光的阴影贴图可以不用创建模型就产生投影效果。

选择场景中的平行灯光，在其修改命令面板的Advanced effects（高级效果）卷展栏中，勾选投影贴图项中"Map（贴图）"复选框，然后单击"Map（贴图）"旁边的按钮，在弹出的"材质/贴图浏览器"中为该项指定一张树影贴图，如右图所示。

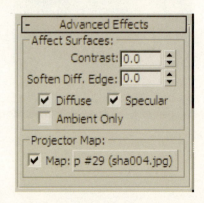

步骤10：对场景进行渲染。渲染场景对象的时候，可以发现场景中的投影除了场景对象的阴影以外，还叠加了贴图的阴影。

由于灯光贴图的阴影参数无法在3ds Max中进行修改，因此在选择灯光阴影贴图的时候，需要对贴图进行选择，并且通过第三方软件进行修改，最终效果如右图所示。

CHAPTER 7

架设摄影机与布置灯光

经典作品赏析

▶ 上图为艺术家Bogdan Urdea创建的静帧表现作品，该作品选择了一个非常合适的观察角度，汽车的正面和侧面都得到了充分的展示，加上背景环境与车身材质对比强烈，整个汽车非常突出。从技术角度来讲，场景使用环境（贴图）照明，灯光则更多地起到辅助作用，比如加强了整体亮度和高光强度，摄影机应用了景深效果，这样使背景和汽车更自然地结合，整个画面显得主次分明。

▶ 上图为艺术家Javier Núñez创作的地下通道出入口作品，该作品完美地表现了光线溢入和逆光的效果，需要利用光度学灯光和间接照明技术才能让这种环境下的光照接近真实。

▶ 上图为艺术家Dan Tsuberi的作品，此作品真实地表现了太阳直射的曝光程度和阴影效果。

▶ 上图为艺术家Ddy Ssanto创作的作品，通过摄影机的运动模糊效果，表现出小鸟振翅飞动的瞬间，其效果犹如使用真实相机抓拍一般。

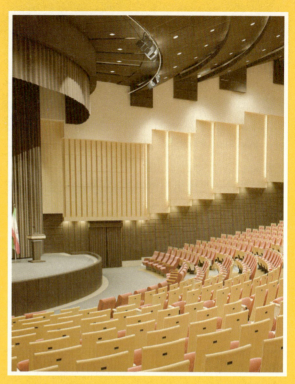

▶ 上图为艺术家Omid Seraj创作的大型剧场的效果图，在1该场景中，灯光不仅用于照明，更重要的是用于烘托明亮、轻松的气氛。

▶ 上图为艺术家Bertrand Benoit创作的室内场景静帧表现作品，Bertrand Benoit选择了一个略为倾斜的构图角度，在表现茶几上盆栽的同时，使构图尽量符合日常轻松自在的感觉。远处矮柜上放置了一盏开启的台灯，使得场景中透露出一丝暖意，另外，摄影机应用了景深效果，使室内更弥漫温馨的家庭气氛。

▶▶ 7.1 摄影机

在3ds Max中，Cameras（摄影机）对象可以创建一个特定的观察点来表现场景，这个观察点对应一个对于编辑几何体和设置渲染场景非常有用的摄影机视口，通过这个视口，可以模拟真实世界中的静止图像或视频动画等，右图所示为场景中的摄影机示例。

摄影机也可以用于创建动画，例如制作建筑表现中的漫游动画。

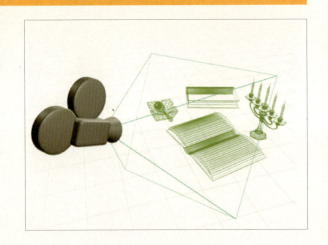

▨ 7.1.1 摄影机的特性

在真实世界中，无论是相机还是摄影机，其光学原理都是一样的，利用光的直线传播性质和光的反射、折射规律，以光子为载体，通过光学镜头将物体反射的光聚集到具有灯光敏感性的焦点平面，形成可视的影像。同样，3ds Max提供的摄影机虽然不能计算光和摄影机的关系，但同样提供了与真实摄影机中的光学计算相关的参数，如镜头大小、视野等。

▨ 1. 镜头焦距

焦距本来是一个光学中的量，当一束平行光沿透镜的主轴穿过凸透镜时，在凸透镜的另一侧会汇聚成一点，这一点叫做焦点，焦点到凸透镜中心的距离即为这个凸透镜的焦距，真实的相机镜头上通常都会注明焦距范围，如右图所示。

在摄影机中，焦距是指镜头和灯光敏感性曲面间的距离，焦距影响对象显现在图片上的清晰度，焦距越小，图片中包含的场景就越多，焦距越长，虽然场景显示减少，但可显示远距离对象的更多细节。

相比于真实的摄影机，在3ds Max中并不需要许多其他的控制，如控制聚焦镜头和推近胶片，甚至连镜头也是通过焦距来控制的。

焦距的单位

焦距始终是以毫米为单位进行测量的。50mm镜头通常是摄影机的标准镜头。焦距小于50mm的镜头称为短镜头或广角镜头。焦距大于50mm的镜头称为长镜头或长焦镜头。

视野（Field of View）是指摄影机的可视宽度，以水平线度数进行测量，与镜头的焦距直接相关，当调整Lens（镜头）参数时，FOV（视野）参数也会产生相应的变化，镜头焦距越长，视野越窄，反之则视野越宽。

另外，视野的宽窄变化会导致画面透视变形，通常情况下，短焦距、宽视野的镜头会加强透视扭曲，使场景看起来更深、更模糊；长焦距、窄视野的镜头则会减少透视扭曲，使对象压平或平行，下图所示为两种接近极端的镜头应用效果。

短焦距、宽视野的效果

长焦距、窄视野的效果

7.1.2 3ds Max的摄影机类别

3ds Max提供了两种摄影机类别，即Target Camera（目标摄影机）和Free Camera（自由摄影机），这两种摄影机在属性上完全一样，惟一的区别在于前者具有目标点，后者没有目标点。正是这简单的区别，使两种摄影机要分别应用于没有摄影机动画和有摄影机动画的场景，如Target Camera（目标摄影机）适用于静帧表现的角度调试，在创作建筑漫游动画时，则要应用Free Camera（自由摄影机）。

1. 目标摄影机

目标摄影机由摄影机本身和目标点组成，如右图所示，其中，目标点的意义可以看作是将焦点具象化。将目标点定位在需要的位置，然后对摄影机本身进行变换操作。另外，利用目标摄影机可以创建一些有趣的镜头效果。

2. 自由摄影机

运用自由摄影机可以更轻松地设置动画，在电视或电影中常出现这样的镜头：街道由近至远，然后突然转向，甚至还出现倾斜的效果，这种镜头就是通过推进和倾斜摄影机来完成的，真实的摄影机是没有目标点的。因此，在3ds Max中，要使用自由摄影机来完成这些镜头的制作，右图所示为场景中的自由摄影机。

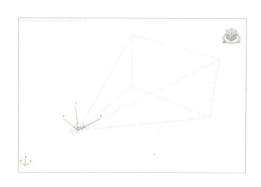

目标摄影机的动画设置

设置目标摄影机的动画时，要沿着路径设置目标和摄影机的动画，最好将它们链接到虚拟对象上，然后设置虚拟对象的动画。

【实战练习】创建并操作摄影机

原始文件：场景文件\Chapter 7\创建并操作摄影机-原始文件\
最终文件：场景文件\Chapter 7\创建并操作摄影机-最终文件\
视频文件：视频教学\Chapter 7\创建并操作摄影机.avi

步骤01 打开本书配套光盘中与该内容相关的场景文件，在Perspective（透视）视图中调整一个适当的观察角度。

步骤02 按下快捷键Ctrl+C，以观察透视视图的视点，创建一个Target Camera（目标摄影机）。

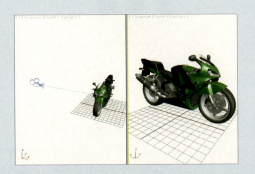

步骤03 分别移动目标点和摄影机，可以改变观察中心和观察方向，如Top（顶）视图中为摄影机最终位置，右侧为Camera（摄影机）视图效果。

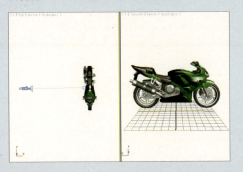

步骤04 在场景中创建一个Free Camera（自由摄影机），创建过程中可观察到，该类型摄影机垂直于视图坐标或平行于透视视口中的Z轴。

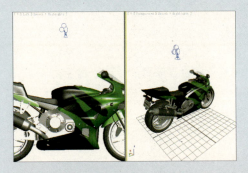

步骤05 要改变自由摄影机的观察范围或方向，可以直接对摄影机进行移动或旋转操作，下图所示为正面俯视时的摄影机位置和摄影机视口观察效果。

难点解析：自由摄影机的方向

自由摄影机的初始方向是单击的视口中活动构造网格的负Z轴方向。同时，由于摄影机是在活动的构造平面上创建的，在此平面上也可以创建几何体，所以在摄影机视口中查看对象之前必须移动摄影机。

7.1.3 控制摄影机

要使创作的场景有更好的构图，就要全面掌握摄影机的控制方法，在调整摄影机的取景位置或方向时，不能仅仅使用变换工具，在此操作中，摄影机视口工具起着主导作用，如推拉、侧滚、平移等，这些调整方法达到的效果和精确程度是变换工具很难达到的。另外，3ds Max摄影机提供的参数，在一些特定环境下显得尤为重要，如剪切平面、环境范围等。

1. 摄影机视口工具

在场景中创建了摄影机，且当前视口为摄影机视口时，在视口控制工具区域将出现一些新的工具，如右图所示。

❶ Dolly Camera（推拉摄影机）：该工具还备有两个下拉按钮，即Dolly Target（推拉目标点）和Dolly Camera+Target（推拉摄影机+目标点），使用这些按钮可以沿着摄影机的主轴移动摄影机，移向或移离摄影机所指的方向，下图所示为不同情况下的效果。

❷ Perspective（透视）：该工具可同时调整FOV（视野）和Dolly Camera（推拉摄影机），以在保持场景构图的前提下，增加或减少透视张角量，如下图所示。

❸ Roll Camera（侧滚摄影机）：该工具围绕其视线旋转目标摄影机，围绕其局部Z轴旋转自由摄影机。

❹ Field-of-View（视野）：调整视口中可见的场景数量和透视张角量。

❺ Walk Through（穿行）：使用该工具可通过按下包括方向键在内的一组快捷键，在视口中移动摄影机。其下拉按钮Truck Camera（滑动摄影机）工具则可以沿着平行于视图平面的方向移动摄影机。

❻ Orbit Camera（环游摄影机）：该工具可围绕目标旋转摄影机，其下拉按钮Pan Camera（平移摄影机）可围绕摄影机旋转目标。

原始的摄影机视口渲染

将摄影机拉远后的效果

摄影机和目标同时拉远效果

放大视野的效果

环游摄影机后的角度

平移摄影机的效果

2. 摄影机参数

目标摄影机和自由摄影机共用相同的参数面板，参数面板提供了常用的控件，如镜头的快捷按钮、剪切平面参数等，如下图所示。

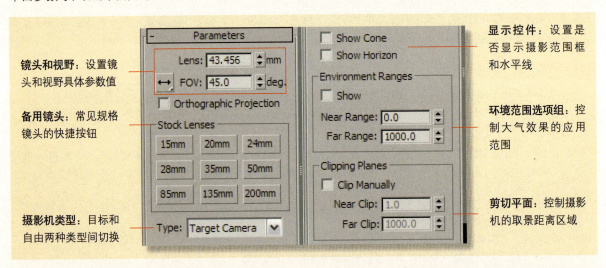

镜头和视野：设置镜头和视野具体参数值

备用镜头：常见规格镜头的快捷按钮

摄影机类型：目标和自由两种类型间切换

显示控件：设置是否显示摄影范围框和水平线

环境范围选项组：控制大气效果的应用范围

剪切平面：控制摄影机的取景距离区域

【实战练习】调整摄影机参数

原始文件：场景文件\Chapter 7\调整摄影机参数-原始文件\
最终文件：场景文件\Chapter 7\调整摄影机参数-最终文件\
视频文件：视频教学\Chapter 7\调整摄影机参数.avi

步骤01 打开本书配套光盘中与该内容相关的场景文件，以下图所示的观察角度创建一个Target Camera（目标摄影机）。

步骤02 在摄影机的Parameters（参数）卷展栏中，单击备用镜头85mm按钮，改变镜头焦距，使摄影机可观察到更多的细节。

步骤03 勾选Clip Manually（手动剪切）复选框，设置Near Clip（近距剪切）和Far Clip（远距剪切）参数值，这时在视口中可看到两条红线。

步骤04 表示Near Clip（近距剪切）和Far Clip（远距剪切）红色线框之外的场景将不可见，场景也只渲染线框内的对象。

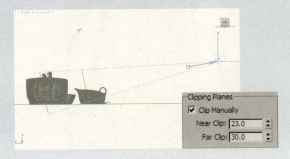

▶▶ 7.2 多重过滤效果

摄影机提供了Multi-Pass Effect（多重过滤效果）功能，此功能通过偏移摄影机，以多个通道渲染场景，从而产生景深或运动模糊效果，选项参数如右图所示。

启用：控制摄影机是否启用多重过滤效果

下拉列表：可以选择运动模糊或景深

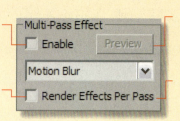

预览：可在视口中预览景深效果

渲染每过程效果：将渲染效果应用于多重过滤效果的每个过程

◢ 7.2.1 景深

无论是现实生活中的摄影创作还是使用3ds Max的虚拟创作，构图原理是一样的，其中摄影机的景深效果有着举足轻重的作用，不仅能突出照片主体，还能影响画面的整体效果。

▶ 1.真实的景深控制

在真实世界里，景深范围内的焦点处清晰度最高，其他影像则随着与焦点的距离增大而逐渐模糊，可以说，景深的位置和深浅是由焦点决定的。

焦点主要受到光圈、焦距、物距这3个因素影响，当调整焦点位置时，景深自然会产生相应的变化，且具有如下规律。

▲ 镜头光圈与景深成反比关系，光圈越大，景深越小。

▲ 焦距与景深成反比关系，焦距越长，景深越小。

▲ 物距与景深成正比关系，物距越近，景深越小。

光圈小，景深大的效果

光圈大，景深小的效果

焦距短，景深大的效果

焦距长，景深小的效果

物距近，景深小的效果

物距远，景深大的效果

2. 3ds Max的景深

景深是聚焦清晰的焦点前后可接受的清晰区域，3ds Max的摄影机也可以模拟出真实世界中的景深效果，其模拟原理是为摄影机设定抖动参数，将每一次抖动渲染成一个单独的通道，最后进行合成得到景深效果，其主要参数可以在Depth of Field Parameters（景深参数）卷展栏中进行设置，如下图所示。

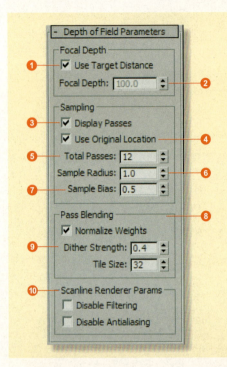

❶ **使用目标距离**：将摄影机到目标点的距离作为焦点深度。

❷ **焦点深度**：以数值的形式设置焦点的位置，其中0为摄影机位置，100为无穷远。

❸ **显示过程**：渲染过程中渲染帧窗口显示多个渲染通道。

❹ **使用初始位置**：启该该选项，第一个渲染过程位于摄影机的初始位置。

❺ **过程总数**：生成景深效果的过程数。

❻ **采样半径**：值越大，模糊效果越强烈。

❼ **采样偏移**：设置模糊效果靠近或远离采样半径的权重。

❽ **规格化权重**：启用该选项，权重将被规格化，会获得较平滑的结果。

❾ **抖动强度**：控制应用于渲染通道的抖动程度。

❿ **扫描线渲染器参数**：使用该区域选项可以设置在渲染多重过滤场景时禁用抗锯齿或滤镜功能。

【实战练习】摄影机的景深测试

🔴 原始文件：场景文件\Chapter 7\摄影机的景深测试-原始文件\
最终文件：场景文件\Chapter 7\摄影机的景深测试-最终文件\
视频文件：视频教学\Chapter 7\摄影机的景深测试.avi

步骤 01 打开本书配套光盘中与该内容相关的场景文件，并创建一个摄影机。

步骤 02 启用摄影机的多重过滤效果功能，并选择景深类型。

步骤 03 单击Preview（预览）按钮，可在摄影机视口中预览默认的景深效果。

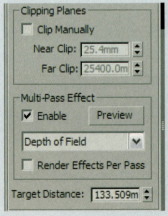

步骤04 设置Total Passes（过程总数）为2，预览景深，可发现只有两个重影模拟景深。

步骤05 如果设置过程总数为12，可观察到由于生成效果的过程数增多，预览的景深效果也更细致。

步骤06 如果设置Sample Radius（采样半径）值为1，模糊效果将不明显。

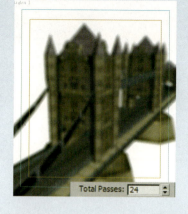

步骤07 如果设置采样半径参数值为10，再次预览，可观察到由于值过大，模糊效果过于剧烈。

步骤08 如果设置Sample Bias（采样偏移）参数为0，得到更随机的模糊效果。

步骤09 如果设置采样偏移值为1，将得到更均匀的模糊效果。

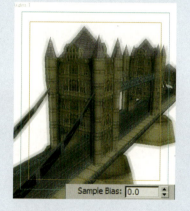

步骤10 如果取消勾选Use Target Distance（使用目标点距离）复选框，设置焦点深度为100，稍微偏离目标点位置。

步骤11 再次预览场景，可观察到由于焦点位置已改变，景深模糊的中心也发生了变化。

焦点深度的用途

　　Focal Depth（焦点深度）值较小时，模糊效果较夸张；值较大时，将模糊场景中的远处部分。

　　通常来说，使用Focal Depth（焦点深度）选项而不勾选Use Target Distance（使用目标距离）选项可模糊整个场景。

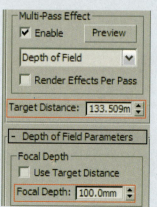

7.2.2 运动模糊

　　3ds Max的摄影机也可以模拟真实摄影机的运动模糊效果，与生成景深模糊效果的原理一样，通过在场景中形成偏移渲染通道，模拟摄影机的运动模糊，右图所示为常见的运动模糊效果。

　　当在Multi-Pass Effect（多重过滤效果）选项组中选择Motion Blur（运动模糊）后，会出现相应的参数卷展栏。尽管运动模糊和景深是两种不同的概念，但其效果和原理相似，所以相应的参数卷展栏中的参数也基本相同，如右图所示。

　　另外，在3ds Max中，要通过摄影机完成运动模糊效果，场景中的对象必须具有动作。

持续时间：设置动画中将应用运动模糊效果的帧数

抖动强度：与景深效果一样，用于控制应用于渲染通道的抖动程度

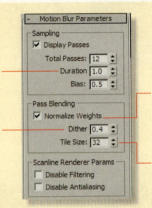

规格化权重：启用该选项，可以避免出现诸如条纹这些人工效果

平铺大小：设置抖动时图案的大小，该值是百分比

【实战练习】摄影机的运动模糊

原始文件：场景文件\Chapter 7\摄影机的运动模糊-原始文件\
最终文件：场景文件\Chapter 7\摄影机的运动模糊-最终文件\
视频文件：视频教学\Chapter 7\摄影机的运动模糊.avi

步骤01 打开本书光盘中提供的与本例相应的原始文件。

步骤02 选择蝴蝶物体在运动中的某个时间，如第92帧。

步骤03 启动摄影机的运动模糊功能，并在视口中预览效果。

步骤04 渲染该帧，可看到需要使用大量时间计算运动模糊效果。

步骤05 如果关闭运动模糊，则只需要很少的渲染时间。

难点解析：运动模糊的使用

如果要应用运动模糊效果，通常情况下，会通过渲染或环境特效进行添加，而不会通过摄影机模拟来实现，因为这样会成倍增加渲染时间，在后面的环境和效果章节将会更深入地讲解运动模糊。

▶▶ 7.3 真实照明与CG照明

在真实世界中，摄影师、舞台设计师以及室内表现设计师都会对照明系统进行精心规划，通过调控光线满足照明场景、突出产品、营造气氛等需要，这些照明方法，也可以应用在3ds Max的场景中。下图所示为波兰艺术家Lukasz Szeflinski拍摄的真实照片和以真实照片作为参考制作的CG场景渲染效果，从照明的角度来说，CG模拟的照明几乎可以完全达到真实的光照效果。

拍摄的真实照片

CG场景渲染效果

◤ 7.3.1 真实世界的照明

在学习使用3ds Max中的灯光之前，本小节会介绍真实世界中的灯光照明相关知识，这有助于读者更好地了解灯光。

在真实世界中，光线由光源产生，以空气为主要介质进行直线传播，当光线照射到某一个物体表面时，这个表面将反射或折射这些光线，这也是人眼能够观察到事物的基本原理。

真实世界中产生光线的主要光源可分为自然光源和人工光源，自然光源如日光、月光等，在一个场景中人工光源可能会比较复杂，通常有多个相似强度的光源，这两种光源既可以作为主要照明光源，也可以作为环境背景光源，如右图所示。总体来说，场景中存在的主要光源可分为自然光源、人工光源和环境光源。

　　在本书中，为了便于读者理解，自然光源被定义为太阳，自然光是太阳光（月光）及其衍生光，太阳（月亮）的衍生光是指天空（云层）以及场景环境对太阳光（月光）的散射、漫反射。

　　既然自然光始终来自于太阳（月亮），那么光线强度、颜色等光线的基本特征主要受时间和气候因素的影响，比如在清晨日出前，自然光接近深红并略微偏蓝，在黄昏时，自然光可能比黄色更红，在晴朗的天气中，自然光的颜色则为浅黄色，多云的天气则为蓝色，如下图所示。

破晓时分的自然光

日落黄昏时的自然光

天气晴朗时的自然光

多云时分的自然光

2. 人工光源

　　人工光源通常用于夜间和光线不够充足的场景空间中，是相对于自然光的灯光光源，由具有一定发光特性的各种光源提供的，通常情况下，一个场景中可以同时具有多个人工光源，特别是在室内场景中，人工光源更是作为主要光源而存在。

　　人工光源相对于自然光源有很大的优势，包括客观限制条件少、光线传播方向易控制、亮度易调整、阴影效果更柔和以及能使用特殊效果等，如下图所示。

在光线不足的场景中使用人工光源

人工光源的特殊效果

3. 环境光

当光线射到物体进行反射时，其中一种反射是将光线以相同的强度在各个方向上均匀发散，作泛光状，这种被反射出的光线通常称为环境光，又称背景光或背光，是一种能够影响（照亮）整个场景的常规光线。另外，环境光可以由自然光源反射而来，也可以由人工光源反射而来，如下图所示。

由于环境光不具有可辨别的光源和方向，因此通常用于室外场景，如使用环境光颜色来加深阴影。环境光还具有以下作用。

▲ 营造环境气氛，如阴冷的地下室、火爆的演唱会现场等。

▲ 暗示场景气候、时间，如阴晴日夜。

▲ 烘托主体，突出效果。

自然光源产生的环境光

人工光源产生的环境光

7.3.2 灯光照明的主要特性

3ds Max可模拟真实照明，但比真实灯光的照明行为更为简单，本节将进一步介绍影响灯光照明因素的相关知识，这些知识是学习3ds Max灯光照明技术的基础。

1. 强度

在真实世界中和在3ds Max中一样，灯光的强度决定了灯光的照亮范围和亮度，只是在真实世界中，灯光使用通用的照明单位，3ds Max中则利用倍增和颜色进行控制，下图所示为不同灯光强度的效果。

灯光强度较大

灯光强度较弱

2. 颜色

灯光的颜色主要取决于生成光线的过程，如太阳光通常为浅黄色，白炽灯泡生成偏橙黄色的灯光。同时，灯光的颜色也受光线传播介质或对象材质影响，如偏蓝的天光就是光线通过云层时产生折射导致的颜色变化，下图所示为不同颜色灯光的照明效果。

灯光的颜色为加性色，通过混合不同颜色的灯光，可以以叠加的算法得到新的颜色。总体来说，叠加的灯光越多，总的灯光亮度越强，颜色越接近白色。

蓝色灯光的照明效果

红色灯光的照明效果

两种颜色灯光的照明效果

3. 色温

日常生活中所见到的光线，是由7种色光的光谱组成的，但有些光线偏蓝，有些偏红，色温这一概念就是用来度量和计算光线颜色成分的，是表示光源光谱质量通用的指标，在描述光源的颜色时非常有用，色温单位为K（开尔文）。

另外，在3ds Max中要使用物理学中的能量值、分布和颜色温度进行设计，需要创建光度学灯光，下表是常见的色温规格。

常见光源的色温和色调		
自然光		
光源	色温	色调
阴天	6000K～7500K	130
中午时分的日光	5000K～5500K	58
日出日落时分的日光	2000K～3000K	7
人工光源		
光源	色温	色调
卤钨灯	3200K	29
100W～250W家用白炽灯	2900K	16
25W白炽灯	2500K	12
蜡烛	1800K	5

> **提示　控制色温的白平衡**
>
> 在真实世界中，由于相机采光元件的原因，照片与真实场景存在色温差异，要消除这种差异，就需要使用白平衡。简单地说，白平衡是指对白色物体的还原，如白色茶杯的拍摄效果如果偏红，那么就应该设置偏蓝的白平衡，使茶杯颜色尽量接近白色。
>
> 3ds Max中的摄影机和灯光虽然没有白平衡这一概念，但白平衡调整色温的方法仍然被广泛采用，如在光度学灯光中应用灯光的过滤颜色。而在一些插件中，则具有包括白平衡在内的与真实摄影机相同的参数。

4. 衰减

光线是具有能量的，所以当光线在传播时，其强度将随着距离加长而减弱，距离光源越近的区域越亮，越远的区域越暗，这就是灯光的衰减现象。在理想状态下，灯光以平方反比速率进行衰减，但通常，光线往往会穿过有灰尘的空气或在雾中传播，这时，光线的衰减幅度更大。

对于3ds Max中的灯光，不存在能量守衡等客观物理定律，任何场景都处于理想状态，所以可以设置灯光衰减的范围，这样使灯光在不同的场景环境中更贴近真实世界，如下图所示。

没有衰减的灯光产生的阴影

启用衰减的灯光产生的阴影

5. 入射角度

光线在到达物体表面时，光线与物体表面的夹角称为入射角，光线与物体表面越接近垂直，物体表面接收的光线越多，看起来越明亮；光线与物体表面越接近平行，物体表面接收的光线越少，看起来越暗，如下图所示。3ds Max无法完全考虑真实世界中的各种因素，但可通过对象表面的法线与光线到对象曲面的向量来计算入射角，这仍然符合真实世界中的光照原理。

入射角正对视角时受光正常

入射角几乎等于视角时受光最大

6. 反射光和环境光

任何物体都会对光线进行反射，只是反射量不同，表面越光滑的物体，反射光线越多，如镜子几乎反射所有光线；表面越粗糙的物体，反射光线则越少，如磨砂塑料表面几乎没有高光。反射不仅创建了环境光，也完成了间接照明，下图所示为有反射光和无反射光的效果对比。

有反射光的间接照明效果

无反射光的直接照明效果

3ds Max的灯光和物体是不会产生反射光和环境光的，如果单纯按照真实世界的照明方案创建灯光，是难以达到真实效果的。因此，使用标准灯光照明场景时通常要创建比实际更多的灯光，用于模拟主要光源、反射光、环境光等。当然，通过3ds Max的光度学灯光、光能传递解决方案以及各种具有全局光照系统的渲染插件，能够更便捷地达到真实世界照明的效果。

▶▶ 7.4 标准灯光

Standard Lights（标准灯光）可以模拟各种光源，如家用的白炽灯、舞台使用的射灯以及太阳光等。3ds Max共提供了8种标准灯光，如右图所示，这8种灯光能够以不同的方向和方式发射光线及生成阴影，以模拟真实世界中不同种类的光源。

每一种标准灯光都具有相同的基本参数，但同时具有与其特性相关的参数，如Omni（泛光灯）是向所有方向发射光线的灯光，所以没有目标的控制参数，而Spot（聚光灯）则是类似筒灯一样地发射光线的灯光，所以具有控制方向和范围的参数。在这8种标准灯光中，带有mr字样的灯光主要应用在mental ray渲染器环境下，本章就不再进行详解了。

✏ 7.4.1 标准灯光的基本参数

标准灯光的基本参数是影响照明的基本因素，主要包括Multiplier（倍增）、Color（颜色）、Decay（衰退）、Attenuation（衰减）、Advanced Effects（高级效果）以及Exclude/Include（排除/包含）等参数。

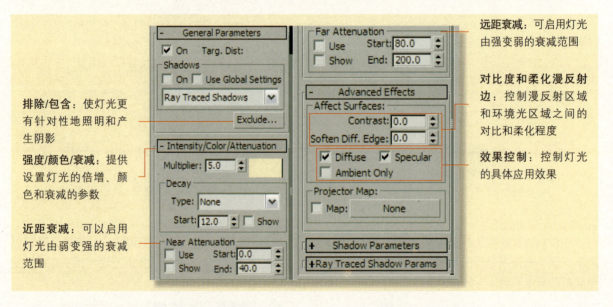

排除/包含：使灯光更有针对性地照明和产生阴影

强度/颜色/衰减：提供设置灯光的倍增、颜色和衰减的参数

近距衰减：可以启用灯光由弱变强的衰减范围

远距衰减：可启用灯光由强变弱的衰减范围

对比度和柔化漫反射边：控制漫反射区域和环境光区域之间的对比和柔化程度

效果控制：控制灯光的具体应用效果

在这些参数中，Decay（衰退）和Attenuation（衰减）是很容易混淆的，Decay（衰退）实际上就是前面小节介绍过的灯光衰减特性，有Inverse（倒数）和Inverse Square（平方反比）两种方式，其基本原理如下。

▲ Inverse（倒数）：公式为R_0/R，其中R_0表示灯光的径向源，R表示与R_0照明曲面的径向距离。

▲ Inverse Square（平方反比）：公式为$(R_0/R)^2$，这种方式更符合真实世界的灯光衰减。

Attenuation（衰减）参数可以看成是Decay（衰退）的补充，特别是在存在大量灯光的场景中，使用该参数可以控制每个灯光的场景照明比例。

原始文件：场景文件\Chapter 7\灯光衰减应用-原始文件\
最终文件：场景文件\Chapter 7\灯光衰减应用-最终文件\
视频文件：视频教学\Chapter 7\灯光衰减应用.avi

步骤 01 打开本书光盘中提供的与本例相对应的原始文件，并在场景中创建一盏Skylight（天光）。

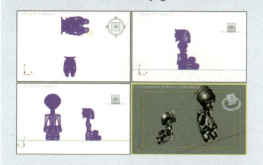

步骤 02 采用场景文件的默认设置进行渲染，可观察到天光的基本照明效果。

步骤 03 在场景中创建一盏Target Spot（目标聚光灯），使灯光倾斜照明场景，创建位置如下图所示。

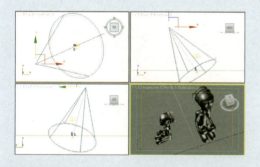

步骤 04 再次渲染场景，可观察到场景在目标聚光灯的照射下，产生了明显的阴影，照明强度也明显增加。

步骤 05 降低灯光的Multiplier（倍增）值，修改灯光的颜色，然后进行渲染，可观察到聚光灯的照明强度较弱，阴影也不明显。

步骤 06 在灯光的Decay（衰退）选项组中将Type（类型）设为Inverse（倒数），可以在视图中观察到灯光衰退的开始范围，如图所示。

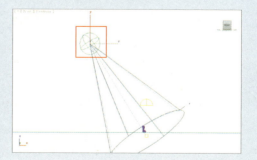

倍增参数的特点

　　Multiplier（倍增）可将灯光的功率放大一个正或负的量，例如，将倍增设置为2，灯光将亮两倍，如果设置倍增为-2，则可以使照明区域范围的亮度下降1/2，这对于在场景中有选择地放置黑暗区域非常有用。

步骤 07 渲染场景，可观察到灯光具有衰退效果后，当衰退到一定的距离时，光线已经变得很弱，产生的照射效果更自然，产生的阴影更淡。

步骤 08 如果将Type（类型）设为Inverse Square（平方反比），灯光的衰退将更明显，在同样位置开始衰退时，明显比Inverse（倒数）更弱，几乎不产生阴影。

步骤 09 启用Near Attenuation（近距衰减）选项组，并设置Start（开始）和End（结束）的参数，可从视图中观察到两个范围框，灯光从光源到Start（开始）位置距离一直为0值，从Start（开始）到End（结束）这段距离，灯光将从0淡入至设定值。

步骤 10 渲染场景，可观察到由于衰减的Start（开始）位置在场景物体远处，即已超出摄影机可视范围，因此物体所在区域将不受聚光灯的照明（除全局照明因素），其渲染效果和天光照明基本一致。

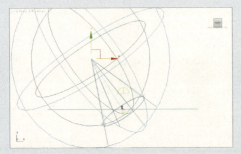

步骤 11 启用Far Attenuation（远距衰减）选项组，在Start（开始）和End（结束）两个范围框中灯光将从设定值淡出至0，下图所示为视图中的范围框。

步骤 12 渲染场景，可观察到在Start（开始）之外的场景区域，受到聚光灯的设定值照明，而在Start到End的距离中，灯光照明则越来越弱。

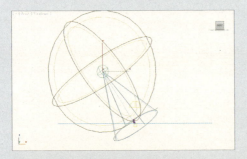

应用灯光衰减的注意事项

如果没有衰减，则当对象远离光源时，将错误地显示一个对象以使其变得更亮，这是因为该对象的大多数面的入射角更接近0°。如果灯光启用衰减，近距曲面上的灯光可能过亮，或者远距曲面上的灯光可能过暗，这时可以使用曝光参数进行纠正，将物理场景的动态范围调整得更大，显示的动态范围调整得更小，相关知识将在环境的章节中进行详解。

7.4.2 平行光和聚光灯的区别

Direct（平行光）、Spot（聚光灯）和其他标准灯光一样，具有控制灯光照明特性的大多数参数，其中，Direct（平行光）能像手电筒一样，以一个方向发射平行光线，主要用于模拟太阳光照；Spot（聚光灯）则像闪光灯一样发射出聚焦的光束，就像室内吊顶内置的筒灯在墙体上照明出一个锥形的区域，下图所示为平行光和聚光灯的照射效果。

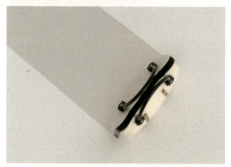

平行光的照射效果

聚光灯的照射效果

平行光和聚光灯都有设定光锥（光柱）的大小范围和形状的参数，下图为聚光灯参数介绍，相关的参数在Spotlight Parameters（聚光灯参数）卷展栏中。

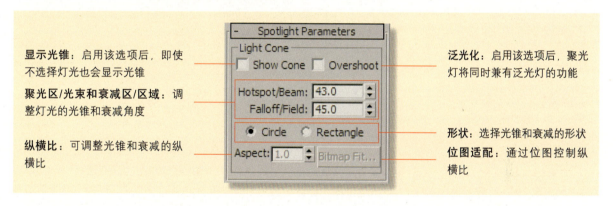

显示光锥：启用该选项后，即使不选择灯光也会显示光锥

聚光区/光束和衰减区/区域：调整灯光的光锥和衰减角度

纵横比：可调整光锥和衰减的纵横比

泛光化：启用该选项后，聚光灯将同时兼有泛光灯的功能

形状：选择光锥和衰减的形状

位图适配：通过位图控制纵横比

在这些参数中，Hotspot/Beam（聚光区/光束）和Falloff/Field（衰减区\区域）都是以度为单位的，其中Falloff/Field（衰减区/区域）值始终大于Hotspot/Beam（聚光区/光束）值，这是因为Hotspot/Beam（聚光区/光束）表示灯光锥体（柱体）的照明范围角度，在这个范围内，灯光在径向距离上始终处于设定值，而Falloff/Field（衰减区/区域）则表示灯光在径向距离上从设定值衰减至0的范围。下图所示为Hotspot/Beam（聚光区/光束）区域和Falloff/Field（衰减区/区域）选项的应用效果。

聚光区略小于衰减区产生生硬的照明边缘

衰减区越大，照明边缘越生硬

7.4.3 天光

在前面的章节中已经介绍过，真实世界中天光是太阳光的一种形式，是太阳光透过云层时产生的漫反射光线，Skylight（天光）作为一个较为特殊的标准灯光则可模拟此种照明效果，尽管在普通场景下没有明显效果，但在引入了全局光照的场景中则能产生自然的照明和柔和的阴影，右图为只有天光照明的场景。

天光的参数非常简单，主要用于设置天光强度和颜色。

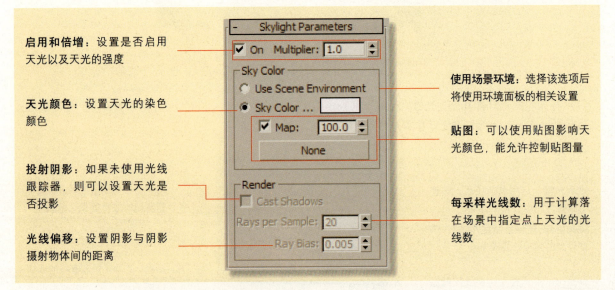

启用和倍增：设置是否启用天光以及天光的强度

天光颜色：设置天光的染色颜色

投射阴影：如果未使用光线跟踪器，则可以设置天光是否投影

光线偏移：设置阴影与阴影摄射物体间的距离

使用场景环境：选择该选项后将使用环境面板的相关设置

贴图：可以使用贴图影响天光颜色，能允许控制贴图量

每采样光线数：用于计算落在场景中指定点上天光的光线数

由于3ds Max的灯光和默认扫描线渲染器并没有间接照明概念，所以在应用天光时，只有通过Light Tracer（光线跟踪器）高级照明插件或mental ray渲染器才能体现出天光的效果，这些知识将在后面的渲染章节进行详细介绍。其实如果读者了解天光的特点，使用其他标准灯光也能模拟出天光的效果，下图所示为使用聚光灯模拟天光的灯光布置位置和照明效果。

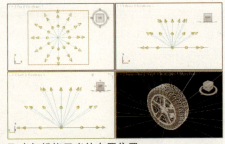

聚光灯模拟天光的布置位置

聚光灯模拟天光的照明效果

使用泛光灯模拟天光

使用Omni（泛光灯）同样可以模拟天光。与聚光灯一样，利用泛光灯模拟天光时需要多个灯光进行阵列，建议使用Shadow Map（阴影贴图）阴影类型，另外，需要启用Attenuation（衰减）参数。由于泛光灯的照明是面向所有方向的，所以在阵列排列上不用向聚光灯那样需要一个照明中点，只要将泛光灯的阵列位置均匀排列即可。

▶▶ 7.5 光度学灯光

Standard Lights（标准灯光）提供了灯光的标准化参数修改，例如强度、颜色范围等。但是真实世界中的灯光有自己的度量单位。Photometric（光度学）灯光使用光度学（光能）值来定义灯光，就像真实世界中的一样，它使用平方反比衰减并依赖于使用实际单位的场景。用户可以创建具有各种分布和颜色特性的灯光，或导入特定的光度学文件。

Photometric（光度学）灯光包含Target Light（目标灯）、Free Light（自由灯）和mr Sky Portal（mental ray天光）3种类型。

◼ 7.5.1 光度学灯光基本参数

光度学灯光具有强度、颜色、衰减等控制选项，但这些参数都是以真实世界中的灯光度量单位为基准的。下图是光度学灯光的Templates（模板）、General Parameters（常规参数）和Intensity/Color/Attenuation（强度/颜色/衰减）卷展栏。

模板：在该卷展栏中可以选择预设的灯光类型

灯光属性：设置是否启用灯光和是否开启目标点

阴影：设置光度学灯光的阴影

灯光分布：选择灯光的分布类型

颜色：设置光度学灯光的颜色和色温

强度：设置光度学灯光的强度

暗淡：控制光线的暗淡

远距衰减：设置光度学灯光衰减范围

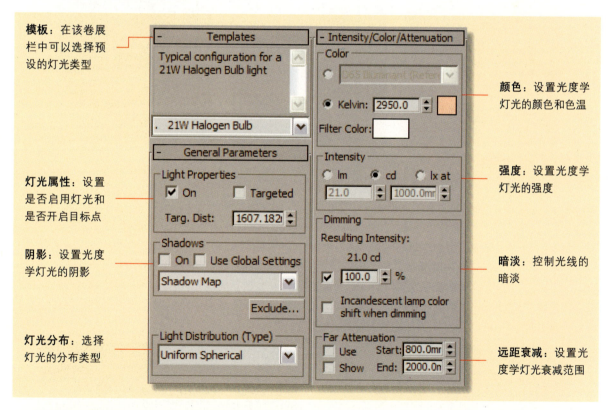

提示 使用模板

Templates（模板）卷展栏中提供了多种类型的灯光，且都是在真实世界中常见的灯光种类，选择了灯光类型后，上方会出现该灯光的说明介绍。右图所示为模板卷展栏中提供的灯光类型的下拉列表。

在Dimming（暗淡）选项组中勾选Resulting Intensity（结果强度）复选框可以指定用于降低灯光强度的倍增百分比，下面3幅图为设置百分比分别为500、200和10时的效果。

暗淡百分比为500　　　　　　暗淡百分比为200　　　　　　暗淡百分比为10

使用颜色过滤器模拟置于光源上的过滤色的效果。如果灯光本身就具有颜色，那么使用颜色过滤器就可以将两种颜色进行叠加。下面3幅图为在灯光的基本色为淡黄色的情况下设置过滤色分别为白色、蓝色和红色的效果。

过滤色为白色　　　　　　　　过滤色为蓝色　　　　　　　　过滤色为红色

光度学灯光的强度有下面3种度量单位。

▲ lm（流明）：测量整个灯光（光通量）的输出功率。100瓦的通用灯泡约有1750 lm的光通量。

▲ cd（坎德拉）：测量灯光的最大发光强度。100瓦通用灯泡的发光强度约为139 cd。

▲ lx（lux）：测量由灯光引起的照度，该灯光以一定距离照射在面向光源方向的曲面上。勒克斯是国际场景单位，等于1流明/平方米。照度的美国标准单位是尺烛光（fc），等于1流明/平方英尺。

光度学灯光也可以设置衰减范围，虽然这并不能解释真实世界的灯光原理，但设置衰减范围可在很大程度上缩短渲染时间。如果场景中存在大量的灯光，则使用远距衰减可以限制每个灯光所照场景的比例。下面两幅图分别为没启用远距衰减和启用远距衰减时的效果。

没有启用远距衰减　　　　　　　　　　　启用远距衰减

7.5.2 光度学灯光的分布方式

光度学灯光的Light Distribution（灯光分布）选项组提供了Photometric Web（光度学Web）、Spotlight（聚光灯）、Uniform Diffuse（均匀漫反射）和 Uniform Spherical（均匀球形）4种分布类型。

Photometric Web
Spotlight
Uniform Diffuse
Uniform Spherical

1. Photometric Web（光度学Web）

光度学Web分布使用光域网定义分布灯光。光域网是光源的灯光强度分布的3D表示，下图所示为光度学Web的分布示意图。Web定义存储在特定的文件中。很多照明厂商都提供了针对灯光产品的Web文件。Web文件可以是 IES、LTLI或CIBSE格式。

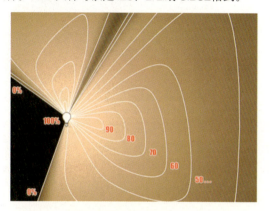

2. Spotlight（聚光灯）

聚光灯分布像闪光灯一样投影聚焦的光束，灯光的光束角度控制光束的主强度，区域角度控制光在主光束之外的散落范围。下图为聚光灯分布的示意图。

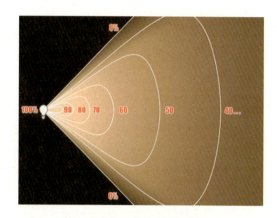

扫描线与menatl ray渲染器对光束的处理

扫描线渲染器和mental ray渲染器对光束角度和区域角度的处理方法是不同的。使用扫描线渲染器时，光束以最大强度投射光，而区域角度则限制光束所投射的区域。使用mental ray渲染器时，光束中心的强度为100%，但在光束角度上将衰减至50%，并且在区域角度上衰减至接近 0 ，另外，有些光还可能会被投射到区域角度之外。

3. Uniform Diffuse（均匀漫反射）

均匀漫反射分布仅在半球体中投射漫反射灯光，就如同从某个表面发射灯光一样。均匀漫反射分布下从各个角度观看灯光时，它都具有相同的强度。下图为均匀漫反射分布的示意思图。

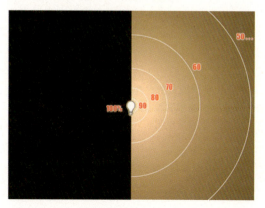

4. Uniform Spherical（均匀球形）

球形分布可以在各个方向上均匀地投射灯光，下图为均匀球形分布的示意图。

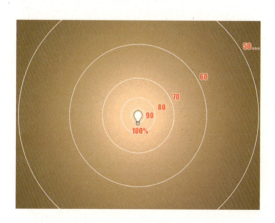

Uniform Diffuse（均匀漫反射）和Uniform Spherical（均匀球形）分布类型没有提供其他的参数设置，所以选择这两种类型后不会出现相关的卷展栏。而选择Photometric Web（光度学Web）分布类型后会开启光度学Web参数卷展栏。

7.5.3 光域网

光域网实际就是前面所介绍的Photometric Web（光度学Web）分布方式，是光源灯光强度分布的3D表示。平行光分布信息以IES格式（使用IES LM-63-1991标准文件格式）存储在光度学数据文件中，而对于光度学数据则采用LTLI或CIBSE格式。可以加载各个制造商所提供的光度学数据文件，将其作为Web参数。在视口中，灯光对象会更改为所选光度学Web的图形。右图所示为使用光域网表现的墙壁上的射灯效果。

光域网是灯光分布的三维表示。它将测角图表延伸至三维，以便同时检查垂直和水平角度上的发光强度。光域网的中心表示灯光对象的中心。任何给出方向上的发光强度与Web和光度学中心之间的距离成比例，在指定的方向上沿着与中心保持直线进行测量。下面通过两个示例来说明光域网的灯光分布原理。

▲ **均匀球形分布示例**：均匀球形分布也称为同向分布。图表中的所有点与中心是等距的，因此灯光在所有方向上都可均等地发射，如下左图所示。

▲ **椭圆形分布示例**：−Z轴方向上的点与+Z轴方向上相应的点离原点的距离相同，因此相同的灯光量可上下照射。没有一个点有较大的X或Y分量，因此有极少的灯光从光源处横向投影，如下右图所示。

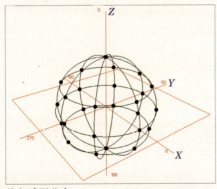

均匀球形分布

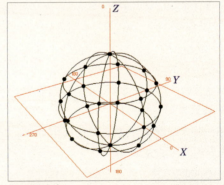

椭圆形分布

为了描述一个光源发射的灯光的方向分布，3ds Max在光度学中心放置一个点光源模拟该光源。根据此相似性，分布只以传出方向的函数为特征，提供用于水平或垂直角度预设的光源的发光强度，并且3ds Max可按插值沿任意方向计算发光强度。通常，光度学数据使用图表进行描述。用于显示轴旋转的图标称为测角。

选择Photometric Web（光度学Web）分布方式后会开启Distribution（Photometric Web）[分布（光度学Web）]卷展栏，在该卷展栏中可以选择光域网文件，并显示光域网文件的缩略示意图表如右图所示。这种类型的图表可直观地表示光源的发光强度如何随着竖直角度而发生变化。但是，水平角度是固定不变的，除非该分布关于轴对称，要描述完整的分布可能需要多个测角图表。

【实战练习】使用光域网

原始文件：场景文件\Chapter 7\使用光域网-原始文件\
最终文件：场景文件\Chapter 7\使用光域网-最终文件\
视频文件：视频教学\Chapter 7\使用光域网.avi

步骤 01 打开光盘中提供的原始场景文件，在默认的情况下预览渲染效果。

步骤 02 选择光度学灯光类型，在场景中墙壁的3个射灯下方创建3个相互关联的目标灯。

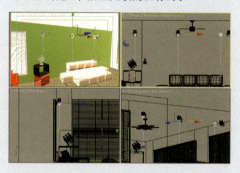

步骤 03 创建完毕后对场景进行渲染，可以看到墙壁上出现了3个圆形的光点。

步骤 04 在灯光的常规参数卷展栏中选择Photometric Web（光度学Web）分布方式。

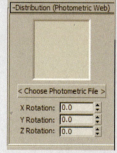

步骤 05 单击Choose Photometric File按钮，在打开的对话框中选择光盘中提供的IES文件。

步骤 06 打开IES文件后在场景中可以看到灯光的形状发生了变化。

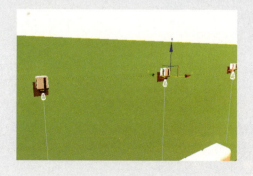

步骤 07 此时在Distribution（Photometric Web）卷展栏中可以观察到所选的光域网文件的示意图表。

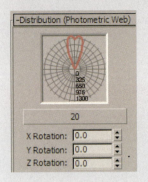

步骤 08 对场景进行渲染，墙壁上的光斑变为了光域网所提供的效果。

▶▶ 7.6 灯光的阴影

灯光照射对象，会在对象的后边留下阴影。阴影与灯光的照射角度和强度有很大的关系，真实世界中到处都存在着阴影，如右图所示。所以在3ds Max中如果不启用阴影就会显得不够真实。默认状态下3ds Max中的灯光是没有开启阴影的，需要在Shadow（阴影）选项组中勾选On（启用）复选框。下左图所示为没有启用阴影的场景渲染效果，下右图所示为开启阴影后的效果。

没有开启阴影　　　　　　　　　　　开启阴影

7.6.1 阴影参数

3ds Max提供了Shadow Map（阴影贴图）、Area Shadows（区域阴影）、Ray Traced Shadows（光线跟踪阴影）、Adv. Ray Traced（高级光线跟踪）4种不同的阴影类型，Shadow Parameters（阴影参数）卷展栏中的参数是公用参数，如右图所示，该卷展栏中的参数选项主要用于设置阴影的颜色、密度以及给阴影添加贴图等。下面4幅图分别为选择4种不同阴影类型时的效果。

阴影贴图　　　　　　　　　　　　区域阴影

光线跟踪阴影　　　　　　　　　　高级光线跟踪阴影

默认的阴影颜色为黑色，如下左图所示。通过在Shadow Parameters（阴影参数）卷展栏中设置Color（颜色）选项可以改变阴影的颜色，下右图所示为设置阴影颜色为红色时的效果。

阴影颜色为黑色　　　　　　　　　阴影颜色为红色

Dens.（密度）参数能够控制阴影的密度，密度越高，阴影就越浓，密度越小，阴影的颜色就越淡，下左图所示为阴影的Dens.（密度）参数为0.5时的效果，下右图所示为阴影密度为2时的效果。

阴影密度为0.5　　　　　　　　　阴影密度为2

阴影参数的通用性

　　Shadow Parameters（阴影参数）卷展栏适用于标准灯光和光度学灯光，但是Skylight（天光）和IES Light（IES天光）这两个灯光没有Shadow Parameters（阴影参数）卷展栏。

勾选Map（贴图）复选框可以给阴影添加贴图，如右图所示。给阴影添加贴图可以改变阴影的显示内容。启用了阴影贴图后，Dens.（密度）参数仍然对阴影的密度产生影响。

Light Affects Shadow Color（灯光影响阴影颜色）选项可以控制是否让灯光的颜色与阴影进行混合，但是该混合只有在启用了阴影贴图后才产生效果。如下左图所示，该场景中的灯光颜色为蓝色，不启用这个选项时，灯光的颜色不会对阴影中的贴图产生影响。如果启用该选项，灯光的颜色将和贴图进行混合，如下右图所示。

灯光不影响阴影贴图

灯光影响阴影贴图

在Atmosphere Shadows（大气阴影）选项组中勾选On（启用）复选框可以使大气效果也产生阴影，如右图所示，天空中的体积雾在模型上留下了红色的投影。Atmosphere Shadows（大气阴影）选项组包含Opacity（不透明度）和Color Amount（颜色数量）两个参数，分别用于控制大气阴影的透明程度和阴影颜色的混合程度。默认情况下，该选项处于禁用状态，即大气特效不产生阴影。

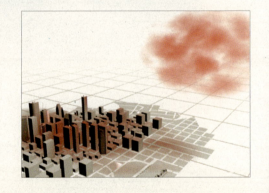

对象法线阴影

此控件与法线对象阴影的启用切换无关。灯光可以投影大气阴影，但不能投影法线阴影，反之亦然。它可以投影两种阴影，或两种阴影都不投影。

7.6.2 阴影贴图

Shadow Map（阴影贴图）是默认使用的阴影类型，是4种阴影类型中渲染速度最快的一种。右图所示为Shadow Map Params（阴影贴图参数）卷展栏。扫描线渲染器和mental ray渲染器都支持阴影贴图渲染类型。将光度学灯光与阴影贴图一起使用时，可为整个灯光球体创建半球形阴影贴图。要捕捉复杂场景中的细节，贴图的分辨率必须足够高。

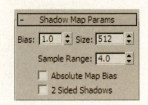

Bias（偏移）参数能够控制阴影和对象之间的距离，下面3幅图为设置阴影偏移分别为1、5和10时的效果，随着参数的提高，阴影逐渐远离对象。但在设置的同时要注意，如果偏移值太低，阴影可能在无法到达的地方泄露，如右图所示，从而生成叠纹图案或在网格上生成不合适的黑色区域。如果偏移值太高，阴影可能从对象中分离。

阴影偏移为1

阴影偏移为5

阴影偏移为10

Size（大小）参数用于设置阴影贴图的大小，这个大小以像素平方为单位，如右图所示。阴影贴图的尺寸越小，阴影质量就越差，尺寸越大，阴影的表现就越细致。下面3幅图为设置阴影大小分别为100、300和800时的效果。

大小为100

大小为300

大小为800

Sample Range（采样范围）决定阴影内平均有多少区域。该参数可以设置阴影边缘的柔和程度，较低的参数可以使阴影边缘产生锯齿效果。下面3幅图为设置采样范围分别为1、3和5时的效果。

采样范围为1

采样范围为3

采样范围为5

▨ 7.6.3 区域阴影

Area Shadows（区域阴影）可以应用于任何灯光类型。它的显著特点就是在阴影的边缘产生柔化的效果。如右图所示，影子右侧较远的边缘位置处显得非常虚化。mental ray渲染器不能支持Area Shadows（区域阴影）。与Shadow Map（阴影贴图）类型相比，区域阴影的渲染速度要更慢，但它的阴影更为真实。

Area Shadows（区域阴影）卷展栏中包含了Basic Options（基本选项）、Antialiasing Options（抗锯齿选项）和Area Light Dimensions（区域灯光尺寸）3个选项组。

基本选项：在此选项组中可以选择生成区域阴影的方式以及启用双面阴影

阴影完整性：设置在初始光来投影中的光线数

采样扩散：设置模糊抗锯齿边缘的半径（以像素为单位）

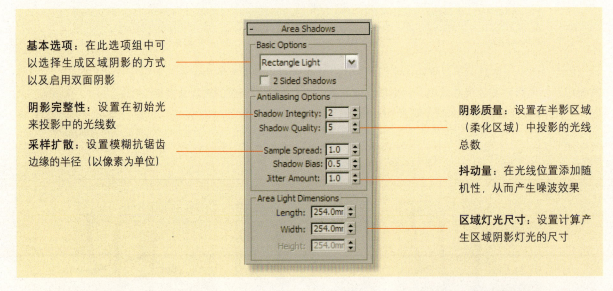

阴影质量：设置在半影区域（柔化区域）中投影的光线总数

抖动量：在光线位置添加随机性，从而产生噪波效果

区域灯光尺寸：设置计算产生区域阴影灯光的尺寸

区域灯光提供了5种不同类型的生成阴影方式，这几种方式的投射光线各不相同。

- ▲ Simple（简单）：从灯光向曲面投影单个光线。不计算抗锯齿或区域灯光。
- ▲ Rectangle Light（矩形灯光）：以长方形阵列中的灯光投影光线。
- ▲ Disc Light（圆形灯光）：以圆形阵列中的灯光投影光线。
- ▲ Box Light（长方体灯光）：从长方体灯光投影光线。
- ▲ Sphere Light（球体灯光）：从球体灯光投影光线。

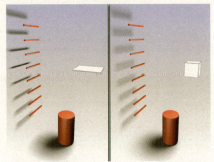

▶ 区域阴影阵列的形状影响阴影的投影方式。图中左侧为矩形灯光，右侧为长方体灯光

使用双面阴影

　　启用2 Sided Shadows（双面阴影）选项后，计算阴影时背面将不被忽略，外部的灯光不照亮对象的内部。这样将花费更多渲染时间。禁用该选项后，计算阴影时将忽略背面，渲染速度更快，但外部光将照亮对象的内部。

Shadow Integrity（阴影完整性）参数用于设置在初始光束投影中的光线数。这些光线从接收光源灯光的曲面进行投影。参数1表示4束光线，参数3表示9束光线，参数6表示36条光线，以此类推。下面3幅图为设置该参数分别为1、3和6时的效果。

阴影完整性参数为1　　　　　阴影完整性参数为3　　　　　阴影完整性参数为6

Shadow Quality（阴影质量）用于控制区域阴影的采样质量，参数越低阴影虚化边缘的噪点越多，下面3幅图为设置阴影质量分别为1、5和10时的效果。阴影质量值始终比阴影完整性值大，这是因为 3ds Max 使用相同的算法覆盖一级光线顶部的二级光线。

阴影质量为1　　　　　　　　阴影质量为5　　　　　　　　阴影质量为10

设置Jitter Amount（抖动量）可以使光线产生抖动效果，从而表现模糊的阴影效果。下面所示3幅图为设置该参数分别为0、5和15时的效果。

抖动量为0　　　　　　　　　抖动量为5　　　　　　　　　抖动量为15

◤ 7.6.4 光线跟踪阴影

Ray Traced Shadows（光线跟踪阴影）采用光线跟踪技术生成阴影的技术。它所产生的阴影效果非常锐利清晰，如右图所示。使用光线跟踪阴影，3ds Max将按照每个光线照射场景的路径来计算阴影，所以它的渲染速度比较慢，但是生成的阴影效果最精确。

Ray Traced Shadows（光线跟踪阴影）的参数卷展栏比较简单，只包含了3个参数，Ray Bias（光线偏移）参数和阴影偏移是相同的，用来控制阴影和对象之间的距离。Max Quadtree Depth（最大四元树深度）选项使用光线跟踪器调整四元树的深度。增大四元树深度值可以缩短光线跟踪时间，但会消耗大量的内存。

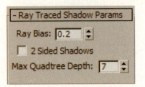

Adv. Ray Traced（高级光线跟踪）与光线跟踪阴影相似，但是它具有更多的控制参数。右图所示为高级光线跟踪阴影的参数卷展栏，可以看到，它的参数和Area Shadows（区域阴影）基本相同。下面两幅图分别为选择光线跟踪阴影时和高级光线跟踪阴影的效果，下左图的光线跟踪阴影更加锐利，下右图的高级光线跟踪阴影显得更加柔和。

光线跟踪阴影

高级光线跟踪阴影

▶▶ 7.7 制作水城场景环境光照

本节将向读者介绍如何给一个水城场景提供环境光照，以及如何使用光度学灯光制作灯带、点光效果。本案例使用了灯光的阵列来模拟环境光照效果。本例的最初效果与最终效果如下面两幅图所示。

◉ 原始文件：场景文件\Chapter 7\制作水城场景环境光照-原始文件\
最终文件：场景文件\Chapter 7\制作水城场景环境光照-最终文件\
视频文件：视频教学\Chapter 7\制作水城场景环境光照.avi

步骤1：打开光盘中提供的素材文件，这是一个水城的场景模型。

步骤2：在设置灯光前先在场景中创建一架摄影机，并调整摄影机视口的位置。

步骤3：在没有创建灯光的情况下进行渲染，该场景中已经设置好了mentat ray渲染器。

步骤4：在场景中创建一盏目标平行光作为主光源。

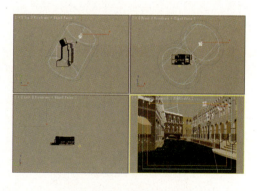

步骤5：在默认的情况下进行渲染，可以看到图像中出现了光照的效果。

步骤6：启用平行光的阴影，并选择Ray Traced Shadows（光线跟踪阴影）类型。

步骤7： 对场景进行渲染，可以看到图像中出现了清晰的阴影，但是亮度降低了。

步骤8： 将灯光的倍增设置为3，然后再次进行渲染，提高渲染图像的亮度。

步骤9： 在场景中如下图所示的台阶上创建一盏Free Light（自由灯）。

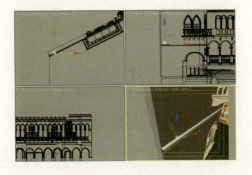

步骤10： 将该灯光沿着台阶以实例的形式进行复制，形成如下图所示的效果。

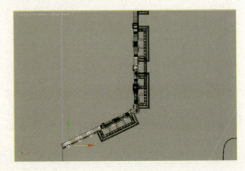

步骤11： 将灯光的颜色设置为橘黄色，并设置强度为1500cd。

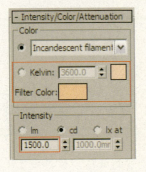

步骤12： 设置完毕后对场景进行渲染，可以看到左侧的台阶上出现了光点。

步骤13： 启用阴影贴图，然后选择灯光的图形类型为Line（线形）。

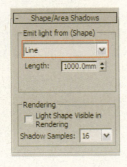

步骤14： 设置完毕后再次进行渲染，可以看到场景中出现了灯带的效果。

步骤15： 在栏杆的位置创建7盏相互关联的自由灯。

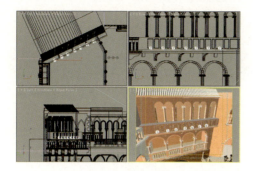

步骤17： 设置完毕后再次进行渲染。

步骤19： 再次渲染场景，可以看到灯光形成了光域网文件所提供的效果。

步骤21： 启用灯光的阴影，并设置颜色和强度。

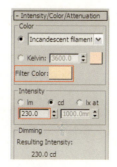

步骤16： 设置这些灯光的颜色均为橘黄色，并设置强度为200cd。

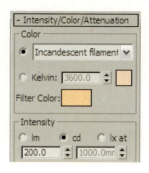

步骤18： 选择灯光的分布类型为光度学Web分布，并选择光盘提供的光域网文件。

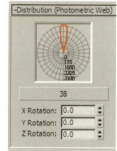

步骤20： 在每个路灯灯筒内创建一个光度学自由灯。

步骤22： 设置完毕后对场景进行渲染，观察渲染的效果。

步骤23： 下面进行环境光的设置，在场景中创建一盏目标聚光灯。

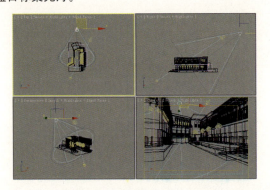

步骤24： 在Top（顶）视口中复制聚光灯，并摆放为圆形。

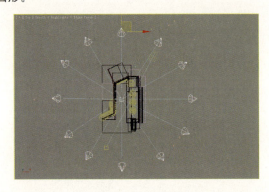

步骤25： 在Front（前）视口中将所有的灯光向上复制2次，然后调整为梯形的效果。

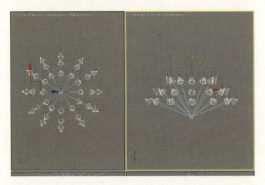

步骤26： 灯光阵列完成后，对灯光参数进行设置。

步骤27： 对场景进行渲染，可以看到图像整体的亮度提高了很多，并且光线的分布很均匀。

步骤28： 通过后期在图像中添加更多的内容来丰富画面。

CHAPTER

环境和效果

【重点内容】

1. 环境公用参数与曝光控制
2. 大气环境特效
3. 渲染特效的使用
4. 表现神秘的小镇场景

经典作品赏析

▶ 艺术家Neil创建的这个太空站基地画面，整个场景非常大气，可以看出作者在画面的背景处理上非常娴熟，使用了一张天空的背景图片，并且应用了镜头光晕特效以表现日落时强烈的余晖效果。整个基地模型和背景结合得非常好，画面中央的光晕特效起到了渲染气氛的作用。

▶ 艺术家Piotr Fox Wysocki的这幅角色作品画面非常简洁，以人物的面部为主，场景整体色调以绿色居多。观察画面可以看到，作者对背景图片进行了模糊处理，这样使人物和背景之间产生了一定的距离，加强了整个画面的空间效果，同时也更加突出了主体人物。

▶ 艺术家André P. J. Cantarel的这幅作品表现了一架正在空中飞行的黑鹰直升机，场景的动感非常强烈，螺旋桨旋转而产生的运动模糊特效以及背景中的地面远景效果图很好地表明了这是一架正在飞行的直升机。

▶ 艺术家Dennis Frick的这幅CG作品堪称三维模型与环境完美结合的典范。该场景中的越野车在3ds Max中制作完成，背景选用了一张丛林的图片。通常在给环境添加图片时，如何将三维模型与背景进行整合是一个比较重要的技术难点。作品的巧妙之处就在于通过应用灰暗投影材质以及光照将汽车模型与背景贴图完美地融合在一起，使整个场景看上去像照片一样。

▶▶ 8.1 环境公用参数与曝光控制

通过对3ds Max环境的设置，可以改变渲染或者操作视口的背景效果。背景可以是单纯的颜色，也可以是添加的图片。

如右图所示，汽车模型是在3ds Max中完成的，而背景则是一张城市道路的图片，通过使用灰暗阴影材质使三维模型与背景画面融为一体。

8.1.1 设置背景与全局光

在Environment and Effects（环境和效果）面板中可以对3ds Max的环境与效果进行设置。在菜单栏中执行"Rendering＞Environment"（渲染＞环境）命令或者按下快捷键8可以打开如下图所示的环境和效果面板。

环境与效果面板中包含Environment（环境）和Effects（效果）两个选项卡，分别对环境属性和渲染效果进行设置。在菜单栏中执行"Rendering＞Effects"（渲染＞效果）命令同样可以打开该面板并直接进入Effects（效果）选项卡下。

环境：该选项卡用于设置与环境相关的参数

公用参数：设置背景与全局光

效果：该选项卡用于给场景添加渲染特效

曝光控制：选择渲染的曝光种类

大气：给场景添加大气环境特效

Common Parameters（公用参数）卷展栏中包含Background（背景）与Global Lighting（全局光）两个选项组，分别对背景以及全局光的颜色等参数进行设置。

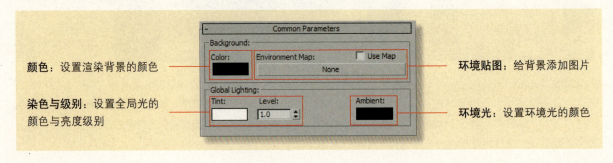

颜色：设置渲染背景的颜色

染色与级别：设置全局光的颜色与亮度级别

环境贴图：给背景添加图片

环境光：设置环境光的颜色

【实战练习】设置场景的背景和全局光

原始文件：场景文件\Chapter 8\设置场景的背景和全局光-原始文件.max
最终文件：场景文件\Chapter 8\设置场景的背景和全局光-最终文件.max
视频文件：视频教学\Chapter 8\设置场景的背景和全局光.avi

步骤01 打开光盘中提供的原始场景文件，在默认的情况下进行渲染，背景是黑色的。

步骤02 打开环境和效果面板，勾选Use Map（使用贴图）复选框。

步骤03 单击None（无）按钮 None ，在打开的Material/Map Browser（材质/贴图浏览器）中双击Bitmap（位图）选项。单击OK按钮。

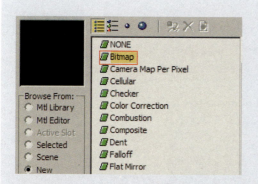

步骤04 在打开的Select Bitmap Image File（选择位图文件）对话框中选择一张天空的图片，单击"打开"按钮。

步骤05 选择了天空图片后继续对场景进行渲染，可以看到渲染画面中出现了添加的天空背景图案。

步骤06 在Global Lighting（全局光）选项组中设置Tint（染色）颜色为淡黄色。

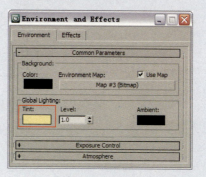

步骤 07 再次对场景进行渲染，可以看到飞机表面的色调受全局光颜色的影响变黄了。

步骤 08 将Level（级别）参数设置为2，此时的渲染效果亮度有所增加。

步骤 09 将Ambient（环境光）颜色设置为淡蓝色，然后对场景进行渲染，飞机表面的色调变为偏蓝色。

8.1.2 曝光控制

Exposure Control（曝光控制）卷展栏用于调整渲染的输出级别和颜色范围，与调整胶片曝光类似。当选择不同的曝光类型后，在Exposure Control（曝光控制）卷展栏的下方会出现该曝光类型的参数设置卷展栏，如下图所示。

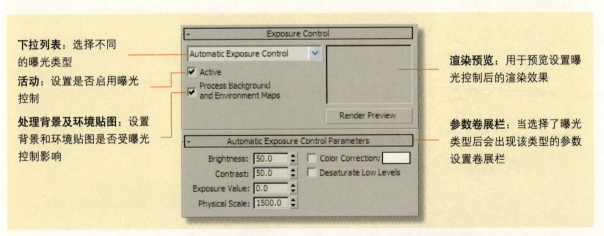

下拉列表：选择不同的曝光类型

活动：设置是否启用曝光控制

处理背景及环境贴图：设置背景和环境贴图是否受曝光控制影响

渲染预览：用于预览设置曝光控制后的渲染效果

参数卷展栏：当选择了曝光类型后会出现该类型的参数设置卷展栏

3ds Max提供了Automatic Exposure Control（自动曝光）、Linear Exposure Control（线性曝光）、Logarithmic Exposure Control（对数曝光）、mr Photographic Exposure Control（mr光子曝光）和Pseudo Color Exposure Control（伪彩色曝光）5种曝光方式，如右图所示。

Automatic Exposure Control
Linear Exposure Control
Logarithmic Exposure Control
mr Photographic Exposure Control
Pseudo Color Exposure Control

▲ **自动曝光**：从渲染图像中采样，并且生成一个直方图，以便在渲染的整个动态范围提供良好的颜色分离。自动曝光可以增强某些照明效果，否则，这些照明效果会过于暗淡而看不清。

▲ **线性曝光**：从渲染中采样，并且使用场景的平均亮度将物理值映射为RGB值。线性曝光最适合动态范围很低的场景。

▲ **对数曝光**：利用亮度、对比度以及场景是否为日光中的室外，将物理值映射为RGB值。对数曝光比较适合动态范围很高的场景。

▲ **mr光子曝光**：可模拟数码相机中的曝光模式，得到更为真实的效果。

▲ **伪彩色曝光**：该曝光类型实际上是一个照明分析工具。它可以将亮度映射为显示转换值亮度的伪彩色。

下面4张图为同一场景中在没有使用曝光时的渲染效果以及使用自动曝光、线性曝光、对数曝光3种曝光类型时的效果。

没有启用曝光

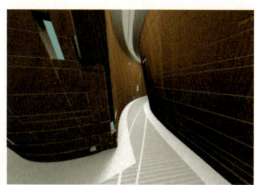

使用自动曝光

使用线性曝光

使用对数曝光

曝光的作用

曝光可以补偿显示器有限的动态范围。显示器的动态范围大约有两个数量级，显示器上显示的最亮的颜色比最暗的颜色大约亮100倍。眼睛可以感知大约16个数量级的动态范围，可以感知的最亮的颜色比最暗的颜色大约亮10的16次方倍。曝光控制可调整颜色，使颜色更好地适于眼睛的大动态范围，同时仍适合可以渲染的颜色范围。

每一种曝光类型都有自己的参数卷展栏，自动曝光、线性曝光和对数曝光的参数基本相同。下面来介绍这些参数对曝光会产生怎样的影响。

Brightness（亮度）参数用于控制场景的亮度。下图所示为默认参数为50时的效果。

该参数越大，场景显得越亮，下图所示为该参数设置为70时的效果。

将该参数设置为30进行测试渲染，效果如下图所示，此时场景变得非常黑暗。

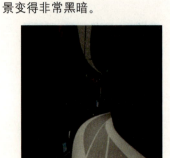

Contrast（对比度）参数用于控制场景的色彩对比度，下图所示为设置对比度为60时的效果。

将该参数设置为20并进行测试渲染，效果如下图所示，此时色彩的对比度比较低，颜色暗淡。

Exposure Value（曝光值）参数可用于设置整体的渲染亮度，值为正图像变亮，值为负图像变暗，如下图所示。

物理比例参数只能用于非物理灯光，可调整渲染，使其与眼睛对场景的反应相同。

启用颜色修正功能后，可以改变曝光的颜色过滤效果，下图所示为设置颜色修正为紫色时的效果。

启用降低暗区饱和度级别功能后，渲染器会使颜色变暗淡，类似于灯光变暗的效果，眼睛无法辨别颜色。

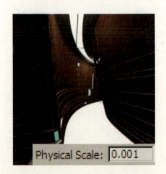

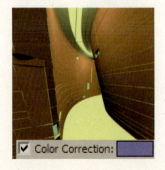

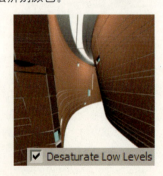

标准灯光的曝光和衰减

使用未衰减的标准灯光时，渲染的动态范围通常较低，因为整个场景的灯光强度不会剧烈变化。在这种情况下，只需要调整灯光值即可获得良好的渲染效果。

反之，灯光衰减时，近距曲面上的灯光可能过亮，或者远距曲面上的灯光可能过暗。在这种情况下，可以使用自动曝光，因为自动曝光可以将较大的（模拟）物理场景动态范围调整为较小的显示动态范围。

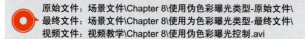

【实战练习】使用伪色彩曝光类型

原始文件：场景文件\Chapter 8\使用伪色彩曝光类型-原始文件\
最终文件：场景文件\Chapter 8\使用为色彩曝光类型-最终文件\
视频文件：视频教学\Chapter 8\使用伪色彩曝光控制.avi

步骤01 打开光盘中所提供的原始场景文件，在默认状态下进行渲染，此时场景没有启用曝光。

步骤03 将Physical Scale（物理比例）参数设置为50，然后进行渲染，此时的渲染效果偏向冷色调。

步骤05 将Style（样式）选项设置为Gray Scale（灰度）并进行渲染，此时的渲染效果只有黑白两种颜色。

步骤02 在曝光控制卷展栏中选择Pseudo Color Exposure Control（伪色彩曝光控制）类型，然后在它的参数卷展栏中设置Quantity（数量）选项为Illuminance（亮度）。

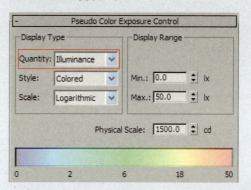

步骤04 将Physical Scale（物理比例）参数设置为200，再次进行渲染，图像偏向暖色调，以红色为主。

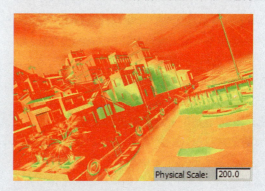

步骤06 重新选择Color（彩色）样式，将Quantity（数量）选项设置为Illuminance（亮度）类型并进行渲染。

步骤07 将Scale（比例）选项设置为Linear（线性）类型并进行渲染，该类型所表现的色彩对比度更强一些。

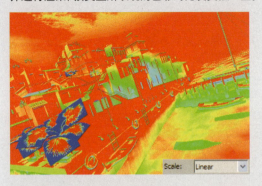

步骤08 在Display Range（显示范围）选项组中将Max（最大值）设置为200。

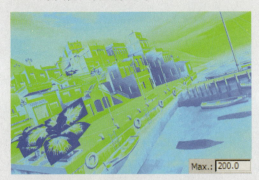

难点解析：Physical Scale（物理比例）选项

每个标准灯光的倍增值乘以物理比例值，得到灯光强度值（单位为坎迪拉）。例如，默认的物理比例为1500，渲染器和光能传递将标准的泛光灯当作1500坎迪拉的光度学等向灯光。物理比例还可影响反射、折射和自发光。

▶▶ 8.2 大气环境特效

Atmosphere（大气）环境特效是指3ds Max所提供的一些用于模拟大气自然环境的特效。3ds Max提供了Fire（火）、Fog（雾）、Volume Fog（体积雾）和Volume Light（体积光）4种大气环境特效类型，这些特效可在Environment（环境）选项卡的Atmosphere（大气）卷展栏中进行设置。

右边的这幅CG作品，顶部的窗户结构对阳光产生了过滤，从而形成了一道一道的光束。这种效果可以通过添加Volume Light（体积光）大气特效来进行表现。

▨ 8.2.1 Volume Light（体积光）效果

正常状态下，肉眼是看不到光线形状的，但是在一些特定的条件下，例如夜晚打开手电筒，或者舞台上的射灯，这些光线是可以看到体积的，上面这两种类型的灯光都是人造体积光。

在自然环境中，当挡强烈的光线穿过有遮挡的对象时，光线会被分割成一条条的光束，如果这些光束处在充满杂质的环境中，此时就会观察到如右图所示的体积光的效果。我们所观察到的实际上是粉尘对光线的反射。

1. 使用大气效果

大气特效参数位于Environment and Effects（环境和效果）面板的Environment（环境）选项卡下，在Environment（环境）选项卡下的Atmosphere（大气）卷展栏中可以给场景添加大气特效。

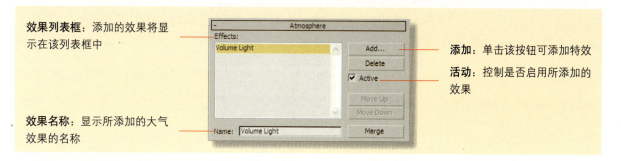

效果列表框：添加的效果将显示在该列表框中

效果名称：显示所添加的大气效果的名称

添加：单击该按钮可添加特效

活动：控制是否启用所添加的效果

添加多种大气效果

可以在一个场景中添加多种大气效果，当有两种以上的大气效果时，Move Up（向上移动）和Move Down（向下移动）按钮处于激活状态，通过这两个按钮可以改变大气效果的先后顺序。

2. 体积光的参数

添加Volume Light（体积光）效果后，下方会出现Volume Light Parameters（体积光参数）卷展栏，该卷展栏包含Lights（灯光）、Volume（体积）、Attenuation（衰减）和Noise（噪波）4个选项组。

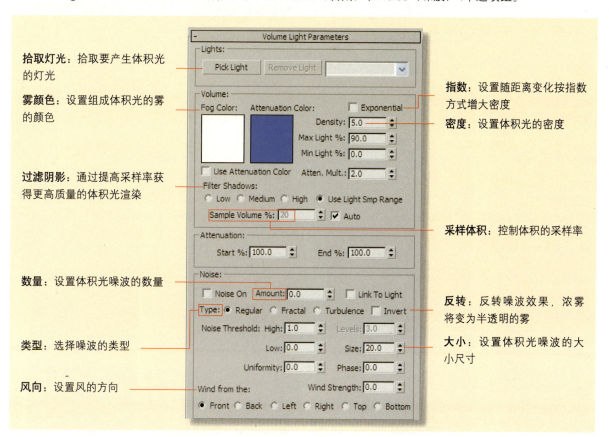

拾取灯光：拾取要产生体积光的灯光

雾颜色：设置组成体积光的雾的颜色

过滤阴影：通过提高采样率获得更高质量的体积光渲染

数量：设置体积光噪波的数量

类型：选择噪波的类型

风向：设置风的方向

指数：设置随距离变化按指数方式增大密度

密度：设置体积光的密度

采样体积：控制体积的采样率

反转：反转噪波效果，浓雾将变为半透明的雾

大小：设置体积光噪波的大小尺寸

原始文件：场景文件\Chapter 8\给场景添加体积光-原始文件\
最终文件：场景文件\Chapter 8\给场景添加体积光-最终文件\
视频文件：视频教学\Chapter 8\给场景添加体积光.avi

步骤01 打开光盘中所提供的原始文件，这是一个比较简单的城堡模型，该场景中已经创建了两盏从窗外照射进屋内的平行光。

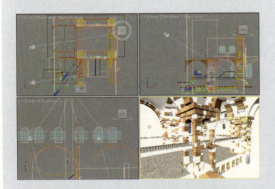

步骤02 在没有添加环境效果的情况下进行渲染。此时场景中只有普通灯光和材质的效果。

步骤03 按下快捷键8打开环境和效果面板，在Environment（环境）选项卡下，展开Atmosphere（大气）卷展栏。

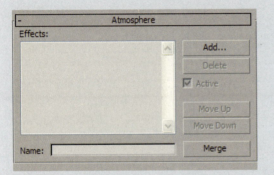

步骤04 在Atmosphere（大气）卷展栏中单击Add（增加）按钮 Add... ，在打开的对话框中选择Volume Light（体积光）选项，为场景添加体积光效果。

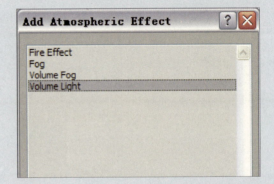

步骤05 添加体积光效果后，展开下方的Volume Light Parameters（体积光参数）卷展栏。

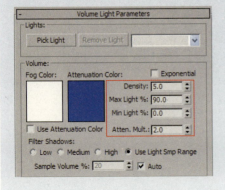

步骤06 单击Pick Light（拾取灯光）按钮 Pick Light ，在Top（顶）视口中拾取上方的Spot03灯光。拾取灯光后，在Lights（灯光）选项组中会出现该灯光的名称。

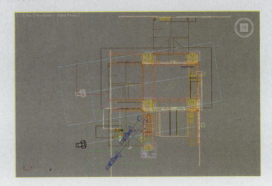

步骤07 拾取灯光后，对场景进行渲染，此时可以在左侧观察到非常弱的体积光效果，因为该盏灯光距离比较远，所以产生的体积光并不明显。

步骤08 单击Pick Light（拾取灯光）按钮 `Pick Light`，在Top（顶）视口中拾取另一盏平行光Spot01进行渲染，画面中出现了很明显的由窗外照射进来的体积光。

步骤09 在体积光的Volume（体积）选项组中将Density（密度）参数设置为9并进行渲染，可以看到体积光变得更加浓重了，画面中的光柱非常醒目。

步骤10 将Fog Color（雾颜色）设置为淡黄色，再次进行渲染，体积光的颜色变为了黄色效果，并且影响到了整个场景的色调。

难点解析：体积光的形状

不同的光源产生的体积光形状有所差异，右图中舞台射灯所产生的光线呈锥形扩散效果，比较适合使用聚光灯来表现。而太阳光这种光线不发生扩散，形成相互平行的光柱，这种效果适合使用平行光来表现。

8.2.2 Fire（火）效果

火在生活中随处可见，3ds Max提供了Fire（火）效果来模拟这种环境。和体积光需要借助灯光产生效果一样，Fire（火）特效需要借助大气装置来产生效果。

使用器具的不同，火焰会有不一样的形态，例如蜡烛的烛光，野外的篝火，飞船尾部的喷射火焰等，这些火效果在外观形态上各具特点。右图所示为野外的篝火效果，火苗显得十分杂乱。

Fire Effect Parameters（火效果参数）卷展栏中包含Gizmos（线框）、Colors（颜色）、Shape（形状）、Characteristics（特性）、Motion（动态）以及Explosion（爆炸）6个选项组。

拾取线框：拾取大气装置

颜色：设置火焰内部、外部以及烟雾的颜色

火焰类型：可选火舌或者火球两种类型

动态：设置火焰的涡流和上升的动画

拉伸：控制火球沿Gizmo Z轴缩放的程度

规则性：修改火焰填充大气装置的方式

特性：设置火焰的大小、密度、细节以及采样数

爆炸：设置火焰的爆炸动画

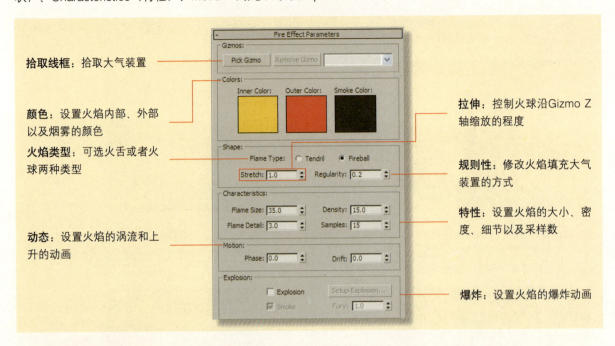

设置火焰的燃烧速度

　　Motion（动态）选项组中的Phase（相位）参数可以更改火焰的燃烧速率，在制作爆炸效果时相位将控制火焰的涡流。值更改得越快，火焰燃烧得越猛烈，如下图所示。

【实战练习】制作祭坛上的火焰

原始文件：场景文件\Chapter 8\制作祭坛上的火焰-原始文件\
最终文件：场景文件\Chapter 8\制作祭坛上的火焰-最终文件\
视频文件：视频教学\Chapter 8\制作祭坛上的火焰.avi

步骤01 打开光盘中所提供的原始场景文件，在默认状态下进行渲染。

步骤02 在Create（创建）面板的Helpers（帮助）层级下选择Atmospheric Apparatus（大气装置）选项。

步骤03 单击SphereGizmo（球形线框）按钮，在祭坛的中间位置创建一个球形Gizmo装置。

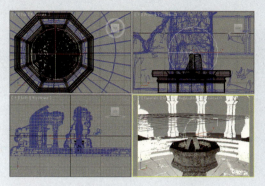

步骤04 勾选Hemisphere（半球）复选框，并使用缩放工具将球形线框拉伸成如下图所示的锥形形状。

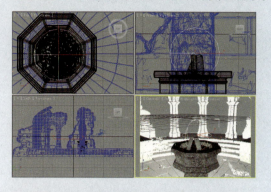

步骤05 进入Atmosphere（大气）卷展栏，给场景添加Fire Effect（火效果）。

步骤06 单击Pick Gizmo（拾取线框）按钮 Pick Gizmo ，在场景中拾取球形线框然后进行渲染。

步骤07 在Shape（形状）选项组中选择火焰类型为Tendril（火舌），然后设置Stretch（拉伸）参数为0.8，Regularity（规则性）参数为0.15。

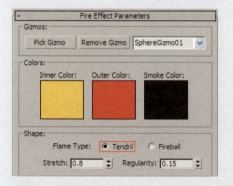

步骤08 设置完毕后再次进行渲染，可以看到火焰的效果并没有产生很大的变化。

难点解析：火焰类型

Tendril（火舌）类型创建带方向的火焰。火焰方向为沿着火焰装置的局部Z轴。该类型火焰比较适合创建类似篝火的火焰效果，如右图的烛光或者飞船尾部的喷射火焰等。Fireball（火球）类型可以创建圆形的爆炸火焰，火焰没有明确的方向，沿着圆心向四周扩散，该类型火焰通常用于制作爆炸动画。

步骤 09 将Flame Size（火焰大小）参数设置为6，然后进行渲染，此时效果变得更加不规则，燃烧感觉比较强烈。

步骤 10 将Density（密度）参数设置为60并进行渲染，此时可以看到，火焰的颜色变得更深了。

Flame Size: 6.0

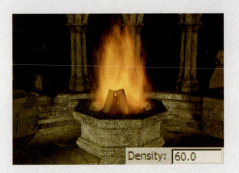

Density: 60.0

8.2.3 Fog（雾）和Volume Fog（体积雾）效果

雾有3种定义，即大气中悬浮的水汽凝结、接近地面的云和悬浮在大气中的微小液滴所构成的气溶胶。右图所示为山顶的雾，这种雾一般属于云层。

3ds Max提供了Fog（雾）和Volume Fog（体积雾）两种效果，Fog（雾）可以给场景添加整体的雾效果，而Volume Fog（体积雾）可以借助大气装置在场景中指定的位置添加局部的雾效果。

1. Fog（雾）

Fog Parameters（雾参数）卷展栏包含Fog（雾）、Standard（标准）和Layered（分层）3个选项组。

颜色：设置雾的颜色

雾化背景：控制雾效果是否对背景产生影响

类型：选择雾的类型，可选标准或分层

分层：在该选项组中可设置分层雾的参数

环境贴图：使用贴图来控制雾的颜色

环境不透明度：使用贴图来控制雾的密度

衰减：设置雾的浓度衰减

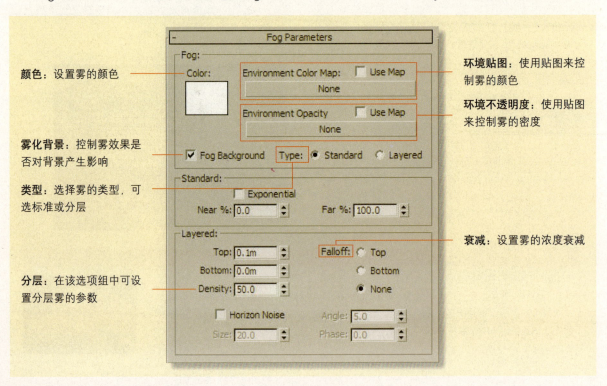

Volume Fog（体积雾）和Fire Effect（火效果）一样，需要借助Atmospheric Apparatus（大气装置）来产生效果，体积雾和体积光的参数相似，它们都含有Volume（体积）和Noise（噪波）选项组。

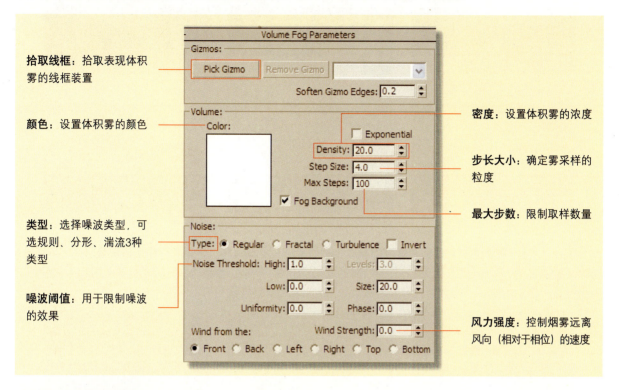

拾取线框：拾取表现体积雾的线框装置

颜色：设置体积雾的颜色

类型：选择噪波类型，可选规则、分形、湍流3种类型

噪波阈值：用于限制噪波的效果

密度：设置体积雾的浓度

步长大小：确定雾采样的粒度

最大步数：限制取样数量

风力强度：控制烟雾远离风向（相对于相位）的速度

雾和体积雾的应用

如果要给场景添加整体的雾效果就应该选择Fog（雾）类型，如右图1所示。如果要在场景中的某一部分添加雾效果就要选择Volume Fog（体积雾）类型，如右图2所示。

图1

图2

3. 体积雾的参数

使用Volume Fog（体积雾）效果后会自动启用Noise（噪波）功能，而Fog（雾）效果则不会。体积雾的噪波有Regular（规则）、Fractal（分形）和Turbulence（湍流）3种类型。下面3幅图是分别选择这3种噪波类型时的效果。

类型为规则

类型为分形

类型为湍流

Levels（级别）参数用于设置噪波的迭代次数，该参数只有在选择Fractal（分形）或Turbulence（湍流）两种类型时可用。迭代次数越高，噪波的数量就越多。下面3幅图为在Turbulence（湍流）类型下设置级别参数分别为1、2、6时的效果，可以看到，随着参数值的提高，雾变得越来越浓。

级别为1时的效果　　　　　　级别为2时的效果　　　　　　级别为6时的效果

Size（大小）参数用于控制体积雾中烟卷或雾卷的大小。参数越高，体积雾中的烟雾块就越大，下面3幅图为设置Size（大小）参数分别为30、10和1时的效果。Size（大小）参数为30的时候，渲染效果中只显示了少量的雾。该参数为1时，噪波的尺寸变得非常小，体积雾变得很杂乱。

噪波大小为30　　　　　　　　噪波大小为10　　　　　　　　噪波大小为1

Soften Gizmo Edges（柔化线框边缘）参数用于羽化体积雾的边缘，参数越小，体积雾的轮廓越清晰。下面3幅图为设置该参数分别为0、0.3和1时的效果。可以看到，当该参数为0时，可以很明显地看到体积雾的圆形轮廓。而当该参数增大到1时，体积雾的边缘变得非常柔和，轮廓显得比较虚化。

柔化线框边缘为0　　　　　　柔化线框边缘为0.3　　　　　　柔化线框边缘为1

【实战练习】给场景添加雾效果

原始文件：场景文件\Chapter 8\给场景添加雾效果-原始文件\
最终文件：场景文件\Chapter 8\给场景添加雾效果-最终文件\
视频文件：视频教学\Chapter 8\给场景添加雾效果.avi

步骤01 打开光盘中提供的海滩场景文件，在没有添加雾的情况下进行测试渲染，此时的画面比较清晰，颜色也比较鲜艳。

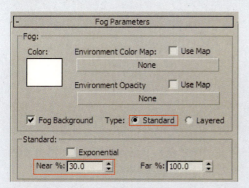

步骤03 在FogParameters（雾参数）卷展栏中设置雾的类型为Standard（标准），将Near（近端）参数设置为30。

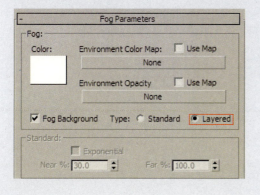

步骤05 给场景再添加一个Fog（雾）效果，这次设置雾的类型为Layered（分层）。

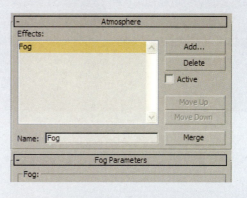

步骤02 在环境和效果面板的Atmosphere（大气）卷展栏中，给场景添加一个Fog（雾）效果。

步骤04 设置完毕后对场景进行测试渲染，画面整体变得比较朦胧，像笼罩了一层白色的雾。

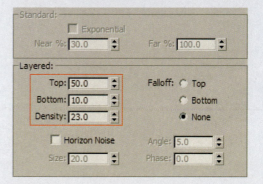

步骤06 选择了雾类型后，在Layered（分层）选项组中设置Top（顶端）参数为50，Bottom（底部）参数为10，Density（密度）参数为23。

步骤 07 设置完毕后对场景进行渲染，在靠近画面右侧的海面上出现了比较浓的雾效果。

步骤 09 在Atmosphere（大气）卷展栏中添加一个Volume Fog（体积雾）效果。

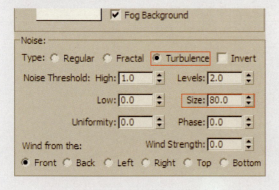

步骤 11 在体积雾的Noise（噪波）选项组中选择噪波的类型为Turbulence（湍流），然后进行如下图所示的参数设置。

步骤 08 选择大气装置，在场景中创建一个Box Gizmo对象，用它将场景左侧的岩石包围起来。

步骤 10 单击Pick Gizmo（拾取线框）按钮 Pick Gizmo ，在场景中拾取创建的长方体线框对象，然后将Density（密度）设置为3。

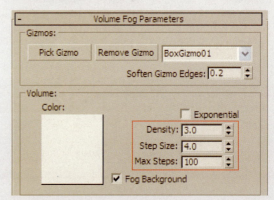

步骤 12 设置完毕后再次对场景进行渲染，在岩石的周围产生了一些局部的雾效果。

▶▶ 8.3 渲染特效的使用

除了大气环境效果外，3ds Max还提供了另一些效果，如镜头光、毛发、色彩平衡、模糊等，这些效果可以在后期添加到渲染图像上，所以不需要每次都对场景进行渲染。

右图所示的这幅CG作品，画面中间太阳的光辉可以使用镜头效果中的光晕特效来进行制作。

8.3.1 镜头效果

Lens Effects（镜头效果）可以模拟各种摄影机镜头效果，镜头特效系统能够将这些效果应用于渲染图像。

Lens Effects（镜头效果）包含7种效果类型，分别是Glow（光晕）、Ring（光环）、Ray（射线）、Auto Secondary（自动二级光斑）、Manual Secondary（手动二级光斑）、Star（星形）和Streak（条纹）。

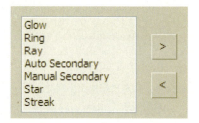

1. 镜头效果的全局参数

所有的镜头效果都共用Lens Effects Globals（镜头效果全局）卷展栏。

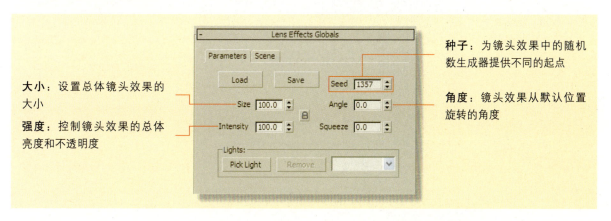

种子：为镜头效果中的随机数生成器提供不同的起点

角度：镜头效果从默认位置旋转的角度

大小：设置总体镜头效果的大小

强度：控制镜头效果的总体亮度和不透明度

Scene（场景）选项卡主要用于设置图像的Alpha通道属性以及镜头效果的阻光属性。

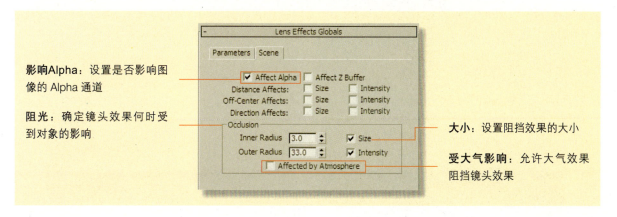

影响Alpha：设置是否影响图像的 Alpha 通道

阻光：确定镜头效果何时受到对象的影响

大小：设置阻挡效果的大小

受大气影响：允许大气效果阻挡镜头效果

2. 光晕效果

Glow（光晕）效果可以在指定的对象周围产生光晕的效果。例如，在爆炸粒子系统中，给粒子添加光晕可以使它们看起来更明亮、更热。

光晕效果常用来表现太阳所产生的光辉效果，右图所示的这幅CG作品中，天空中的太阳在云层后产生了一个圆形区域的亮点。使用光晕效果可以很好地表现这种效果。

选择了镜头效果类型后在下方会出现该效果的参数卷展栏，每一种效果的参数卷展栏都包含Parameters（参数）和Options（选项）两个选项卡。所选的类型不同，Parameters（参数）选项卡下的选项会有所变化。

大小：确定光晕的大小尺寸

光晕在后：可以在对象的后面产生光晕效果

挤压：确定是否对光晕效果进行挤压

径向颜色：设置影响效果的内部颜色和外部颜色

阻光度：确定镜头效果场景阻光参数对特定效果的影响程度

环绕颜色：通过使用4种与效果匹配的不同色样确定效果的颜色

径向大小：确定围绕特定镜头效果的径向大小

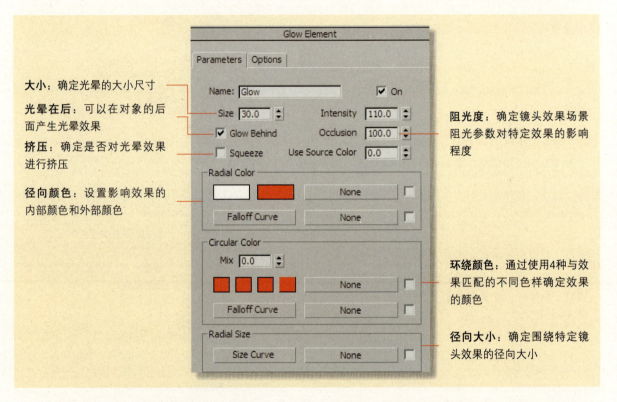

灯光本身的亮度也会对光晕效果产生影响，Multiplier（倍增）参数越高，光晕越亮，下面两幅图为泛光灯倍增值分别为1和2时的效果。

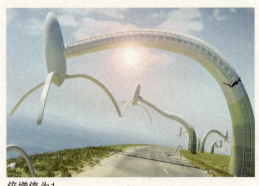

倍增值为1

倍增值为2

【实战练习】给图像添加光晕效果

原始文件：场景文件\Chapter 8\给图像添加光晕效果-原始文件\
最终文件：场景文件\Chapter 8\给图像添加光晕效果-最终文件\
视频文件：视频教学\Chapter 8\给图像添加光晕效果.avi

步骤 01 打开光盘中提供的素材文件并进行渲染，该场景环境中使用了一张天空背景图片。

步骤 03 展开Lens Effects Parameters（镜头效果参数）卷展栏，从左侧的列表框中选择Glow（光晕）效果类型，然后单击 > 按钮将其添加到右侧的列表框中。

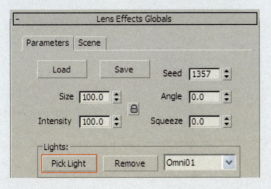

步骤 05 在Lens Effects Globals（镜头效果全局）卷展栏中的Lights（灯光）选项组中单击Pick Light（拾取灯光）按钮 Pick Light ，拾取刚才创建的泛光灯。

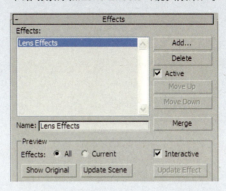

步骤 02 在环境和效果面板的Effects（效果）选项卡下给场景添加Lens Effects（镜头效果）。

步骤 04 在场景中右侧云层的中间位置创建一盏Omni（泛光灯）对象，作为光晕的发射源。

步骤 06 拾取灯光后保持默认的参数，对场景进行渲染，在泛光灯的位置出现了红色的光晕效果。

步骤 07 展开Glow Element（光晕元素）卷展栏，将Size（大小）参数设置为50，将Intensity（强度）设置为105，将径向颜色设置为黄色。

步骤 08 设置完毕后再次对场景进行渲染，光晕的颜色变为了淡黄色，更接近阳光的效果。

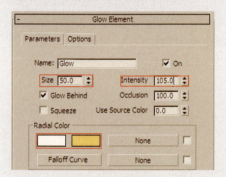

难点解析：Glow Behind（光晕在后）选项

在默认状态下，光晕效果处于对象后，如右图1所示，光晕效果显示在球体的内部。

如果取消勾选Glow Behind（光晕在后）复选框，光晕效果将不受对象的遮挡，如右图2所示。并且可以看到当光晕在对象前时，亮度变得更强了。

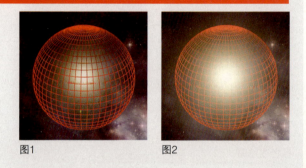

图1　　　　　　　　　图2

Options（选项）选项卡中包含Apply Element To（应用元素于）、Image Sources（图像源）、Image Filters（图像过滤）和Additional Effects（附加效果）4个选项组。每一种镜头类型的Options（选项）参数都是相同的，但Parameters（参数）选项卡下的选项会有所差异。

应用元素于：设置将效果应用于灯光、图像或图像中心

曲面法线：根据摄像机曲面法线的角度将镜头效果应用于对象的一部分

图像过滤：设置将效果应用在对象的哪个部位上

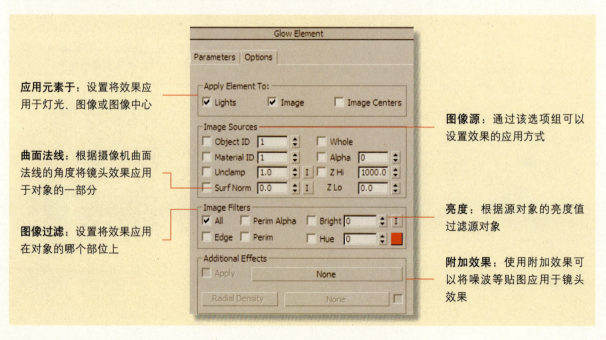

图像源：通过该选项组可以设置效果的应用方式

亮度：根据源对象的亮度值过滤源对象

附加效果：使用附加效果可以将噪波等贴图应用于镜头效果

Ring（光环）效果可以在对象周围产生一圈环形的彩色光带。用户可以设置光环的颜色以及光环的厚度。需要注意的是，mental ray渲染器不能渲染光环效果。

右图中强烈的阳光周围产生了一个圆形的光环，光环由不同的颜色组成。通过设置Circular Color（环绕颜色）使光环产生不同颜色的发光效果。

Ring（光环）效果和Glow（光晕）效果的参数基本相同，Ring（光环）效果中多了Plane（平面）和Thickness（厚度）两个特有的参数。

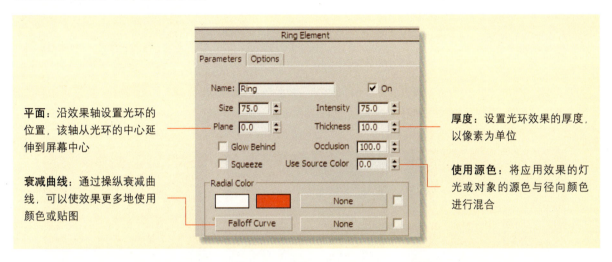

平面：沿效果轴设置光环的位置，该轴从光环的中心延伸到屏幕中心

衰减曲线：通过操纵衰减曲线，可以使效果更多地使用颜色或贴图

厚度：设置光环效果的厚度，以像素为单位

使用源色：将应用效果的灯光或对象的源色与径向颜色进行混合

Thickness（厚度）是Ring（环形）效果特有的参数，用于控制光环的厚度，下面3幅图为设置Thickness（厚度）参数分别为10、20和50时的效果。

厚度为10

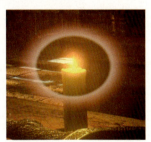
厚度为20

厚度为50

Plane（平面）参数用于控制光环在图像中的位置。下面3幅图为该参数分别为-100、0和100时光环效果。

平面参数为-100

平面参数为0

平面参数为100

Radial Color（径向颜色）选项组中的两个颜色设置分别控制光环内侧和外侧颜色，下图所示为更改光环内外侧颜色的效果。

单击Falloff Curve（衰减曲线）按钮 `Falloff Curve`，打开如下图所示的对话框，在该对话框中可以调整曲线的形状。

通过曲线可以控制光环内侧和外侧之间颜色的过渡，如下图所示为调整曲线使光环的颜色变得更浓重得到的效果。

修改径向颜色

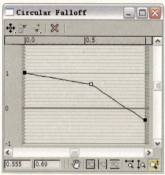
调整曲线

强化光环的颜色效果

Circular Color（环绕颜色）通过使用四种与效果匹配的色样确定效果的颜色。设置环绕颜色后需要调整Mix（混合）参数来控制环绕颜色和径向颜色之间的混合程度，下面3幅图为设置Mix（混合）参数分别为0、50和100时的效果。

混合参数为0

混合参数为50

混合参数为100

提示 使用贴图来控制光环颜色

如果想要使光环产生更多种的颜色，可以给径向颜色中添加贴图。例如，使用渐变贴图可以使光环产生更多的颜色效果。

4. 射线效果

在几何光学中，射线是描述光线或其他电磁辐射传播方向的一条曲线。

Ray（射线）效果是从源对象中心发出明亮的直线，为对象提供高亮度的效果。使用Ray（射线）效果可以模拟闪烁的星光、太阳的射线或者摄影机镜头元件的划痕。

使用Ray（射线）效果还可以模拟如右图所示的穿越时空所产生的模糊光带效果。

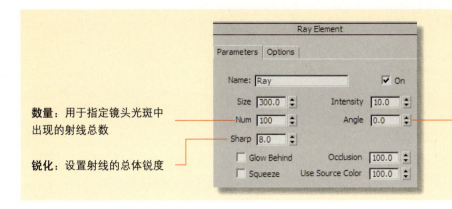

数量：用于指定镜头光斑中出现的射线总数

锐化：设置射线的总体锐度

角度：用于设置射线的角度。可以输入正值也可以输入负值，这样在设置动画时，射线可以绕着顺时针或逆时针方向旋转

Num（数量）参数用于控制射线的数量，设置多少数量就表示渲染效果中有多少条射线，下面3幅图为设置Num（数量）分别为10、50和100时的效果。

数量为10时的效果

数量为50时的效果

数量为100时的效果

Sharp（锐化）参数用于控制射线的清晰度，参数越高，射线的效果锐利度越强，参数越低，射线越模糊，下面3幅图为设置Sharp（锐化）参数分别为2、5和10时的效果。

锐化参数为2时的效果

锐化参数为5时的效果

锐化参数为10时的效果

使用源色

如果将Use Source Color（使用源色）参数设置为100，Radial Color（径向颜色）将不会对射线产生影响。

5. 自动二级光斑效果

二级光斑是一些可以正常看到的小圆，这些光斑由灯光从摄影机中不同的镜头元素折射而产生。随着摄影机的位置相对于源对象的更改，二级光斑也随之移动。

将摄影机对着强烈的阳光进行拍摄时，就会出现右图所示的二级光斑效果，使用Auto Secondary（自动二级光斑）可以模拟这一效果。

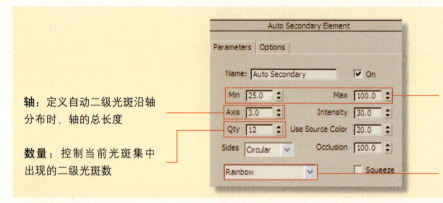

轴：定义自动二级光斑沿轴分布时，轴的总长度

数量：控制当前光斑集中出现的二级光斑数

最小和最大：控制二级光斑中最大和最小光斑的大小

预设类型：选择二级光斑的预设值类型

【实战练习】设置二级光斑的参数

原始文件：场景文件\Chapter 8\设置二级光斑的参数-原始文件\
最终文件：场景文件\Chapter 8\设置二级光斑的参数-最终文件\
视频文件：视频教学\Chapter 8\设置二级光斑的参数.avi

步骤01 打开光盘中提供的场景文件，该场景中已经添加了自动二级光斑效果，将Min（最小）参数设置为2，将Max（最大）参数设置为6并进行渲染。

步骤02 将Min（最小）参数设置为15，将Max（最大）参数设置为30并进行渲染，可以看到二级光斑的光圈变得更大了。

步骤03 将Qty（数量）设置为8并进行渲染。

步骤04 将Qty（数量）设置为23并进行渲染，可以看到二级光斑的光圈数量增多了。

步骤05 将Axis（轴）参数设置为0并进行渲染，可以看到，此时所有的光圈圆心都重叠了。

步骤06 将Axis（轴）参数增大到5并进行渲染，可以看到，光圈变得更加分散了。

Axis 0.0

Axis 5.0

Sides Four

Sides Six

步骤 07 将Sides（边）选项设为Four（4）并进行渲染，此时的光圈变成了正方形。

步骤 08 将Sides（边）选项设为Six（6）并进行渲染，光圈变为了正六边形。

自动二级光斑提供了一些预设的二级光斑效果，下面3张图为分别选择Brown Ring（棕色光环）、Green Dot（绿色星光）和Green Rainbow（绿色彩虹）3种类型时的效果。

6. 星形镜头效果

Star（星形）效果所产生的射线比Ray（射线）效果产生的射线大，由0 ～ 30 个辐射线组成，可以通过Width（宽度）参数来设置单个射线的大小。

Star（星形）比较适合于表现右图所示的射线数量较小的星光效果，例如陈列柜中星光灿烂的珠宝。

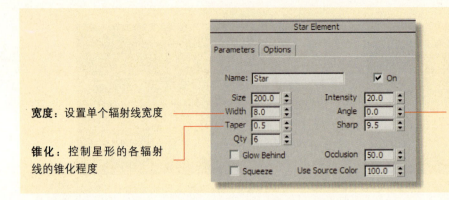

宽度：设置单个辐射线宽度

锥化：控制星形的各辐射线的锥化程度

角度：设置星形辐射点的开始角度。可以输入正值也可以输入负值，这样在设置动画时，星形辐射线可以绕顺时针或逆时针方向旋转

　　Width（宽度）参数用于控制每条射线的宽度，下面3幅图为设置Width（宽度）参数分别为2、5和10时的效果，随着参数的增加，射线的宽度越来越大。

宽度为2时的效果

宽度为5时的效果

宽度为10时的效果

　　Taper（锥化）参数可以使射线产生锥化的效果，当参数为1时，射线不产生锥化效果，大于1时射线的外端将扩大。当该参数小于1时，射线的外端缩小。下面3幅图为设置Taper（锥化）参数分别为0、1和2时的效果。

锥化参数为0

锥化参数为1

锥化参数为2

条纹效果

　　Streak（条纹）是穿过源对象中心的条带。在实际使用摄影机时，使用失真镜头拍摄场景会产生条纹。它和Star（星形）效果基本一样，只是不能设置射线的数量，条纹只有两条射线，所以它没有Qty（数量）这个参数，右图所示为Streak（条纹）效果。

8.3.2 模糊效果

Blur（模糊）效果可以通过均匀型、方向型和放射型三种不同的方式对图像进行模糊处理，可以使整个图像变模糊或者非背景场景元素变模糊，也可以按亮度值使图像变模糊或使用贴图遮罩使图像变模糊。模糊效果通过渲染对象或摄影机移动的幻影，提高动画的真实感。右图所示的这幅CG作品就应用了模糊效果以增加画面的朦胧感。

Blur Parameters（模糊参数）卷展栏中包含Blur Type（模糊类型）和Pixel Selections（像素选择）两个选项卡。

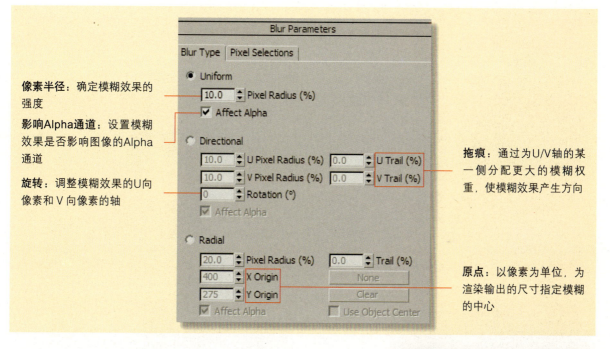

像素半径：确定模糊效果的强度

影响Alpha通道：设置模糊效果是否影响图像的Alpha通道

旋转：调整模糊效果的U向像素和V向像素的轴

拖痕：通过为U/V轴的某一侧分配更大的模糊权重，使模糊效果产生方向

原点：以像素为单位，为渲染输出的尺寸指定模糊的中心

勾选Affect Alpha（影响Alpha通道）复选框可以使Blur（模糊）效果影响到图像的Alpha通道，如右图所示。Alpha通道只有在渲染场景对象的时候才会起作用，并且Alpha通道时使用不能给背景添加图片。如果使用了背景贴图，Alpha通道将不起作用。

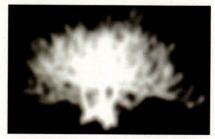

▶【实战练习】选择不同的模糊类型

原始文件：场景文件\Chapter 8\选择不同的模糊类型-原始文件\
最终文件：场景文件\Chapter 8\选择不同的模糊类型-最终文件\
视频文件：视频教学\Chapter 8\选择不同的模糊类型.avi

步骤 01 打开光盘中提供的原始场景文件，在默认状态下进行渲染，图像显示比较清晰。

步骤 02 打开环境和效果面板，在Effects（效果）卷展栏中给场景添加Blur（模糊）效果。

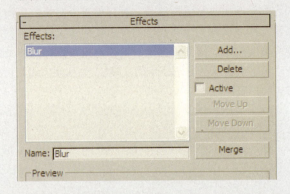

步骤 03 选择Uniform（均匀）类型并将Pixel Radius（像素半径）设置为4，然后进行测试渲染，图像产生了模糊效果。

步骤 04 选择Directional（方向）类型，将U向像素半径设置为6，V向像素半径设置为0，此时图像产生了横向的模糊效果。

步骤 05 Rotation（旋转）参数设置为60并进行渲染，模糊效果产生了旋转。

步骤 06 选择Radial（径向）类型，将像素半径设置为10并进行渲染，模糊效果向图像的中心位置聚集。

提示　如何表现模糊的方向性

在使用Directional（方向）类型模糊效果时，如果将U向像素半径和V向像素半径设置相同，效果会和使用Uniform（均匀）类型一样。因为Uniform（均匀）类型就是对每个方向使用相同的模糊像素半径，只有将U向像素半径和V向像素半径设置不同的参数才能表现出模糊的方向性。

步骤 07 在场景中创建一盏泛光灯并给它应用光晕特效。

步骤 08 启用＂使用对象中心＂功能拾取这个灯光，使模糊效果以灯光为中心进行聚集。

Blur Type（模糊类型）选项卡主要用于选择模糊的类型，Pixel Selections（像素选择）选项卡主要用于对模糊的参数进行具体的设置。

整个图像：勾选该复选框可以将模糊效果应用于整个图像

非背景：启用该选项将使模糊效果影响除背景外的所有对象

亮度：影响亮度值介于设定的最小和最大值之间的所有像素

贴图遮罩：利用在材质/贴图浏览器中选择的通道和遮罩为对象应用模糊效果

混合：将模糊效果和Whole Image（整个图像）参数与原始的渲染图像混合

加亮：增加图像的亮度

对象ID：如果具有特定ID（在 G 缓冲区中）的对象与过滤器设置匹配，则会将模糊效果应用于该对象或其中一部分

材质ID：与对象ID功能相同，但针对的是物体的材质

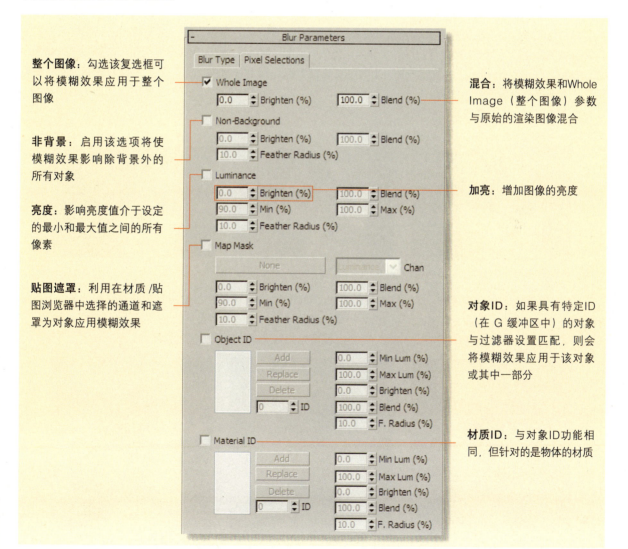

Brighten（亮度）参数用于增加图像整体亮度，它会自动获取原始图像的明暗信息，将图像的对比度增强。下面3幅图为在均匀型模糊像素为1的情况下设置Brighten（亮度）参数分别为0、50和100时的效果。

亮度为0　　　　　　　　　　　亮度为50　　　　　　　　　　　亮度为100

创建柔化焦点

当设置了Brighten（亮度）参数后，可以通过Blend（混合）参数来控制亮度和原始模糊效果的混合程度，也可以使用Blend（混合）参数来创建柔化焦点效果。

启用Luminance（亮度）选项后，通过设置Min（最小）和Max（最大）值可以使该亮度范围内的像素受亮度参数的影响。下面3张图为保持Max（最大）值为100，设置Min（最小）值分别为0、50和90时的效果，可以看到，当设置Min（最小）值为0时，图像整体亮度很高，而当设置为90时，图像中原来较亮的部分变得更亮了，而暗部则没有产生变化。

最小值为0　　　　　　　　　　　最小值为50　　　　　　　　　　　最小值为90

Non-Background（非背景）选项组中的Feather Radius（羽化半径）参数用于控制对象和背景之间的影响程度，下面3幅图为设置羽化半径分别为0、10和50时的效果。当设置羽化半径为0的时候，对象的模糊没有对背景产生影响，当设置羽化半径为50时，对象的模糊效果对背景产生了较大的影响。

羽化半径为0　　　　　　　　　　　羽化半径为10　　　　　　　　　　　羽化半径为50

在General Settings（常规设置）选项组中可以对Feather Falloff（羽化衰减）属性进行调整，使用羽化衰减曲线可以调整基于图形模糊效果的羽化衰减。可以向图形中添加点，创建衰减曲线，然后调整这些点中的插值。

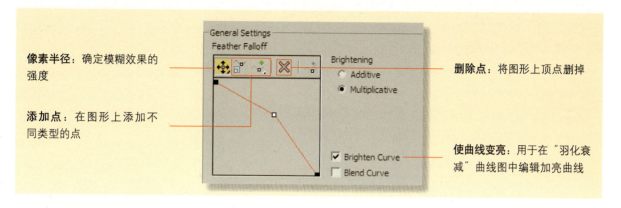

像素半径：确定模糊效果的强度

添加点：在图形上添加不同类型的点

删除点：将图形上顶点删掉

使曲线变亮：用于在"羽化衰减"曲线图中编辑加亮曲线

相加和相乘加亮方式

羽化衰减有Additive（相加）和Multiplicative（相乘）两种加亮方式，相加方式比相乘方式效果更明显。

8.3.3 亮度和对比度效果

Brightness and Contrast（亮度和对比度）效果可以调整图像的对比度和亮度，通常用于将渲染场景对象与背景图像或动画进行匹配。

Brightness（亮度）参数增加或减少所有色元（红色、绿色和蓝色），取值范围为0~1，参数越高图像的亮度越高。下面3幅图为设置Brightness（亮度）参数分别为0、0.5和1时的效果。

亮度为0

亮度为0.5

亮度为1

Contrast（对比度）参数用于控制图像的色彩对比度，该参数取值范围也是0~1，下面3幅图为设置Contrast（对比度）参数分别为0、0.5和1时的效果。

对比度为0

对比度为0.5

对比度为1

默认状态下，亮度和对比度效果会应用于整个渲染图像，勾选Ignore Background（忽略背景）复选框后，该效果将不对背景图像产生影响。

8.3.4 色彩平衡

Color Balance（色彩平衡）效果可以通过独立控制 RGB 通道来对颜色进行相加或相减操作。

如右图所示，色彩平衡卷展栏中有3个可以拖动的滑块，用于在青、红、洋红、绿、黄、蓝6种颜色之间进行调整。

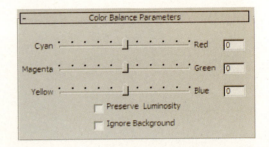

对颜色进行调整时，可以拖动滑块也可以直接输入数值。当输入正值时，滑块向右侧移动，下面3幅图为分别单独地将3个滑块调整至60时的效果。

青和红色值为60

洋红和绿色值为60

黄和蓝色值为60

下面3张图为分别单独地将3个滑块调整至-60时的效果。

青和红色值为-60

洋红和绿色值为-60

黄和蓝色值为-60

勾选Preserve Luminosity（保持发光度）复选框，可以在调整颜色的同时保持图像的发光度。右侧两张图分别为勾选该复选框和不勾选该复选框时的效果。

8.3.5 胶片颗粒

Film Grain（胶片颗粒）效果可以在图像上产生随机的颗粒效果，就像电影胶片中颗粒一样。右图为Film Grain（胶片颗粒）效果的参数卷展栏。

Film Grain（胶片颗粒）效果参数卷展栏中含有Grain（颗粒）参数，该参数用来控制产生颗粒的大小，下面3幅图为设置颗粒参数分别为0、2和6时的效果。

颗粒为0时的效果

颗粒为2时的效果

颗粒为6时的效果

颗粒参数的取值范围

Grain（颗粒）参数取值范围为0~10，当这个参数增大到一定程度时，颗粒将覆盖原始的图像。应用胶片颗粒时，将自动随机创建移动帧的效果。

8.3.6 景深效果

在光学中，景深用于描述空间中可以清楚成像的距离范围。 虽然透镜只能够将光聚到某一固定的距离，远离此点则会逐渐模糊，但是在某一个特定的距离内，影像模糊的程度是肉眼无法察觉的，这段距离就称之为景深。

右图是利用相机拍摄的带有景深效果的照片，距离画面右侧的饰品显示得比较清晰，而背景则显得比较模糊。

景深效果参数卷展栏包含Cameras（摄影机）、Focal Point（焦点）、Focal Parameters（焦点参数）3个选项组。渲染效果中的景深和Cameras（摄影机）的景深效果原理不同。渲染效果中的景深通过后期对图像进行模糊处理而产生景深效果，Cameras（摄影机）的景深效果是通过摄影机的多次抖动来完成的。

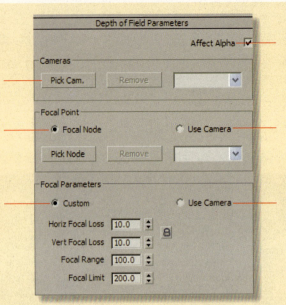

拾取摄影机：单击该按钮可拾取场景中的摄影机

焦点节点：选择该选项后，可以从场景中拾取对象作为景深的焦点

自定义：使用Focal Point（焦点）选项组中的参数来定义景深效果的属性

影响Alpha通道：控制景深效果是否影响Alpha通道

使用摄影机：使用摄影机的目标点作为景深的焦点

使用摄影机：使用摄影机本身的参数来确定焦点范围和模糊效果

光圈对景深的影响

　　光圈是用来控制光线透过镜头进入机身内感光面的光量的装置，它通常在镜头内，光圈越大，进入镜头内的光线就越充足。焦点 2 可以在图像平面 5 成像，但是在其他距离上的点，如 1 和 3 则会投影出一个模糊的点，此点已大于模糊圈。减少光圈的大小 4 可以减小那些不在焦点上的点的模糊圈大小，因此模糊就变得比较不明显，看起来这些点就变成在景深的范围内了。

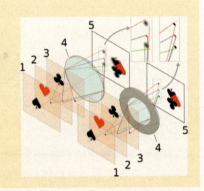

【实战练习】给场景添加景深效果

🔴 原始文件：场景文件\Chapter 8\给场景添加景深效果-原始文件\
　　最终文件：场景文件\Chapter 8\给场景添加景深效果-最终文件\
　　视频文件：视频教学\Chapter 8\给场景添加景深效果.avi

步骤01 打开光盘中提供的原始场景文件，在默认状态下对摄影机视口进行渲染。

步骤02 打开环境和效果面板，在Effects（效果）卷展栏中给场景添加Depth of Field（景深）效果。

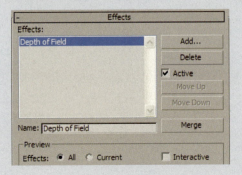

步骤03 在Cameras（摄影机）选项组中单击Pick Cam（拾取摄影机）按钮 Pick Cam. ，在场景中拾取摄影机。

步骤05 拾取对象后进行渲染，拾取的对象的周围显得比较清晰，其他部分则显得较为模糊。

步骤07 在Focal Parameters（焦点参数）选项组中将Horiz Focal Loss（水平焦点损失）和Vert Focal Loss（垂直焦点损失）参数设置为5并进行渲染，图像的模糊效果减弱了。

步骤04 在Focal Point（焦点）选项组中单击Pick Node（拾取节点）按钮，拾取场景中如图所示的远处的房屋对象。

步骤06 在Focal Point（焦点）选项组中选择Use Camera（使用摄影机）选项，再次进行渲染，此时整个画面变得比较模糊。

步骤08 在Focal Parameters（焦点参数）选项组中选择Use Camera（使用摄影机）选项，然后进行渲染，此时远端的背景处显得较为模糊。

难点解析：应用混合过滤器

如果要通过默认的扫描线渲染器尽可能地减少聚焦区外的采样缺陷，可以使用混合抗锯齿过滤器。

8.3.7 运动模糊效果

Motion Blur（运动模糊）效果可以使移动的对象或整个场景变模糊，通过模拟实际摄影机的工作方式，增强真实感。

摄影机具有快门速度，如果场景中的物体或摄影机本身在快门打开时发生了明显移动，胶片上的图像就会变模糊。运动模糊效果通常用来表现高速运动的物体，右图表现了行驶在公路上的汽车高速运动时产生的运动模糊效果。

运动模糊的参数比较简单，只有Work With transparency（处理透明）和Duration（持续时间）两个选项。前者用于将模糊效果应用于透明对象后面的对象。后者用于控制模糊的程度。

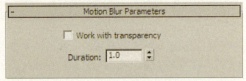

Duration（持续时间）参数可指定"虚拟快门"打开的时间。该参数越大，对象的运动模糊效果越明显，右图为设置Duration（持续时间）分别为0.2和1时的效果。可以看到，当Duration（持续时间）参数为1时的对象模糊程度明显强于持续时间为0.2时的模糊程度。

▶▶ 8.4 表现神秘的小镇场景

本节将向读者介绍如何表现一个神秘的小镇场景，在该场景中运用多种大气环境和渲染效果。本例的最初效果与最终效果如下面两幅图所示。从完成的图像中可以看到添加了效果的画面比原始的画面内容显得更加丰富。

原始文件：场景文件\Chapter 8\表现神秘的小镇场景-原始文件\
最终文件：场景文件\Chapter 8\表现神秘的小镇场景-最终文件\
视频文件：视频教学\Chapter 8\表现神秘的小镇场景.avi

8.4.1 添加大气环境效果

本小节主要讲解在场景中添加大气环境效果的操作方法，将使用了两Volume Fog（体积雾）效果来模拟背景天空中的云彩，并使用体积光效果来表现路灯的灯光。

步骤1：打开光盘中提供的原始场景文件，在没有添加特效的情况下进行渲染。

步骤2：首先给场景添加一个Fog（雾）效果，将雾颜色设置为墨绿色，参数设置如下图所示。

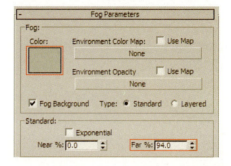

难点解析：雾的近端参数设置

在应用Fog（雾）效果时，通常会将Near（近端）参数设置得很低，将Far（远端）参数设置得很高，使雾效果主要出现在背景较远的区域。

步骤3：给Environment Opacity（环境不透明度）通道添加一张Gradient Parameters（渐变）贴图，参数设置如下图所示。

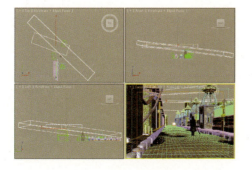

步骤4：设置完毕后对场景进行渲染，画面背景中产生了墨绿色的雾效果。

步骤5：在场景中如下图所示的位置创建两个Box Gizmo（长方体线框）大气装置。

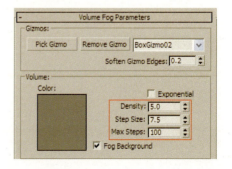

步骤6：给场景添加一个Volume Fog（体积雾）效果，然后拾取场景中的两个长方体线框，并进行如下图所示的参数设置。

步骤7： 选择体积雾的噪波类型为Fractal（分形），勾选Invert（反向）复选框。

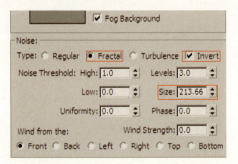

步骤8： 设置完毕后对场景进行渲染，背景中出现了飘浮的云。

步骤9： 在场景中如下图所示的位置创建两个长方体线框大气装置。

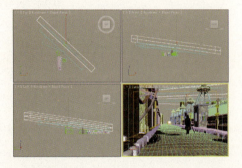

步骤10： 添加一个新的体积雾效果，拾取这两个长方体线框，参数设置如下图所示。

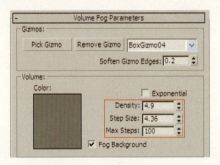

步骤11： 在该体积雾效果的Noise（噪波）选项组中进行如下图所示的参数设置。

步骤12： 设置完毕后对场景进行渲染。

步骤13： 给场景添加一个Volume Light（体积光）效果，拾取名称为Omni02的灯光。

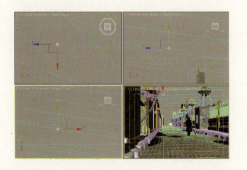

步骤14： 在Volume（体积）选项组中进行如下图所示的参数设置。

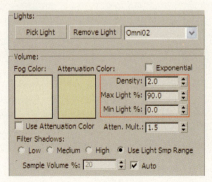

步骤15： 在Noise（噪波）选项组中进行如下图所示的参数设置。

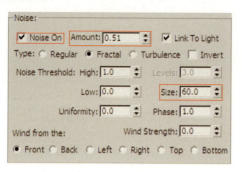

步骤16： 设置完毕后对场景进行渲染。

步骤17： 给场景添加一个新的体积光效果，拾取路灯上方的名为0mni01的泛光灯。

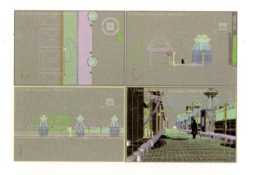

步骤18： 在该体积光的Volume（体积）选项组中进行如下图所示的参数设置。

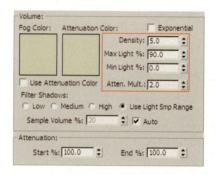

步骤19： 设置完毕后对场景进行渲染。

步骤20： 给场景添加第3个体积光效果，拾取名称为Spot06的聚光灯。

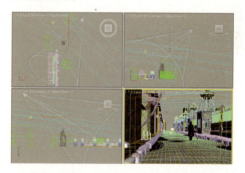

步骤21： 在该体积光的参数卷展栏中进行如下图所示的参数设置。

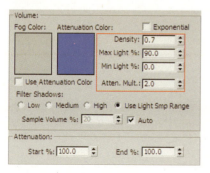

步骤22： 设置完毕后对场景进行渲染。

步骤23：在场景中如下图所示的位置创建一个长方体线框大气装置，将这个部位的房子整体包裹起来。

步骤24：给场景添加Fire Effect（火效果），拾取刚才创建的长方体线框。

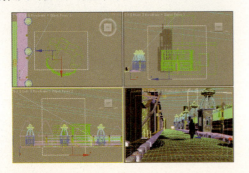

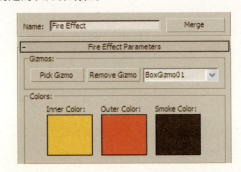

难点解析：使用较大尺寸的大气装置

一般在使用体积雾效果时都会设置尺寸较大的Gizmo，如果Gizmo的体积过小，会使体积雾效果看起来像是小的噪波。

步骤25：在火效果的参数卷展栏中选择火焰的类型为Fireball（火球），参数设置如下图所示。

步骤26：设置完毕后进行渲染，画面右上方出现了火的效果。

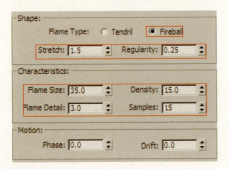

8.4.2 添加渲染效果

本小节主要介绍在场景中添加渲染效果的操作方法，Lens Effects（镜头效果）用来增添场景的光感，Blur（模糊）效果用来表现画面的朦胧，Film Grain（胶片颗粒）效果用来使渲染效果更像电影画面。

步骤1：给场景添加一个Lens Effects（镜头效果），并选择Ray（射线）和Glow（光晕）两种效果类型。

步骤2：在场景中拾取名为Omni01的灯光，并在Lens Effects Globals（镜头效果全局）卷展栏中进行如下图所示的参数设置。

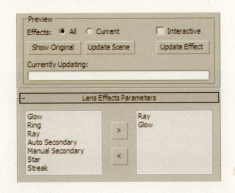

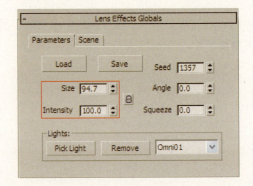

步骤3： 在Ray Element（射线元素）卷展栏中进行如下图所示的参数设置。

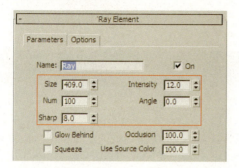

步骤5： 设置完毕后对场景进行渲染。

步骤7： 拾取场景中名为Omni02的泛光灯，并进行如下图所示的参数设置。

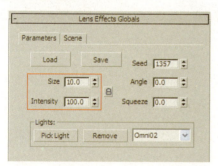

步骤9： 在Ring Element（光环元素）卷展栏中进行如下图所示的参数设置。

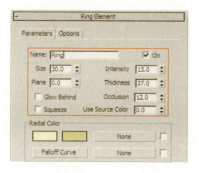

步骤4： 选择Glow（光晕）效果，在Glow Element（光晕元素）卷展栏中进行如下图所示的参数设置。

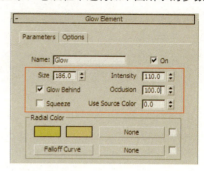

步骤6： 添加一个新的Lens Effects（镜头效果）并选择Glow（光晕）和Ring（光环）效果。

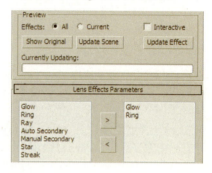

步骤7： 拾取场景中名为Omni02的泛光灯，并进行如下图所示的参数设置。

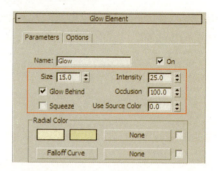

步骤8： 在Glow Element（光晕元素）卷展栏中进行如下图所示的参数设置。

步骤10： 设置完毕后对场景进行渲染。

步骤11：给场景添加一个Blur（模糊）效果，在Blur Type（模糊类型）选项卡下将Uniform（均匀型）的像素半径设置为2，然后在Pixel Selections（像素选择）选项卡下进行如下图所示的参数设置。

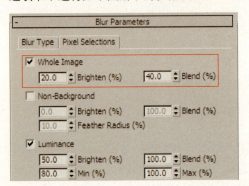

步骤13：给场景添加一个Film Grain（胶片颗粒）效果，设置Grain（颗粒度）为0.2。

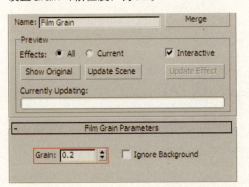

步骤12：设置完毕后对场景进行渲染。添加了Blur（模糊）效果后，渲染画面增加了一种朦胧感。

步骤14：设置完毕后对场景进行渲染，可以看到图像上增加了一些颗粒，看上去有电影画面的效果。

CHAPTER 9

动画制作

【重点内容】

1. 动画与关键帧的概念
2. 正向运动与反向运动
3. 动画控制器和约束
4. 制作玫瑰花开放的动画

经典作品赏析

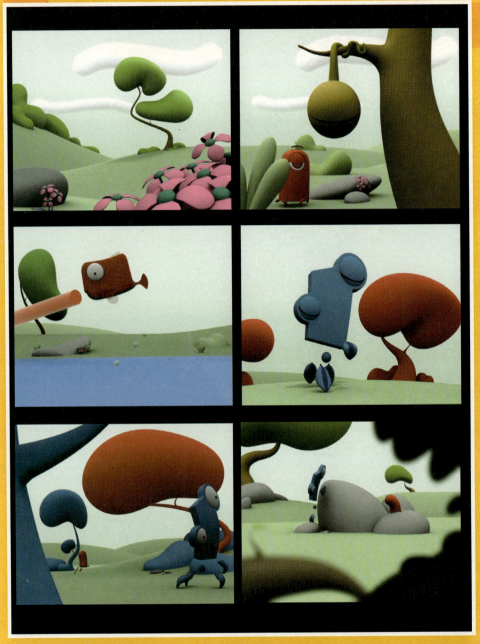

▶ 上图来自于艺术家Sean Mullen的一个动画短片，主要讲述了两个来自外星的小怪物，试图将各种物体颜色改变为和自己相同，最后发生了争执。这个动画作品的画风非常简洁，没有使用任何环境或摄影机特效，场景模型多是一些简单的几何体对象，在外星生物的刻画上，主要突出了它们的眼睛。场景中的所有物体都比较圆润，没有十分锐利的造型。整个画面的色彩采用了大量的单色调，没有使用贴图和材质，看上去更像一部卡通幽默短片。两个外星生物角色非常有特点，只通过眼睛的变化就能很好地表现出角色的喜怒哀乐。短片配以轻快的背景音乐，更增添了幽默气息。

上图来自于艺术家Cristian Ciocotisan的动画作品，该动画为科幻题材，在动画设计上参考了游戏星际争霸中的很多元素。整个动画场景制作非常宏大，从广阔的宇宙、激战的太空船到科幻人物角色都进行了细致的制作。场景中运用了大量的光影特效，以增加动画的科幻色彩，整部动画看起来像是一部宏大的科幻电影。

▶▶ 9.1 动画与关键帧的概念

3ds Max最核心的应用就是制作各种3D动画。用户可以利用3ds Max为游戏设置角色动画、制作广告宣传片和影视作品、制作医学或工业中的动画演示等。

3ds Max强大的功能能够为用户提供各种需要的动画工具。轨迹编辑器、反向运动、动力学、骨骼系统，这些工具能够让用户制作出宏大的三维动画场景。

◢ 9.1.1 什么是动画

动画通过连续播放一系列画面，使视觉接受到连续变化的图画。它的基本原理与电影、电视一样，都是一种视觉原理。人类的眼睛具有"视觉暂留"的效果，当眼睛看到一幅画或一个物体后，在1/24秒内不会消失。利用这一原理，在一幅画还没有消失前播放出下一幅画，就会给人造成一种流畅的视觉变化效果。

如右图所示，电影放映就是利用了"视觉暂留"这一原理，电影以每秒24幅画面的速度播放，电视则以每秒25幅（PAL制）或30幅（NSTC制）画面的速度播放。如果以每秒低于24幅画面的速度播放，就会出现停顿现象。

动画的定义，不在于动画制作使用的材质或创作的方式，而在于作品是否符合动画的本质。时至今日，动画媒体包含了各种形式，但不论何种形式，它们具体有共同点：其动画影像是以电影胶片、录像带或数字信息的方式逐格记录的。传统的电影以胶片为存放载体，这种方式不利于影像的保存，胶片会随着时间的延长而变质，如下左图所示。而以数字信号为载体的电影不但可长久保存，播放也非常地方便，如下右图所示。

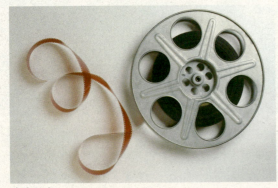

胶片形式

数字形式

动画没有明确的分类，从制作技术和手段来看，可以分为传统的手工动画和计算机动画；从动画的表现形式来看，可以分为接近自然动作的"完善动画"（动画电视）和采用简化、夸张手法的"局限动画"（幻灯片动画）；从视觉效果来看，可以分为平面动画和三维动画。如下左图所示，我国早期的优秀动画片《大闹天宫》属于平面动画类型。下右图所示的好莱坞动画大片《怪物史莱克》属于三维动画类型。

平面动画   三维动画

随着计算机应用的普及，如今的动画制作更加简单，很多爱好者可以利用3ds Max或Flash自己制作动画小短片。针对不同的人和不同的需要，动画的创作过程和方法可能有所不同，但其基本规律是一致的。动画的制作过程可以分为总体规划、设计制作、具体创作和拍摄制作四个阶段。每一阶段又包含了若干步骤。

1. 总体规划阶段

▲ **剧本**：任何影片生产的第一步都是创作剧本，但动画的剧本与真人表演的故事片剧本有很大不同。在动画中则应尽可能避免复杂的对话，最重要的是用画面表现视觉动作。

▲ **故事板**：根据剧本，导演要绘制出类似连环画的故事草图（分镜头绘图剧本），将剧本描述的动作表现出来。故事板由若干片段组成，每一片段由系列场景组成。

▲ **摄制表**：摄制表是导演编制的整个影片制作的进度规划表，用于指导动画创作各方人员统一协调地工作。

2. 设计制作阶段

▲ **设计**：设计是在故事板的基础上，确定背景、前景及道具的形式和形状，完成场景环境和背景图的设计、制作。对人物或其他角色进行造型设计，并绘制出每个造型的几个不同角度的标准页，以供其他动画人员参考。

▲ **音响**：在制作动画时，因为动作必须与音乐匹配，所以音响录音必须在动画制作之前进行。录音完成后，编辑人员还要把记录的声音精确地分解到每一幅画面位置上，即从第几秒（或第几幅画面）开始说话，说话持续多久等。

3. 具体创作阶段

▲ **原画**：原画创作是指由动画设计师绘制出动画的一些关键画面。通常是一个设计师只负责一个固定的人物或角色。

▲ **中间插画制作**：中间插画是指两个重要位置或框架图之间的图画，一般就是两张原画之间的一幅画。助理动画师制作一幅中间插画，其余美术人员再内插绘制角色动作的连接画。

4. 拍摄制作阶段

动画制作是一个非常繁琐的工作，分工极为细致。按照时间可以将动画制作工作分为制前、制作、制后等几个阶段。制前包括企划、作品设定、资金募集等；制作包括分镜、原画、动画、上色、背景作画、摄影、配音、录音等；制后包括合成、剪接、试映等。

9.1.2 认识关键帧

上一节已经向读者介绍过，动画播放的是一系列连续静态的图像，每一个单独的图像称为帧。如右图所示，电影胶片上的每一格镜头就相当于一帧。

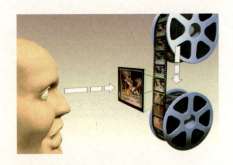

关键帧相当于平面动画中的原画，指角色或物体运动变化中的关键动作所处的那一帧。在3ds Max中，这些关键帧也称为关键点，软件根据用户所设置的关键帧，自动对中间的部分进行计算，从而完成整个动画的制作。

在传统的动画制作中，由熟练的动画师来绘制动画中的关键画面，即关键帧，由一般的动画设计师来绘制中间的过渡帧。这样就需要生成大量的帧，一分钟的动画大概需要720~1800个单独图像。如下左图所示，动画中的每一帧都需要绘制，这无疑使动画制作的工作量变得十分巨大。而在三维动画制作中，中间帧的生成由计算机来完成，插值代替了设计中间帧的动画师，如下右图所示。所有影响画面图像的参数都可成为关键帧的参数，如位置、旋转角、纹理等参数。关键帧是计算机动画中最基本、运用最广泛的技术。

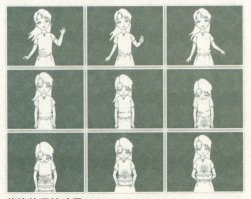

传统的逐帧动画

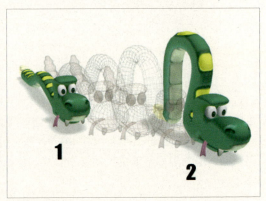

关键帧动画

3ds Max界面的底部提供了设置关键帧的一些工具以及场景动画的控制工具。

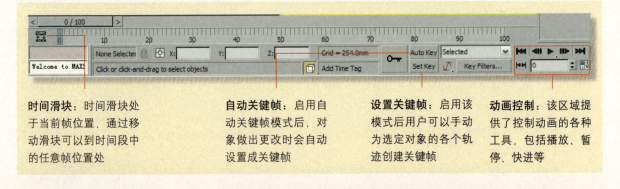

时间滑块：时间滑块处于当前帧位置，通过移动滑块可以到时间段中的任意帧位置处

自动关键帧：启用自动关键帧模式后，对象做出更改时会自动设置成关键帧

设置关键帧：启用该模式后用户可以手动为选定对象的各个轨迹创建关键帧

动画控制：该区域提供了控制动画的各种工具，包括播放、暂停、快进等

【实战练习】制作简单的飞行动画

原始文件：场景文件\Chapter 9\制作简单的飞行动画-原始文件\
最终文件：场景文件\Chapter 9\制作简单的飞行动画-最终文件\
视频文件：视频教学\Chapter 9\制作简单的飞行动画.avi

步骤01 打开光盘中提供的原始场景文件，该太空场景中有一个空间站和一个飞船模型。

步骤02 选择星球对象，在界面底部单击Auto Key（自动关键帧）按钮 Auto Key，将时间滑块拖动到最后一帧的位置，然后使用Rotate（旋转）工具将星球旋转很小的角度。

步骤03 选择空间站对象，使用Rotate（旋转）工具对空间站进行旋转，旋转的角度比星球大一些，表示空间站转动的速度比星球要快。

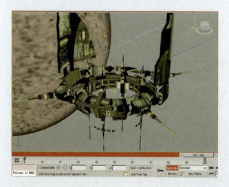

步骤04 选择飞船尾部的4个大气装置，这4个装置已经绑定了火效果，进入火效果的参数设置面板中。

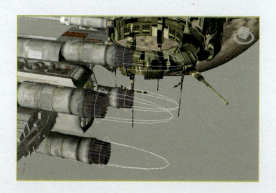

步骤05 在火效果的Motion（动态）选项组中将Phase（相位）参数设置为500，这样可以使火效果产生抖动变化效果。

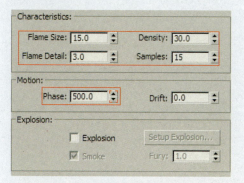

步骤06 进入Top（顶）视口，选择飞船整体，在最后一帧的位置将飞船向前移动到如下图所示的位置。

> **提示 自动关键帧模式**
>
> 当单击Auto Key（自动关键帧）按钮 Auto Key 后，即进入自动关键帧模式，此时对场景对象所做的任何修改都会被记录为关键帧。用户在设置完动画后一定要注意再次单击Auto Key（自动关键帧）按钮以退出自动关键帧模式，如果没有退出，可能会将一些无用的操作也记录为关键帧。

步骤07 进入透视视口，使用旋转工具围绕X轴对飞船进行旋转，使飞船在向前移动时产生旋转效果。

步骤08 设置完毕后再次单击Auto Key（自动关键帧）按钮 Auto Key 退出自动关键帧模式，然后对动画进行渲染，输出得到一个简单的飞行动画效果。

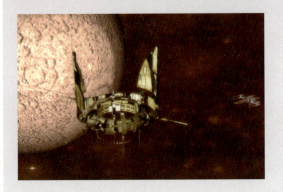

9.1.3 配置动画时间

Time Configuration（时间配置）对话框提供了帧速率、时间显示、播放和动画等参数的设置。使用此对话框可以更改动画的长度，将其拉伸或缩放，还可以设置活动时间段和动画的开始帧、结束帧。

帧速率：选择帧速率类型，可选NTSC、Film、PAL或Custom（自定义）4种

播放方式：选择播放方式，可选实时、仅活动窗口和循环3种

播放速度：选择播放动画的速度

播放方向：选择动画播放的方向

时间显示：指定在时间滑块及整个3ds Max中显示时间的方式

动画：设置动画的起始时间、持续长度、结束时间以及总帧数

关键帧步幅：设置启用自动关键帧模式时创建关键帧的方法

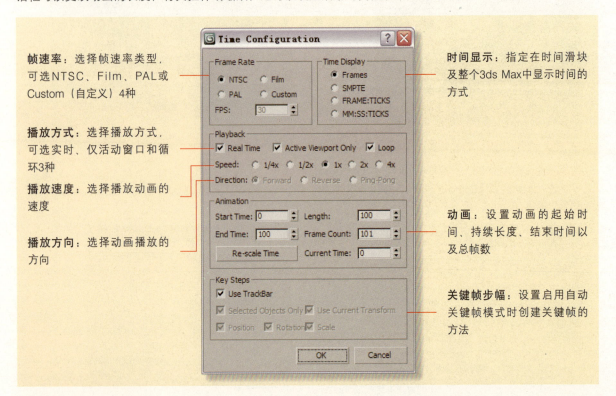

设置活动时间段

在设置动画时间时，如果不想影响已经创建的关键帧，可以更改活动时间段。例如，如果关键帧散布在一个1000帧的范围内，则可以将活动时间段缩小为第150帧至第300帧之间。用户可以仅修改或使用活动时间段内的这150帧，而其他动画仍保持原状。将活动时间段设置为从0到1000可还原所有关键帧的访问和播放。

9.1.4 熟悉曲线编辑器

使用自动关键帧模式，只能对一些简单的变换进行动画记录，无法进行更进一步的编辑。使用Track View（轨迹视图）可以查看场景和动画的数据曲线图。Track View（轨迹视图）窗口大致可以分为菜单栏、工具栏、控制器窗口、曲线窗口、时间标尺、状态工具和导航工具7个部分。Track View（轨迹视图）有，Curve Editor（曲线编辑器）和Dope Sheet（摄影表）两种模式，下图为轨迹视图的Curve Editor（曲线编辑器）模式，在该模式下，关键帧以曲线形式显示。

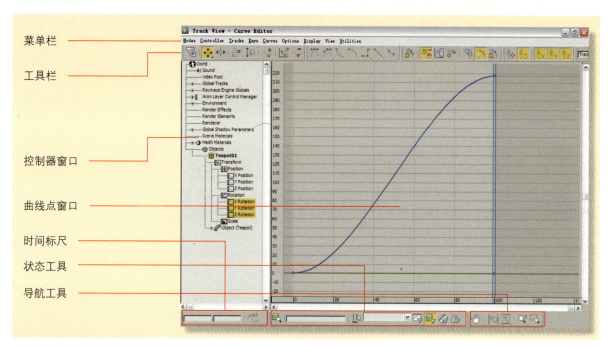

1. 菜单栏

Track View（轨迹视图）的菜单栏包含了9种菜单命令。

▲ Modes（模式）：该菜单主要用于在"曲线编辑器"和"摄影表"两种模式间进行切换。

▲ Controller（控制器）：该菜单用于为选择的曲线指定控制器。

▲ Tracks（轨迹）：该菜单主要用于在空白的窗口中添加新的轨迹。

▲ Keys（关键帧）：该菜单用于对轨迹上的关键帧进行控制。

▲ Curves（曲线）：该菜单可以对选择的曲线进行减缓或者增强操作。

▲ Options（选项）：该菜单用于设置一些曲线编辑器的常规选项。

▲ Display（显示）：该菜单可以设置以怎样的方式来显示轨迹或者关键帧。

▲ View（视图）：该菜单可以对视图进行放大、缩小、平移等操作。

▲ Utilities（工具）：在该菜单中可以选择轨迹视图工具。

2. 工具栏

轨迹视图的工具栏可以分为关键帧工具栏、关键帧切线工具栏、曲线工具栏和Biped工具栏。

● 关键帧工具栏

Filters（过滤器）：使用该选项可确定在控制器窗口和关键帧窗口中显示的内容。

Move Keys（移动关键帧）：在曲线上沿水平和垂直方向自由移动关键帧。

Slide Keys（水平移动关键帧）：仅能在曲线水平方向上移动关键帧。

Scale Keys（缩放关键帧）：按比例对选择的关键帧进行缩放变换。

Scale Values（缩放值）：设置增加或减小关键帧的值。

Add Keys（添加关键帧）：在曲线图中的现有曲线上创建新的关键帧。

Draw Curves（绘制曲线）：通过拖动鼠标创建新的曲线。

Reduce Keys（减少关键帧）：减少曲线上的关键帧数量。

- 关键帧切线工具栏

Set Tangents to Auto（将切线设置为自动）：将关键帧设置为自动切线。

Set Tangents to Custom（将切线设置为自定义）：将关键帧设置为自定义切线。

Set Tangents to Fast（将切线设置为快速）：启用该选项可以使曲线变为加速模式。

Set Tangents to Slow（将切线设置为慢速）：启用该选项可以使曲线变为减速模式。

Set Tangents to Step（将切线设置为阶跃）：启用该选项可以使曲线产生突变。

Set Tangents to Linear（将切线设置为线性）：启用选项曲线将匀速而不产生变化。

Set Tangents to Smooth（将切线设置为平滑）：该选项可以用来处理不能继续进行的移动。

- 曲线工具栏

Lock Selection（锁定选择）：锁定当前所选的关键帧。

Snap Frames（捕捉帧）：限制关键点到帧的移动。

Parameter Out-of-Range Curves（参数曲线超出范围类型）：使用该选项可重复关键帧范围外的关键帧运动。

Show Keyable Icons（显示可设置关键帧的图标）：显示将轨迹定义为可设置关键帧或不可设置关键帧的图标。

Show All Tangents（显示所有切线）：在曲线上隐藏或显示所有切线控制柄。

Show Tangents（显示切线）：在曲线上隐藏或显示切线控制柄。

Lock Tangents（锁定切线）：锁定对多个切线控制柄的选择，从而可以同时操纵多个控制柄。

- Biped工具栏

Show Biped Position Curves（显示 Biped 位置曲线）：显示设置动画Biped选择的位置曲线。

Show Biped Rotation Curves（显示 Biped 旋转曲线）：显示设置动画Biped选择的旋转曲线。

Show Biped X Curves（显示 Biped X 曲线）：切换当前动画或位置曲线的X轴。

Show Biped Y Curves（显示 Biped Y 曲线）：切换当前动画或位置曲线的Y轴。

Show Biped Z Curves（显示 Biped Z 曲线）：切换当前动画或位置曲线的Z轴。

单击Parameter Out-of-Range Curves（参数曲线超出范围类型）按钮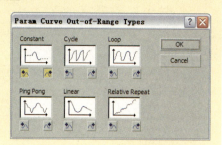，可以开启如下图所示的对话框，该对话框提供了6种曲线的范围类型，用于设置曲线在超出设定范围后的变换类型。

- Constant（恒定）：在所有帧范围内保留末端关键帧的值。
- Cycle（周期）：产生突然跳跃的重复动画效果。
- Loop（循环）：使用插值创建平滑的循环动画。
- Ping Pong（往复）：在动画重复范围内切换向前或是向后。
- Linear（线性）：在范围末端沿切线到功能曲线计算动画。
- Relative Repeat（相对重复）：每个重复都会根据范围末端的值有一个偏移。

Track View（轨迹视图）的另一种显示类型是Dope Sheet（摄影表），右图所示为选择Dope Sheet（摄影表）类型后的轨迹视图。关键帧窗口变成了表格形式，这种形式可以调整不同参数轨迹之间的关键帧范围。当使用Dope Sheet（摄影表）类型后，菜单栏、左侧的控制器窗口以及底部的时间标尺、导航工具仍然不变，只是工具栏中缺少了关键帧切线工具栏和Biped工具栏，增加了时间工具栏。

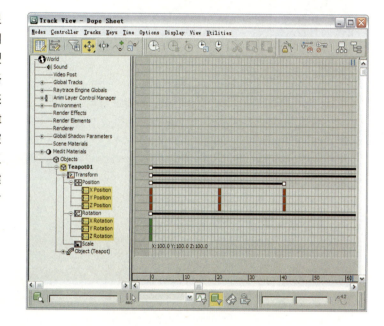

- **时间工具栏**

利用时间工具栏可以选择时间范围或对时间进行移除、缩放、插入，也可反转时间流。

Select Time（选择时间）：用于选择时间范围，可选择时间范围内的任意关键帧。

Delete Time（删除时间）：从轨迹上删除所选时间。

Reverse Time（反转时间）：在时间段上反转所选轨迹上的关键帧。

Scale Time（缩放时间）：在时间段上缩放所选轨迹上的关键帧。

Insert Time（插入时间）：在时间段内插入一个范围的帧。

Cut Time（剪切时间）：剪切所选的时间。

Copy Time（复制时间）：对选定的时间进行复制。

Paste Time（粘贴时间）：对复制的时间进行粘贴。

原始文件：场景文件\Chapter 9\制作物体左右摇摆的循环动画-原始文件\
最终文件：场景文件\Chapter 9\制作物体左右摇摆的循环动画-最终文件\
视频文件：视频教学\Chapter 9\制作物体左右摇摆的循环动画.avi

步骤01 打开光盘中的原始场景文件，该场景中摆放了一个秋千模型。

步骤02 单击Angle Snap Toggle（角度捕捉）按钮，在打开的对话框中设置Angle（角度）参数为20。

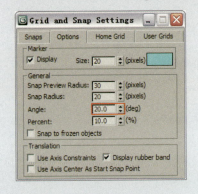

步骤03 选择椅子整体对象，使用旋转工具将椅子向右侧旋转20°。

步骤04 单击Auto Key（自动关键帧）按钮，进入自动关键帧模式，将时间滑块拖到第10帧的位置，然后将椅子对象旋转到原来的垂直位置。

步骤05 继续进行动画设置，将时间滑块拖到第20帧的位置，使用旋转工具将椅子对象旋转到后方-20°的位置，这样从第0帧到第20帧之间就形成了一个来回摇摆的动画。

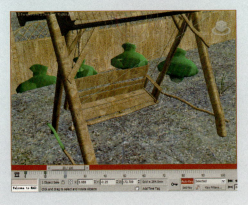

步骤06 在主工具栏中单击Curve Editor（曲线编辑器）按钮，打开曲线编辑器面板，选择椅子对象的X、Y、Z轴的3个变换曲线。

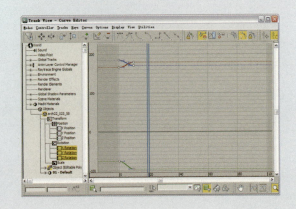

步骤 07 在曲线编辑器的工具栏中单击Parameter Out-of-Range Curves（参数曲线超出范围类型）按钮，打开参数曲线超出范围类型对话框，然后选择Ping Pong（往复）曲线类型。

步骤 08 选择了Ping Pong（往复）类型后，可以在窗口中看到，摇椅的变换曲线产生了循环，表示椅子将以第0帧到第20帧为单位无限循环下去。

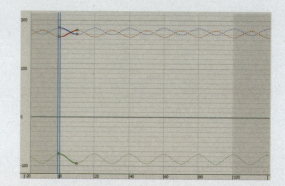

难点解析：循环与往复

Ping Pong（往复）类型和Loop（循环）类型都可以使曲线产生循环效果。它们的不同之处在于Loop（循环）会在范围内的结束帧和起始帧之间进行插值来创建平滑的循环，如果初始和结束关键帧同时位于范围的末端，循环效果实际上会与周期效果类似。而Ping Pong（往复）类型在动画重复范围内切换向前或向后，在想要动画切换向前或者向后时，应该使用往复类型。

步骤 09 选择变换曲线，在曲线编辑器的工具栏中单击Set Tangents to Linear（将切线设置为线性）按钮，使对象的运动变为匀速状态。

步骤 10 设置完毕后退出自动关键帧模式，对场景动画进行渲染输出。可以给椅子添加运动模糊效果，增强摇摆的真实感。

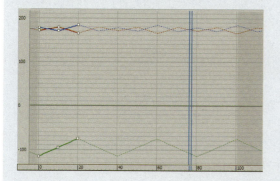

▶▶ 9.2 层次

在制作三维动画时，最常见的操作之一就是将多个对象链接在一起，组成一个链接装置。通过对象的链接可以创建父子关系，应用于父对象的变换同时也将传递给子对象。这种链接在3ds Max中称为层次。

右图所示的机械臂就是典型的一个链接装置，机械臂的各个部分相连并保持关联，转动其中的一个部分会对该部分前面的链接产生影响。

9.2.1 层次的组成

一个链接对象可能由多个部分组成，这些链接层次中的对象之间的关系类似于一个家庭，彼此之间相互影响，下图所示的这个摩天轮由多个部分组成，这些不同的部分之间有着一定的关系。

父对象： 控制一个或多个子对象的对象。一个父对象通常被更高级别的父对象控制。左图中对象❶（底座）和❷（支架）就是父对象，因为摩天轮是建立在支柱和底座上的。

子对象： 子对象是受父对象控制的对象，左图中对象❷（支架）和对象❸（转轴）都是对象❶（底座）的子对象。对象❺（座椅）是对象❹（钢架）的子对象。对象❹（钢架）又是对象❸（转轴）的子对象。

祖先对象： 一个子对象的父对象以及该父对象的所有父对象。左图中对象❶（底座）和对象❷（支架）是对象❸（转轴）的祖先对象。

有两种方法查看对象的层次，一种是单击主工具栏中的Select by name（按名称选择）按钮打开场景对象浏览器进行查看，另一种是在轨迹视图的控制器窗口中进行查看。

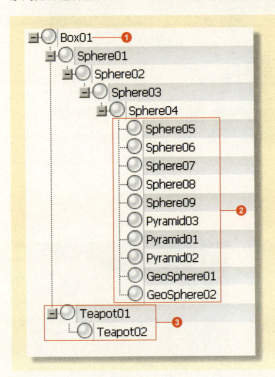

派生对象： 一个父对象的子对象以及子对象的所有子对象。左图中其他所有对象都是对象❶的派生对象。

根对象： 层次中惟一比其他所有对象的层次都高的父对象。其他所有对象都是根对象的派生对象。左图中的对象❶就是根对象。

子树： 所选父对象的所有派生对象。左图中对象❷就是对象Sphere04的子树。

分支： 表示在层次中从一个父对象到一个单独派生对象之间的路经。左图中对象Sphere01、Sphere02、Sphere03以及对象❷共同组成了根对象下的分支。

叶对象： 没有子对象的子对象。对象❷就属于叶对象。

◢ 9.2.2 使用层次链接

　　层次链接常应用于将大量对象的集合链接到一个父对象，以便通过移动、旋转或缩放父对象变换和设置这些对象的动画。层次链接也常用于将摄像机或灯光的目标链接到另一个对象，以便通过场景跟踪对象层次链接还可将对象链接到某个虚拟对象，以通过合并多个简单运动来创建复杂运动，或链接对象以模拟关节结构，从而设置角色或机械装置的动画。

　　右图所示分解的零件经过链接组成了一个活动的机械手臂。

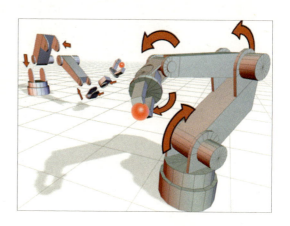

　　在对一些结构复杂的组合进行链接前，应该考虑一下链接的策略，对层次根对象、子树和叶对象的选择将对模型的可用性产生重要影响。将对象链接为层次要注意层次从父对象到子对象遵循一个逻辑的过程以及父对象的移动要比其子对象少。

▲ **层次从父对象到子对象遵循一个逻辑的过程**：从父对象到子对象的过程意味着链接中没有从对象到对象间无规律的跳跃。如果两个对象彼此接触，它们可能是作为父对象和子对象进行链接的。

▲ **父对象的移动要比其子对象少**：因为变换的方式是子对象从父对象继承，所以对父对象的微小调整可能会导致对它的所有子对象进行调整。链接的典型方法是选择根对象或父对象时，要使它们移动范围很小。

◆◆ 【实战练习】制作活动的机械腿

⊙ 原始文件：场景文件\Chapter 9\制作活动的机械腿-原始文件\
　　最终文件：场景文件\Chapter 9\制作活动的机械腿-最终文件\
　　视频文件：视频教学\Chapter 9\制作活动的机械腿.avi

步骤 01 打开光盘中的原始场景文件,该场景中提供了一个由3部分组成的机械腿模型,选择最上端的部分进行旋转,由于还没有进行链接设置,所以该部位以下的模型不受顶端部分的影响,仍然保持原位。

步骤 02 选择机械腿中间部分的模型，在主工具栏中单击Select and Link（选择和链接）按钮 ，单击该对象，然后将其移动到顶端的部位并释放鼠标，将腿部中间模型链接到顶端的部分。

难点解析：建立多层次的链接

　　在建立结构复杂的链接时通常要使用多个层次，例如要构建从角色臀部到脚趾的链接，不必构建一条单独的骨骼链，可以从臀部到脚踝构建一条骨骼链，从脚跟到脚趾构建另一条独立的骨骼链。然后将这些骨骼链链接到一起组成一条完整的腿的集合即可。

步骤 03 链接完成后，继续选择顶端的部分进行旋转，此时中间的部分已经链接到顶端部分上了，所以在旋转的同时，腿部中间的模型也跟随产生移动。

步骤 04 在场景中选择脚部的模型，单击Select and Link（选择和链接）按钮，用相同的方法将脚部模型链接到腿部的中间结构上。

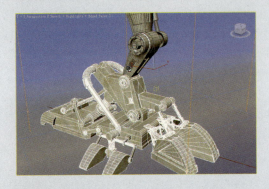

步骤 05 链接完成后仍然选择顶端部分进行旋转，此时腿部中间以及脚部的模型都跟随最顶端的部分产生了旋转。

步骤 06 选择中间部分的对象进行旋转，可以看到脚部模型跟随中间部分发生了旋转，但是顶端部分没有产生变化，因为父对象不随子对象发生改变。

◢ 9.2.3 层次面板

通过Hierarchy（层次）面板可以使用调整对象间层次链接的工具，下图为Hierarchy（层次）面板，包含Pivot（轴）、IK以及Link Info（链接信息）3个部分。Pivot（轴）用于对物体的轴点进行调整，IK主要用于设置反向运动学（该部分内容将在下一节进行讲解），Link Info（链接信息）用于控制对象所链接的各个轴。

Pivot（轴）

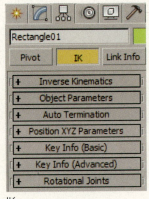

IK

Link Info（链接信息）

Pivot（轴）面板包括Adjust Pivot（调整轴）、Working Pivot（工作轴）、Adjust Transform（调整变换）和Skin Pose（蒙皮姿势）4个卷展栏。

所有的对象都有轴心点，轴心点定义局部坐标系的方位，是对象旋转、缩放和移动的中心，同时也是对象的中心。

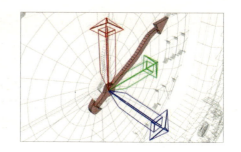

使用Adjust Pivot（调整轴）卷展栏可以调整对象轴点的位置和方向。调整对象的轴点不会影响到链接该对象的任何子对象。

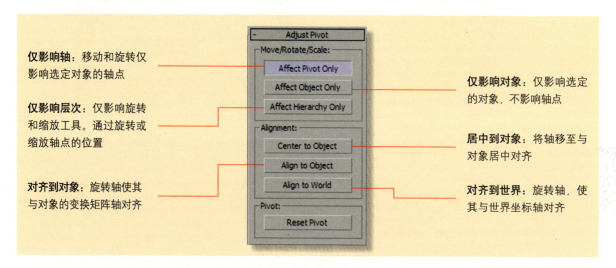

仅影响轴：移动和旋转仅影响选定对象的轴点

仅影响层次：仅影响旋转和缩放工具。通过旋转或缩放轴点的位置

对齐到对象：旋转轴使其与对象的变换矩阵轴对齐

仅影响对象：仅影响选定的对象，不影响轴点

居中到对象：将轴移至与对象居中对齐

对齐到世界：旋转轴，使其与世界坐标轴对齐

作为备选的对象，Working Pivot（工作轴）可以为场景中的任意对象应用变换。

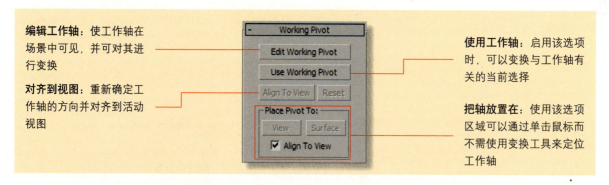

编辑工作轴：使工作轴在场景中可见，并可对其进行变换

对齐到视图：重新确定工作轴的方向并对齐到活动视图

使用工作轴：启用该选项时，可以变换与工作轴有关的当前选择

把轴放置在：使用该选项区域可以通过单击鼠标而不需使用变换工具来定位工作轴

使用Adjust Transform（调整变换）卷展栏中的按钮可以变换对象及其轴，而不影响其子对象。

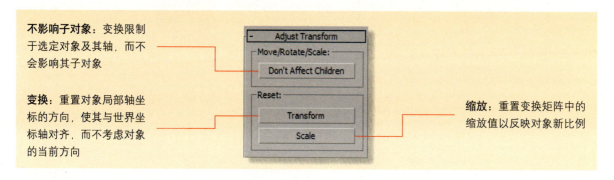

不影响子对象：变换限制于选定对象及其轴，而不会影响其子对象

变换：重置对象局部轴坐标的方向，使其与世界坐标轴对齐，而不考虑对象的当前方向

缩放：重置变换矩阵中的缩放值以反映对象新比例

原始文件：场景文件\Chapter 9\设置钟摆的轴点-原始文件\
最终文件：场景文件\Chapter 9\设置钟摆的轴点-最终文件\
视频文件：视频教学\Chapter 9\设置钟摆的轴点.avi

步骤01 打开光盘中提供的原始场景文件，该场景中提供了一个挂钟模型。

步骤03 进入Hierarchy（层次）面板的Adjust Pivot（轴）卷展栏，单击（仅影响轴）按钮 `Affect Pivot Only`。

步骤05 按照相同的方法，将另一个指针的轴点也对齐到表盘的中心。此时选择指针进行旋转，指针会以表盘的中心为圆心进行旋转。

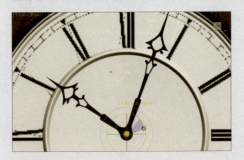

步骤02 进入Front（前）视图，选择指针对象，可以看到指针的轴点并不位于表盘的中心，这样不利于制作指针动画。

步骤04 在主工具栏中单击Align（对齐）按钮 ，然后单击表盘中心的小圆点，将指针的轴点对齐到表盘的中心位置。

步骤06 选择表盘下方的摇摆对象进行旋转，由于该对象轴点位置不正确，它的旋转中心并不在摇杆的最上方。

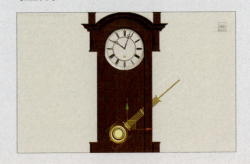

提示 退出Affect Pivot Only（仅影响轴）模式

当对物体的轴点设置完毕后，应该再次单击Affect Pivot Only（仅影响轴） `Affect Pivot Only` 按钮，退出轴点的编辑状态，如果没有退出轴点编辑状态，对物体所做的移动、旋转等操作都会作用于轴点，而不是物体本身，要注意缩放变换不会对轴点产生影响。

步骤07 同样地，移动这个对象的轴点，将其对齐到表盘的中心位置。

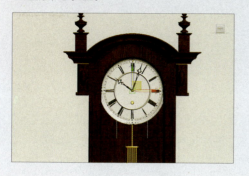

步骤08 设置完毕后再次旋转钟摆对象，可以看到旋转的轴心变为了表盘的中心位置。

▶▶ 9.3 正向运动与反向运动

运动学链意为层次的单个分支，该分支开始于选定的子对象，并沿着它的祖先继续移动，直至到达链的基点。链的基点可以是整个层次的根也可是指定为链的终结器的对象。

▲ 使用正向运动可以通过变换父对象来移动它的派生对象。

▲ 使用反向运动可以通过变换子对象来移动它的祖先对象。

正向运动是设置层次动画的最简单的方法。反向运动的设置比正向运动复杂很多，但在设置角色动画或像右图所示的复杂机械动画时会更直观生动。

9.3.1 正向运动

在正向动力中，当父对象移动时，它的子对象也必须跟随其一起移动。如果单独对子对象进行移动，父对象不会跟随其发生变化。例如，在人体的层次链接中，当躯干（父对象）弯下时，头部（子对象）跟随它一起移动，但是可以单独转动头部而不影响躯干的动作。

右图所示的机械臂中，转动底座，父对象的旋转会传递给子对象。

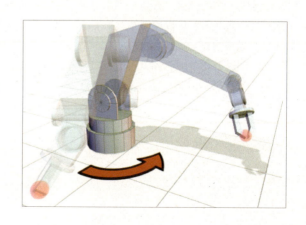

正向运动采用的技术原理主要包括3个部分。

▲ 按照父层次到子层次的链接顺序进行层次链接。

▲ 轴点位置定义了链接对象的连接关节。

▲ 按照从父层次到子层次的顺序进行位置、旋转或缩放变换。

设置层次中对象动画的方法与设置其他动画的方法一致。进入自动关键帧模式后，可以在不同的帧上变换层次对象。在设置正向运动前需要了解下面的相关知识。

1. 链接和轴的工作原理

将两个对象链接到一起后，子对象相对于父对象保持自己的位置、旋转和缩放变换。如下面图1所示，两个长方体对象的轴点相互链接在一起，且两个对象的轴间有一定的距离。转动父对象，子对象也跟随一起旋转，如下面图2所示。但是转动子对象，父对象不发生变化，如下面图3所示。

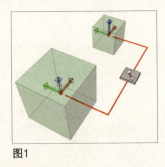
图1

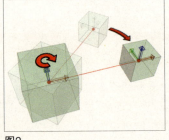
图2

图3

2. 设置子对象动画

使用正向运动时，子对象与父对象的链接不约束子对象，子对象可以独立于父对象单独移动、旋转或缩放。在一个链接系统中，移动最后一个子对象，不会影响到位于这个子对象前面层次的部分。

右图所示的机械装置中，移动中间部分的吊臂，它的所有派生对象会跟随发生变化，但是它的父对象不会产生移动。

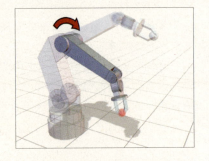

3. 操作层次

在正向运动中，子对象继承父对象的变换，父对象沿着层次向上继承其祖先对象的变换，直到根节点。由于正向运动具有这种继承特性，所以在设置动画时应该遵循从上到下的顺序。

如果要设置右图所示的挖掘机的吊臂运动，需要先设置位置1处的动画，然后设置中间部分位置2的动画，最后设置位置3翻斗的动画。

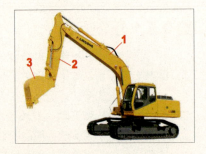

> **更改链接继承**
>
> 链接可将变换信息从父对象传输到子对象。在默认情况下，子对象继承其父对象的所有变换。要想更改子对象的链接继承，可以在层次面板的继承卷展栏中进行相关的设置，来限制子对象继承的变换。

9.3.2 反向运动

反向运动简称IK，是一种更复杂的设置动画的方法，反向运动与正向运动相反，它确定的是系统的层次链接中最后一个对象发生移动时其余所有对象的运动方式。它是从叶子而不是根部开始工作的。

例如在手臂的链接结构中，上臂链接到下臂，下臂链接到手最后再链接到手指。使用正向运动时，移动上臂，下臂、手和手指都会移动。使用反向运动则可以通过移动手指来控制整个手臂的运动。

链接系统创建完成后，在Hierarchy（层次）面板下单击 IK 按钮即可进入IK系统的控制面板，如右图所示，IK系统包含Inverse Kinematic（反向动力学）、Object Parameters（对象参数）、Auto Termination（自动终结）、Position XYZ Parameters（位置XYZ参数）、Key Info（Basic）[关键帧信息（基本）]、Key Info（Advanced）[关键帧信息（高级）]和Rotation Joints（转动关节）7个卷展栏。

如果在场景中没有创建链接系统而直接单击 IK 按钮，则只会有Inverse Kinematic（反向动力学）、Object Parameters（对象参数）和Auto Termination（自动终结）3个卷展栏。

Inverse Kinematic（反向动力学）卷展栏中提供用于交互式IK和应用式 IK 的选项，如下图所示。

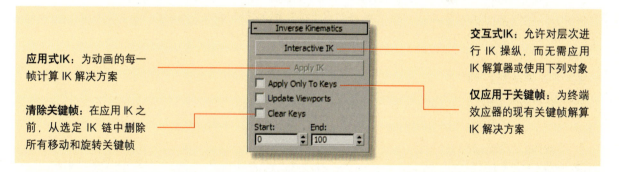

应用式IK：为动画的每一帧计算 IK 解决方案

清除关键帧：在应用 IK 之前，从选定 IK 链中删除所有移动和旋转关键帧

交互式IK：允许对层次进行 IK 操纵，而无需应用 IK 解算器或使用下列对象

仅应用于关键帧：为终端效应器的现有关键帧解算 IK 解决方案

了解IK解算器

交互式IK和应用式IK是IK解算器的备选方法，当IK解算器无法满足需求时才使用交互式IK或应用式IK。IK解算器是默认的反向运动学解决方案，用于旋转和定位链中的链接。它可以应用 IK 控制器来管理链接中子对象的变换。IK解算器在工作时，无论目标如何移动，IK解算器都尝试移动链中最后一个关节的枢轴（也称终端效应器），以满足目标的要求，如右图所示。IK 解算器可以对链的部分进行旋转，以便扩展和重新定位终端效应器，使其与目标相符。

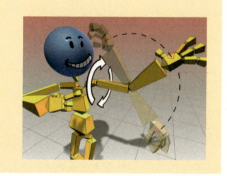

使用Object Parameters（对象参数）卷展栏可以设置整个层次链的 IK 参数。

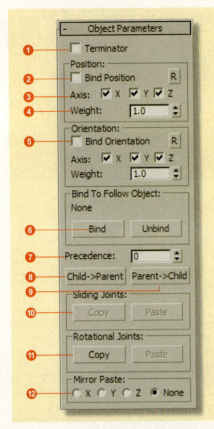

① **终结点**：通过将一个或多个选定对象定义为终结点，设置 IK 链的基础。

② **绑定位置**：将 IK 链中的选定对象绑定到世界坐标系，或者绑定到跟随对象。

③ **轴**：如果其中一个轴处于禁用状态，则该指定轴就不再受跟随对象或 HD IK 解算器位置终端效应器的影响。

④ **权重**：设置跟随对象（或终端效应器）的影响。

⑤ **绑定方向**：将层次中的选定对象绑定到世界坐标系（尝试着保持它的方向），或者绑定到跟随对象。

⑥ **绑定到跟随对象**：将反向运动学链中的对象绑定到跟随对象。

⑦ **优先级**：手动为 IK 链中的任何对象指定优先级。

⑧ **子->父**：自动设置关节优先级，以减少从子到父的值。

⑨ **父->子**：自动设置关节优先级，以减少从父到子的值。

⑩ **复制滑动关节**：对滑动关节链接动画进行复制。

⑪ **复制转动关节**：对转动关节链接动画进行复制。

⑫ **镜像粘贴**：用于粘贴操作期间关于 X、Y 或 Z 轴镜像 IK 关节设置。

Auto Termination（自动终结）卷展栏向终结点临时指定从选定对象开始特定数量的上行层次链链路。Position XYZ Parameters（位置XYZ参数）卷展栏用于对位置XYZ控制器进行设置。Key Info（Basic）[关键帧信息（基本）]卷展栏用于更改一个或多个选定关键帧的动画值、时间或插值方法。

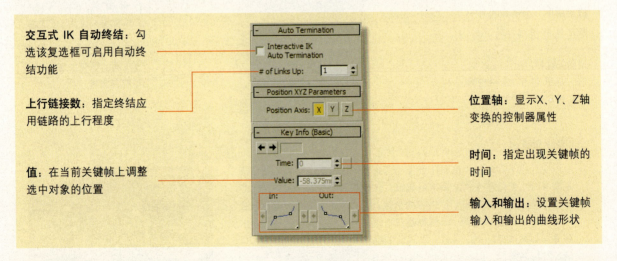

交互式 IK 自动终结：勾选该复选框可启用自动终结功能

上行链接数：指定终结应用链路的上行程度

值：在当前关键帧上调整选中对象的位置

位置轴：显示X、Y、Z轴变换的控制器属性

时间：指定出现关键帧的时间

输入和输出：设置关键帧输入和输出的曲线形状

锁定轴

在Bezier控制器的关键帧信息对话框中，锁定按钮位于X 缩放微调器旁边。如果将 X 锁定，则只有 X 值影响全部3个轴的缩放，Y 和 Z 值将被忽略，并且不显示它们的功能曲线。X 锁定时，X 值的变化不影响Y和Z值。如果在全部3个轴都为相同值时锁定X，则改变X值，然后解除锁定X，Y 和 Z 值将保持原来的值，而 X 保留其新值。

Rotational Joints（转动关节）卷展栏包含X Axis（X轴）、Y Axis（Y轴）和Z Axis（Z轴）3个选项组，用于对旋转属性进行设置。

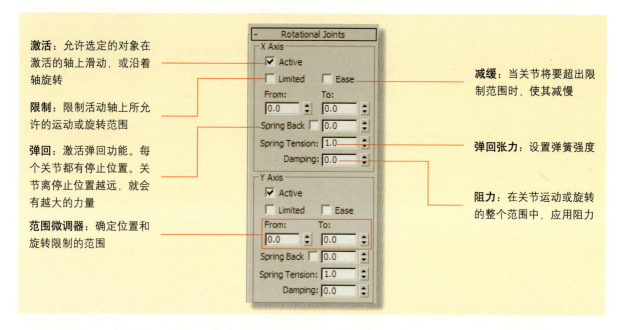

激活：允许选定的对象在激活的轴上滑动，或沿着轴旋转

限制：限制活动轴上所允许的运动或旋转范围

弹回：激活弹回功能。每个关节都有停止位置。关节离停止位置越远，就会有越大的力量

范围微调器：确定位置和旋转限制的范围

减缓：当关节将要超出限制范围时，使其减慢

弹回张力：设置弹簧强度

阻力：在关节运动或旋转的整个范围中，应用阻力

▶▶ 9.4 动画控制器和约束

在3ds Max中设置动画要通过动画控制器来处理。动画控制器是处理所有动画值的存储和插值的插件。

约束是自动化动画过程控制器的一种特殊类型。通过与另一个对象的绑定关系，可以使用约束来控制对象的位置、旋转或缩放。约束需要一个设置动画的对象及至少一个目标对象。右图所示为使用曲面约束使汽车沿着山坡行驶。

9.4.1 动画控制器

进入Motion（运动）⊙面板，单击Parameters（参数）按钮 Parameters ，在Assign Controller（指定控制器）卷展栏中可以访问对象的各种控制器。

默认的控制器包括如下几个。

▲ **Position（位置）**：Position XYZ（位置XYZ）。

▲ **Rotation（旋转）**：Euler XYZ。

▲ **Scale（缩放）**：Bezier Scale（贝塞尔缩放）。

虽然3ds Max 中控制器的类型较多，但大部分动画还是通过Bezier 控制器处理。

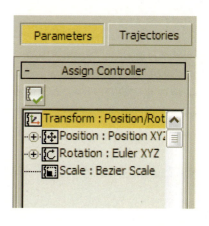

在Assign Controller（指定控制器）卷展栏中单击按钮，可开启如右图所示的对话框，在该对话框中可以为对象指定控制器。3ds Max提供了多种控制器类型，有一部控制器专门处理场景中的动画任务。这些控制器将存储动画关键帧值和程序动画设置，并在动画关键帧值之间进行插值。

对象或参数在设置动画之前不会接收控制器。在启用自动关键帧模式的情况下更改动画的参数，或在轨迹视图的摄影表中添加关键帧之后，3ds Max 会向参数指定一个控制器。下面向读者介绍一些常见的动画控制器。

▲ Audio Controller（音频控制器）：音频控制器将所记录的声音文件振幅或实时声波转换为可以设置对象或参数动画的值。

▲ Barycentric Morph Controller（重心变形控制器）：重心变形控制器将每个关键帧表示为所有目标的一系列权重。一个重心关键帧代表一个新对象，该对象是所有目标的混合。

▲ Bezier Controllers（Bezier 控制器）：Bezier 控制器是在 3ds Max 中应用最广泛的控制器。Bezier 控制器使用可调整样条曲线的关键帧间插补。它是大部分参数的默认控制器。

▲ Block Controller（块控制器）：块控制器是一种全局列表控制器，使用该控制器可以合并来自多个对象跨越一段时间范围的多个轨迹，并将它们组织为块。这些块可用于在时间轴上的任何位置重新创建动画。

▲ Boolean Controller（布尔控制器）：布尔控制器与启用/禁用控制器相似。在默认情况下，此控制器要指定给只提供启用和禁用二元控件的轨迹。

▲ Color RGB Controller （Point3 XYZ Controller）[颜色 RGB 控制器（Point3 XYZ 控制器）]：颜色RGB控制器将R、G 和B 组件拆分到3个单独轨迹中。在默认情况下，为每个轨迹指定一个Bezier 浮点控制器。Bezier浮点控制器是一个参数控制器。

▲ Euler XYZ Rotation Controller（Euler XYZ 旋转控制器）：Euler XYZ 旋转控制器可以给 X、Y、Z 轴指定旋转角度。

▲ Expression controller（表达式控制器）：使用表达式控制器，可以用数学表达式来控制动画的以下几方面：长度、宽度和高度之类的对象参数，对象的位置坐标之类的变换和修改器值。

▲ Layer Controller（层控制器）：层控制器提供与场景中的层控制器相关的命令，当在对象上启用动画层时，系统将自动指定场景。

▲ Limit Controller（限制控制器）：通过限制控制器可以为可用的控制器值指定上限和下限，从而限制被控制轨迹的值范围。

▲ Linear Controller（线性控制器）：线性控制器可以在动画关键帧之间插值，方法是按照关键帧之间的时间量平均划分从一个关键帧值到下一个关键帧值的更改。

▲ List Controller（列表控制器）：列表控制器将多个控制器合成为一个单独的效果。它是一个复合控制器，带有用于管理其组件控制器计算方式的工具。

▲ Look At Controller（注视控制器）：使用注视控制器可使任意对象的一个轴指向一个给定的目标点。

▲ Master Point Controller（主点控制器）：主点控制器控制着可编辑样条线、可编辑曲面和 FFD（自由形式变形）修改器中的点子对象。

▲ Noise Controller（噪波控制器）：噪波控制器会在一系列帧上产生随机的、基于分形的动画。

某些控制器（例如噪波控制器）不使用关键帧，对于此类型的控制器，用户可以使用Properties（属性）对话框编辑控制器参数来分析并更改动画。在曲线编辑器的左侧窗口中选择控制器类型，然后单击鼠标右键，在弹出的快捷菜单中执行Properties（属性）命令，如下左图所示。执行Properties（属性）命令即可开启如下右图所示的对话框。

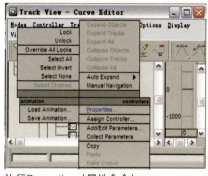

执行Properties（属性命令）

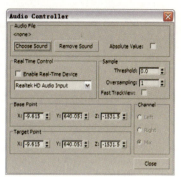

打开控制器参数面板

通过轨迹视图来查看控制器

控制器的层次列表中，每个控制器对应不同的图标，如右图所示。使用Track View（轨迹视图），不管是在曲线编辑器还是在摄影表模式中都可以针对所有对象和所有参数查看和使用控制器。单一参数控制器和复合控制器在轨迹视图的曲线编辑器模式下比较容易识别。

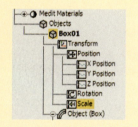

9.4.2 使用约束

Animation Constraints（动画约束）可以约束对象的运动，例如可以强制对象保持与另一个对象的链接。约束其实是一类特殊的控制器，它需要借助其他的对象参数。

在菜单栏中执行"Animation> Constraints"（动画>约束）命令可以给对象指定约束。3ds Max提供了7种动画约束，如右图所示。

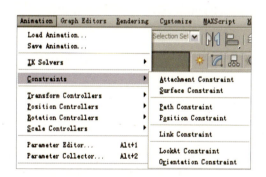

1. Attachment Constraint（附着约束）

Attachment Constraint（附着约束）是一种位置约束，它可以把一个对象的位置附着在另一个对角的表面。

例如制作右图的火箭发射动画，可以通过Attachment Constraint（附着约束）把助推器和火箭链接在一起。这样助推器会和火箭一起移动。

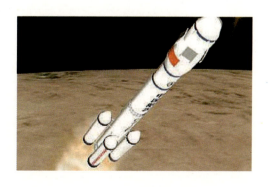

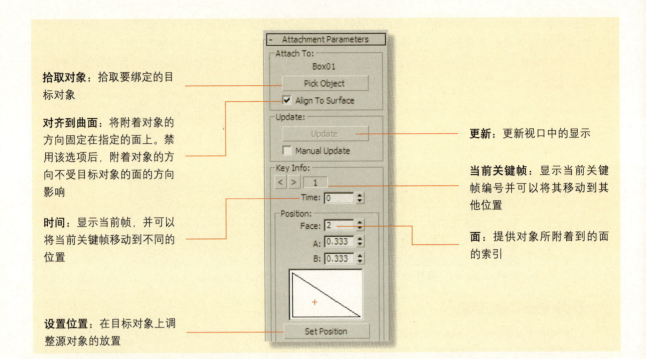

拾取对象：拾取要绑定的目标对象

对齐到曲面：将附着对象的方向固定在指定的面上。禁用该选项后，附着对象的方向不受目标对象的面的方向影响

时间：显示当前帧，并可以将当前关键帧移动到不同的位置

设置位置：在目标对象上调整源对象的放置

更新：更新视口中的显示

当前关键帧：显示当前关键帧编号并可以将其移动到其他位置

面：提供对象所附着到的面的索引

2. Link Constraint（链接约束）

Link Constraint（链接约束）可以在对象之间传递层次链接，使对象继承目标对象的位置、旋转度以及比例，场景中的不同对象便可以同时应用链接约束的对象的运动。

例如制作右图所示的机械手臂传递小球的动画，可以在两个手臂相遇的时候使用Link Constraint（链接约束）将父对象的动作传递给子对象。

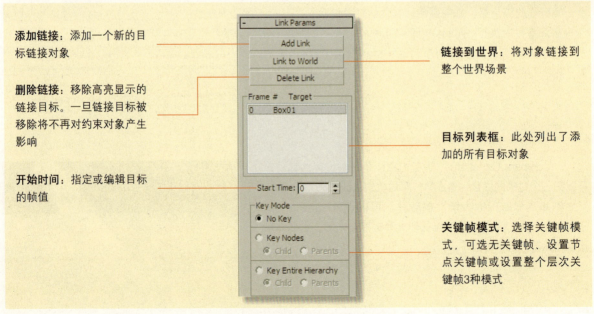

添加链接：添加一个新的目标链接对象

删除链接：移除高亮显示的链接目标。一旦链接目标被移除将不再对约束对象产生影响

开始时间：指定或编辑目标的帧值

链接到世界：将对象链接到整个世界场景

目标列表框：此处列出了添加的所有目标对象

关键帧模式：选择关键帧模式，可选无关键帧、设置节点关键帧或设置整个层次关键帧3种模式

使用LookAt Constraint（注视约束）不会使对象移动，但可以使物体旋转，使其总是朝向目标对象。它会锁定对象的旋转度使对象的一个轴点指向目标对象。

如右图所示，对雷达模型使用LookAt Constraint（注视约束），可以使雷达的目标锁定在卫星上，随着卫星的移动而旋转。

移除朝向目标：用于移除影响约束对象的目标对象

添加朝向目标：用于添加影响约束对象的新目标

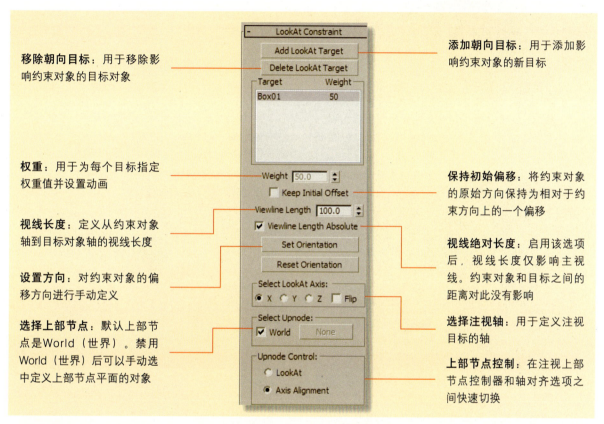

权重：用于为每个目标指定权重值并设置动画

保持初始偏移：将约束对象的原始方向保持为相对于约束方向上的一个偏移

视线长度：定义从约束对象轴到目标对象轴的视线长度

视线绝对长度：启用该选项后，视线长度仅影响主视线。约束对象和目标之间的距离对此没有影响

设置方向：对约束对象的偏移方向进行手动定义

选择上部节点：默认上部节点是World（世界）。禁用World（世界）后可以手动选中定义上部节点平面的对象

选择注视轴：用于定义注视目标的轴

上部节点控制：在注视上部节点控制器和轴对齐选项之间快速切换

使用多个目标对象

当指定多个目标时，从约束对象到每个目标对象所绘出的附加视线会继承每个目标的颜色。如果启用绝对视线长度，每个针对目标的视线的长度取决于其目标的权重设置和视线长度值。如果禁用绝对视线长度，每条线的长度取决于约束对象与每个独立目标间的距离和视线长度的值。附加的主视线长度和颜色取决于上面所指定的实际计算的方向。

【实战练习】注视飞舞的蝴蝶

原始文件：场景文件\Chapter 9\注视飞舞的蝴蝶-原始文件\
最终文件：场景文件\Chapter 9\注视飞舞的蝴蝶-最终文件\
视频文件：视频教学\Chapter 9\注视飞舞的蝴蝶.avi

步骤01 打开光盘中提供的原始场景文件，该场景中有一尺小狗模型，和一只蝴蝶模型。

步骤02 选择小狗的一个眼球，在主工具栏中执行"Animation> Constraints> LookAt Constraint"（动画>约束>注视约束）命令。

步骤03 执行该命令后，眼球和蝴蝶之间将会出现一条注视线，这时可以发现眼球并没有正对着蝴蝶对象。

步骤04 在LookAt Constraint（注视约束）的参数卷展栏中单击Set Orientation（设置方向）按钮 Set Orientation，然后对眼球进行旋转，将眼珠对准蝴蝶对象。

难点解析：设置对象的方向

给模型使用LookAt Constraint（注视约束）后，将不能再对该物体进行旋转、移动或缩放等操作，只有在单击Set Orientation（设置方向）按钮 Set Orientation 后，才能对该对象进行位置的变换。设置完毕后，受约束的对象会在初始状态下保持该方向位置。如果想要重新设置对象的默认方向，可以单击Reset Orientation（重置方向）按钮 Reset Orientation 来使对象的方向变为默认值。

步骤05 使用相同的方法，为小狗的另一只眼球应用LookAt Constraint（注视约束）并调整眼睛的位置。

步骤06 设置完毕后，对蝴蝶对象进行移动，可以发现小狗的眼睛随着蝴蝶的移动而旋转。

4. Orientation Constraint（方向约束）

方向约束会将一个对象的方向锁定到另一个对象上。此时可以独立地移动和缩放对象，但是当对目标对象进行旋转时，受约束的对象会一起进行旋转。

例如制作右图所示的卫星运动动画，对卫星使用方向约束后，可以独立地设置卫星的位置。但是当地球进行自转时，卫星会随着地球一起进行旋转，将卫星的轴点设置在地球的球心，就可以制作卫星绕地球运动的动画效果。

将世界作为目标添加：将世界坐标轴设为目标对象。可以设置世界对象相对于任何其他目标对象对受约束对象的影响程度

添加方向目标：添加影响受约束对象的目标对象

移除方向目标：移除方向目标。移除目标后，将不再影响受约束对象

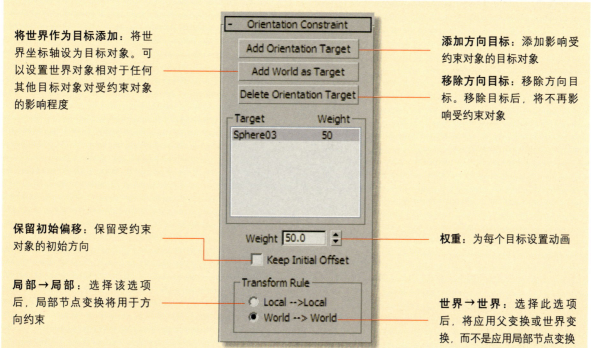

保留初始偏移：保留受约束对象的初始方向

权重：为每个目标设置动画

局部→局部：选择该选项后，局部节点变换将用于方向约束

世界→世界：选择此选项后，将应用父变换或世界变换，而不是应用局部节点变换

对多个目标使用权重

当使用多个目标时，每个目标都有一个权重值，该值用于定义该目标相对于其他目标影响受约束对象的程度。值为 0 时意味着目标没有影响，任何大于 0 的值都会引起目标设置相对于其他目标的权重影响受约束的对象。例如，权重值为 80 的目标相对于权重值为 10 的目标产生8倍强烈程度的影响。

5. Path Constraint（路径约束）

使用Path Constraint（路径约束）可以为对象选定一条要跟随的样条线路径。该对象会被锁定到该路径并一直跟随它。当改变样条线的形状时，对象路径也会随之变化。

如果要制作右图所示的汽车沿山路攀爬的动画，可以对汽车使用Path Constraint（路径约束），将其绑定到和盘山公路一致的样条线路径上，这样就可以将汽车锁定在公路上运动了。

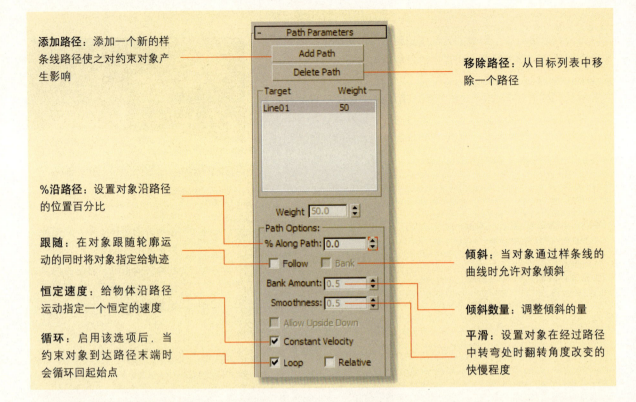

添加路径：添加一个新的样条线路径使之对约束对象产生影响

移除路径：从目标列表中移除一个路径

%沿路径：设置对象沿路径的位置百分比

跟随：在对象跟随轮廓运动的同时将对象指定给轨迹

恒定速度：给物体沿路径运动指定一个恒定的速度

循环：启用该选项后，当约束对象到达路径末端时会循环回起始点

倾斜：当对象通过样条线的曲线时允许对象倾斜

倾斜数量：调整倾斜的量

平滑：设置对象在经过路径中转弯处时翻转角度改变的快慢程度

在列表中查看控制器

给物体应用Path Constraint（路径约束）后，3ds Max会自动给对象指定一个Position（位置）控制器，在Position List（位置列表）卷展栏中可以查看到Path Constraint（路径约束），这是实际的路径约束控制器。要查看带有约束设置的路径参数卷展栏，可在列表中双击路径约束选项。如果在列表中选择已经添加的约束然后将其删除，可以去除对象的约束效果。

【实战练习】航天飞机绕地球飞行

原始文件：场景文件\Chapter 9\航天飞机绕地球飞行-原始文件\
最终文件：场景文件\Chapter 9\航天飞机绕地球飞行-最终文件\
视频文件：视频教学\Chapter 9\航天飞机绕地球飞行.avi

步骤 01 打开光盘中提供的原始场景文件，该场景中有一个航天飞机和一个地球的模型。下面要制作航天飞机绕着地球飞行的动画效果。

步骤 02 在Top（顶）视口中绘制一个椭圆形的围绕地球的样条线。然后在Front（前）视口中旋转样条线，使其产生倾斜。

步骤03 选择飞机对象，在菜单栏中执行"Animation> Constraints> Path Constraint"（动画>约束>路径约束）命令。

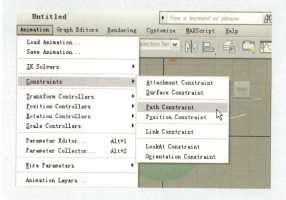

步骤04 执行Path Constraint（路径约束）命令后，拾取场景中所绘制的样条线路径，飞船会自动移动到路径上。

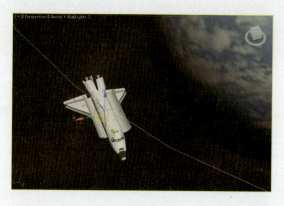

步骤05 进入Path Constraint（路径约束）的参数卷展栏，勾选Follow（跟随）复选框，此时飞船会和样条线垂直。

步骤06 在Axis（轴）选项组中选中Y单选按钮，使飞船沿着样条线的方向。

步骤07 勾选Bank（倾斜）复选框，设置Bank Amount（倾斜数量），使飞船向样条线内侧倾斜。

步骤08 设置完毕后，播放场景动画，可以看到航天飞机在椭圆形的路径上围绕地球旋转。

6. Position Constraint（位置约束）

使用Position Constraint（位置约束）可以把对象的位置绑定到几个目标对象的加权位置，使受约束的对象跟随目标对象的位置变化。

例如制作右图所示的喷气飞机编队飞行动画，可以先设置一架飞机的飞行动画，然后给所有相邻的飞机应用Position Constraint（位置约束），这样就形成了一个飞行编队效果，所有对象的位置变化保持一致。

Position Constraint（位置约束）继承的是目标对象的运动状态，所以它的参数卷展栏比较简单，Add Position Target（增加位置目标）和Delete Position Target（移除位置目标）用于添加或者移除要绑定的目标对象。Weight（权重）参数用于给多个目标分配权重。分配了高权重值的受约束对象会离目标对象更近。Keep Initial Offset（保持初始偏移）用于使受约束对象保持当前位置。

7. Surface Constraint（曲面约束）

使用Surface Constraint（曲面约束）可以在一个对象的表面上定义另一个对象。在放置应用了Surface Constraint（曲面约束）的对象时会使基准点位于目标对象的表面上。曲面约束只能应用于某些特定的对象，这些对象包括Sphere（球体）、Cone（椎体）、Cylinder（圆柱体）、Toruse（圆环）、Quad Patch（方形面片）、Loft（放样）和NURBS对象。

右图所示为使用Surface Constraint（曲面约束）在地球表面定位天气符号。

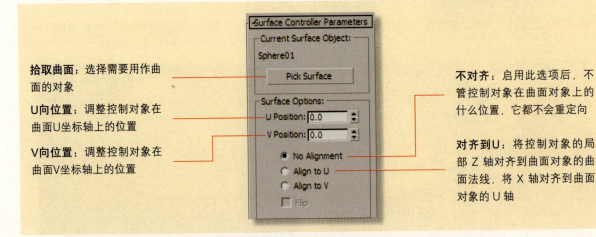

拾取曲面：选择需要用作曲面的对象

U向位置：调整控制对象在曲面U坐标轴上的位置

V向位置：调整控制对象在曲面V坐标轴上的位置

不对齐：启用此选项后，不管控制对象在曲面对象上的什么位置，它都不会重定向

对齐到U：将控制对象的局部 Z 轴对齐到曲面对象的曲面法线，将 X 轴对齐到曲面对象的 U 轴

【实战练习】沿山坡滚动的车轮

原始文件：场景文件\Chapter 9\沿山坡滚动的车轮-原始文件\
最终文件：场景文件\Chapter 9\沿山坡滚动的车轮-最终文件\
视频文件：视频教学\Chapter 9\沿山坡滚动的车轮.avi

步骤01 打开光盘中的原始场景文件，该场景中有一个车轮模型和两个已经绘制好的样条线。

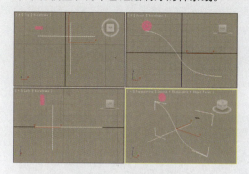

步骤02 对样条线进行放样制作出弧形的坡道模型。

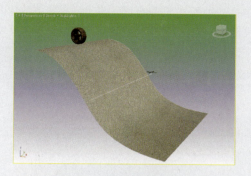

步骤03 在场景中绘制一个Dummy（虚拟物体）。

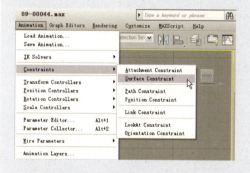

步骤04 将虚拟物体移到车轮上，使它们的底边对齐，将轴点调整到底边位置。

步骤05 选择虚拟对象，应用Surface Constraint（曲面约束）。

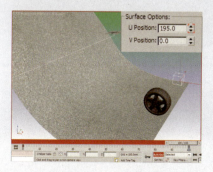

步骤06 在曲面约束的参数卷展栏中选择Align to U（对齐到U）选项。

步骤07 进入自动关键帧模式，在第100帧将U Position（U位置）设置为195。

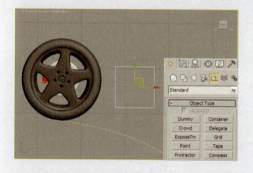

步骤08 设置完毕后，播放场景动画，可以看到车轮沿着山坡的表面向下移动。

▶▶ 9.5 制作玫瑰花开放的动画

通过本章的学习，读者已经了解了动画的各种知识点。本节将利用之前所掌握的各种工具来制作玫瑰花开放的动画。在制作过程中需要重点了解如何通过设置关键帧来表现花瓣的开放效果以及如何利用灯光和背景图片的变化来增加场景的动感效果。本例最初效果与最终效果如下面两幅图所示。

原始文件：场景文件\Chapter 9\制作玫瑰花开放的动画-原始文件\
最终文件：场景文件\Chapter 9\制作玫瑰花开放的动画-最终文件\
视频文件：视频教学\Chapter 9\制作玫瑰花开放的动画.avi

步骤1： 打开光盘中提供的原始场景文件，该场景中已经创建好了一束玫瑰花的模型。

步骤2： 在制作前先单击Time Configuration（时间配置）按钮，在打开的对话框中将动画的时间长度设置为200帧。

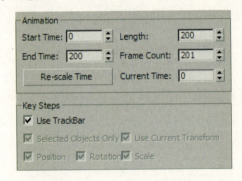

步骤3： 选择玫瑰花最外侧的花瓣，将部分内部花瓣隐藏。

步骤4： 单击Auto Key（自动关键帧）按钮，进入自动关键帧模式，将时间滑块拖到第50帧的位置，然后分别对这几个花瓣对象进行旋转，调整为如下图所示的效果。

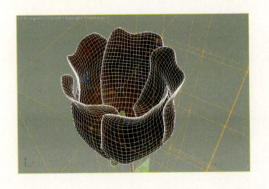

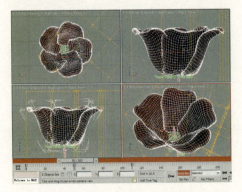

步骤5： 将时间滑块拖到第110帧的位置，继续调整花瓣的位置。

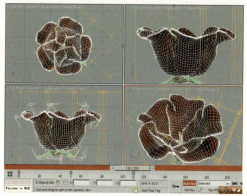

步骤6： 最外层的花瓣动画设置完毕后，选择内层的花瓣对象。

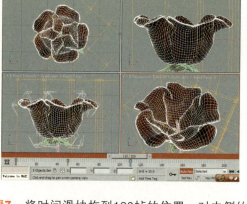

步骤7： 将时间滑块拖到120帧的位置，对内侧的花瓣位置进行调整。

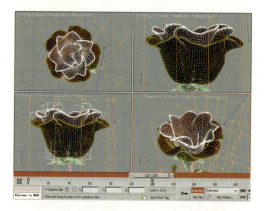

步骤8： 调整完毕后，选择内部第3层花瓣对象。

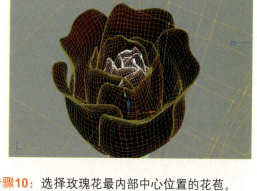

步骤9： 在时间滑块处于第120帧的位置时，进行花瓣位置的调整。

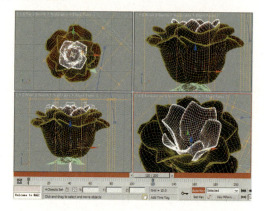

步骤10： 选择玫瑰花最内部中心位置的花苞。

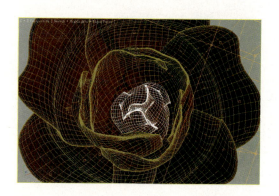

步骤11： 仍然在第120帧的位置将花苞调整为如下图所示的效果。

步骤12： 退出自动关键帧模式，将整个玫瑰花合并为一组，然后复制3个。

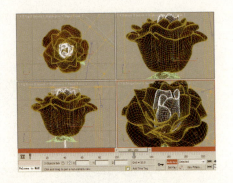

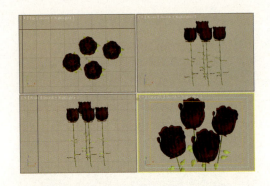

步骤13：选择最左侧的玫瑰花，给它添加一个Bend（弯曲）修改器，并设置弯曲角度。

步骤14：进入自动关键帧模式，在第100帧的位置，将弯曲角度设置为-10。

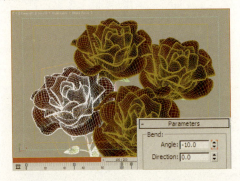

步骤15：选择最上方的玫瑰花，为其添加弯曲修改器，设置角度为-80。

步骤16：在第110帧的位置，将弯曲的角度设置为0，使其变回原样。

步骤17：给右侧的玫瑰花添加弯曲修改器，设置角度为50，并在第115帧的时候变回原样。

步骤18：最下方玫瑰花的设置方法和之前的相同，它的初始角度也为50。

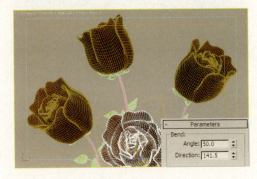

步骤19：玫瑰花的动画设置完毕后，在场景中创建一架摄影机。

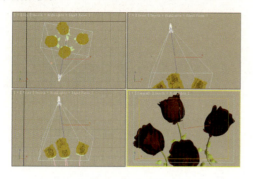

步骤20：从玫瑰花对象上复制一个花瓣，将它移到上方的位置。

步骤21：进入自动关键帧模式，在最后一帧的位置，将花瓣移到下方，形成下落的动画。

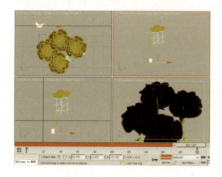

步骤22：同时，在最后一帧处设置花瓣随机的角度，使其边旋转边往下落。

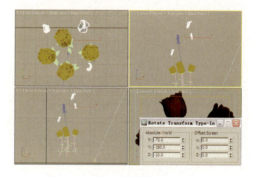

步骤23：在场景中创建一盏Target Spot（目标聚光灯）进行照明。

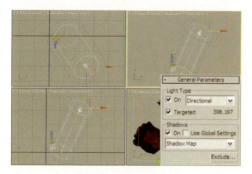

步骤24：在最后一帧的位置将聚光灯的目标点向左侧移动，形成灯光平移的动画效果。

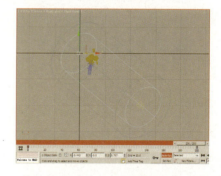

步骤25：打开环境和效果面板，添加一个RGB Tint（RGB输出）贴图。

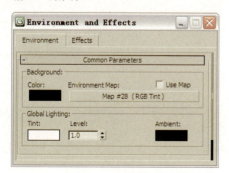

步骤26：将光盘中的这张素材图片添加到RGB Tint（RGB输出）贴图的通道中。

步骤27： 接下来制作背景的变换效果，在第1帧的位置，将该贴图RGB颜色设置为如下图所示的效果。

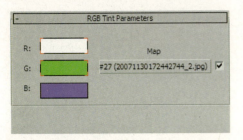

步骤28： 在最后一帧的位置将R通道和G通道颜色设置为如下图所示的效果。

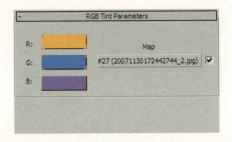

步骤29： 在Top（顶）视口中创建一个Blizzard（暴风雪）粒子发射器。

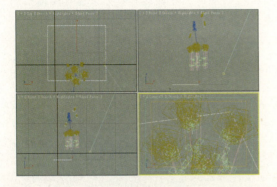

步骤30： 进入暴风雪粒子的参数面板，进行粒子的参数设置。

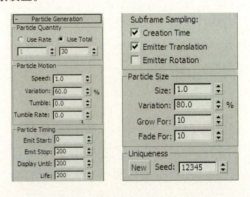

步骤31： 将粒子的形状设置为球形，然后给它指定一个透明渐变材质，并设置ID为1。

步骤32： 给场景添加一个Blur（模糊）效果，设置模糊半径为5。

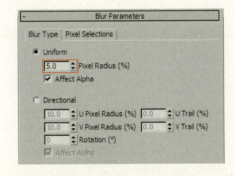

步骤33： 在像素选择选项卡中进行如下图所示的参数设置。

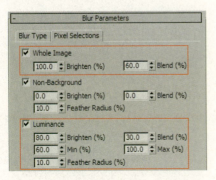

步骤34： 设置完毕后渲染单帧图像观察一下效果，下图所示为第180帧的效果。

步骤35： 下面添加Video Post的光效果，先添加摄影机视口的场景事件。

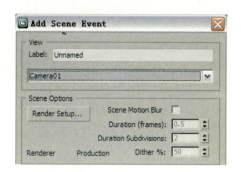

步骤36： 添加镜头效果光晕图像过滤。设置效果ID为1，应用于粒子独对象，并进行如下图所示的参数设置。

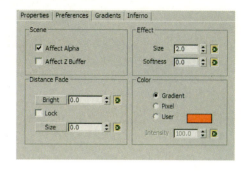

步骤37： 设置图像输出时间，给渲染的动画设置保存位置和视频格式。

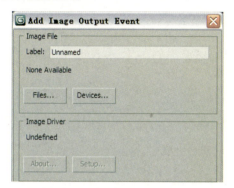

步骤38： 渲染完成后，即可观看玫瑰花开放的过程了，下图所示为其中一帧的渲染效果。

CHAPTER 10

渲染输出与后期合成

【重点内容】

1. 常用渲染器
2. 渲染基本知识
3. mental ray渲染器
4. Video Post渲染特效插件
5. 室外别墅效果表现

经典作品赏析

▶ 艺术家Federico Scarbini的这幅作品的主角是一只凶残的大白鲨。该作品是用3ds Max的自带渲染器mental ray渲染的。画面的色彩不多，主要以蓝色和黑色为主，整体很黑暗以突出海底的阴暗气息，并且渲染效果并不十分清晰，带有一定的模糊效果，配合阴暗的海底环境更加凸显出主角大白鲨的凶残。

▶ 艺术家Claudio Tolomei的这幅带有油画风格的作品同样使用的是mental ray渲染器，整体画面的风格和上一张大白鲨完全相反。该作品的色调以黄色为主，突出一种陈旧、安详的柔和气息。整个场景的渲染效果贴近油画，看上去非常具有艺术美感而非写实风格。

▶ 艺术家Stanislav Orekhov的这幅室内作品使用的是VRay渲染器，这幅作品的主要特点就是写实风格。作者在渲染手法上尽量使画面趋近于真实，不管是材质还是灯光的处理都非常到位，画面的光影变化很多，显得很柔和，暗部和亮部都表现得非常恰当。不失为一幅非常优秀的室内效果表现作品。

▶ 艺术家Tamas Gyerman的这幅类似科幻插画的场景作品同样使用了VRay渲染器。这幅作品中的光效运用非常多，例如地球表面的辉光和射线、飞船尾部的引擎发光效果等。这些光效可以通过3ds Max的特效插件VideoPost来实现。VideoPost是3ds Max自带的一个专门用于表现光效的后期处理插件。

▶▶ 10.1 常用渲染器的认识与调用

3ds Max本身提供了默认的扫描线渲染器以及mental ray渲染器。根据所要制作场景的不同特点，用户可以选择其他种类的渲染器来得到更好的效果。右图所示为可以在3ds Max中使用的各种渲染器。每种渲染器都具有自己的特点，有的适合制作动画，有的适合表现静帧。本章将详细介绍3ds Max中常用的渲染器。

10.1.1 认识3ds Max的常用渲染器

● Default Scanline（默认扫描线）渲染器

Default Scanline（默认扫描线）渲染器是3ds Max默认使用的渲染器，也是最简单、最基本的渲染，是每一个3ds Max用户都必须掌握的。扫描线渲染器，顾名思义可以将场景渲染为一系列的水平线。扫描线渲染的特点是渲染速度快，设置简单，但是它的效果不是很好。只能用来制作一些较为简单的场景。右图所示为使用扫描线渲染器渲染的海滩场景。

● mental ray渲染器

mental ray渲染器是3ds Max自带的一个通用渲染器，它可以生成灯光效果的物理校正模拟，包括光线跟踪反射与折射、焦散和全局照明。与扫描线渲染器相比，mental ray能够更方便地模拟生成光能传递解决方案来模拟复杂的照明效果。同时，mental ray渲染器所提供的材质和灯光能够表现扫描线渲染器无法表现的真实效果。右图所示为使用mental ray渲染器制作的卡通场景。

● VRay渲染器

VRay渲染器是由Chaos Group公司开发的一个渲染器，也是目前应用比较广泛的一个渲染器。它的优点在于强大的全局光照和焦散功能。同时，VRay渲染器的设置非常简单，易于上手，并且在保证优秀画面质量的前提下，渲染速度非常快。VRay渲染器主要应用于室内和建筑行业，室内和室外效果表现是VRay渲染器的强项，如右图所示，但是VRay渲染器不太适合制作动画。

● Brazil渲染器

Brazil渲染器是SplutterFish公司在2001年发布的一个渲染插件。它可以说是目前众多的渲染器当中效果最出色的。Brazil渲染器拥有强大的光线跟踪的折射与反射、全局光照、散焦等功能，渲染效果极其强大。但是Brazil渲染器出色的渲染效果是以牺牲渲染时间为代价的，它的渲染速度非常慢，不适合用来渲染动画。右图所示为使用Brazil渲染器渲染的场景效果。

● FinalRender渲染器

FinalRender是德国Cebas公司在2001年出品的渲染器。它的效果也极其出色，虽然稍逊色于Brazil渲染器，但是它的渲染速度要更快，更适合于商业用途。FinalRender是一个拥有真实光影追踪和全局照明的渲染器。FinalRender最引以为傲的是卡通渲染，使用它可以创建不同类型的非真实渲染效果。FinalRender渲染器的设置比较复杂，相对于VRay渲染器来说要更难学习。右图所示为使用FinalRender渲染器渲染的效果。

● MaxWell渲染器

Maxwell渲染器是基于真实物理环境的一款独立的三维渲染软件。它既可以内嵌于其他软件内部，也可以作为一个独立的渲染软件使用。Maxwell是一个非常精准的渲染器，不使用其他的辅助手段就能够完成高质量高效的渲染效果。Maxwell的主要特征之一就是采用建立在灯光的真实物理属性基础上的运算法则，它可以产生令人难以置信的真实照明效果。右图所示为使用Maxwell渲染的静物效果。

10.1.2 渲染器的调用

在3ds Max中，需要调用需要的渲染器才能够使用该渲染器进行渲染。如果3ds Max中没有安装所打开场景中使用的渲染插件，会弹出如右图所示的Missing Dll（丢失Dll）对话框提示用户缺少渲染插件。

如果场景中的对象使用了渲染器所提供的材质，那么在没有调用该渲染器的情况下，对象将显示为黑色。在3ds Max中调用渲染器可以执行下面的操作。

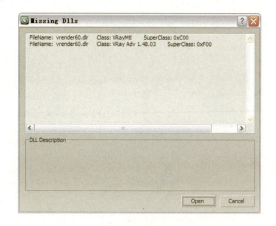

步骤1： 按下快捷键F10打开Render Setup（渲染设置）面板，切换至Common（公用）选项卡，展开Assign Renderer（指定渲染器）卷展栏。

步骤2： 单击Production（产品）选项后的 按钮，在弹出的Choose Renderer（选择渲染器）对话框中选择当前3ds Max中已经安装的渲染器。

步骤3： 选择一种渲染器类型后，在Render Setup（渲染设置）面板中会出现该渲染器的选项卡。

步骤4： 切换至该渲染器的选项卡就可以对渲染器各种参进行的设置调整了。

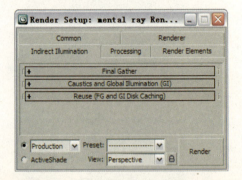

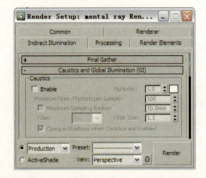

▶▶ 10.2 渲染基本知识

在3ds Max中，制作完成的场景需要渲染才能显示出最终的效果。在3ds Max的视口中只能观察到基本的对象模型、创建的灯光物体以及材质的基本颜色状态。而通过渲染可以将光影效果、材质贴图以及所添加的各种特效渲染出来得到最终的作品。下左图所示为在3ds Max视口中所显示的场景，下右图所示为进行渲染后得到的最终效果。

10.2.1 渲染器公用设置

Common（公用）选项卡包含Common Parameters（公用参数）、Email Notifications（电子邮件通知）、Scripts（脚本）和Assign Renderer（指定渲染器）4个卷展栏。

Common（公用）选项卡是每个渲染器的公用设置，不管选择哪种类型的渲染器，Common（公用）选项卡中的参数都不会发生改变。

1. Common Parameters（公用参数）

Common Parameters（公用参数）卷展栏中的参数设置比较多，主要包含了对渲染时间、渲染输出的大小、自动保存、渲染选项等基本功能的设置。

单帧：仅渲染当前帧

活动时间段：显示在时间滑块内的当前帧范围

输出尺寸：设置的渲染输出的图像尺寸

图像纵横比：设置图像的纵横比

渲染区域：选择所要渲染的区域类型

像素纵横比：设置显示在其他设备上的像素纵横比

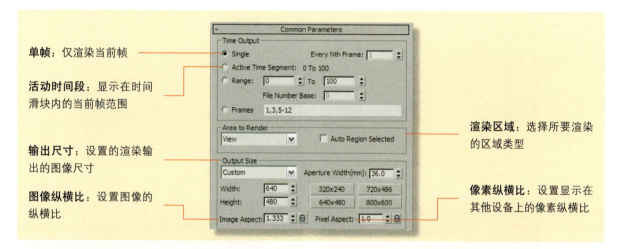

保存动画渲染

当渲染的是一段时间内的场景时，如果没有指定保存动画的文件，将会出现一个对话框提示该问题。渲染动画将花费很长时间，而且渲染帧的范围时，不将所有帧保存到一个文件，操作是毫无意义的。

如果不想对场景中的大气或者效果进行渲染，可以在Option（选项）选项组中进行相关设置。

选项：该选项组中包含了一些渲染效果设置，例如大气、特效等。通过勾选复选框可以设置是否对这些效果进行渲染

高级光照：启用该选项后，在3ds Max中使用将高级照明渲染方案

位图代理：显示 3ds Max是使用高分辨率贴图还是位图代理进行渲染

- Atmospherics（**大气**）：启用该选项后将渲染场景中的大气效果。
- Effects（**效果**）：启用该选项后将渲染场景中添加的渲染特效。
- Displacement（**置换**）：渲染场景中所应用的置换贴图效果。
- Video Color Check（**视频颜色检查**）：检查超出NTSC或PAL安全阈值的像素颜色，标记这些像素颜色并将其改为可接受的值。
- Render to Fields（**渲染为场**）：为视频创建动画时，将视频渲染为场，而不是渲染为帧。
- Render Hidden Geometry（**渲染隐藏对象**）：渲染场景中所有的几何体对象，包括隐藏的对象。
- Area Lights/Shadows as Points（**区域光源/阴影视作点光源**）：将所有的区域光源或阴影当作从点对象发出的光源进行渲染，这样可以加快渲染速度。
- Force 2-Sided（**强制双面**）：双面材质渲染可渲染所有曲面的两个面。
- Super Black（**超级黑**）：限制用于视频组合的渲染几何体的暗度。

下面4幅图分别为默认的场景渲染效果，以及取消大气效果、取消渲染效果、渲染所有对象所得到的不同结果。

默认渲染效果

取消大气效果

取消渲染效果

渲染所有对象

Render Output（渲染输出）用于设置对渲染结果的保存等属性。

保存文件：对渲染的结果进行保存

渲染帧窗口：在渲染帧窗口中显示渲染输出

网络渲染：使用网络渲染功能

跳过现有图像：渲染器跳过序列中已经渲染到磁盘中的图像

2. Email Notifications（电子邮件通知）

使用Email Notifications（电子邮件通知）卷展栏可利用电子邮件发送渲染作业通知。

启用通知：渲染器将在某些事件发生时发送电子邮件通知

通知进度：发送电子邮件以表明渲染进度

通知故障：邮件告知用户渲染所发生的故障

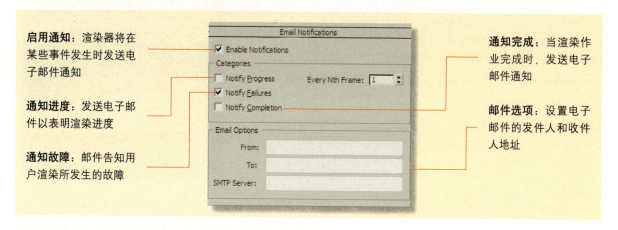

通知完成：当渲染作业完成时，发送电子邮件通知

邮件选项：设置电子邮件的发件人和收件人地址

3. Scripts（脚本）和Assign Renderer（指定渲染器）

使用Scripts（脚本）卷展栏可以指定在渲染之前和之后要运行的脚本。Assign Renderer（指定渲染器）卷展栏用于选择要使用的渲染器。

预渲染：渲染之前，指定要运行的脚本

渲染后期：渲染之后，指定要运行的脚本

产品：选择用于渲染图形输出的渲染器

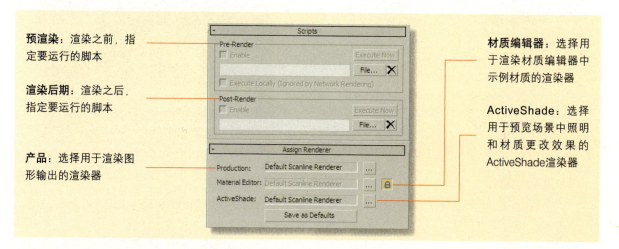

材质编辑器：选择用于渲染材质编辑器中示例材质的渲染器

ActiveShade：选择用于预览场景中照明和材质更改效果的ActiveShade渲染器

为渲染和材质编辑器指定不同的渲染器

可以分别为渲染和材质编辑器指定不同的渲染器，如下图所示，场景中可以预览到材质的效果，但是在材质编辑器中，由于没有选择mental ray渲染器所以无法预览材质球的效果。

10.2.2 渲染帧窗口的使用

场景设置完毕后，在主工具栏中单击Render Production（渲染产品）按钮□或者按下快捷键Shift+Q可开启如右图所示的Render Frame Window（渲染帧窗口），该窗口会显示渲染的结果。并利用渲染帧窗口中所提供的一些工具可对渲染结果进行调整和设置。

如果在Render Output（渲染输出）选项组中取消勾选Render Frame Window（渲染帧窗口）复选框，在渲染时将不会弹出渲染帧窗口，而直接将渲染的结果保存。

渲染帧窗口中提供了一些用于对渲染结果进行设置的工具。

单击Save Image（保存图像）按钮□可以打开如下图所示的Save Image（保存图像）对话框，在该对话框中可以对渲染的结果进行保存。

单击Clone Rendered Frame Window（克隆渲染帧窗口）按钮□可以在一个新的窗口中显示渲染结果，这样就便于进行多次渲染的比较。

克隆渲染帧窗口

克隆的渲染帧窗口会使用与原始窗口相同的初始缩放级别。克隆的帧渲染窗口仍然可以进行保存和通道的修改，但是不能再次被渲染。

单击Remove（移除）按钮□可以将渲染结果从渲染帧窗口中移除，移除渲染结果后，渲染帧窗口将变为黑色。

渲染帧窗口中提供了红、绿、蓝3种颜色通道信息。下图所示为只启用绿色通道，关闭蓝色和红色通道时的效果。

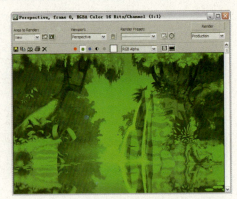

单击Monochrome（单色）按钮 ⊙，窗口将只显示渲染图像的 8 位灰度。

单击Toggle UI（切换UI）按钮 ▣，可以在渲染帧窗口中禁用顶部的UI选项。

10.2.3 使用不同的渲染类型

渲染帧窗口中的Area to Render（渲染区域）选项可以设置不同的渲染类型。3ds Max提供了View（视图）、Selected（选择）、Region（区域）、Crop（裁剪）和Blowup（放大）5种类型。

单击Edit Region（编辑区域）▣按钮，拖动控制柄可重新调整渲染区域的大小，如果将要渲染的区域设置为View或Selected，则单击编辑区域按钮，切换到区域模式。将要渲染的区域设置为Crop或Blowup时，则只能在活动视口中编辑该区域，因为在该类情况下，渲染帧窗口无需反映与视口一样的区域。

使用Auto Region Select（选择的自动区域）按钮 ▣ 可将区域、裁剪和放大区域自动设置为当前选择。该自动区域会在渲染时计算，并且不会覆盖用户可编辑区域。

【实战练习】选择不同的渲染区域

原始文件：场景文件\Chapter 10\选择不同的渲染区域-原始文件\
视频文件：视频教学\Chapter 10\选择不同的渲染区域.avi

步骤01 打开光盘中提供的原始场景文件，在默认选择View（视图）的情况下进行渲染，可以看到渲染画面中有一艘停泊在海面上的帆船。

步骤02 移除渲染结果，选择Region（区域）类型，此时场景视口中会出现一个可以拖动的选择框，将该选框移到船身的部位。

两个单独的渲染区域

3ds Max 会保留两个单独的渲染区域，其中一个用于Region和Crop，另一个用于Blowup，更改要渲染的区域选项，将激活相应的渲染区域。

步骤03 设置选择框后重新进行渲染，可以看到只有被框选的部分渲染出了效果，其他地方显示为黑色。

步骤04 选择Crop（裁剪）类型，在视口中将选择框移到帆船的顶部。

步骤05 再次进行渲染，可以看到所框选的部分被渲染裁剪出来了，其他地方未在渲染帧窗口中显示。

步骤06 选择Blowup（放大）类型，选择同样的区域进行渲染，可以看到被框选的部分放大至所设置的原始渲染图像的尺寸。

10.2.4 设置扫描线渲染器

　　默认的扫描线渲染器是最基本的渲染器，扫描线渲染器的参数卷展栏中提供了基本的选项、抗锯齿、超级采样等参数。

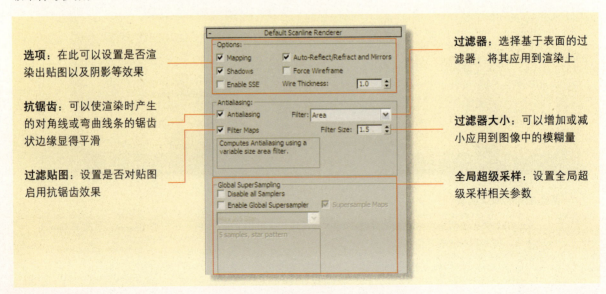

选项：在此可以设置是否渲染出贴图以及阴影等效果

抗锯齿：可以使渲染时产生的对角线或弯曲线条的锯齿状边缘显得平滑

过滤贴图：设置是否对贴图启用抗锯齿效果

过滤器：选择基于表面的过滤器，将其应用到渲染上

过滤器大小：可以增加或减小应用到图像中的模糊量

全局超级采样：设置全局超级采样相关参数

▲ Mapping（贴图）：禁用该选项可忽略所有贴图信息，从而加速测试渲染速度。

▲ Shadows（阴影）：关闭该选项后可以不渲染阴影效果。

▲ Enable SSE（启用SSE）：启用该选项后，渲染将使用流SIMD扩展。

▲ Auto Reflect/Refract and Mirrors（自动反射/折射和镜像）：忽略自动反射/折射贴图以加速测试渲染。

▲ Force Wireframe（强制线框）：强制将场景渲染为线框效果。

设置线框大小

启用强制线框功能后，可以通过设置Wire Thickness（线框粗细）参数来改变线条的大小。

下面几幅图分别为默认的渲染效果以及忽略贴图渲染、忽略阴影渲染和强制线框时的效果。

默认渲染效果

忽略贴图渲染

忽略阴影渲染

强制线框

启用Antialiasing（抗锯齿）选项可以去掉对象边缘的锯齿效果，下面两幅图分别为关闭抗锯齿和开启抗锯齿时的效果。

关闭抗锯齿

开启抗锯齿

2. 抗锯齿过滤器类型

展开Filter（过滤器）的下拉列表，可以看到3ds Max提供了多种抗锯齿过滤器。它们在子像素层级起作用，并允许用户根据所选并介绍过滤器来清晰或柔化最终输出效果。在这些过滤器的下方的方框内有该过滤器的简要说明，并介绍如何将该过滤器应用到图像上。一些特殊的过滤器可能还会包含特有的参数选项设置。

默认扫描线的各种抗锯齿过滤器类型介绍如下。

▲ Area（区域）：使用可变大小的区域过滤器来计算抗锯齿，是默认的抗锯齿过滤器。

▲ Blackman：清晰但没有边缘增强效果的25像素过滤器。

▲ Blend（混合）：在清晰区域和高斯柔化过滤器之间混合，通过设置Blend（混合）参数来设置混合量。

▲ Catmull-Rom：具有轻微边缘增强效果的 25 像素重组过滤器，可以使图像渲染得较为清晰。

▲ Cook Variable（Cook变量）：一种通用过滤器。1到2.5之间的值将使图像清晰，更高的值将使图像模糊。

▲ Cubic（立方体）：基于立方体样条线的 25 像素模糊过滤器。

▲ Mitchell-Netravali：该过滤器具有Blur（模糊）和Ringing（圆环）两个参数。

▲ Plate Match/MAX R2（图版匹配/MAX R2）：该过滤器将摄影机和场景或无光/投影元素与未过滤的背景图像相匹配。

▲ Quadratic（四方形）：基于四方形样条线的9像素模糊过滤器。

▲ Sharp Quadratic（清晰四方形）：来自 Nelson Max 的清晰9像素重组过滤器。

▲ Soften（柔化）：可调整高斯柔化的过滤器，可以使渲染结果产生适度的模糊效果。

▲ Video（视频）：针对 NTSC 和 PAL 视频应用程序进行了优化的 25 像素模糊过滤器。在渲染视频时通常采用这种过滤器。

Area（区域）过滤器是默认的抗锯齿过滤器。设置Filter Size（过滤大小）参数调整图像的模糊程度，Filter Size（过滤大小）参数越大，模糊效果越明显，下面3幅图为过滤，大小分别为1、5、10时的效果。

过滤大小为1　　　　　　　　　　过滤大小为5　　　　　　　　　　过滤大小为10

下面3幅图分别为选择Area（区域）、Catmull-Rom和Soften（柔化）3种过滤器时的效果。

Area（区域）过滤器　　　　　　　Catmull-Rom过滤器　　　　　　　Soften（柔化）过滤器

在扫描线渲染器卷展栏中还包含了对运动模糊以及颜色等属性的参数设置。

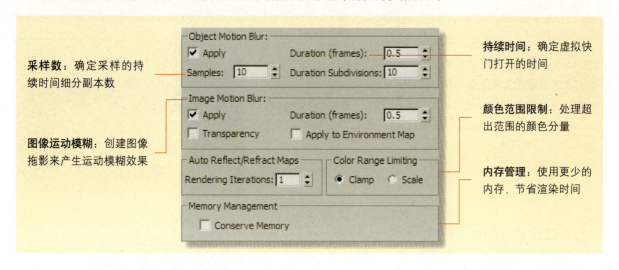

采样数：确定采样的持续时间细分副本数

图像运动模糊：创建图像拖影来产生运动模糊效果

持续时间：确定虚拟快门打开的时间

颜色范围限制：处理超出范围的颜色分量

内存管理：使用更少的内存，节省渲染时间

Object Motion Blur（对象运动模糊）和Image Motion Blur（图像运动模糊）是两种不同的模糊效果。Object Motion Blur（对象运动模糊）通过设置对象的抖动来产生模糊的效果，如下左图所示。而Image Motion Blur（图像运动模糊）是通过产生图像拖影来模拟运动模糊的效果，如下右图所示。

对象运动模糊

图像运动模糊

当使用Object Motion Blur（对象运动模糊）时，通常将Samples（采样数）和Duration Subdivisions（持续时间细分）设置为相同的参数，如果采样值小于持续时间细分，会使模糊效果产生颗粒感。

采样值和持续时间细分值相同

采样值小于时间细分值

运动模糊发生重叠

当模糊的对象发生重叠时，就可能产生错误的模糊效果，并且在渲染时会出现间距。因为图像运动模糊是在渲染之后应用的，因此它没有考虑对象重叠问题。

▶▶ 10.3 mental ray渲染器

mental ray渲染器最早出现在Softimage中，现在已经作为3ds Max的渲染插件集成在了3ds Max中。mental ray渲染器能够生成高质量的渲染图像。它在电影中的应用非常广泛，被认为是市场上最高级的三维渲染解决方案之一。右图所示为使用mental ray渲染器所表现的电影级别的CG画面效果。本章将对mental ray渲染器进行详细的介绍。

◢ 10.3.1 mental ray基本渲染参数

选择了mental ray渲染器后，在Renderer（渲染器）选项卡下可以对mental ray渲染器的基本渲染参数进行设置。如右图所示，mental ray的渲染选项卡下包含了Global Tuning Parameters（全局调试参数）、Sampling Quality（采样质量）、Rendering Algorithms（渲染算法）、Camera Effects（摄影机效果）和Shadows & Displacement（阴影和置换）5个参数卷展栏。

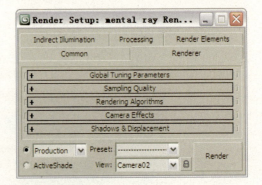

◢ 1. 全局调试和采样质量

利用Global Tuning Parameters（全局调试参数）卷展栏可以精确设置软阴影、光泽反射和光泽折射各项属性。Sampling Quality（采样质量）卷展栏中的参数会影响 mental ray渲染器抗锯齿渲染图像时执行采样的方式。

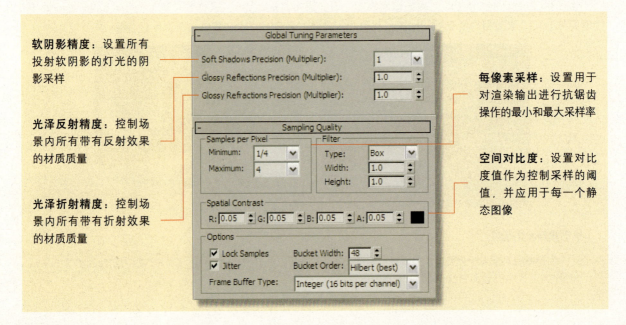

软阴影精度：设置所有投射软阴影的灯光的阴影采样

光泽反射精度：控制场景内所有带有反射效果的材质质量

光泽折射精度：控制场景内所有带有折射效果的材质质量

每像素采样：设置用于对渲染输出进行抗锯齿操作的最小和最大采样率

空间对比度：设置对比度值作为控制采样的阈值，并应用于每一个静态图像设置Soft Shadows Precision（软阴影精度）参数可以使阴影的边缘产生柔和的过渡效果，参数越高阴影的质量越好，但会增加渲染的时间。软阴影精度参数一般对Ray Traced Shadow（光线跟踪阴影）的影响最为明显，下面为设置Soft Shadows Precision（软阴影精度）参数分别为0.125、0.5和1时的效果，可以看到随着参数的增加，阴影的效果越来越好。

软阴影精度为0.125

软阴影精度为0.5

软阴影精度为1

Glossy Reflections Precision（光泽反射精度）参数可以控制材质模糊反射的质量，参数越高模糊反射的质量越好。下图3幅图为在相同材质下设置该参数分别为0.7、1、3时的效果。

光泽反射精度为0.7

光泽反射精度为1

光泽反射精度为3

2. Rendering Algorithms（渲染算法）

该卷展栏用于确定是使用光线跟踪进行渲染，还是使用扫描线渲染器进行渲染。

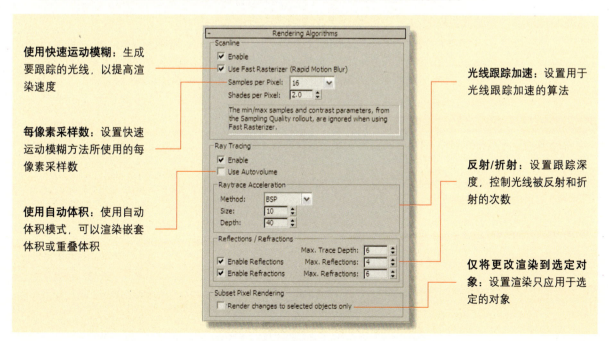

使用快速运动模糊：生成要跟踪的光线，以提高渲染速度

每像素采样数：设置快速运动模糊方法所使用的每像素采样数

使用自动体积：使用自动体积模式，可以渲染嵌套体积或重叠体积

光线跟踪加速：设置用于光线跟踪加速的算法

反射/折射：设置跟踪深度，控制光线被反射和折射的次数

仅将更改渲染到选定对象：设置渲染只应用于选定的对象

在某些场景中，光线反射和折射的次数可能会有所不同，例如，摄影机透过排列多层的玻璃进行拍摄，它们重叠在摄影机的视角。在此情况下，可能希望光线在每块玻璃上都能折射两次（每层各一次），所以需要将最大折射次数设置为2（玻璃的数目）。但为了节省渲染时间，可以将最大反射次数设置为1，这样在相对较短的渲染时间内产生精确的多层折射效果。

3. Camera Effects（摄影机效果）

在该卷展栏中可以设置mental ray渲染器的摄影机效果，包括运动模糊、渲染轮廓、摄影机明暗器以及景深4种效果。

运动模糊：设置摄影机运动模糊效果，包含快门持续时间、快门偏移、运动分段、时间采样等参数

轮廓：在该选项组中可以启用轮廓效果，并可使用明暗器来调整轮廓渲染的效果

摄影机明暗器：该选项组可以为镜头、输出、体积3个属性指定明暗器

景深：该选项组可以设置摄影机的景深效果，但只对透视视口起作用，渲染其他的视口不会产生景深效果

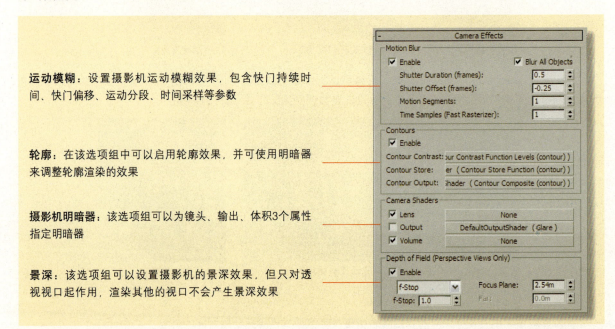

Camera Effects（摄影机效果）卷展栏中的景深效果设置仅仅针对Perspective（透视）视口，通过该选项组中的参数可以直接对透视视口中的景深效果进行设置。如果使用的是摄影机视口，需要先为摄影机开启多重过滤景深效果，然后进行f-stop（f光圈）参数的设置。mental ray 景深是景深效果中惟一的多重过滤版本。

4. Shadows & Displacement（阴影和置换）

该卷展栏用于对mental ray渲染器的阴影和置换参数进行设置。

阴影：在该选项组中可以控制mental ray渲染器是否渲染阴影，并可选择阴影的模式以及对阴影贴图进行设置

置换：该选项组用于对置换效果进行设置，包括置换的平滑、边长、细分等效果

在Shadows（阴影）选项组中取消勾选Enable（启用）复选框可以使mental ray渲染器不渲染阴影效果，如下左图所示。下右图为默认启用阴影选项时渲染的效果。

不渲染阴影效果　　　　　　　　　　渲染阴影效果

10.3.2 mental ray的最终聚焦

　　Final Gather（最终聚焦）是一种用于模拟指定点的全局照明技术，对最终聚焦点上半球方向进行采样实现或通过对附近最终聚焦点进行平均计算实现。最终聚焦在无需光线跟踪的情况下也可以表现出全局光的效果。如右图所示的室内场景中，仅由日光提供了照明，在使用最终聚焦的情况下可以得到和全局光类似的效果。

启用最终聚焦：勾选该复选框可启用mental ray的最终聚焦功能

最终聚焦精度预设：为最终聚焦提供快速、简便的解决方案

噪波过滤：使用从同一点发射的相邻最终聚焦光线的中间过滤器，增加噪波过滤器值可以使场景照明更加平和

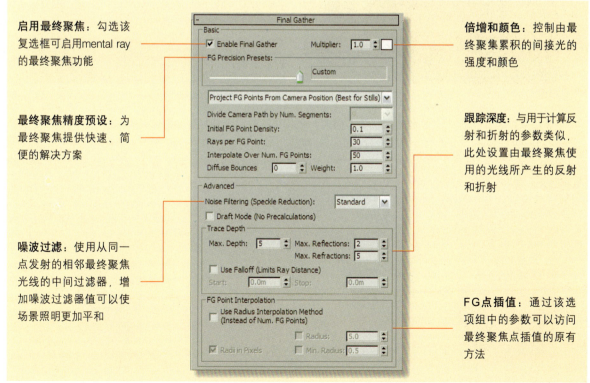

倍增和颜色：控制由最终聚集累积的间接光的强度和颜色

跟踪深度：与用于计算反射和折射的参数类似，此处设置由最终聚焦使用的光线所产生的反射和折射

FG点插值：通过该选项组中的参数可以访问最终聚焦点插值的原有方法

对于漫反射场景，最终聚焦通常可以提高全局照明解决方案的质量。不使用最终聚焦，漫反射曲面上的全局照明由该点附近的光子密度（和能量）来估算。使用最终聚焦，将发送许多新的光线来对该点上的半球进行采样，以确定直接照明。下左图所示为没有开启最终聚焦的场景效果，全局光照会产生很多明显的光斑，而开启了最终聚焦后，场景效果则显得非常平和。

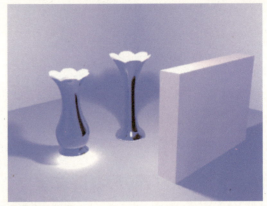

没有启用最终聚焦 启用最终聚焦

Multiplier（倍增）参数用于控制最终聚焦所积累的全局光的强度，参数越大，场景的亮度越高，左下图所示为设置Multiplier（倍增）参数为1时的效果，下右图所示为设置Multiplier（倍增）参数为5时的效果。

倍增为1 倍增为5

Initial FG Point Density（初始最终聚焦点密度）参数用于控制图像中最终聚焦点的密度，参数越大，聚焦点之间的距离就越近，图像的质量就越好，但是会增加渲染的时间。下左图所示为设置该参数为0.01时的效果，下右图所示为设置该参数为1时的效果。可以看到提高该参数后，对象的边缘处以及阴影聚集的部位效果改变得最明显。

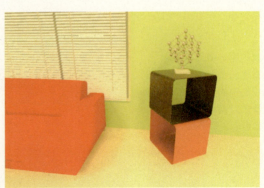

初始最终聚焦点密度为0.01 初始最终聚焦点密度为1

Rays per FG Point（每最终聚焦点光线数目）参数用于控制使用多少光线计算最终聚焦中的间接照明。较低的参数设置能够加快渲染速度，但是会出现光斑效果，下左图所示为设置该参数为1时的效果。较高的参数能够降低全局光的噪波，下右图所示为设置该参数为200时的效果。

每最终聚焦点光线数目为1　　　　　　　　每最终聚焦点光线数目为200

Noise Filitering（噪波过滤）下拉列表提供了None（无）、Standard（标准）、High（高）、Very High（很高）和Extremely High（非常高）5种模式选项。mental ray通过消除比多数光线亮的散布的光来执行噪波过滤操作。

在暗光的情况下将噪波过滤设置为None（无）可以提高场景的亮度，下左图所示为选择None（无）模式时的渲染效果，图像虽然比较亮，但是照明显得不均匀。当选择了Standard（标准）模式后，场景的渲染亮度降低，并且出现了比较明显的黑斑。

噪波过滤为None（无）　　　　　　　　噪波过滤为Standard（标准）

10.3.3 mental ray的全局光照

Global Illumination（全局光照）是渲染中最常用的光照技术。全局光照能够模拟光线的反弹从而得到逼真的光照效果。默认的扫描线渲染器不具备全局光照技术，所以需要借助3ds Max的光能传递，但是光能传递的速度很慢并且效果也不尽如人意。而mental ray渲染器具备强大的全局光照功能，能够模拟真实的室内光线反弹传播的效果。右图所示为使用全局光照所表现的室内效果，室内场景是全局光照表现最为出色的地方。

真实环境中的光线在碰到物体后会发生反弹，然后再次传播并经过多次反弹逐渐减弱，所以在室内只需要少量的灯就可以照亮整个房间，这便是全局光照的原理。下左图中的场景没有启用全局光照，所以直接被灯光照射的地方显得比较亮，而灯光没有照到的地方则很暗。下右图是开启全局光照后的效果，可以看到场景变得很亮，这是因为光线经过反弹照射到了原先无法到达的地方。

没有启用全局光照

启用全局光照

在mental ray的Indirect Illumination（间接光照）选项卡下可以对全局光照参数进行设置。

启用全局光照：勾选该复选框可以启用mental ray的全局光照

体积：该选项组中的参数用于控制光子贴图

跟踪深度：用于计算在焦散和全局光照中所使用的光子

倍增和颜色：控制全局光照的强度以及全局光照的颜色

灯光属性：该选项组用于设置使用全局光照时影响灯光的方式

Multiplier（倍增）参数用于控制全局光照的亮度，参数越高，场景越亮。下左图所示为设置倍增为0.2时的效果，下右图所示为设置倍增为1.5时的效果。

全局光照倍增为0.2

全局光照倍增为1.5

全局光照的颜色对渲染效果的影响比最终聚焦更明显，它可以直接改变图像的色调。下左图所示为设置全局光照颜色为红色时的效果，下右图所示为设置全局光照颜色为蓝色时的效果。

全局光照为红色

全局光照为蓝色

Maximum Num. Photons per Sample（每采样最大光子数）参数用于计算全局光照强度的光子个数。较小的取值会使全局光产生噪波，如下左图所示，当该参数为1时，渲染图像中出现非常多的噪点。将该参数提高到300，效果如下右图所示，可以看到此时的渲染效果非常平滑。

每采样最大光子数为1

每采样最大光子数为300

提示 **得到较好的全局光照效果**

要想得到较好的全局光照效果，需要使光线产生足够的反弹，如果在一个空旷的场景内启用全局光照将不会得到明显的效果，因为光线没有反弹的对象。所以一般在室内场景中应用全局光照，因为室内场景中的光线反弹是最明显的。

Maximum Sampling Radius（最大采样半径）参数用于控制光子的采样半径，默认为禁用状态。参数太小会出现很多小的光点，参数较大会得到平滑的渲染效果。下左图所示为设置该参数为0.1时的效果，下右图所示为设置该参数为2时的效果。

最大采样半径为0.1

最大采样半径为2

10.3.4 mental ray的焦散

Caustics（焦散）是光线穿过透明对象后所产生的一种光学现象，mental ray提供了专门模拟焦散效果的选项。mental ray是几大渲染器当中焦散效果最为出色的一个。右图所示为使用mental ray渲染器所表现的玻璃杯的焦散效果。mental ray渲染器使用光子贴图技术来产生焦散，因为光线跟踪不能生成精确的焦散效果。在使用焦散前需要设置场景中产生焦散和接受焦散的对象。

mental ray的Caustics（焦散）参数在Caustics and Global Illumination（GI）卷展栏中。勾选Enable（启用）复选框可以开启焦散效果。要想表现焦散效果必须具备产生焦散的灯光、接受焦散的对象和产生焦散的对象3个条件。

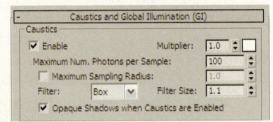

Multiplier（倍增）参数用于控制焦散的强度，下左图所示为设置Multiplier（倍增）参数为0.01时的效果，下右图所示为设置该参数为0.1时的效果。可以看到提高参数后焦散效果变得非常亮。

倍增为0.01

倍增为0.1

Maximum Num. Photons per Sample（每采样最大光子数）参数用于设置使用多少光子来计算焦散效果，较小的光子数会使焦散产生颗粒效果，下左图所示为设置该参数为1时的效果，下右图所示为设置该参数为60时的效果。

每采样最大光子数为1

每采样最大光子数为60

Maximum Sampling Radius（最大采样半径）参数能够设置产生焦散的光子的大小，参数越小，焦散的效果就越锐利，当参数降低的一定程度时，焦散就会变为如下左图所示的噪点效果，参数越大，焦散的效果就越平滑，如下右图所示。

最大采样半径为1

最大采样半径为10

反射焦散

在使用焦散效果时要注意，并不是只有透明的对象才能产生焦散，具有反射效果的对象一样能够产生焦散效果。

【实战练习】使用mental ray渲染室内场景

原始文件：场景文件\Chapter 10\使用mental ray渲染室内场景-原始文件\
最终文件：场景文件\Chapter 10\使用mental ray渲染室内场景-最终文件\
视频文件：视频教学\Chapter 10\使用mental ray渲染室内场景.avi

步骤01 打开光盘中提供的原始场景文件，在没有进行设置的情况下渲染，可以看到画面整体很暗，也没有明显的光影效果。

步骤02 进行灯光的设置，在场景中创建一盏从窗外照射进来的Daylight（天光）。

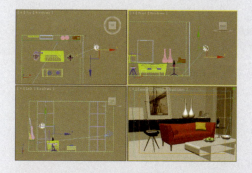

步骤03 进入Daylight（天光）的参数卷展栏，选择mr Sun和mr Sky两种模式，并对天光的强度进行设置。

步骤04 设置完毕后对场景进行渲染，可以看到画面的右侧出现了光照的效果，但是整体画面变得更暗了。

步骤05 进入环境面板，添加一个mr Physical Sky（mr物理天空）贴图，然后再次进行渲染，可以看到添加了该环境贴图后，场景中靠近窗户的位置亮度有所提高，呈现出了偏蓝色的效果。

步骤06 在场景中两个窗口的位置以Instance实例形式创建两盏大小相同的Free Light（自由灯光）光度学灯光。

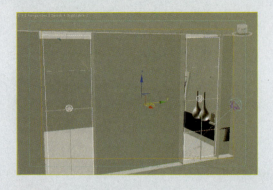

步骤07 进入该灯光的参数卷展栏，对其亮度进行设置，并选择灯光的分布类型为Rectangle（矩形），设置长宽参数使灯光的面积和窗口的面积相同。

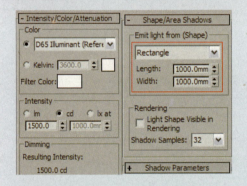

步骤08 设置完毕后对场景进行渲染，发现添加这两个灯光后效果没有发生明显的变化，这是因为灯光的亮度较低。

步骤09 回到光度学灯光的参数卷展栏，在Intensity（强度）选项组中设置灯光的亮度为5000cd。

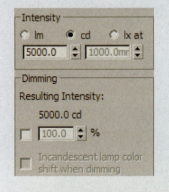

步骤10 设置完毕后再次进行渲染，可以看到此时场景的亮度有所提高。因为还没有启用全局光照，所以场景依然保持在一个较低的亮度。

提示 灯光的布置

在表现室内场景时，通常在启用全局光照前先在场景中设置好所有必须的灯光，然后再启用全局光照，由于全局光照能够提供很强的整体照明，所以在布置灯光时只需要对主要的光源进行设置，并将场景保持在一个比较低的亮度范围内。

步骤 11 进入mental ray渲染器的间接光照选项卡，在 Global Illumination（全局光照）选项组中勾选Enable（启用）复选框开启全局光照。

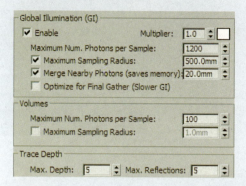

步骤 12 启用全局光照后对场景进行渲染，此时画面整体的亮度有了很大的提高。

步骤 13 从上面的渲染效果可观察到全局光照的亮度还不够，将全局光照的Multiplier（倍增）参数提高到3并进行渲染。

步骤 14 返回到间接光照选项卡，在Final Gather（最终聚焦）选项组中勾选Enable Final Gather（启用最终聚焦）复选框，并将滑块拖到Low（低）选项位置。

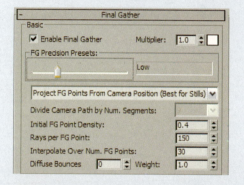

步骤 15 启用最终聚焦后对场景进行渲染，可以看到画面的亮度再次有所提高，并且效果变得很平滑，噪点有所减少。

步骤 16 为了使画面更亮一些，将最终聚焦的倍增设置为2，然后将质量设置为High（高），进行最终效果的渲染。

难点解析：调整最终聚焦的质量

在使用mental ray渲染器进行测试渲染时，可以先将Final Gather（最终聚焦）的质量调整为最低，这样可以加快测试的速度，等到最终渲染的时候再提高最终聚焦的质量。最终聚焦的质量只会对图像的整体清晰度以及细节产生影响，对图像的明暗变化不会产生影响，所以即使使用低质量也可以查看灯光的明暗效果。

▶▶ 10.4 Video Post渲染特效插件

Video Post是3ds Max中自带的一个特效插件。它可以为场景提供不同类型事件的合成渲染输出，包括当前场景、位图图像、图像处理功能等。Video Post的另一个主要用途就是给场景增加光效，如右图所示。Video Post中包含了镜头光晕、镜头高光、光环等各种光效。它以事件的形式进行渲染输出，比3ds Max本身的光晕特效更易控制，效果也更加出色。

◢ 10.4.1 认识Video Post的界面

Video Post的界面由工具栏、左侧的队列窗口、右侧的事件控制条以及底部的状态栏4个部分组成。

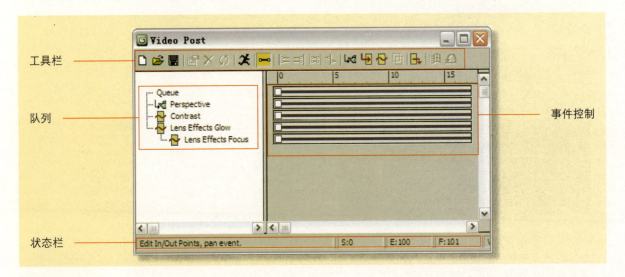

◢ 1. 工具栏

New Sequence（**新建序列**）：使用该工具可以新建一个Video Post序列，使用该工具后会消除当前所有已经设置的Video Post事件。

Open Sequence（**打开序列**）：打开设置好的VPX文件，VPX文件是Video Post专用的文件格式。

Save Sequence（**存储序列**）：将当前设置好的Video Post序列保存为VPX文件。

Edit Current Event（**编辑当前事件**）：单击该工具按钮会打开一个对话框，用于编辑所选事件属性，该对话框样式取决于所选择的事件类型。

Delete Current Event（**删除当前事件**）：删除所选择的当前事件。

Swap Events（**交换事件**）：互换所选的两个事件的位置顺序。

Execute Sequence（**执行序列**）：使用执行序列工具可以在渲染中输出Video Post效果。

Edit Range Bar（**编辑范围栏**）：该工具用于编辑显示在事件轨迹区域的范围栏。

Align Selected Left（**将选定项靠左对齐**）：靠左对齐两个或多个选定的范围栏。

Align Selected Right（**将选定项靠右对齐**）：靠右对齐两个或多个选定的范围栏。

Make Selected Same Size（使选定项大小相同）：该工具可以设置所有选定的事件与当前的事件大小相同。

About Selected（关于选定项）：可以将选定的事件端对端连接，这样表示一个事件结束时，下一个事件开始。

Add Scene Event（添加场景事件）：该工具可以选择将哪一个视口添加到场景事件中。

Add Image Input Event（添加图像输入事件）：用于将静止或动态的图像添加至场景。

Add Image Filter Event（添加图像过滤器事件）：用于添加处理图像的各种效果过滤器。

Add Image Layer Event（添加图像层事件）：用于添加合成插件来分层队列中选定的图像。

Add Image Output Event（添加图像输出事件）：提供用于编辑输出图像事件的控件，使用该工具可以对渲染的结果进行保存。

Add External Event（添加外部事件）：在队列中添加外部的事件，这些事件通常是执行图像处理的程序。

Add Loop Event（添加循环事件）：该工具可以使其他事件随时间在视频输出中重复，控制排序不执行图像处理。

2. 队列

队列窗口中提供了要合成的图像、场景、事件的层级列表。在Video Post中，列表项为图像、场景、动画或一起构成队列的外部过程，这些队列中的项目被称为事件。

事件在队列中出现的顺序（从上到下）是它们执行的顺序。因此，要正确合成一个图像，背景位图必须显示在覆盖它的图像之前或之上。队列中始终至少有一项标为Queue（队列）的占位符，它是队列的父事件。

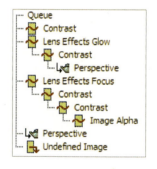

3. 状态栏

状态栏提供提示和状态信息以及用于控制事件轨迹区域中轨迹显示的按钮。

Pan（平移）：用于在事件轨迹区域中水平拖动将视图从左移至右。

Zoom Extents（最大化显示）：水平调整轨迹区域的大小，以使最长轨迹栏的所有帧可见。

Zoom Time（缩放时间）：在事件轨迹区域中显示较多或较少数量的帧，可缩放显示。

Zoom Region（缩放区域）：通过在事件轨迹区域中拖动矩形来放大定义的区域。

【实战练习】制作夜空中的闪电

原始文件：场景文件\Chapter 10\制作夜空中的闪电-原始文件\
最终文件：场景文件\Chapter 10\制作夜空中的闪电-最终文件\
视频文件：视频教学\Chapter 10\制作夜空中的闪电.avi

步骤 01 打开光盘中提供的原始场景文件，在背景环境中已经添加了一张夜空图。

步骤 02 在画面的右侧的位置创建几条二维的样条线图形。

步骤 03 右击样条线图形，在开启的四元菜单中执行 Object Properties（对象属性）命令，在开启的对象属性面板中设置Object ID为1。

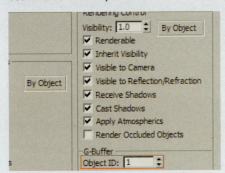

步骤 04 在视口中再创建几条二维样条线图形。

步骤 05 将后创建的二维样条线的对象ID设置为2，这是为了方便后面为它们添加不同程度的光效果。

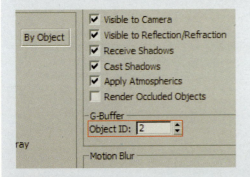

步骤 06 选择场景中的样条线对象，勾选Enable In Renderer（渲染可见）和Enable In Viewport（视口可见）两个复选框，设置Thickness（厚度）为0.1mm。

步骤 07 在渲染菜单中执行Video Post命令，打开Video Post的编辑窗口，单击Add Scene Event（添加场景事件）按钮添加一个透视视口的场景事件。

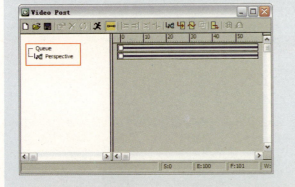

步骤 08 单击Add Image Filter Event（添加图像过滤器事件）按钮，添加一个Lens Effects Glow（镜头效果光晕）图像过滤事件。

对象ID和效果ID

在Video Post中有两种指定效果的方式，分别是对象ID和效果ID。使用对象ID需要在对象的属性面板中设置相应的ID号。如果选择的是Effect ID（效果ID）方式，则需要在材质编辑器中为该物体的材质指定一个效果ID。

步骤09 进入Lens Effects Glow（镜头效果光晕）的设置面板，在Properties（属性）选项卡下设置Object ID为1。

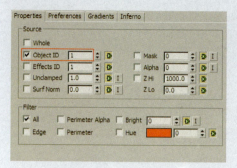

步骤10 切换至Preferences（首选项）选项卡，选择颜色的类型为Gradient（渐变），并设置Size（大小）参数为2。

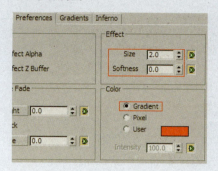

步骤11 此时可以在Video Post的预览窗口中看到第一次创建的样条线图形产生了蓝色的发光效果。

步骤12 再次进入Video Post的编辑窗口，添加一个Lens Effects Glow（镜头效果光晕）图像过滤事件。

步骤13 在该事件的属性面板中设置Object ID为2，使它对后创建的样条线图形产生影响。

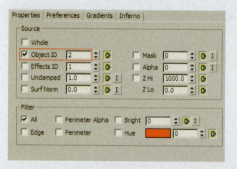

步骤14 选择颜色类型为Gradient（渐变），设置Size（大小）参数为0.2。

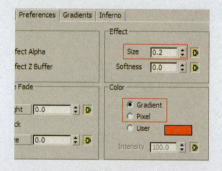

难点解析：渲染样条线图形

对二维样条线图形应用Video Post特效时，必须要使它在视口中渲染可见，Video Post只能对三维实体产生光效果。如右图所示，场景中有两个二维图形，一个启用了渲染可见，一个没有启用，在Video Post中只能看到启用了渲染可见的二维图形的光效果。

步骤15 此时在预览窗口中可以看到其他几个样条线图形也产生了发光效果，但是发光强度要弱一些。

步骤16 在Video Post编辑窗口中再添加一个Lens Effects Glow（镜头效果光晕）事件，将该事件的对象ID设置为2，然后设置Size（大小）参数为0.5。

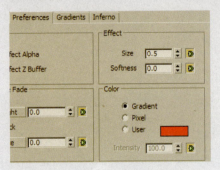

步骤17 添加该事件是为了使ID号为2的样条线对象的发光效果更锐利一些。

步骤18 在场景中几个样条线图形的顶端创建一个Sphere（球体）对象，并使用缩放工具将其变形为椭圆形状，将该球体的对象ID设置为3。

步骤19 在Video Post的编辑窗口中添加第4个Lens Effects Glow（镜头效果光晕）事件。

步骤20 将该事件的对象ID设置为3，使其作用于球体，然后选择Gradient（渐变）颜色类型，设置Size（大小）参数为7。

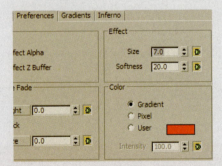

难点解析：事件的渲染顺序

在Video Post中所添加的同一层级的各个事件在渲染时依次由上到下执行。如右图所示，虽然已经添加了多个过滤事件，如果选择最上层的事件进行设置，那么在预览窗口中就只能看到该层事件的效果。

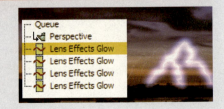

步骤21 设置完毕后在Video Post编辑窗口中单击Execute Sequence（执行序列）按钮🗶，在打开的对话框中设置渲染尺寸。

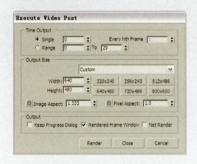

步骤22 下图所示为最终的渲染效果，球体的作用在于为闪电的汇集处添加光效果。

10.4.2 Video Post的镜头效果光晕

Video Post的Lens Effects（镜头效果）是最常用的一种事件，包含Lens Effects Glow（镜头效果光晕）、Lens Effects Highlight（镜头效果高光）、Lens Effects Flare（镜头效果光斑）和Lens Effects Focus（镜头效果焦点）4种类型。

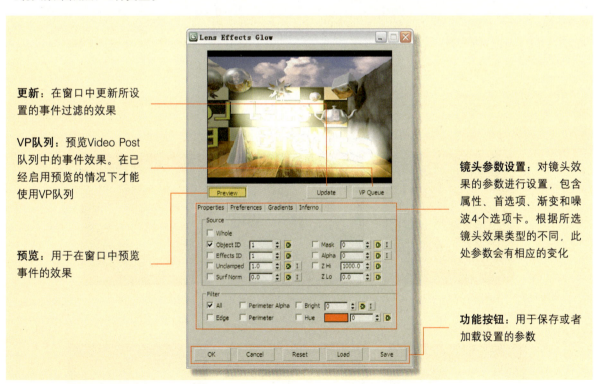

更新：在窗口中更新所设置的事件过滤的效果

VP队列：预览Video Post队列中的事件效果。在已经启用预览的情况下才能使用VP队列

预览：用于在窗口中预览事件的效果

镜头参数设置：对镜头效果的参数进行设置，包含属性、首选项、渐变和噪波4个选项卡。根据所选镜头效果类型的不同，此处参数会有相应的变化

功能按钮：用于保存或者加载设置的参数

1. Properties（属性）

▲ **Whole（整体）**：将光晕应用于整个场景，而不仅仅应用于几何体的特定部分。

▲ **Object ID（对象ID）**：将光晕效果应用到匹配对象ID的物体上。

▲ **Effects ID（效果ID）**：将光晕效果应用到匹配对象材质ID的物体上。

▲ **Unclamped（非钳制）**：用于确定光晕的最低像素值。

▲ Surf Norm（曲面法线）：根据曲面法线到摄影机的角度，使对象的一部分产生光晕。

▲ Mask（遮罩）：使图像的遮罩通道产生光晕。

▲ Alpha（Alpha通道）：使图像的 Alpha 通道产生光晕。

▲ Z Hi（Z高）：根据对象到摄影机的最大距离使对象产生光晕。

▲ Z Lo（Z低）：根据对象到摄影机的最小距离使对象产生光晕。

▲ All（全部）：选择场景中的所有源对象，并将光晕应用于这些对象上。

▲ Edge（边）：将光晕效果应用到对象的边界上。

▲ Perimeter Alpha（周界Alpha）：根据对象的 Alpha 通道，将光晕仅应用于此对象的周界。

▲ Perimeter（周界）：将光晕效果仅应用于对象的周界。

▲ Bright（亮度）：根据亮度值过滤源对象。

▲ Hue（色调）：按色调过滤源对象。

2. Preferences（首选项）

该选项卡用于定义光晕的大小、阻光度以及是否影响Z缓冲区或Alpha通道。

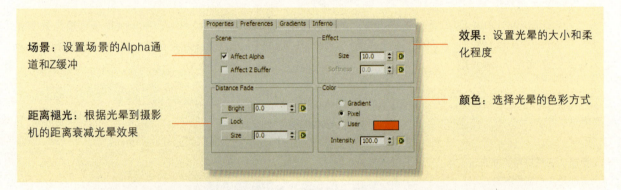

场景：设置场景的Alpha通道和Z缓冲

距离褪光：根据光晕到摄影机的距离衰减光晕效果

效果：设置光晕的大小和柔化程度

颜色：选择光晕的色彩方式

Size（大小）参数用于控制光晕的发光大小，下面3幅图为设置光晕大小分别为1、5、10时的效果。

光晕大小为1　　　　　　光晕大小为5　　　　　　光晕大小为10

Softness（柔化）参数只有在选择Gradient（渐变）颜色方式后才可以使用，用于使光晕产生柔化的边缘。

柔化参数为0　　　　　　柔化参数为20　　　　　　柔化参数为50

可以选择3种类型的光晕颜色，Gradient（渐变）类型可以根据Gradient（渐变）选项卡下的设置创建光晕颜色。Pixel（像素）类型可以根据对象本身的像素颜色创建光晕。User（用户）类型可以自定义光晕的颜色。在使用Pixel（像素）类型和User（用户）类型时可以使用Intensity（强度）参数来定义光晕的强度。下面3幅图分别为使用渐变类型、像素类型、用户类型时的效果。

渐变类型

像素类型

用户类型

3. Inferno（噪波）

使用Inferno（噪波）选项卡可以通过将黑色与白色分形噪波和镜头光斑光晕组合起来创建爆炸、火焰和烟雾效果。

光晕噪波效果和镜头光斑中的噪波效果类似，但光晕噪波效果通过RGB颜色通道应用于光晕。

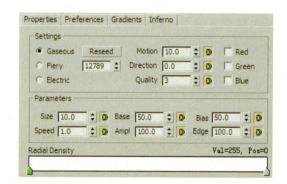

▲ Gaseous（气态）：一种松散和柔和的图案，通常用于表现云和烟雾效果。

▲ Fiery（炽热）：带有亮度、定义明确的区域的分形图案，通常用于表现火焰效果。

▲ Electric（电弧）：具有较长的、定义明确的卷状图案，设置动画时可以表现闪电效果。

▲ Motion（运动）：对噪波设置动画时，运动参数指定噪波图案在Direction（方向）参数设置的方向上的运动速度。

▲ Direction（方向）：指定噪波效果运动的方向。

▲ Quality（质量）：指定噪波效果中分形噪波图案的总体质量。

▲ Size（大小）：指定噪波中分形图案的总体大小。

▲ Speed（速度）：在分形图案中设置动画中湍流的总体速度。

▲ Base（基础）：指定噪波效果中的颜色亮度。

▲ Ampl（振幅）：控制分形噪波图案每个部分的最大亮度。

▲ Bias（偏移）：将效果颜色移向颜色范围的一端或另一端。

▲ Edge（边缘）：控制分形图案的亮区域和暗区域之间的对比度。

提示 **控制Z轴的方向**

Motion（运动）参数和Direction（方向）参数控制分形图案在 X 和 Y 方向的运动。可以使用Speed（速度）参数来控制 Z 方向。

10.4.3 Video Post的镜头效果高光

Lens Effects Highlight（镜头效果高光）可以产生明亮的星形的高光效果。在表现如右图所示的首饰珠宝效果时，镜头高光效果的运用很广泛。它属于Video Post镜头效果的一种，所以它的大部分参数和光晕效果相同，只是有一个特有的Geometry（几何体）选项卡，该选项卡中包含了对星形形状属性的设置参数。镜头效果高光没有Inferno（噪波）选项卡。

效果：在该选项组中可以对镜头高光的角度和钳位参数进行设置

变化：设置给高光效果增加随机性

旋转：这两个按钮可用于使高光基于场景中的相对位置自动旋转

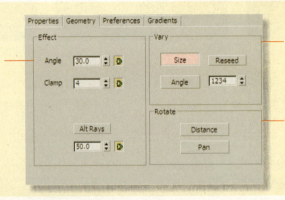

Clamp（钳位）参数能够控制场景中星形高光的整体数量，参数越高，高光的数量越多。下左图所示为设置钳位参数为3时的效果，下右图所示为设置该参数为10时的效果。

钳位参数为3

钳位参数为10

在Preferences（首选项）选项卡下有一个Points（点数）参数，该参数用于控制星形高光射线的条数，下左图所示为设置该参数为2时的效果，下右图所示为设置该参数为10时的效果。

点数为2

点数为10

▨ 10.4.4 Video Post的镜头效果光斑

Lens Effects Flare（镜头效果光斑）由Glow（光晕）、Ring（光环）、A Sec（自动二级光斑）、M Sec（手动二级光斑）、Rays（射线）、Star（星形）、Streak（条纹）和Inferno（噪波）8个元素组成。使用镜头效果光斑可以表现如右图所示的夕阳的光晕效果。将光斑效果通常应用于灯光对象上，在镜头效果光斑的设置面板中可以单独设置光斑的各种元素效果。

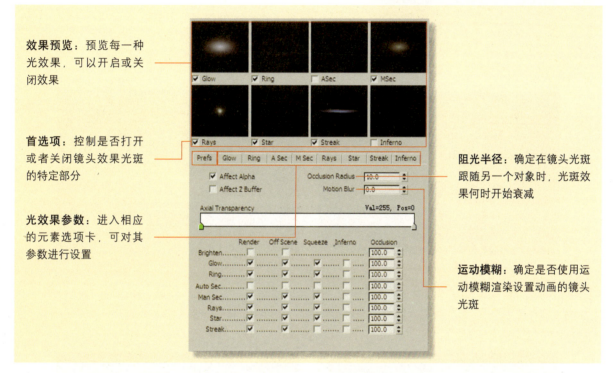

效果预览：预览每一种光效果，可以开启或关闭效果

首选项：控制是否打开或者关闭镜头效果光斑的特定部分

光效果参数：进入相应的元素选项卡，可对其参数进行设置

阻光半径：确定在镜头光斑跟随另一个对象时，光斑效果何时开始衰减

运动模糊：确定是否使用运动模糊渲染设置动画的镜头光斑

Lens Flare Properties（镜头光斑属性）和Lens Flare Effects（镜头光斑效果）这两个选项组属于公用设置，可全局控制镜头光斑。

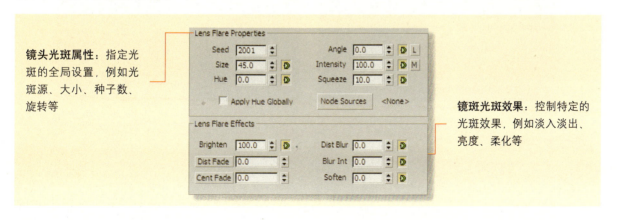

镜头光斑属性：指定光斑的全局设置，例如光斑源、大小、种子数、旋转等

镜斑光斑效果：控制特定的光斑效果，例如淡入淡出、亮度、柔化等

Size（大小）参数用于控制整体镜头光斑的大小，下左图所示为设置Size（大小）为30时的效果，下右图所示为设置Size（大小）为80时的效果。

大小为30   大小为80

Intensity（强度）参数用于控制光斑的总体亮度和不透明度。参数值较高时，产生的光斑较亮但透明度较低；参数值较低时，产生的光斑较暗但透明度较高。下左图所示为设置强度为30时的效果，下右图所示为设置强度为100时的效果。

强度为30   强度为100

Squeeze（挤压）参数可以在水平方向或垂直方向挤压镜头光斑的大小，形成椭圆形的光斑。下左图所示为设置挤压参数为0时的效果，此时的光斑为圆形。下右图所示为设置该参数为60时的效果，此时的光斑被挤压成了椭圆形。

挤压参数为0   挤压参数为60

保留镜头效果动画

设置镜头效果的动画时，会在实际场景中创建指针，所以如果将Video Post队列保存在VPX文件中，则镜头效果动画会丢失。若要保留动画，需要将Video Post数据（包括镜头效果动画）保存在MAX文件中。

10.4.5 Video Post的其他效果

1. Contrast（对比度）

Contrast（对比度）过滤效果和3ds Max中的亮度对比度效果相同，都可以改变图像的亮度和对比度。Contrast（对比度）过滤效果的参数比较简单。只有Contrast（对比度）和Brightness（亮度）两个调节参数，Absolute（绝对）和Derived（派生）两个选项用于确定对比度的灰度值计算方法，如右图所示。

2. Fade（淡入淡出）

Fade（淡入淡出）过滤器可以随时间淡入和淡出图像。淡入淡出的速率取决于淡入淡出过滤器时间范围的长度。Fade（淡入淡出）过滤效果只有In（淡入）和Out（淡出）两个选项，如右图所示。

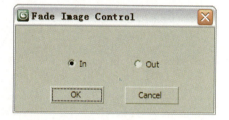

3. Negative（底片）

Negative（底片）过滤器能够反转图像的颜色，类似于彩色照片底片的效果。右图所示为使用Negative（底片）过滤器反转图片颜色的效果。Negative（底片）过滤器只有一个Blend（混合）参数，用于设置颜色的混合量。

4. Simple Wipe（简单擦拭）

Simple Wipe（简单擦拭）过滤器能够利用擦拭变换图像显示或擦除前景图像。该过滤器可以进行从图像到图像擦拭，也可以进行从图像到黑色擦拭，过滤的图像会保持在原位。右图所示为从图像到黑色的擦拭效果。在该过滤器的设置面板中可以选择从左或从右的擦拭方式。

5. Starfield（星空）

Starfield（星空）过滤器可以生成具有真实质感的背景星空效果。要想使用Starfield（星空）过滤器必须确保场景中已经添加了摄影机，任何一颗星的运动都是摄影机运动产生的结果。右图所示为使用Starfield（星空）过滤器表现的星空背景。在星空过滤器的面板中可以对星星的数量、亮度和分布等参数进行设置。

▶▶ 10.5 室外别墅效果表现

本节将讲解如何利用mental ray渲染器表现室外的场景，让读者进一步了解mental ray渲染器全局光照以及最终聚焦的应用方法。下左图所示为原始的3ds Max中的室外场景，下右图为添加了灯光并进行相应设置后的mental ray渲染效果。

原始文件：场景文件\Chapter 10\室外别墅表现-原始文件\
最终文件：场景文件\Chapter 10\室外别墅表现-最终文件\
视频文件：视频教学\Chapter 10\室外别墅表现.avi

步骤1：打开光盘中提供的原始场景文件，该文件中的场景是一个室外的别墅建筑，并且已经使用了mental ray渲染器。

步骤2：进入Create（创建）面板的Systems（系统）类别。

步骤3：单击Sunlight（太阳光）按钮 Sunlight ，在场景中创建一盏太阳光作为主光源。

步骤4：保持太阳光的默认参数，对场景进行渲染，可以看到渲染图像中出现了很强烈的阳光效果，画面的大部分区域都曝光了。

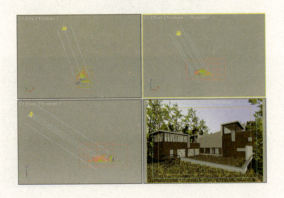

步骤5：进入太阳光的参数面板，将Multiplier（倍增）参数设置为0.1。

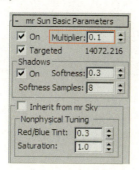

步骤7：在场景中创建一盏Sky（天光）用来提供环境光照。

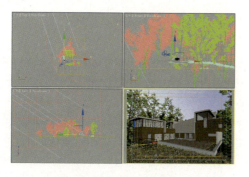

步骤9：将太阳光的Multiplier（倍增）降低到0.05。

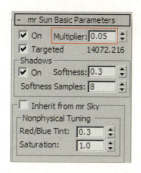

步骤11：进入mental ray的间接光照选项卡，开启全局光照。

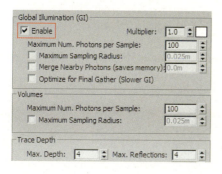

步骤6：再次对场景进行渲染，可以看到场景的亮度降低了。

步骤8：将天光的强度设置为2并进行渲染，场景的亮度变化并不明显。

步骤10：对场景进行渲染，由于此时没有启用最终聚焦，所以场景整体较暗。

步骤12：再次对场景进行渲染，可以发现没有启用最终聚焦的情况下全局光照效果并不明显。

步骤13： 在最终聚焦卷展栏中启用最终聚焦。

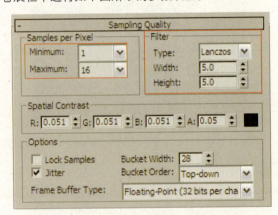

步骤14： 再次对场景进行渲染，可以看到场景变得比较亮了。

步骤15： 在渲染器的Sampling Quality（采样质量）卷展栏中进行如下图所示的参数设置。

步骤16： 设置完毕后进行最终的渲染。

CHAPTER 11

粒子和空间扭曲系统

经典作品赏析

▶ 艺术家Sytron Veteran的这幅作品描绘了一股水流倾洒在水池中的效果，这幅作品最精彩的地方就在于对水的刻画。从水壶中喷洒出来的水落在水池中，并在周围溅起小的水花。水在下落的过程中所产生的运动模糊效果也表现得非常到位。这一效果可以通过3ds Max的粒子系统来完成，作者很好地利用了3ds Max的粒子流系统来表现飞溅的水花。

▶ 艺术家Adam Martinakis的这幅室内抽象作品描绘了一个水下场景，这幅作品的亮点同样在于对水的表现，顶部水面的效果以及画面中充斥的小水泡使人一眼就能看出该作品所要表现的重点。整个场景中充斥着大小不一的小水泡，通过设置不同的粒子大小可表现这些水泡，通过给粒子对象设置水的材质可使水泡效果生动、逼真。

▶ 这幅图取自电影中的一个画面，描绘了海浪拍打在岩石上的效果。这幅图片看上去非常真实，就像是照片一样，泛着白沫翻滚的海浪、海水击打岩石所产生的浪花都非常逼真。这些都是利用3ds Max的PF粒子制作的影视级特效，PF粒子流是3ds Max最强大的粒子系统，它常用于在影片中制作各种大气环境特效。

▶ 艺术家Juan Carlos的这幅科幻插画中充斥了各种爆炸场面以及烟雾特效，3ds Max粒子系统中的粒子阵列配合粒子爆炸空间扭曲可以很容易制作出物体爆炸的效果，然后配以火效果就可以模拟真实的爆炸场景。画面右侧的烟雾效果可以通过设置粒子的形状并添加半透明材质来进行制作。

▶▶ 11.1 了解粒子对象

在3ds Max中每创建一个对象都会增加系统运行的负荷。如果在场景中创建数以千计的对象,不仅会使Max的运行变得很慢,同时也会增加对这些物体进行编辑操作的难度。

如果要制作右图中的暴风雪效果就需要使用粒子对象。粒子是小而简单的对象,可以统一对它们进行管理。使用粒子系统可以很容易地创建暴风雪、雨或灰尘烟雾等效果。

在 Create(创建)面板的 Geometry(几何体)○层级下选择 Particle-Systems(粒子系统),进入粒子对象的创建面板,如右图所示。Object Type(对象类型)卷展栏包含了 PF Source(粒子流)、Spray(喷射)、Snow(雪)、Blizzard(暴风雪)、PArray(粒子阵列)、PCloud(粒子云)和 Super Spray(超级喷射)7 种粒子类型。

创建粒子系统时,视口中能够看到的只是一个称为发射器的图标,一般情况下这个发射器是一个线框,但是也可以将一个场景对象作为粒子的发射器。这个发射器就是用来生成粒子的对象。要想在视口中观察到粒子的效果,需要播放场景动画。下面6张图分别为在场景中创建粒子流、喷射、雪、粒子阵列、粒子云和超级喷雾这6种粒子的发射器。

粒子流发射器

喷射发射器

雪发射器

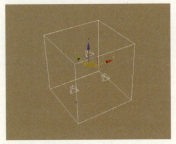

粒子阵列发射器

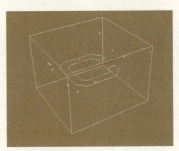

粒子云发射器

超级喷射发射器

1. PF Source（粒子流）

Particle Flow Source（粒子流）是一种功能非常强大的粒子系统，它属于事件驱动粒子，其他6种粒子属于非事件驱动粒子。

粒子流使用一种粒子视图特殊对话框来使用事件驱动模型。使用Particle Flow Source（粒子流）能够制作一些很复杂的粒子动画效果，如右图所示的电影中海浪翻滚的特效。

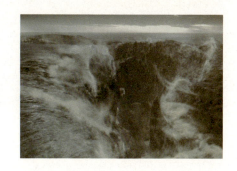

2. Spray（喷射）

Spray（喷射）粒子可以模拟水滴效果，用于表现雨水、公园里的喷泉等效果。这些水滴可以设置为Drops（水滴状）、Dots（圆点）或Ticks（十字叉），这些粒子沿着发射器的表面做直线运动。使用Spray（喷射）粒子可以表现如右图所示的下雨效果。

3. Snow（雪）

Snow（雪）粒子与Spray（喷射）粒子系统很相似，只是增加了Tumble（翻滚）和Tumble Rate（翻滚速率）参数来使粒子在下落的过程中产生旋转翻滚效果，使其更趋近于雪花的特性，用户还可以把粒子设置成像雪花一样的六角形。使用Snow（雪）粒子可以创建如右图所示的雪花飞舞的场景。

4. Blizzard（暴风雪）

Blizzard（暴风雪）粒子可以看做是Snow（雪）粒子的高级版本，它提供了更为详细的参数设置，包括粒子旋转碰撞、粒子的繁殖，用户还可以对粒子的形态类型进行选择。使用Blizzard（暴风雪）粒子可以将场景中的几何体对象作为单个的粒子，使粒子显示为更多的形态。右图所示为将一些字母作为暴风雪的粒子。

5. PArray（粒子阵列）

PArray（粒子阵列）使用单个的Distribution（分布）对象作为粒子源，在这个系统中，可以把粒子类型设置为Fragment（片段）并将它绑定到PBomb空间扭曲上以创建爆炸效果。PArray（粒子阵列）的参数和Blizzard（暴风雪）粒子的参数基本一致。右图所示为使用粒子阵列和粒子流共同表现的流体效果。

6. PCloud（粒子云）

如果想使用粒子填充一个特定的体积，需要使用PCloud（粒子云）系统。可以使用提供的基本体积（长方体、球体或圆柱体）限制粒子的体积，也可以使用场景中任意可渲染对象作为体积，只要该对象具有深度。二维对象不能使用粒子云。使用PCloud（粒子云）可以比较轻松地创建一群鸟、玻璃瓶中的泡沫、马路上的汽车等。

7. Super Spray（超级喷射）

Super Spray（超级喷射）可以看做是Spray（喷射）的高级版本，它可以发射受控制的粒子喷射，并包含了所有新型粒子系统提供的功能。使用超级喷射粒子可以制作礼花爆炸、火焰喷射等效果。如果将它绑定到Path Follow（路径跟随）空间扭曲上可以生成瀑布效果。

▶▶ 11.2 粒子的参数属性

Spray（喷射）、Snow（雪）、Blizzard（暴风雪）、PArray（粒子阵列）、PCloud（粒子云）和Super Spray（超级喷射）这6种粒子的参数设置具有相似的地方。以Super Spray（超级喷射）为例，它基本包含了所有非事件驱动粒子的参数属性。右图所示为超级喷射粒子的参数卷展栏。一些简单的粒子如Spray（喷射）、Snow（雪）只包含一些简单的参数。

其中的基本参数、粒子类型、旋转和碰撞以及粒子繁殖是较为常用的几个卷展栏。

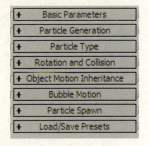

◰ 11.2.1 粒子的基本参数

Basic Parameters（基本参数）卷展栏中包含了Particle Formation（粒子分布）、Display Icon（显示图标）和Viewport Display（视口显示）3个选项组，用于对粒子的发射方向、在视口中的显示类型以及粒子发射器的大小等属性进行设置。

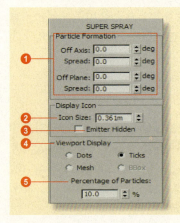

❶ **粒子分布**：用于设置粒子发射时的扩散。

❷ **图标大小**：设置粒子发射器图标的大小。

❸ **隐藏发射器**：将粒子发射器图标隐藏起来。

❹ **视口显示**：选择粒子在视口中所显示的效果。

❺ **粒子数百分比**：设置视口中所显示的粒子的百分比。

Off Axis（轴偏离）参数用于影响粒子流与 Z 轴的夹角，Spread（扩散）参数用于影响粒子远离发射向量的扩散。Off Plane（平面偏离）参数用于影响粒子围绕 Z 轴的发射角度，下面3幅图分别为没有设置粒子分布、设置轴偏离以及设置平面偏离的效果。

没有设置粒子分布　　　　　　设置轴偏离　　　　　　　　　　设置平面偏离

Percentage of Particles（粒子百分比）参数用于控制粒子在视口中显示的百分比，当设置为100%时，视口中显示的粒子数和实际的粒子数相同。下面为设置粒子百分比分别为100%、50%和20%时的效果。

粒子百分比为100%　　　　　　　粒子百分比为50%　　　　　　　　粒子百分比为20%

◤ 11.2.2 粒子的常规参数

Particle Generation（粒子常规）卷展栏用于设置粒子的运动时间以及粒子大小等参数。

① **使用速率**：指定每帧发射的固定粒子数。

② **使用总数**：指定在系统使用寿命内产生的总粒子数。

③ **速度**：设置粒子在出生时沿法线的速度。

④ **变化**：对每个粒子的发射速度应用一个变化百分比。

⑤ **发射开始**：指定粒子开始发射的时间。

⑥ **发射结束**：指定粒子结束发射的时间。

⑦ **显示时限**：指定所有粒子消失的帧。

⑧ **寿命**：设置每个粒子的寿命。

⑨ **变化**：指定每个粒子的寿命可以从标准值变化的帧数。

⑩ **创建时间**：允许在时间上增加偏移量，防止时间上的肿块堆积。

⑪ **发射器平移**：勾选此复选框使发射器在空间中移动。

⑫ **发射器旋转**：避免发射器膨胀并产生平滑的螺旋形效果。

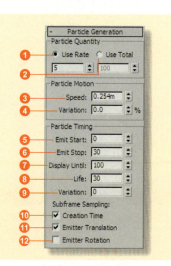

Particle Size（粒子大小）选项组主要用于对粒子的尺寸大小进行设置。

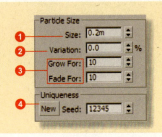

❶ **大小**：设置单个粒子的体积大小。

❷ **变化**：每个粒子的大小可以从标准值变化的百分比。

❸ **增长和衰减耗时**：设置粒子从小变大再变小的时间范围。

❹ **独特性**：可以在其他粒子设置相同的情况下生成独特的效果。

设置Variation（变化）参数可以使粒子的大小产生变化，下面为设置Variation（变化）参数分别为0、50和100时的效果。当参数设置为0时，所有粒子的大小差别不大，当参数设置为100时，粒子之间的大小差别很明显。

变化参数为0

变化参数为50

变化参数为100

11.2.3 粒子类型

Particle Types（粒子类型）卷展栏用于对粒子的类型进行选择，超级喷射粒子包含Standard Particles（标准粒子）、MetaParticles（变形球粒子）和Instanced Geometry（实例几何体）3种类型。

1. Standard Particles（标准粒子）

标准粒子包含8种几何体形态，可在Particle Type（粒子类型）卷展栏的Standard Particles（标准粒子）选项组中进行选择。

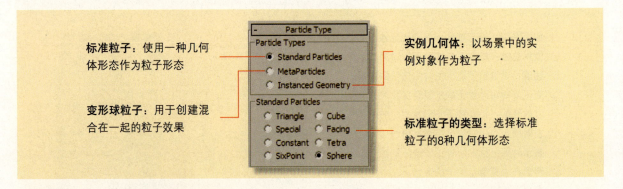

标准粒子：使用一种几何体形态作为粒子形态

变形球粒子：用于创建混合在一起的粒子效果

实例几何体：以场景中的实例对象作为粒子

标准粒子的类型：选择标准粒子的8种几何体形态

粒子类型卷展栏中的参数选项组

在Particle Type（粒子类型）卷展栏中选择相应的粒子类型后，会激活该粒子类型的选项组，如果没有选择该粒子类型，其选项组是灰色的不可用状态。

下面8张图为分别选择8种标准粒子几何体形态时的效果。

Triangle（三角形）

Special（特殊）

Constant（恒定）

SixPoint（六角形）

Cube（立方体）

Facing（面）

Tetra（四面体）

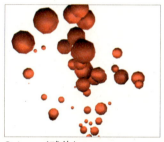
Sphere（球体）

2. MetaParticle（变形球粒子）

　　使用变形球粒子可以使粒子变成一个个小的圆球，这些球体像水银一样，靠近时彼此会融合在一起。MetaParticle（变形球粒子）类型需要更长的渲染时间，但是它比较适合表现水和液体效果。

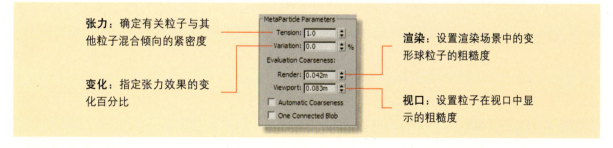

张力：确定有关粒子与其他粒子混合倾向的紧密度

变化：指定张力效果的变化百分比

渲染：设置渲染场景中的变形球粒子的粗糙度

视口：设置粒子在视口中显示的粗糙度

Tension（张力）参数控制粒子之间的结合程度，张力越大，粒子的结合越困难。下面3幅图为设置Tension（张力）参数分别为0.1、0.5和1时的效果。

张力为0.1

张力为0.5

张力为1

节省渲染时间

如果所有粒子都是连续的，此时可以启用One Connected Blob（一个相连的水滴）模式，然后显示各个帧以确定是否显示了所有内容。

3. Instanced Geometry（实例几何体）

实例几何体类型可以从场景中拾取对象作为粒子，粒子可以是对象、对象链接层次或组合的实例。

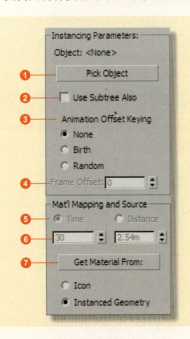

① **拾取对象**：单击该按钮可在场景中拾取对象作为粒子。

② **使用子树**：将拾取的对象的链接子对象包括在粒子中。

③ **动画偏移关键点**：可以为实例对象设置动画，此处选项可以指定粒子的动画计时。

④ **帧偏移**：指定从源对象的当前计时的偏移值。

⑤ **时间**：指定从粒子出生开始完成粒子的一个贴图所需的帧数。

⑥ **距离**：指定从粒子出生开始完成粒子的一个贴图所需的距离。

⑦ **获取材质从**：使用此按钮下面的选项所指定的来源更新粒子系统携带的材质。

给实例对象设置动画

实例对象的动画类型包含以下几种。
- 对象几何体参数的动画，例如长方体的长宽高。
- 对象空间修改器的动画，例如弯曲修改器的角度设置。
- 层次对象的子对象的变换动画。不支持顶级父对象和非层次对象的变换动画。例如，如果使用工具栏中的选择并旋转功能设置长方体旋转的动画，然后使用该长方体作为粒子系统的实例几何体，则系统不会使用实例长方体的关键帧动画。

11.2.4 粒子的旋转和碰撞

旋转和碰撞卷展栏用于对粒子的旋转和碰撞属性进行设置。

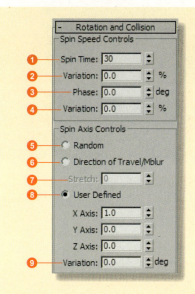

① **自旋时间**：设置粒子一次旋转的帧数，如果设置为0则表示粒子不旋转。

② **变化**：设置粒子自旋时间的变化百分比。

③ **相位**：设置粒子的初始旋转，此设置对碎片类型没有意义。

④ **变化**：设置相位的变化百分比。

⑤ **随机**：设置每个粒子的自旋轴是随机的。

⑥ **运动方向/运动模糊**：围绕由粒子移动方向形成的向量旋转粒子。

⑦ **拉伸**：该参数如果大于0，则表示粒子根据其速度沿运动轴拉伸。

⑧ **用户定义**：使用X、Y和Z轴微调器中定义向量。

⑨ **变化**：设置每个粒子的自旋轴可以从指定的X、Y和Z轴变化的量。

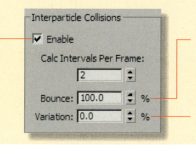

计算每帧间隔：计算每个渲染的间隔数，期间进行粒子碰撞测试。值越大模拟越精确，但是模拟运行的速度将越慢

反弹：设置碰撞后速度恢复的程度

变化：设置反弹值随机变化百分比

Spin Time（自旋时间）和Variation（变化）参数通常结合在一起使用。下面3幅图分别为不设置旋转、设置自旋时间为50和设置变化参数为100时的效果。

粒子不旋转

设置自旋时间为50

设置变化参数为100

选择User Defined（用户定义）类型后，可以单独对X、Y、Z轴的旋转量进行设置，下面为分别单独设置X、Y、Z轴参数为1时的效果。

X轴为1

Y轴为1

Z轴为1

◪ 11.2.5 粒子繁殖

Particle Spawn（粒子繁殖）是指一个粒子在消亡或者碰撞的时候产生新的粒子，这个过程可以反复地循环产生更多的粒子。使用Particle Spawn（粒子繁殖）可以很容易地表现如右图所示的礼花绽放的效果，一个粒子发射出去后在空中爆炸繁殖出更多新的粒子。

Particle Spawn（粒子繁殖）包含Spawn on Collision（碰撞后繁殖）、Spawn on Death（消亡后繁殖）和Spawn Trails（繁殖拖尾）3种类型。

在Particle Spawn（粒子繁殖）卷展栏中选择不同的繁殖类型会激活相应的参数设置选项。

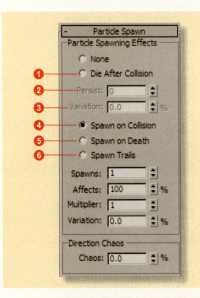

❶ **碰撞后消亡**：粒子在碰撞到绑定的导向器（例如导向球）时消失。

❷ **持续**：粒子碰撞后持续的寿命。

❸ **变化**：当Persist（持续）参数大于 0 时，每个粒子的持续值将各有不同。

❹ **碰撞后繁殖**：在与绑定的导向器碰撞时产生繁殖效果。

❺ **消亡后繁殖**：粒子在消亡时产生繁殖效果。

❻ **繁殖拖尾**：在现有粒子寿命的每个帧，重新应粒子繁殖粒子。

▲ Spawns（**繁殖数目**）：设置除原粒子以外的繁殖数。

▲ Affects（**影响**）：指定将繁殖的粒子的百分比。如果减小此参数，会减少产生繁殖粒子的粒子数。

▲ Multiplier（**倍增**）：倍增每个繁殖事件繁殖的粒子数。

▲ Variation（**变化**）：逐帧指定倍增值变化的百分比范围。

Multiplier（倍增）参数可以成倍地增加粒子繁殖的数目。下面3幅图为设置倍增分别为5、10和20时的效果。

倍增为5

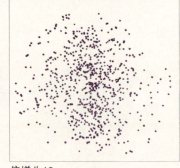

倍增为10

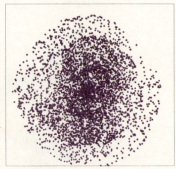

倍增为20

Speed Chaos（速度混乱）选项组可以随机改变繁殖的粒子与父粒子的相对速度。Scale Chaos（缩放混乱）选项组用于对粒子应用随机的缩放变换。

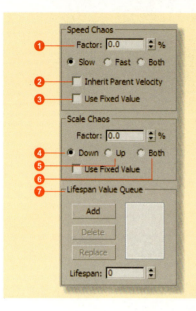

① **因子**：繁殖的粒子的速度相对于父粒子的速度变化的百分比范围。

② **继承父粒子速度**：除了速度因子的影响外，繁殖的粒子还继承父粒子的速度。

③ **使用固定值**：将Factor（因子）的值作为一个固定值而不是一个随机变化范围应用给每个粒子。

④ **下**：根据Factor（因子）的值随机缩小繁殖的粒子，使其小于父粒子。

⑤ **上**：随机放大繁殖的粒子，使其大于父粒子。

⑥ **二者**：将繁殖的粒子随机缩放。

⑦ **对象变形队列**：在带有每次繁殖的实例对象粒子之间切换。

Direction Chaos（方向混乱）选项组用于设置繁殖的粒子的方向相对于父粒子方向变化的量。Chaos（混乱度）为50时，粒子会呈半圆形扩散，如下左图所示，设置混乱度为100时，粒子会向四周扩散，形成圆形，如下右图所示。

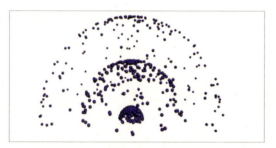
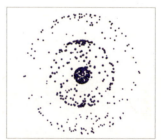

【实战练习】表现绽放的礼花

最终文件：场景文件\Chapter 11\表现绽放的礼花-最终文件\
视频文件：视频教学\Chapter 11\表现绽放的礼花.avi

步骤01 在场景中创建一个Super Spray（超级喷射）粒子类型的发射器。

步骤02 在粒子的基本参数卷展栏中设置轴偏离参数，并设置粒子的大小。

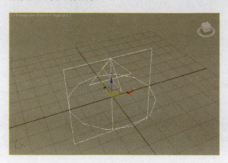

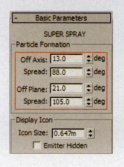

步骤 03 在粒子繁殖卷展栏中选择繁殖类型为Spawn on Death（消亡后繁殖），并进行如下图所示的参数设置。

步骤 04 设置完毕后播放场景动画，可以看到，粒子在发射出去后形成了如下图所示的炸开效果。

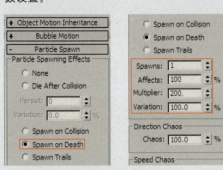

倍增与混乱因子的关系

　　当Multiplier（倍增）参数大于1的时候，缩放混乱、方向混乱和速度混乱中必须有一个混乱因子大于1才能看到粒子繁殖的效果。如右图1所示，此时倍增为200，但是所有的混乱因子都为0，无法观察到粒子繁殖效果。将方向混乱设置为60，如右图2所示，此时可以观察到明显的粒子繁殖效果。

图1　　　　　　　图2

步骤 05 在场景中再创建一个超级喷射粒子，对粒子的基本参数和常规参数进行如下图所示的设置。

步骤 06 选择该粒子的繁殖类型为Spawn Trails（繁殖拖尾），并进行如下图所示的繁殖参数设置。

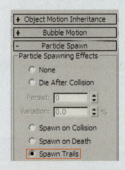

步骤 07 设置完毕后播放场景动画，可以看到粒子形成了如下图所示的向四周发射的效果。

步骤 08 将设置好的粒子多复制几个，并给它们应用光效，可以表现如下图所示的夜空中礼花绽放的效果。

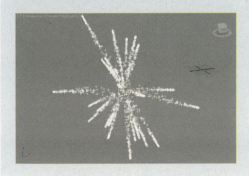

前面已经向读者介绍了粒子的一些常用参数，通过对这些参数的调节可以表现多种常见的如礼花、下雨、暴风雪等效果。但是使用这些参数调节出的效果并不能满足高端要求，很难达到影视级别的效果。

要制作右图所示的更为复杂的特效，仅仅使用这些基本的参数是难以达到的。本章将介绍粒子阵列、粒子云以及粒子流这3种功能更为强大的粒子类型。

■ 11.3.1 粒子阵列和粒子云

1. Particle Array（粒子阵列）

Particle Array（粒子阵列）将场景中的对象作为粒子的发射源，粒子阵列的其他参数和超级喷射粒子相同，只是在基本参数卷展栏中增加了拾取对象的选项，并可选择粒子分布的类型。

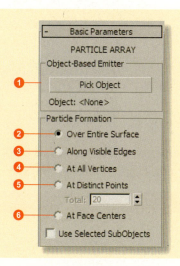

❶ **基于对象的发射器**：在该选项组中拾取对象作为粒子发射器。

❷ **在整个曲面**：基于对象的发射器的整个曲面上随机发射粒子。

❸ **沿可见边**：从对象的可见边随机发射粒子。

❹ **在所有顶点上**：从对象的每个顶点发射粒子。

❺ **在特殊点上**：在对象曲面上随机分布指定数目的发射器点。

❻ **在面中心**：从每个三角面的中心发射粒子。

以子对象作为发射源

当勾选了Use Seleccted SubObjects（使用选择的子对象）复选框时，会以所选的物体的一个子对象作为粒子的发射源。这个子对象一般指的是多边形的子对象。

如右图所示，将茶壶对象转换为可编辑多边形，选择对象上的一个Polygon（多边形）子对象，粒子会以所选的这个面作为发射源向外发散。

2. Pcloud（粒子云）

如果要在一个特定的范围内使用粒子对象，例如制作鱼缸里的一群鱼、天空中的一团飞鸟或者一个行军队列，就需要使用PCloud（粒子云）类型，其对应的基本参数卷展栏如下图所示。

基于对象的发射器：选择了基于对象发射器类型后，可以单击该选项组中的按钮来拾取场景中的对象作为粒子分布的范围

粒子分布：该选项组用于选择粒子分布的区域类型，有长方体发射器、球体发射器、圆柱体发射器和基于对象的发射器4种类型

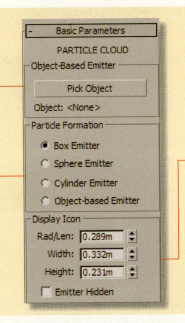

显示发射器：该选项组用于设置粒子发射器的形状，根据所选的粒子分布类型的不同，这里的参数选项也不相同，例如选择长方体发射器后，此可以设置长宽高参数。如果选择的是球体，则只能对半径参数进行调整

粒子云提供了4种发射器类型，长方体、球体和圆柱体发射器属于基本的发射器形态，基于对象的发射器从0帧开始填充对象，但是粒子无法与发射器一起移动，下面4幅图为在场景中分别选择这4种发射器形态的示意图。

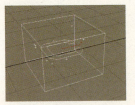
长方体发射器

球体发射器

圆柱体发射器

基于对象的发射器

【实战练习】在鱼缸中填满鱼

原始文件：场景文件\Chapter 11\在鱼缸中填满鱼-原始文件\
最终文件：场景文件\Chapter 11\在鱼缸中填满鱼-最终文件\
视频文件：视频教学\Chapter 11\在鱼缸中填满鱼.avi

步骤 01 打开光盘中提供的原始场景文件，该场景中有一个鱼缸，在鱼缸的外部有一条小鱼模型。

步骤 02 进入粒子对象的创建面板，在场景中创建一个PCloud（粒子云）发射器。

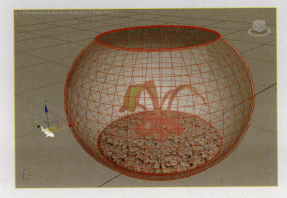

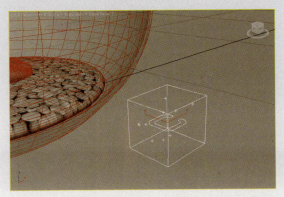

步骤 03 在基本参数卷展栏的粒子分布选项组中选择
Cylinder Emitter（圆柱体发射器）类型。

步骤 05 在粒子类型卷展栏中选择Instanced Geometry
（实例几何体）类型，然后在Instancing Parameters
（实例参数）卷展栏中单击Pick Object（拾取对
象）按钮，拾取场景中的鱼对象。

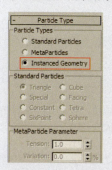

步骤 07 观察渲染的效果可以发现，分布的粒子对象
并没有继承原对象的材质。在粒子类型卷展栏中单
击Get Material From（获取材质从）按钮，然后拾取
场景中原始的鱼对象。

步骤 04 对发射器的高度和半径参数进行设置，使它
和鱼缸的大小相符，然后将它放入鱼缸的内部。

步骤 06 拾取对象后，对场景进行渲染，鱼缸内出现
了多条鱼，这些鱼只分布在鱼缸的内部，并没有超
出圆柱体发射器所限定的范围。

步骤 08 拾取对象后再次进行渲染，此时鱼缸内的粒
子对象获得了刚才所拾取的源对象表面的材质。

难点解析：实例几何体的大小

在使用Instanced Geometry（实例几何体）类型时，所拾取的粒子只保持最原始对象的
大小。如果对所拾取的物体进行放大或缩小，并不会影响粒子的情况，粒子仍然保持
原有的大小。如右图所示，将原始的鱼对象放大，但是鱼缸中的粒子对象仍然保持原始
的大小。

11.3.2 粒子流

PF Source（粒子流）是一种特殊的粒子系统，它具有全新的界面和规则，它包含一个Particle View（粒子视图）窗口，可以在粒子的整个生命周期对其进行控制。

1. 粒子视图

在粒子视图中，可将一定时期内描述粒子属性（如形状、速度、方向和旋转）的单独操作符合并到称为事件的组中。每个操作符都提供一组参数，其中多数参数可以设置动画，以更改事件期间的粒子行为。粒子视图如下图所示。

菜单栏：菜单栏包含编辑、选择、显示、选项和工具5个菜单命令

事件显示：该视口中包含了所有的事件节点，这些节点包含了每一个动作，节点之间可以互相连接

参数卷展栏：该视口会显示在左侧事件视口中所选的节点事件相应的参数属性

仓库：该窗格中包含了能用于粒子的所有动作

说明：对左侧的粒子动作进行说明

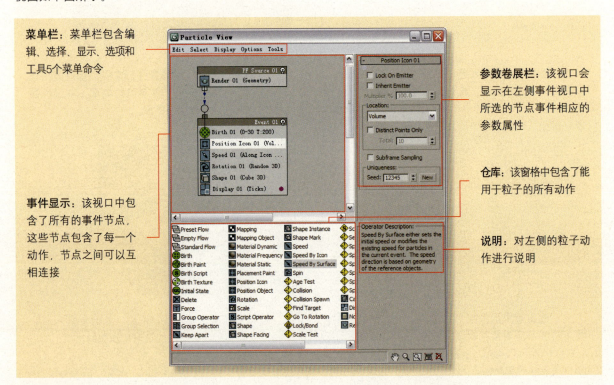

2. 动作

Particle View（粒子视图）的仓库窗格中包含可以影响粒子的所有不同类型的动作。这些动作主要分为操作符、流和测试3种类型。

▲ 操作符是粒子系统的基本元素，操作符用于描述粒子速度、方向、形状、外观以及其他属性。

▲ 流类别包含用于创建三种不同初始粒子系统设置的操作符。这三种设置为：预设流、空流和标准流。

▲ 粒子流中的测试的基本功能是确定粒子是否满足一个或多个条件，如果满足，则粒子可以发送给另一个事件。

Preset Flow（预置流）：可用于创建初始自定义粒子系统，或将预定义的各组事件、操作符或对象添加至场景中。

Empty Flow（空流）：创建一个没有包含任何动作的发射器图标。

Standard Flow（标准流）：创建一个发射器图标并连接到一个包括默认动作的事件。

Birth（出生）：发射粒子并定义起始、结束、量或者速率。

Birth Paint（出生绘制）：使用Particle Paint辅助对象中的数据生成粒子。

Birth Script（出生脚本）：可使用MAXScript脚本在粒子流系统中创建粒子。

Birth Texture（出生纹理）：使用发射器对象中的动画颜色数据生成粒子。操作符可将发射器中的贴图转换为粒子，并根据纹理颜色控制粒子缩放。

Initital State（初始状态）：在起始时间拍摄粒子系统或粒子流事件的快照，然后使用此快照在发射时间生成克隆粒子。

Delete（删除）：从流程中删除粒子，可以删除全部、选择的粒子，也可按照粒子的年龄进行删除。

Force（力）：添加粒子并使粒子从属于空间扭曲中的力。

Group Operator（组）：使用外部事件中的操作符修改由组选择操作符定义的一部分粒子。

Group Selection（组选择）：基于粒子属性和其他方式定义一部分粒子。

Keep Apart（保持分离）：通过控制粒子的速度来避免粒子相撞。

Mapping（贴图）：定义粒子的贴图坐标。

Mapping Object（贴图对象）：从参考对象为粒子指定贴图。

Material Dynamic（材质动态）：给粒子分配能够在粒子生命周期中产生变化的材质。

Material Frequency（材质频率）：按基于每个材质ID定义的量来给次对象分配材质。

Material Static（材质静态）：给粒子分配对于事件恒定不变的材质。

Placement Paint（放置绘制）：对Particle Paint辅助对象中的位置、旋转和脚本数据进行初始化。

Position Icon（放置图标）：定义粒子相对于发射器图标的位置。

Position Object（放置对象）：相对于作为发射器的一个场景对象定义粒子的位置。

Rotation（旋转）：定义粒子的旋转属性。

Scale（按比例变换）：定义粒子的变换比例。

Scirpt Operator（脚本）：允许用脚本来控制粒子。

Shape（图形）：用 2D 和 3D 粒子图形的扩展集代替原有的Shape操作符。

Shape Facing（图形朝向）：使粒子总是面对摄影机角度，让用户可以选定摄影机或者要跟随的对象。

Shape Instance（图形实例）：允许粒子是单独的一个场景对象。

Shape Mark（图形遮罩）：在制定的对象上创建一个图形遮罩。

Speed（速度）：定义粒子的速度。

Speed By Icon（速度按图标）：使粒子跟随视口图标的轨迹。

Speed By Surface（速度按表面）：基于对象的表面法线或与表面平行的方向设置粒子。

Spin（旋转）：定义粒子旋转时的量和所基于的轴。

Age Test（年龄测试）：测试粒子的年龄或者它在当前事件中的年龄。

Collision（碰撞）：如果粒子与选择的偏转器发生碰撞则为真。

Collision Spawn（碰撞繁殖）：如果粒子与选择的偏转器发生碰撞则为真，然后再产生新的粒子。

Find Target（寻找目标）：如果粒子在图标的指定范围内则为真。

Go To Rotation（转到旋转）：当前旋转动作结束并转到下一个旋转时为真。

Lock/Bond（锁定/砌合）：用于将粒子附加到动画对象的测试。

Scale Test（缩放测试）：如果粒子按比例变换到了指定的大小则为真。

Script Test（脚本测试）：基于一个脚本测试粒子。

Send Out（送出）：将所有粒子设置为真并将其移动到下一个事件。

Spawn（繁殖）：创建新的粒子并移动到下一个事件。

Speed Test（速度测试）：如果粒子超出指定的速度则为真。

Split Amount（拆分量）：用于将一部分或每第n个粒子发送到下一个事件。

Split Group（拆分组）：检查粒子是否如Group Selection操作符所定义的那样属于选定的组。

Split Selected（拆分选定粒子）：粒子被选定则为真。

Split Source（拆分源）：基于粒子的原始发射器为真。

Cache（缓存）：记录粒子状态并将其存储到内存中。

Display（显示）：定义粒子在视口中如何显示。
Notes（记录）：允许给事件节点添加记录。
Render（渲染）：定义如何对粒子进行渲染。

3. 粒子寿命

粒子出生后，可以固定地保留在发射点，也可以按两种不同的方式移动。其一，它们可以在场景中以某种速度和按各类动作指定的方向进行物理移动。这些是典型的速度操作符，但其他动作也可以影响粒子运动，包括自旋和查找目标。其二，刚创建的粒子是没有速度的，如下图1所示，通过设置速度等操作符使粒子产生运动，如下图2所示，粒子继续运动直到有另一个动作对它产生影响。

图1

图2

图3

事件对粒子的影响

出生事件通常是粒子全局事件后的第一个事件。在粒子驻留于事件期间，粒子流会完全计算每个事件的动作，并对此粒子进行全部适用的更改。如果事件包含测试，则粒子流确定测试参数的粒子测试是否为真。事件中的动作可以更改粒子的形状，如右图中1所示，也可使粒子产生自旋，如右图中2所示。

【实战练习】更改顶点的属性

原始文件：场景文件\Chapter 11\更改顶点的属性-原始文件\
最终文件：场景文件\Chapter 11\更改顶点的属性-最终文件\
视频文件：视频教学\Chapter 11\更改顶点的属性.avi

步骤 01 打开本书配套光盘中相关的场景文件。

步骤 02 在Top（顶）视口中，根据车灯位置创建一段封闭的Line（线）。

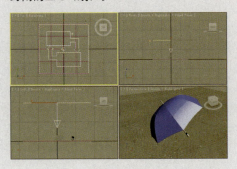

步骤 03 打开粒子视图，在最上方的全局事件栏中添加一个Display（显示）动作，并设置粒子的显示为线性，该动作表示下面的粒子显示都以此为标准。

步骤 04 将Event 01事件列表中不需要的动作删除，然后对Birth（出生）动作进行如下图所示的设置，Amount（数量）参数表示场景中粒子的数量，此外可以设置少一点。

提示　渲染操作符

默认状态下，全局事件包含一个Render（渲染）操作符，该操作符指定系统中所有粒子的渲染属性。可以在该事件栏中添加其他的操作符，例如材质、速度等，添加到此处的其他操作符对整个粒子流过程进行全局控制。

步骤 05 在Create（创建） 面板的Space Warps（空间扭曲） 层级下选择Forces（力）类型。

步骤 06 单击Gravity（重力）按钮 Gravity ，在场景中创建一个重力空间扭曲。

步骤 07 在Event 01事件列表中添加一个Force（力）动作，然后将刚才所创建的重力空间扭曲添加进来。

步骤 08 在Space Warps（空间扭曲） 层级下选择Deflectors（导向器）类型，进入导向器的创建面板。

难点解析：空间扭曲应用顺序

粒子流将力应用于粒子运动，其效果按从上到下的顺序累积。首先，将最上面的空间扭曲应用于粒子运动，然后将第二个空间扭曲应用于第一个空间扭曲的结果。

步骤 09 单击UDeflector ![UDeflector]按钮，在场景中创建两个导向器。

步骤 10 进入导向器的参数卷展栏，单击Pick Object（拾取对象）按钮，分别给这两个导向器拾取雨伞和地面对象，然后进行如下图所示的参数设置。

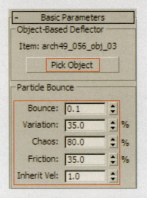

步骤 11 在Event 01事件列表中添加一个Collision Spawn（碰撞繁殖）动作，然后在碰撞繁殖卷展栏中拾取场景中的两个导向器对象。

步骤 12 设置完毕后播放场景动画，可以看到粒子在下落碰到雨伞和地面对象时产生了反弹，并同时产生了新的粒子。

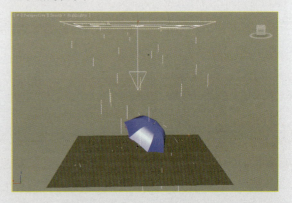

步骤 13 将Speed By Surface（速度按表面）动作作为一个新的事件Event 02添加到粒子视图中，然后在该动作的参数卷展栏中添加雨伞和地面对象。设置Speed（速度）参数为0.3m，该参数用于控制碰撞后产生的新粒子的运动速度。

步骤 14 在场景中创建一个新的重力空间扭曲，设置Strength（强度）为0.19。该重力的作用是使碰撞后飞溅开的粒子对象重新受到重力的影响。

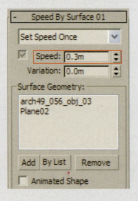

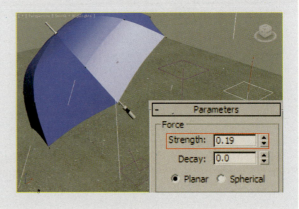

步骤 15 在Event 02事件列表中再添加一个Force（力）动作，然后添加场景中所创建的第2个重力空间扭曲对象。

步骤 16 设置完毕后播放场景动画，可以看到雨滴下落飞溅的效果已经基本形成，但是地面对象的下方产生了一些多余的新的粒子。

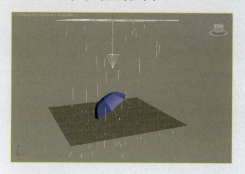

步骤 17 在Event 02事件列表中添加一个Collision（碰撞）动作，在参数卷展栏中将场景中的两个导向器添加进来。

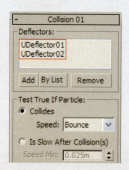

步骤 18 添加一个Delete（删除）动作作为新事件，下图所示为设置完毕后播放场景动画的效果，可以增加粒子的数目来得到更好的雨滴飞溅效果。

难点解析：Delete（删除）操作符

在事件的末尾添加Delete（删除）操作符可将粒子从粒子系统中移除，因为默认状态下粒子永远（在动画的持续时间内）保持活动状态，添加Delete（删除）操作符有助于粒子完成动作后自动消失。

▶▶ 11.4 认识空间扭曲

Space Warp（空间扭曲）是影响其他对象外观的不可渲染对象。空间扭曲能创建使其他对象变形的力场，从而创建出涟漪、波浪等效果。空间扭曲的行为方式类似于修改器，只不过空间扭曲影响的是世界空间，而几何体修改器影响的是对象空间。

创建空间扭曲对象时，视口中会显示一个线框，可以像对其他 3ds Max 对象那样改变空间扭曲。空间扭曲的位置、旋转和缩放会影响其作用效果。

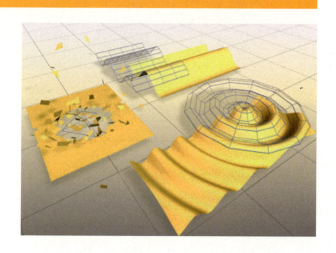

11.4.1 力空间扭曲

空间扭曲包含几种不同的类型，这些类型按照它们的功能分别位于Forces（力）、Deflectors（导向器）、Geometric\Deformable（几何变形）和Modifier-Based（基于编辑修改器）4种类别下。

Forces（力）空间扭曲主要用于粒子系统和动力学模拟，该类别包含了Motor（马达）、Vortex（漩涡）、Path Follow（路径跟随）、Gravity（重力）、Displace（置换）、Push（推力）、Drag（阻力）、PBomb（粒子爆炸）和Wind（风力）9种类型。

1. Motor（马达）

Motor（马达）空间扭曲可以为对象应用旋转的扭矩。这种力是放射性的而不是线性的加速对象。马达图标的位置和方向都会对围绕其旋转的粒子产生影响。

如右图所示，当水平运动的粒子经过马达空间扭曲时，受到了扭矩力的影响，运动方向发生了改变。

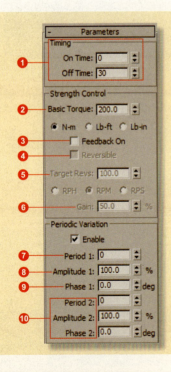

❶ 时间：设置空间扭曲的起始和结束时间。

❷ 基本扭矩：设置空间扭曲施加的力量，下方可以选择3种不同的单位。

❸ 启用反馈：开启该选项时，力会根据受影响粒子相对于指定目标速度的不同而变化。

❹ 可逆：打开该选项时，如果对象的速度超出了目标速度设置，力会发生逆转。

❺ 目标转速：指定反馈生效前的最大转数。

❻ 增益：指定以何种速度调整力以达到目标速度。

❼ 周期：噪波变化完成整个循环所需的时间。

❽ 幅度：控制变化的强度。

❾ 相位：用来设置偏移的变化。

❿ 阶段2：设置阶段2的周期变化。

空间扭曲图标与物体的相对位置

在动力学中使用空间扭曲时，图标相对于受影响对象的位置不会对效果产生影响，但是图标的方向会对效果产生影响。

2. Vortex (漩涡)

Vortex (漩涡) 空间扭曲对粒子施加力，使它们呈螺旋状旋转，形成漩涡的效果，然后让它们向下移动形成一个长而窄的喷流或者漩涡井。

漩涡适合创建黑洞、涡流、龙卷风和其他漏斗状对象，如右图所示的海面上的漩涡效果。

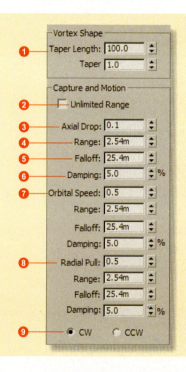

❶ **漩涡外形**：设置漩涡的长度和锥化程度。

❷ **无限范围**：漩涡会在无限范围内施加全部阻尼强度。

❸ **轴向下拉**：指定粒子沿下拉轴方向移动的速度。

❹ **范围**：以系统单位数表示的距漩涡图标中心的距离，该距离内的轴向阻尼为全效阻尼。

❺ **衰减**：指定在轴向范围外应用轴向阻尼的距离。

❻ **阻尼**：控制平行于下落轴的粒子运动每帧受抑制的程度。

❼ **轨道速度**：指定粒子旋转的速度。

❽ **径向拉力**：指定粒子旋转距下落轴的距离。

❾ **旋转方向**：选择顺时针或者逆时针方向。

Axial Drop (轴向下拉) 参数用于控制粒子向下旋转移动的速度，运动速度越快，螺旋之间的间距就越大。下左图所示为设置Axial Drop (轴向下拉) 参数为0.05时的效果，此时的漩涡高度比较小。下右图为设置Axial Drop (轴向下拉) 参数为0.15时的效果，粒子的运动速度加快，漩涡的整体高度变大。

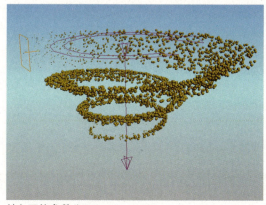

轴向下拉参数为0.05

轴向下拉参数为0.15

Path Follow（路径跟随）空间扭曲可以强制使粒子按照指定的样条线轨迹进行运动。该空间扭曲的卷展栏中包含有拾取样条线的按钮。

如右图所示，对粒子应用Path Follow（路径跟随）空间扭曲后，可以使它按照所绘制的样条线路径进行运动。

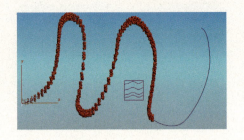

Current Path（当前路径）选项组用于拾取粒子运动的路径样条线，并控制运动范围。Motion Timing（运动时间）选项组用于控制路径样条线影响粒子的时间。

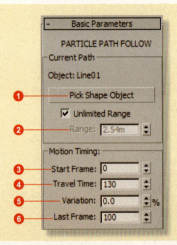

❶ **拾取图形对象**：单击该按钮以拾取场景中的样条线对象作为粒子运动的路径。

❷ **范围**：该范围指的是路径对象和粒子系统之间的距离。

❸ **起始帧**：路径跟随开始影响粒子时所在的帧。

❹ **通过时间**：每个粒子遍历路径所耗费的时间。

❺ **变化**：每个粒子的通过时间所能变化的范围。

❻ **上一帧**：路径跟随释放粒子时所在的帧。

在调整时锁定修改器堆栈

如果要在保持对路径跟随参数的访问时调整路径或粒子系统的位置，可以选择路径跟随空间扭曲，然后启用修改器堆栈下的锁定堆栈工具。

Particle Motion（粒子动画）选项组用于控制粒子的运动属性，该选项组提供了Along Offset Splines（沿偏移样条线）和Along Parallel Splines（沿平行样条线）两种运动方式。

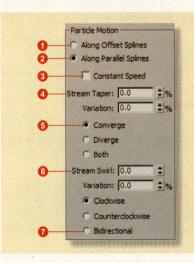

❶ **沿偏移样条线**：粒子系统可改变粒子与运动效果路径之间的距离。

❷ **沿平行样条线**：粒子沿着一条平行于粒子系统的选定路径运动。

❸ **恒定速度**：启用该选项将使所有粒子运动速度相同。

❹ **粒子流锥化**：使粒子随时间以路径为中心全部会聚或发散。

❺ **汇聚**：当粒子流锥化大于 0 时，粒子在沿路径运动的同时会朝向路径移动。

❻ **漩涡流动**：指定粒子绕路径做螺旋运动的圈数。

❼ **双向**：分割粒子流，使粒子同时在两个方向上做螺旋运动。

设置Stream Taper（粒子流锥化）参数后，可以选择Converge（汇聚）、Diverge（发散）和Both（二者）3种模式。下面3幅图为分别选择这3种模式时的粒子锥化效果。

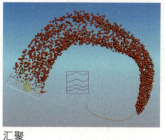
汇聚

发散

二者

设置Stream Swirl（漩涡流动）参数后可以使粒子围绕着路径做螺旋运动，设置该参数，将粒子发射器移动到路径的外侧会得到较为明显的效果。下面3幅图为分别选择Clockwise（顺时针）、Counter clockwise（逆时针）和Bidirectional（双向）3种类型时的效果。

顺时针

逆时针

双向

4. Gravity（重力）

Gravity（重力）空间扭曲可以给粒子添加引力的效果，使粒子在指定的方向上产生加速度。

真实世界中引力无处不在，尤其在表现像右图中喷泉效果时，需要给粒子添加重力空间扭曲才能模拟水花受重力的影响自由下落的效果。

Gravity（重力）空间扭曲比较简单，它只包含Strength（强度）和Decay（衰退）两个参数。

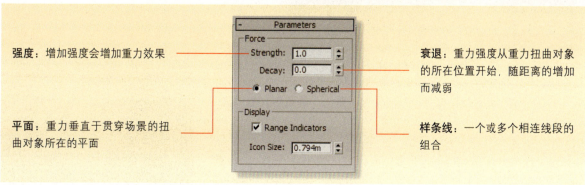

强度：增加强度会增加重力效果

衰退：重力强度从重力扭曲对象的所在位置开始，随距离的增加而减弱

平面：重力垂直于贯穿场景的扭曲对象所在的平面

样条线：一个或多个相连线段的组合

重力具有方向性，沿重力箭头方向的粒子加速运动。逆着箭头方向运动的粒子呈减速状。下面3幅图为将重力的Strength（强度）参数逐渐增大的效果，可以看到随着重力强度的增加，粒子的下落趋势更加明显。

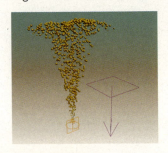

5. Displace（置换）

Displace（置换）空间扭曲就像一个压力场，它可以推动和重新塑造几何体的外形。除了可以将Displace（置换）空间扭曲应用到粒子系统外，它还可以应用于任何几何体对象，如右图所示。置换贴图有两种方法，一种是使用位图的灰度来生成置换量，另一种是直接设置置换的数量。

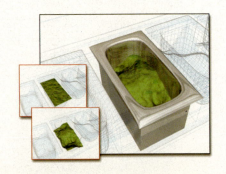

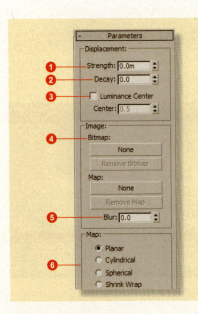

❶ **强度**：大于 0 的值会使对象几何体或粒子以偏离置换空间扭曲对象所在位置的方向发生置换。

❷ **衰退**：默认情况下，置换空间扭曲在整个世界空间内有相同的强度。增加衰退值会导致置换强度从置换扭曲对象的所在位置开始随距离的增加而减弱。

❸ **亮度中心**：启用亮度中心选项后可以通过设置中心值来改变置换的亮度中心。

❹ **位图**：用于给置换空间扭曲应用位图。

❺ **模糊**：增加该值可以模糊或柔化位图置换的效果。

❻ **贴图**：该区域包含位图置换扭曲的贴图参数，包含了平面、柱形、球形、收缩包裹4种贴图坐标的类型。

6. Push（推力）

Push（推力）空间扭曲可以按照图标的方向从大的柱体向小的柱体施加一个单独的外力，来改变对象的运动状态。

右图所示的海浪就可以看做是一堆粒子受到了来自背后的外力推动而前进。

Push（推力）空间扭曲和Motor（马达）空间扭曲的大部分参数都相同，只是Strength Control（强度控制）选项组中的单位设置不同。

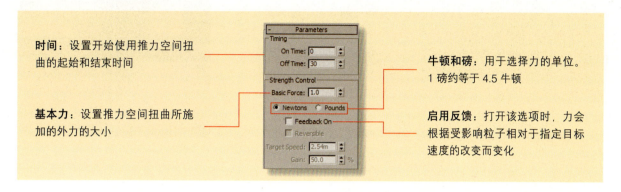

时间：设置开始使用推力空间扭曲的起始和结束时间

基本力：设置推力空间扭曲所施加的外力的大小

牛顿和磅：用于选择力的单位。1磅约等于4.5牛顿

启用反馈：打开该选项时，力会根据受影响粒子相对于指定目标速度的改变而变化

将Push（推力）空间扭曲应用于粒子对象时，正向或负向应用均匀的单向力，正向力以液压传动装置上的垫块方向移动，下面3幅图为设置力的强度分别为50、70和100时的粒子变化效果。

推力强度为50

推力强度为70

推力强度为100

7. Drag（阻力）

Drag（阻力）是一种在指定范围内按照设定量来降低粒子速率的粒子运动阻尼器，阻力空间扭曲可以是Linear（线性）、Spherical（球形）或者Cylindrical（圆柱形）。给粒子应用Drag（阻力）空间扭曲后会减慢粒子的运动速度，如右图所示。使用Drag（阻力）空间扭曲可以模拟风的拖曳或粘性。

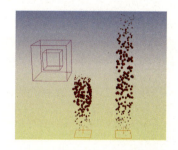

Damping Characteristics（阻尼特性）选项组中提供了3种阻尼类型，选择相应的类型可激活该类型对应的参数选项。

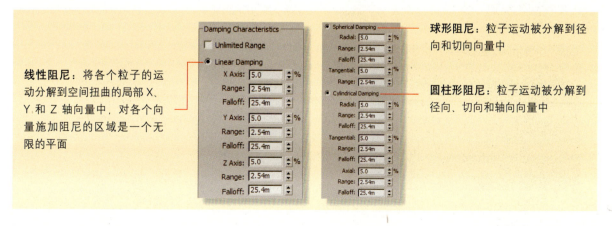

线性阻尼：将各个粒子的运动分解到空间扭曲的局部X、Y和Z轴向量中，对各个向量施加阻尼的区域是一个无限的平面

球形阻尼：粒子运动被分解到径向和切向向量中

圆柱形阻尼：粒子运动被分解到径向、切向和轴向向量中

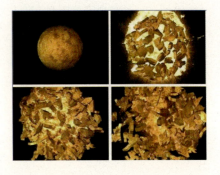

8. PBomb（粒子爆炸）

PBomb（粒子爆炸）空间扭曲能够创建一种使粒子系统爆炸的冲击波。它有别于使几何体爆炸的爆炸空间扭曲。粒子爆炸尤其适合粒子类型为对象碎片的粒子阵列（PArray）系统。PBomb（粒子爆炸）空间扭曲还可以将冲击波作为一种动力学效果加以应用。

如右图所示，使用PBomb（粒子爆炸）空间扭曲可以将实例对象爆炸成碎片，再配合火效果就可以模拟真实的爆炸效果。

PBomb（粒子爆炸）空间扭曲主要包含Blast Symmetry（爆炸对称）和Explosion Parameters（爆炸参数）两个选项组。

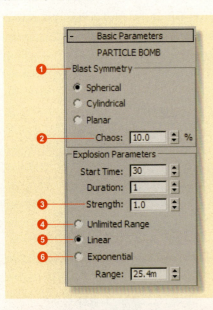

❶ **爆炸对称**：该选项组用于指定爆炸效果的形状或图案。

❷ **混乱度**：设置爆炸力针对各个粒子或各个帧而变化。

❸ **强度**：设置沿爆炸向量的速率变化，用每帧的单位数表示。

❹ **无限范围**：爆炸图标的效果能到达整个场景中所有绑定的粒子。

❺ **线性**：冲击力从满强度到指定的范围按处线性方式衰减至0。

❻ **指数**：冲击力从满强度到指定的范围按指数规律衰减至0。

【实战练习】制作粒子爆炸效果

> 原始文件：场景文件\Chapter 11\制作粒子爆炸效果-原始文件\
> 最终文件：场景文件\Chapter 11\制作粒子爆炸效果-最终文件\
> 视频文件：视频教学\Chapter 11\制作粒子爆炸效果.avi

步骤01 打开光盘中提供的原始场景文件进行渲染，该场景文件中添加了一张太空的背景图片，并创建好了一个用于模拟星球的球体对象。

步骤02 进入Particle Systems（粒子系统）的创建面板，在场景中创建一个PArray（粒子阵列）系统。

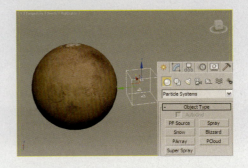

步骤 03 在粒子阵列的参数卷展栏中单击Pick Object（拾取对象）按钮 Pick Object ，拾取球体对象，然后在粒子生成卷展栏中对粒子的时间和寿命进行设置。

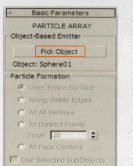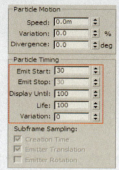

步骤 04 在粒子类型卷展栏中选择Object Fragments（对象碎片）类型，然后设置碎片的Thickness（厚度）参数。

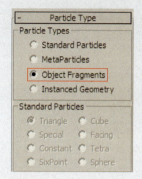

步骤 05 进入Forces（力）空间扭曲的创建面板，在场景中创建一个PBomb（粒子爆炸）空间扭曲。

步骤 06 在粒子爆炸的参数卷展栏中设置Strength（强度）为0.6。

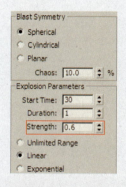

步骤 07 使用Align（对齐）工具将PBomb（粒子爆炸）对象对齐到球体的中心位置，这样可以使爆炸发生在球体的内部，然后将粒子爆炸空间扭曲绑定到粒子阵列系统上。

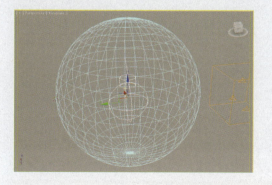

步骤 08 将时间滑块拖到第31帧的位置，可以看到球体裂开形成了许多碎片，此时是爆炸刚刚发生的阶段，所以碎片还没有完全散开。

难点解析：绑定粒子爆炸空间扭曲

在使用粒子爆炸空间扭曲绑定的时候要注意将空间扭曲绑定到粒子系统上而不是绑定到粒子的分布对象上，绑定到粒子的分布对象上空间扭曲不会产生作用，如果使用的是粒子流系统，则可以使用力操作符把空间扭曲应用到粒子系统。

步骤 09 将时间滑块拖到第40帧的位置，此时可以看到爆炸已经使球体炸裂成了小的碎片。

步骤 10 为了使爆炸的效果更加逼真，可以给场景应用火效果和运动模糊效果。

9. Wind（风力）

Wind（风力）空间扭曲可以模拟风吹动粒子系统所产生的效果。风力具有方向性，顺着风力箭头方向运动的粒子呈加速状，逆着风力箭头方向运动的粒子呈减速状。在球形风力情况下，运动朝向或背离图标。如右图所示，使用风力空间扭曲可以改变喷泉的流向。

风力在效果上类似于重力空间扭曲，但前者具有和自然界中的风的功能特性相关的参数。

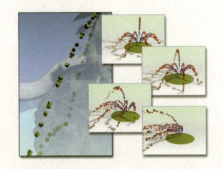

Wind（风力）空间扭曲的参数卷展栏包含Force（力）和Wind（风）两个选项组。

强度：设置风力空间扭曲的强度

湍流：使粒子在被风吹动时随机改变路线。该数值越大，湍流效果越明显

频率：当其大于 0.0 时，会使湍流效果随时间呈周期变化

比例：缩放湍流效果。当比例值较小时，湍流效果会更平滑、更规则

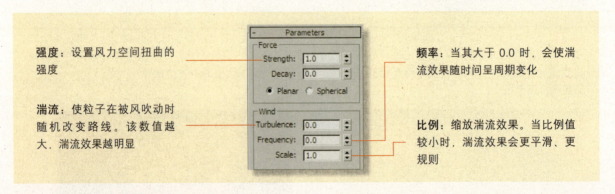

11.4.2 导向器空间扭曲

Deflectors（导向器）空间扭曲用于为粒子导向或者影响动力学系统。当粒子碰到导向器时会改变运动方向。Deflectors（导向器）空间扭曲包括PDynaFlect（动力学导向板）、SDynaFlect（动力学导向球）、UDynaFlect（全动力学导向器）、SDeflector（导向球）、Deflector（导向板）、POmniFlect（泛方向导向板）、SOmniFlect（泛方向导向球）、UOmniFlect（全泛方向导向器）、UDeflector（全导向器）9种类型。

导向器的9种类型可以分为导向球、导向板和导向器3大类别。PDynaFlect（动力学导向板）、POmniFlect（泛方向导向板）和Deflector（导向板）属于导向板类别。

导向板在场景中显示为一个平面图标，如右图所示，从左开始分别为动力学导向板、泛方向导向板和导向板。

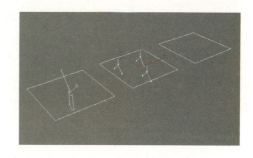

导向板参数卷展栏中主要包含反射、反弹、摩擦力等参数。POmniFlect（泛方向导向板）在包含这些基本参数的同时还提供了折射、反射以及粒子繁殖等参数。下图所示为PDynaFlect（动力学导向板）的参数面板。

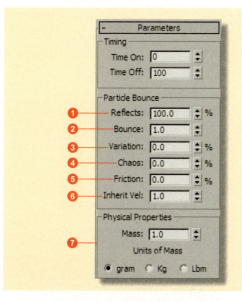

❶ **反射**：指定反射的粒子百分比。

❷ **反弹**：这是一个倍增器，用于指定粒子的初始速度中有多少会在碰撞之后得以保持。

❸ **变化**：指定应用到粒子范围上的反弹的变化量。

❹ **混乱度**：让反弹角度随机变化。

❺ **摩擦力**：粒子沿导向器表面移动时减慢的量。

❻ **继承速度**：决定运动的导向板的速度中有多少会应用到反射或折射的粒子上。

❼ **物理属性**：用于设置各个粒子的质量。

导向板和粒子发射器的相对位置会影响粒子的反弹角度，下面两幅图为旋转导向板使粒子的反弹角度发生变化的示意图。

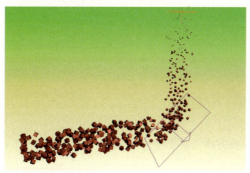

较大的反射角度

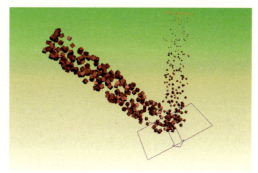

较小的反射角度

动力学导向的使用

动力学导向板、动力学导向器或者动力学导向球的使用跟其他类别相同，在没有动力学模拟的情况下也可以使用动力学导向，动力学导向器要比泛方向导向器慢。因此尽量在使用动力学模拟的情况下使用动力学导向。

SDynaFlect（动力学导向球）、SDeflector（导向球）和 SOmniFlect（泛方向导向球）属于导向球类别。如右图所示，从左到右分别为在场景中创建的动力学导向球、泛方向导向球和导向球空间扭曲。

导向球与导向板的参数完全相同，只是图标变为了球体形态，适合绑定到球形的对象上。

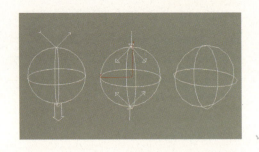

动力学导向和泛方向导向的区别在于，动力学导向只提供反弹的属性，而泛方向导向同时包含了反射和折射属性，下面两幅图中使用了SOmniFlect（泛方向导向球）空间扭曲，当设置Reflects（反射）参数为100时，粒子碰到导向球后会全部发生反弹，如下左图所示，当设置Reflects（反射）参数为0，Refracts（折射）参数为100时，粒子穿过导向球发生折射，如下右图所示。

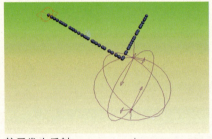

粒子发生反射

粒子发生折射

UDynaFlect（全动力学导向器）、UOmniFlect（全泛方向导向器）和UDeflector（全导向器）属于导向器类别。右图中从左到右分别为在场景中创建的全动力学导向器、全泛方向导向器和全导向器。其中动力学和全泛方向导向器为立方体形状，全导向器为平面形状。

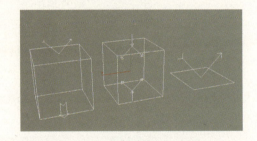

11.4.3 几何变形空间扭曲

Geometric/Deformable（几何变形）空间扭曲用于对集合体产生变形效果。这个类型包括FFD（Box）[自由变形（长方体）]、FFD（Cyl）[自由变形（圆柱体）]、Wave（波浪）、Ripple（涟漪）、Displace（置换）、Conform（包裹）和Bomb（爆炸）7种类型，如右图所示。

下图中从左到右分别为在场景中所创建的自由变形长方体、自由变形圆柱体、波浪、涟漪、置换、包裹、爆炸空间扭曲的图标形状。

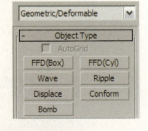

1. 自由变形

　　自由变形空间扭曲提供了一种通过调整晶格的控制点使对象发生变形的方法。控制点相对于原始晶格源体积的偏移位置会引起受影响对象的扭曲。如右图所示，改变晶格的位置会影响对象的形态。自由变形空间扭曲包含FFD（Box）[自由变形（长方体）]和FFD（Cyl）[自由变形（圆柱体）]两种类型。

　　自由变形空间扭曲的参数和自由变形修改器的参数基本相同。

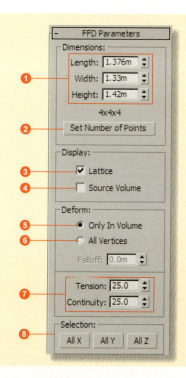

❶ 长宽高：设置自由变形长方体的长度、宽度和高度。

❷ 设置控制点数目：用于对长宽高方向上的控制点数目进行设置。

❸ 晶格：打开该选项时，会绘制连接控制点的线条以形成栅格。

❹ 源体积：打开该选项时，控制点和晶格会以未修改的状态显示。

❺ 仅在体内：只有位于源体积内的顶点会变形，源体积外的顶点不受影响。

❻ 所有顶点：启用该选项后所有顶点都会变形，不管它们位于源体积的内部还是外部，具体情况取决于衰减微调器中的数值。

❼ 张力和连续：改变控制点的张力和连续性。

❽ 选择：此处包含了选择控制点的其他几种方法。

使用衰减参数

　　如果使用Deform（变形）选项组中的All Vertices（所有顶点）选项，一旦扭曲了对象，可以设置衰减值，基于距离调整晶格影响对象的程度。如果为晶格设置了接近或远离目标对象的动画，这个方法特别有效。当衰减为 0 时，无论距离远近，所有顶点都会受影响。

---

2. Wave（波浪）

　　Wave（波浪）空间扭曲可以在整个世界空间中创建线性波浪。它产生作用的方式与波浪修改器相同。使用Wave（波浪）空间扭曲可以很容易地创建如右图所示的波浪效果。如果想让波浪影响大量的对象，或想要相对于其在世界空间中的位置影响某个对象时，就应该使用波浪空间扭曲。

Wave（波浪）空间扭曲的参数比较简单，包含Wave（波）和Display（显示）选项组。

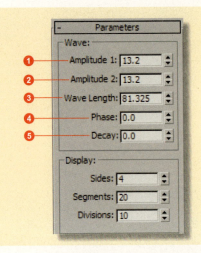

❶ **振幅1**：设置沿波浪扭曲对象的局部X轴的波浪振幅。

❷ **振幅2**：设置沿波浪扭曲对象的局部X轴的波浪振幅。

❸ **波长**：设置每个波浪沿其局部Y轴的长度。

❹ **相位**：从波浪对象中央的原点开始偏移波浪的相位。

❺ **衰退**：将其设置为 0.0 时，波浪在整个世界空间中有相同的一个或多个振幅。

Wave Length（波长）参数可以影响波纹的数量，下左图中设置的波长数较大，平面中产生的褶皱比较多。下右图中设置的波长较小，平面中产生的褶皱比较少。

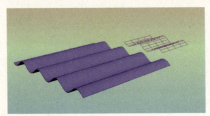

较大的波长

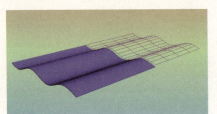

较小的波长

3. Ripple（涟漪）

向平静的水中投入一个石块，会形成如右图所示的向四周扩散的波纹，这种效果称为涟漪。Ripple（涟漪）空间扭曲可以在整个世界空间中影响对象，创建这种效果。它影响几何体和产生作用的方式与涟漪修改器相同。

涟漪空间扭曲和波浪空间扭曲的参数完全一致，只是所产生的效果不同。

4. Displace（置换）和Conform（包裹）

这两种空间扭曲和分别置换修改器以及包裹复合对象的效果完全相同，只是空间扭曲应用于整个世界空间。下左图所示为应用置换的效果，下右图所示为应用包裹的效果。

置换

包裹

5. Bomb（爆炸）

Bomb（爆炸）空间扭曲可以将对象炸裂为许多单独的面。使用爆炸空间扭曲后会在场景中创建一个小三角图标，该图标代表爆炸的中心点，将对象绑定到该空间扭曲上就可以制作爆炸的效果。

右图所示为使用爆炸空间扭曲模拟物体爆炸分解的效果。

Bomb（爆炸）空间扭曲包含Explosion（爆炸）、Fragment Size（分形大小）和General（常规）3个选项组。

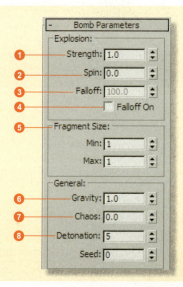

❶ **强度**：设置爆炸的强度，强度越大，物体的碎片飞得越远。

❷ **自旋**：设置碎片旋转的速率，以每秒转数表示。

❸ **衰减**：设置爆炸效果距爆炸点的距离。

❹ **衰减启用**：勾选该复选框可启用衰减效果。

❺ **分形大小**：设置爆炸所产生的碎片的大小。

❻ **重力**：设置由重力产生的加速度。

❼ **混乱**：增加爆炸的随机变化，使其不太均匀。

❽ **起爆时间**：设置爆炸开始的时间。

Fragment Size（分形大小）选项组中的Min（最小）和Max（最大）参数分别用于控制爆炸碎片的最大和最小尺寸，如下左图所示，当这个两个参数相同时，爆炸所产生的碎片大小基本一致，下右图中两个参数差别较大，所产生的爆炸碎片大小相差也很明显。

碎片大小差别很小

碎片大小差别较大

衰减对爆炸的影响

当爆炸产生的碎片超过衰减设置的范围时，碎片将不会受Strength（强度）和Spin（自旋）参数的控制，但会受到Gravity（重力）的影响。

▶▶ 11.5 制作绕光飞舞的蝴蝶

本节将讲解一个简单的蝴蝶围绕灯光飞舞的粒子动画制作过程，下面两幅图分别为动作完成后在场景中的效果以及渲染出的效果。主要使用了PF Source（粒子流）和Blizzard（暴风雪）两种粒子类型PF Source（粒子流）用来表现围绕灯光飞舞的蝴蝶，Blizzard（暴风雪）粒子用来制作背景中流动的星光。

原始文件：场景文件\Chapter 11\绕光飞舞的蝴蝶-原始文件\
最终文件：场景文件\Chapter 11\绕光飞舞的蝴蝶-最终文件\
视频文件：视频教学\Chapter 11\绕光飞舞的蝴蝶.avi

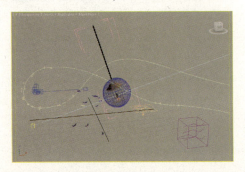

步骤1：打开光盘中提供的原始场景文件，该场景中已经设置好了一个吊灯左右摇摆的动画效果以及一只蝴蝶的几何体对象。

步骤2：进入Particle Systems（粒子系统）的创建面板，在场景中创建一个PF Source（粒子流）发射器。

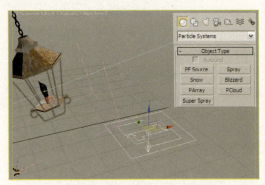

步骤3：打开粒子视图窗口，选择Birth（出生）操作符，在参数卷展栏中设置Emit Stop（发射停止）为200，Amount（数量）为20。

步骤4：在场景中创建一个球体并将它对齐到吊灯上，给它指定一个完全透明的材质，使其在渲染中不可见，然后将它合并到吊灯组中。这个球体将作为粒子的发射装置。

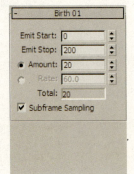

步骤5： 将Position Icon（放置图标）操作符替换为Position Object（放置对象）操作符，然后在参数卷展栏中将刚才所创建的球体添加到列表中。

步骤6： 选择Rotation（旋转）操作符，然后在参数卷展栏中选择Speed Space Follow（速度空间跟随）类型，这样可以使蝴蝶追随着摇摆的吊灯。

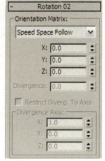

步骤7： 在事件显示窗格中将Shape（图形）操作符替换为Shape Instance（图形实例）操作符，然后在参数卷展栏中单击None（无）按钮，在场景中拾取蝴蝶对象。

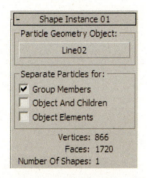

步骤8： 在事件显示窗格的最下方添加一个Find Target（寻找目标）操作符。添加操作符后场景中会出现一个新的Find Target（寻找目标）图标。

步骤9： 使用Align（对齐）工具将Find Target（寻找目标）图标对齐到吊灯上。同样将这个图标附加到吊灯组中，使图标和吊灯一起摇摆。

步骤10： 在Find Target（寻找目标）操作符的参数卷展栏中勾选Use Cruise Speed（使用巡游速度）和Follow Target Animation（跟随目标动画）复选框，并进行如下图所示的参数设置。

难点解析：Find Target（寻找目标）操作符

在粒子循环过程中，所有粒子在各自的起始位置结束，使生成的动画无缝地重复。可以使用脚本操作符和查找目标操作符生成包含粒子流的粒子循环。在循环的开头，脚本操作符应读取所有粒子位置，并将其写入 MXS 矢量通道。在循环的结尾，将查找目标操作符设置为由时间控制，将计时选项设置为绝对时间，将时间选项设置为循环结束。

步骤11： 设置完毕后播放场景动画，可以看到蝴蝶对象围绕着摇摆的吊灯飞舞。

步骤12： 在场景中创建一个二维样条线图形，使它环绕吊灯。

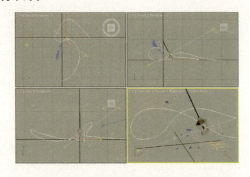

步骤13： 创建一个Blizzard（暴风雪）粒子系统并将发射图标移到样条线的末端。

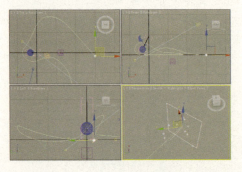

步骤14： 在粒子的参数卷展栏中将发射器的长宽设置为100。

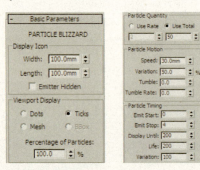

步骤15： 在粒子大小选项组中设置Size（大小）参数为5，然后选择球形对象类型。

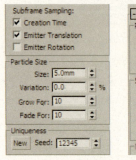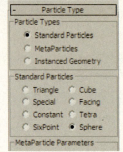

步骤16： 在场景中创建一个Path Follow（路径跟随）空间扭曲。

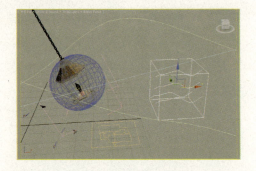

步骤17： 单击Pick Shape Object（拾取图形对象）按钮在场景中拾取创建的样条线图形。

步骤18： 将粒子绑定到路径跟随空间扭曲上，完成动画的制作。

CHAPTER 12

reactor动力学与
角色动画

【重点内容】

1. 认识reactor动力学
2. reactor的钢体
3. reactor的可变形体
4. reactor的其他常用对象
5. character studio角色工具

经典作品赏析

▶ 这是艺术家Dimitar Rashkov的作品，这幅画面表现了枫叶漫天飞舞的效果，动感比较强烈。飘散舞动的枫叶是这幅作品的主要看点。该效果可以利用3ds Max的reactor动力学系统来完成。

▶ 这是来自EVERMOTION团队的建筑表现作品，这个场景中最引人注目的就是窗帘。通过应用reactor动力学中的Cloth（布料）系统，并添加风的效果，很好地表现了窗帘被风吹动的效果。

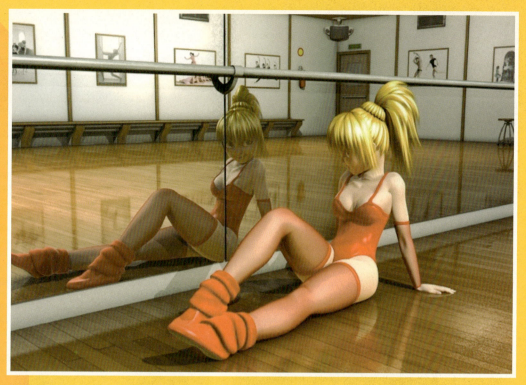

▶ 这是来自艺术家Campina Grande的一个角色作品，表现了一个正在练舞的小女孩。通过使用3ds Max所提供的character studio系统能够直接创建人体骨骼，并将它绑定到模型上设置人物角色的动作形态。

▶ 这是艺术家Miguel Angelo的一个卡通角色作品。玩偶的形态比较简单，但是作者通过对表情的刻画很好地凸显了作品的欢乐气氛。在3ds Max中通过调整蒙皮骨骼可以很方便地制作角色的面部表情动画。

▶▶ 12.1 认识reactor动力学

　　reactor动力学系统是从3ds Max 4开始加入的一个物理学模拟插件，它以Havok引擎为核心。Havok引擎是由Havok公司所发开的专门模拟真实世界中的物理碰撞等效果的系统。使用撞击监测功能的Havok引擎可以让更多真实世界的情况以最大的拟真度反映在游戏中。自开发出Havok引擎以来，Havok已经应用到了超过150个游戏项目中。

　　3ds Max中的reactor动力学系统完美支持综合的钢体和软体动力学以及布料和液体的模拟效果。它还能模拟有关身体的约束和连接以及风力、马达等物理效果。用户可以使用reactor创建多种动态的环境。下面4幅图为动力学系统的一些常见的应用。

柔体模拟角色的衣物

流体系统模拟逼真的液体效果

钢体模拟汽车的碰撞

游戏中的爆炸物理效果

　　reactor以物理模拟为核心，它是一个根据对象的物理属性自动确定其运动状态的过程。在一个强有力的有效引擎中封装一些物理法则，如牛顿运动定律，从而计算各个对象随时间向前推进时的位置变化。动画是由很多单独的图像或帧组成的，物理模拟把时间分割成小的离散步幅，然后预测各个对象在各个步幅期间的运动。所有这些步幅的累加效果就是流畅、连续、可信的运动。和传统的基于关键帧的动画不同（传统情况下动画师需要指定一组关键帧配置），物理模拟根据对象的属性确定其运动。这就减轻了动画师的负担，现在他们不需要为一次爆炸中的每一个碎片、一幅角色特技动画中的每一块骨骼手动设置动画。如下图所示，利用物理模拟可以很容易地制作出逼真的爆炸场面，而不需要进行过多的帧设置。

▶ 模拟爆炸场面

reactor的物理学引擎在模拟物理运动时主要执行下面这3个基本的任务

▲ **冲突检测**：跟踪场景中所有对象的移动，然后检测它们发生碰撞的时间。

▲ **更新系统**：根据对象属性解析碰撞，为已经碰撞的对象确定合适的响应，对于所有其他（非碰撞）对象，则根据力更新这些对象。

▲ **与应用程序接口**：一旦确定了所有对象的新位置和状态，可以在 3D 窗口中显示对象或者以关键帧的形式存储对象的状态。

在3ds Max的主工具栏中单击鼠标右键，在弹出的菜单中勾选reactor选项就可以打开reactor动力学系统的面板，如右图所示。在该面板中可以选择创建各种动力学模拟物体，并对动力学模拟进行测试。也可以在菜单栏的"Animation>reactor"（动画）>reactor命令中选择各种动力学系统组件。

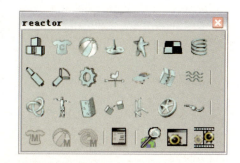

▶▶ 12.2 reactor的钢体

Rigid Body（钢体）是reactor中的基本模拟对象。钢体是在物理模拟过程中几何外形不发生改变的对象，例如从山坡上滚下的石块，如右图所示。可以将这类外形不会改变的物体模拟为Rigid Body（钢体）类型。reactor中所模拟的大部分对象都属于钢体类型。根据对象外形不会改变而改变这一事实，物理引擎在检测碰撞时可以做出某些假设，从而加快物理模拟的速度。

12.2.1 钢体集合

在了解钢体的性质前首先应该认识什么是Rigid Body Collection（钢体集合）。在3ds Max中只有把对象添加到钢体集合中才能将其作为钢体来进行模拟。Rigid Body Collection（钢体集合）是一种作为钢体容器的reactor辅助对象。一旦在场景中添加了钢体集合，就可以将场景中的任何有效钢体添加到集合中。在运行模拟时，reactor将检查场景中的钢体集合，如果这些集合未禁用，则集合中包含的钢体将被添加到模拟中，右图所示为创建的钢体集合图标。

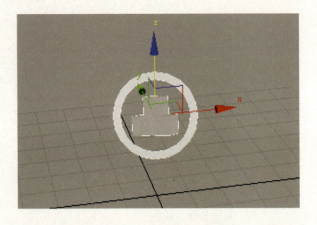

可以在reactor工具栏中单击Create Rigid Body Collection（创建钢体集合）按钮创建钢体集合，也可以在菜单栏中执行创建钢体集合命令来创建一个钢体集合。创建Rigid Body Collection（钢体集合）后，可以在RB Collection Properties（钢体集合属性）卷展栏中添加钢体对象。

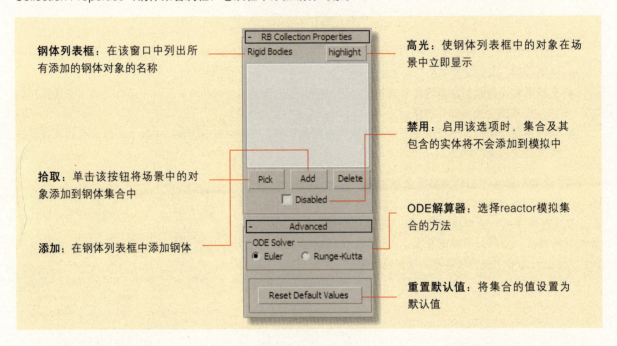

钢体列表框：在该窗口中列出所有添加的钢体对象的名称

高光：使钢体列表框中的对象在场景中立即显示

禁用：启用该选项时，集合及其包含的实体将不会添加到模拟中

拾取：单击该按钮将场景中的对象添加到钢体集合中

ODE解算器：选择reactor模拟集合的方法

添加：在钢体列表框中添加钢体

重置默认值：将集合的值设置为默认值

两种ODE解算器介绍如下。

▲ Euler：使用Euler ODE（常微分方程）解算器计算钢体的行为。Euler是一种能在大多数情况下提供出色结果的快速方法。

▲ Runge-Kutta：该方法在某些情况下更准确但是需要更多的计算。如果使用简单约束（如弹簧或缓冲器）将许多对象连接在一起，则应该使用Runge-Kutta解算器，因为这些类型的系统容易变得不稳定。

钢体集合图标

在创建钢体集合后，场景中会出现一个钢体集合的图标，该图标只是标志场景中存在钢体集合，图标的位置对钢体本身不产生任何影响。

12.2.2 钢体的基本属性

把对象添加到Rigid Body Collection（钢体集合）中后，reactor允许对钢体的各种物理属性进行设置，例如摩擦力、弹力、质量等。在reactor的工具栏中单击Open Properties Editor（打开属性编辑器）按钮可以开启钢体的属性编辑对话框，如右图所示。钢体的基本属性主要包括Physical Properties（物理属性）、Simulation Geometry（模拟几何体）和Display（显示）3个部分。

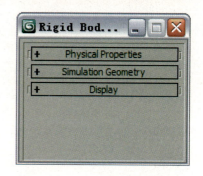

1. Physical Properties（物理属性）

Physical Properties（物理属性）卷展栏主要用于对钢体的物理性质进行设置。

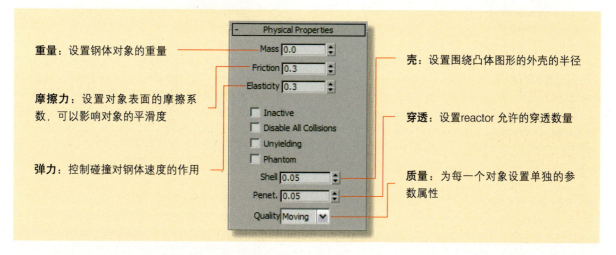

物理属性卷展栏中还含有Inactive（非活动）、Unyielding（不能弯曲）等选项。

▲ Inactive（非活动）：启用该选项时，钢体会在非活动状态下开始进行模拟，在对象模拟之前会保持原位，只有在和其他对象发生交互作用时才会变化。

▲ Disable All Collisions（禁用全部碰撞）：启用该选项时，对象不会和场景中的其他对象发生碰撞，而仅仅是穿过。

▲ Unyielding（不能弯曲）：启用该选项时，钢体的运动源自已经存在于3ds Max中的动画，而非物理模拟。

▲ Phantom（幻影）：该类型对象在模拟中没有物理作用，仅仅会穿过其他对象。

运动仅受3ds Max动画控制

当选择Unyielding（不能弯曲）类型时，模拟中的其他对象可以和它发生碰撞，并对其运动作出反应，但它的运动只受3ds Max中当前动画的控制，且reactor不会为它创建关键帧。

可用的质量选项如下。

▲ Moving（移动）：填充世界的规则对象，如家具等。

▲ Debris（碎片）：用于提高视觉质量的不太重要的对象。

▲ Critical（关键）：不允许相互穿越的必需对象。

▲ Bullet（子弹）：快速移动的抛射物。

原始文件：场景文件\Chapter 12\制作滑落的小球-原始文件\
最终文件：场景文件\Chapter 12\制作滑落的小球-最终文件\
视频文件：视频教学\Chapter 12\制作滑落的小球.avi

步骤 01 打开光盘中提供的原始场景文件,该场景中有一个容器和一个U形的滑槽,滑槽上方有一个小球对象。

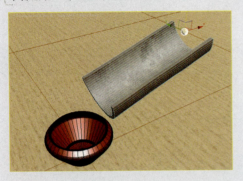

步骤 02 单击Create Rigid Body Collection（创建钢体集合）按钮，在场景中创建一个钢体集合。

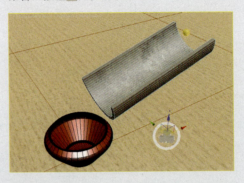

步骤 03 进入钢体集合的参数卷展栏,拾取场景中的所有对象,将其添加到钢体集合中。

步骤 04 同时选择地面、容器和滑槽对象,打开钢体的物理属性面板,勾选Unyielding（不能弯曲）复选框,然后在模拟集合体卷展栏中选择Concave Mesh（凹面网格）类型。

难点解析：设置不发生变化的对象

启用了Unyielding（不能弯曲）选项后,对象在reactor模拟中将不发生变化,保持相对静止的状态,通常将地面以及场景中不移动的对象设置为Unyielding（不能弯曲）类型。

步骤 05 选择球体对象,将球体的Mass（重量）设置为5,并选择Bounding Sphere（边界球体）类型。

步骤 06 设置完毕后,将小球以实例的形式复制出多个副本。

步骤07 打开场景浏览器，将所复制的所有球体对象都添加到钢体集合中。

步骤08 在reactor工具栏中单击Analyze World（分析世界）按钮，如果弹出的窗口中没有红色的警告信息就表示reactor的模拟正确。

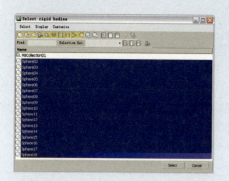

步骤09 单击Preview Animation（预览动画）按钮，开启reactor的动画预览窗口。

步骤10 按下快捷键P播放动画，可以看到小球顺着滑槽落入了容器中。

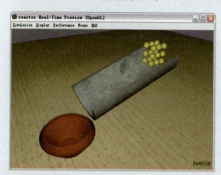

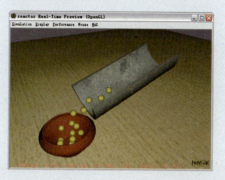

> ### 2. Simulation Geometry（模拟几何体）

Simulation Geometry（模拟几何体）表示将在reactor模拟中使用的对象。模拟几何体卷展栏中提供了7种几何体类型。在该卷展栏中还可以启用reactor的代理，reactor的代理有几何体代理和显示代理两种方式，几何体代理用于指定不同实体的几何体作为对象的模拟几何体，显示代理是用另一个对象的显示主体替换钢体的显示主体。

- ▲ Bounding Box（**边界框**）：将对象模拟为长方体，其范围由对象的尺寸决定。
- ▲ Bounding Sphere（**边界球体**）：将对象作为隐含的球体进行模拟。
- ▲ Mesh Convex Hull（**网格凸面外壳**）：这是默认选项。对象的几何体会使用一种算法，该算法会使用几何体的顶点创建一个凸面几何体，并完全围住原几何体的顶点。
- ▲ Proxy Convex Hull（**代理凸面外壳**）：使用另一个对象的凸面外壳作为对象在模拟中的物理表示。
- ▲ Conca ve Mesh（**凹面网格**）：使用对象的实际网格进行模拟。
- ▲ Proxy Concave Mesh（**代理凹面网格**）：使用另一个对象的凹面网格作为对象的物理表示。
- ▲ Not Shared（**不共享**）：该选项在选择了具有不同模拟几何体设置的多个对象时才处于激活状态。

下面6幅图分别为选择6种几何体类型时对象显示的外框效果。要想在reactor的预览窗口中查看对象的几何体模拟外框，可以在预览窗口的菜单栏中执行"Display>Sim Edges"（显示>边缘）命令。

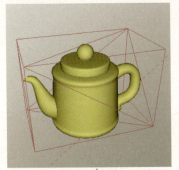
Bounding Box（边界框）

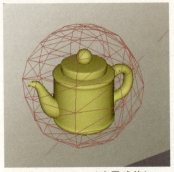
Bounding Sphere（边界球体）

Mesh Convex Hull（网格凸面外壳）

Proxy Convex Hull（代理凸面外壳）

Concave Mesh（凹面网格）

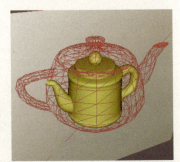
Proxy Concave Mesh（代理凹面网格）

12.2.3 复合钢体

钢体可以由一个单独的对象或者多个对象共同组成。将物理属性指定给场景中的某个对象并将其添加到钢体集合中，钢体就有了一个基本体。然而，reactor也能模拟由多个基本体组成的钢体。若要模拟这样的钢体，需要使用3ds Max的成组菜单将对象合成组，然后将组添加到集合中，组中的对象就成为组成钢体的基本体。右图中的斧子模型可以看成由斧头和手柄两个部分组成。在给复合钢体设置物理属性时，可以分别为组中的每一个部分设置不同的物理属性。

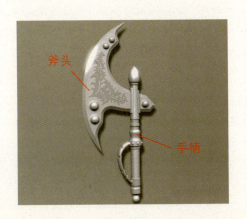

要想创建复合钢体就必须将对象合并成一个组对象，步骤如下。

1. 选择要创建为复合钢体的对象，在3ds Max的菜单栏中执行〝Group>Group〞（组>成组）命令。
2. 创建钢体集合，将成组的对象添加到钢体集合中。
3. 如果要对复合钢体中的某一个对象进行设置，可以打开组，然后选择其中的单独对象进行设置。

▶▶ 12.3 可变形体

使用钢体可以模拟在真实世界中外形不会改变的对象。如果要模拟一些随着时间的推移，外形会发生改变的对象，例如衣服、泡沫、泥巴这类物体时，就需要使用可变形体，如右图所示。reactor中的常用可变形体包括Cloth（布料）、Soft（柔体）、Rope（绳索）。可变形实体的几何体（顶点）会随时间而改变，它在模拟期间受到reactor的驱动或受到3ds Max中现有动画的驱动，可以让对象弯曲、伸缩和伸展，可影响世界模拟中的其余对象并受其影响。

▨ 12.3.1 布料

reactor中的Cloth（布料）对象是可变形的二维实体。利用Cloth（布料）对象可以模拟像斗篷、窗帘等物体，也可以模拟纸张或金属薄片之类对象，如右图所示。Cloth（布料）对象最常应用于制作角色身上的衣服，reactor可以模拟衣服随着角色的动作而产生变形的效果。布料对象也常和风一起使用，例如表现被风吹动的窗帘效果。

在进一步学习布料对象前，首先要掌握Cloth Modifier（布料修改器）和Cloth Collection（布料集合）这两个概念。

▲ **Cloth Modifier（布料修改器）**：Cloth修改器可用于将任何几何体变为变形网格，从而模拟类似窗帘、衣物、金属片和旗帜等对象的行为。可以为Cloth对象指定很多特殊属性，包括钢度以及对象折叠的方式。

▲ **Cloth Collection（布料集合）**：Cloth集合是一个reactor辅助对象，用于充当Cloth对象的容器。在场景中添加了Cloth集合后，可以将场景中的Cloth对象（带Cloth修改器的对象）添加到该集合中。

在应用布料对象前要注意，只有先给对象应用了Cloth Modifier（布料修改器），才能将对象添加到布料集合中。

当给对象添加了Cloth Modifier（布料修改器）后，可以在修改器的Properties（属性）卷展栏中对布料的重量、摩擦力等参数进行设置。

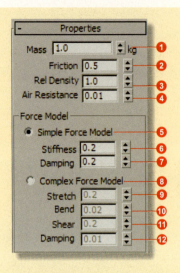

1 Mass（重量）：设置布料对象的重量。

2 Friction（摩擦）：设置布料表面的摩擦系数。

3 Rel Density（相对密度）：设置布料对象的相对密度。

4 Air Resistance（空气阻力）：设置布料移动时损失能量的程度。

5 Simple Force Model（简单力模型）：此默认方法适用于大多数情况。

6 Stiffness（钢度）：设置布料的坚硬程度。

7 Damping（阻尼）：设置布料改变形状时消耗能量的程度。

8 Complex Force Model（复杂力模型）：这是更为精确的Cloth动力学模型。

9 Stretch（拉伸）：设置布料拉伸的阻力。

10 Bend（弯曲）：设置布料弯曲的阻力。

11 Shear（剪切）：设置布料剪切的阻力。

12 Damping（阻尼）：设置布料改变形状时消耗能量的速度。

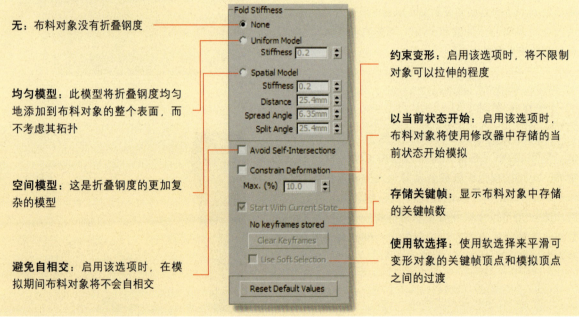

无：布料对象没有折叠钢度

均匀模型：此模型将折叠钢度均匀地添加到布料对象的整个表面，而不考虑其拓扑

空间模型：这是折叠钢度的更加复杂的模型

避免自相交：启用该选项时，在模拟期间布料对象将不会自相交

约束变形：启用该选项时，将不限制对象可以拉伸的程度

以当前状态开始：启用该选项时，布料对象将使用修改器中存储的当前状态开始模拟

存储关键帧：显示布料对象中存储的关键帧数

使用软选择：使用软选择来平滑可变形对象的关键帧顶点和模拟顶点之间的过渡

对象形态对布料的影响

　　在reactor中，此对象的基本拓扑会影响Cloth（布料）的行为。例如，布料趋向于沿邻边折叠，高度细分的网格将拉伸得更多。不规则的三角部分（例如，3ds Max NURBS曲面的Delaunay三角部分）将导致各向同性的行为（所有方向的行为相同），以避免绕特定方向的人为折缝和折叠，因此能够产生更为逼真的 Cloth 碎片效果。规则的三角部分（如标准的3ds Max平面的三角部分）将导致各向异性的行为（根据方向不同折叠和折缝的趋向也有所不同）。

【实战练习】制作下落的方巾

原始文件：场景文件\Chapter 12\制作下落的方巾-原始文件\
最终文件：场景文件\Chapter 12\制作下落的方巾-最终文件\
视频文件：视频教学\Chapter 12\制作下落的方巾.avi

步骤01 打开光盘中的原始场景文件，该场景已经提供了制作该效果所需要的模型对象。柱体上方模拟方巾的对象是一个平面，并已经设置了长宽方向上的分段为20。

步骤02 在场景中创建一个Rigid Body Collection（钢体集合），将背景平面和柱子对象都添加到钢体集合中去。

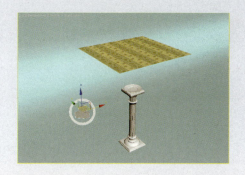

难点解析：布料对象的分段

在模拟布料对象时，物体必须保证有足够的分段数，才能够模拟出真实的变形效果，如果分段数过低会导致变形的结果不正确，而如果分段数过高会造成reactor模拟时间的增加。

步骤03 打开对象的物理属性面板，选择钢体集合中的所有对象类型为Concave Mesh（凹面网格），并勾选Unyielding（不能弯曲）复选框，使这两个对象在模拟过程中不发生变化。

步骤04 在reactor的工具栏中单击Cloth Modifier（布料修改器）🔳，给平面对象添加一个布料修改器。

步骤05 进入布料对象的属性卷展栏，将Mass（重量）设置为3，勾选Avoid Self-Intersections（避免自相交）复选框，这样可以避免布料在模拟过程中发生自相交。

步骤06 设置完毕后在reactor的工具栏中单击Cloth Collection（布料集合）按钮🔳，在场景中创建一个布料集合，将方巾对象添加到布料集合中。

步骤 07 检查场景无误后，单击Preview Animation（预览动画）按钮 ，开启reactor的动画预览窗口。

步骤 08 播放动画，可以看到方巾自然下落，并在碰到柱体对象后具有和真实的布料相同的变形效果。

12.3.2 柔体

Soft Body（柔体）是三维的可变形体，柔体可以模拟三维网格对象的变形效果。Soft Body（柔体）与Cloth（布料）的主要区别就是柔体有形状的概念，它在某种程度上会尝试保持原始的外形。可以使用Soft Body（柔体）模拟如水皮球、果冻和水珠等软而湿的对象，如右图所示。柔体在制作角色对象的耳朵、鼻子、尾巴等柔软部位时也非常有用。

Soft Body（柔体）的使用方法和Cloth（布料）的使用方法相同，也是要先给对象添加一个Soft Body Modifier（柔体修改器），然后将对象加入到柔体集合中。

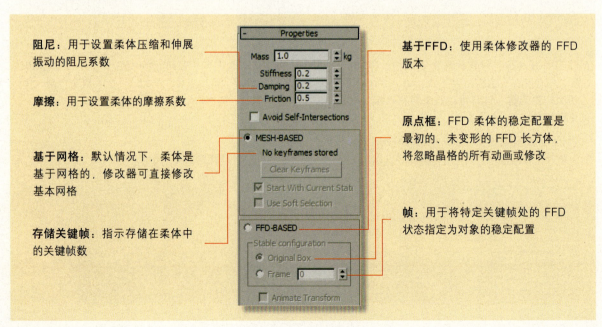

阻尼：用于设置柔体压缩和伸展振动的阻尼系数

摩擦：用于设置柔体的摩擦系数

基于网格：默认情况下，柔体是基于网格的，修改器可直接修改基本网格

存储关键帧：指示存储在柔体中的关键帧数

基于FFD：使用柔体修改器的 FFD 版本

原点框：FFD 柔体的稳定配置是最初的、未变形的 FFD 长方体，将忽略晶格的所有动画或修改

帧：用于将特定关键帧处的 FFD 状态指定为对象的稳定配置

【实战练习】模拟变形的水滴

原始文件：场景文件\Chapter 12\模拟变形的水滴-原始文件\
最终文件：场景文件\Chapter 12\模拟变形的水滴-最终文件\
视频文件：视频教学\Chapter 12\模拟变形的水滴.avi

步骤01 打开光盘中提供的原始场景文件，在场景中创建一个钢体集合，将地面对象加入到钢体集合中，并延续之前几个案例的操作设置。

步骤02 选择场景中模拟水滴的一个球体对象，在reactor工具栏中单击Soft Body Modifier（柔体修改器）按钮，添加一个柔体修改器。

步骤03 在柔体修改器的属性卷展栏中设置Mass（重量）为1，设置Damping（阻尼）为0.8，然后给球体添加一个网格平滑修改器。

步骤04 单击Soft Body Collection（柔体集合）按钮，在场景中创建一个柔体集合，将所有的球体对象添加到这个柔体集合中。

难点解析：控制对象的变形程度

利用Damping（阻尼）参数可以控制对象在发生碰撞时产生变形的程度，参数越大，对象的外形就越坚硬，越不容易变形。

步骤05 打开reactor的预览窗口进行动画测试，可以看到水滴在接触地面的时候产生了较大程度的变形。

步骤06 继续观察动画可以看到，水滴变形的程度逐渐减弱，最后恢复为与开始的球体相似的状态。

12.3.3 绳索

Rope（绳索）对象是一维的可变形实体，使用Rope（绳索）可以模拟绳子、线、头发等对象，如右图所示。在3ds Max中只有Shape（图形）对象可以模拟为绳索。Rope（绳索）的使用方法和钢体、柔体一样，需要先给对象添加Rope Modifier（绳索修改器）然后将对象添加到绳索集合中。

Rope（绳索）包含Spring（弹簧）和Constraint（约束）两种类型。Spring（弹簧）类型，提供了更为精确的参数设置，如下图所示。

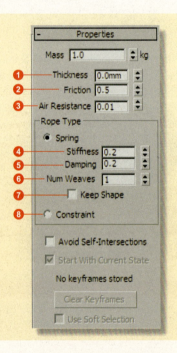

❶ **厚度**：设置绳索的厚度，设置该参数后，图形对象将显示为三维实体。

❷ **摩擦**：设置绳子曲面的摩擦系数。

❸ **空气阻力**：设置绳子移动时损失能量的程度。

❹ **钢度**：设置绳索可以拉伸的程度。

❺ **阻尼**：控制在压缩或拉伸绳索时，振动停止的速度。

❻ **编织数**：绳索的不弯曲性及跨顶点伸展的程度。

❼ **保持形状**：启用该选项时，绳索将尝试保持其原始形状（例如螺旋形），而不是恢复为直线。

❽ **约束**：使用更简单的模型来模拟绳索。

▶▶ 12.4 reactor的其他常用对象

除了Rigid Body（钢体）和可变形体外，reactor还提供了其他类型的对象，例如Water（水）、Wind（风）、等。使用这些对象可以方便地模拟更丰富的动画效果，而不需要去手动设置关键帧。

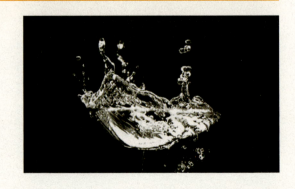

12.4.1 水和风

Reactor中的另一种常用的模拟对象就是水和风，使用Water（水）对象可以模拟水面的变化，如右图所示。对象可以与水以真实的物理方式进行交互并产生波浪和涟漪。reactor 根据对象的重量和大小计算任意落入水中的对象的浮力，还可以更改水的密度来影响对象在水中浮动的方式。

Water（水）对象的Properties（属性）卷展栏中提供了有关水的各种物理特性的参数设置。

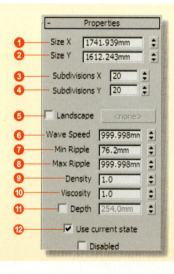

1 Size X（X大小）：设置水X轴方向的大小。

2 Size Y（Y大小）：设置水Y轴方向的大小。

3 Subdivisions X（X细分）：设置水在X轴方向上的细分。

4 Subdivisions Y（Y细分）：设置水在Y轴方向上的细分。

5 Landscape（横向）：定义地形几何体来模拟非矩形曲面。

6 Wave Speed（波速）：设置波峰沿着水面传播的速度。

7 Min Ripple（最小涟漪）：设置水中最小尺寸的波浪的大小。

8 Max Ripple（最大涟漪）：设置水中最大尺寸波浪的大小。

9 Density（密度）：设置水的相对密度。

10 Viscosity（粘度）：设置流体的阻力，反映了对象在液体中移动时的困难程度。

11 Depth（深度）：设置水的深度。

12 Use current state（使用当前状态）：启用该选项后，使用当前的动画来计算开始状态。

【实战练习】测试水的浮力

原始文件：场景文件\Chapter 12\测试水的浮力-原始文件\
最终文件：场景文件\Chapter 12\测试水的浮力-最终文件\
视频文件：视频教学\Chapter 12\测试水的浮力.avi

步骤 01 打开光盘中提供的原始场景文件，该场景中有一个用来装水的模型。

步骤 02 在场景中创建一个Rigid Body Collection（钢体集合）对象，将场景中的所有对象添加到钢体集合中，并设置使它们在模拟的过程中不发生变化。

步骤 03 在reactor工具栏中单击Create Water（创建水）按钮 ，在场景中拖动鼠标创建一个面积和井口面积相同的水的平面。

步骤 05 在水池上方创建3个大小相同的长方体对象。

步骤 07 设置完毕后打开reactor的预览窗口，对动画进行预览。可以看到在开始的阶段，由于3个长方体的重量不同，所以它们落入水中后，重量最大的长方体下沉得最深。

步骤 04 创建完毕后，在水的属性卷展栏中进行参数设置，勾选Landscape（横向）复选框，并单击该复选框后的按钮，在场景中拾取Tube01对象。

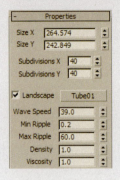

步骤 06 将这3个长方体添加到钢体集合中，分别设置它们的重量为10、100和200，几何体类型选择为Mesh Convex Hull（网格凸面外壳）。

步骤 08 由于3个长方体的重量都小于水的浮力，所以在动画的后半部分，3个长方体都浮在了水面上。

难点解析：将水空间扭曲绑定到其他对象

如果要制作其他材质效果的水或者是改变水的外形，可以利用Bind to Space Warp（绑定到空间扭曲）工具将Water（水）对象绑定到其他的几何体对象上。

Wind（风）对象可以在reactor模拟中加入风的效果。用户可以控制风的方向以及风的速度。Wind（风）对象最常用的一种使用方法就是和Cloth（布料）对象结合，来表现如右图所示的红旗迎风飘动的效果或风吹窗帘的效果。

Wind（风）对象的Properties（属性）卷展栏中提供的参数设置较多，勾选Wind On（风启用）复选框可以开启风效果，并可对风速和风向进行设置。

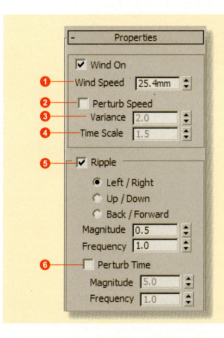

① 风速：设置风的速度。

② 扰动速度：启用此选项后，风的强度将随时间变化而改变。

③ 变化：设置速度的最大变化量。

④ 时间缩放：此参数确定发生变化的时间。

⑤ 涟漪：启用此选项后，风向将成为空间和时间的函数，从而可以将涟漪效果添加到受风影响的布料对象上。

⑥ 扰动时间：启用此选项，空间扰动本身随时间而变化，这样可以使涟漪来回移动。

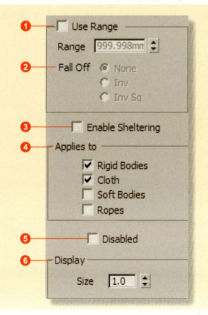

① 使用范围：启用此选项，风效果将包含指定范围的动作。

② 衰减：设置风效果衰减的范围限制。

③ 启用防风：启用此选项后，可以使其他对象具有防风功能。

④ 应用至：在该选项组中可指定将风效果应用到钢体、布料、柔体和绳索4种reactor对象上。

⑤ 禁用：将风效果从reactor模拟中移除。

⑥ 显示：设置视口中风图标的显示大小。

原始文件：场景文件\Chapter 12\制作飘动的旗帜-原始文件\
最终文件：场景文件\Chapter 12\制作飘动的旗帜-最终文件\

步骤 01 打开光盘中提供的原始场景文件,该场景中放置了一个红旗模型。

步骤 02 在场景中创建钢体集合, 将旗杆对象添加到集合中, 并设置使它们在模拟过程中不发生变化。

步骤 03 给红旗对象添加一个布料修改器,进入修改器的Vertex（顶点）子层级,选择红旗最左侧在旗杆上的一排顶点。

步骤 04 在布料修改器的Constraints（约束）卷展栏中单击Fix Vertices（固定顶点）按钮 Fix Vertices ,将这些顶点固定在旗杆上,然后设置布料的重量为2。

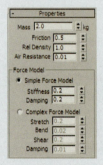

步骤 05 设置完毕后,在场景中创建一个布料集合,将红旗对象加入到布料集合中。

步骤 06 在reactor工具栏中单击Create Wind（创建风）按钮 ,在场景中创建一个风对象,设置风的箭头方向为由左向右。

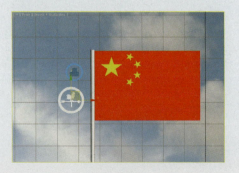

难点解析：设置风的方向动画

风对象的图标指示了风吹动的方向,对风对象的图标设置动画可以制作风向改变的动画效果。

步骤 07 进入风对象的属性卷展栏，将风速设置为10。

步骤 08 开启reactor的预览窗口播放动画，可以看到红旗在风的作用下来回飘动。

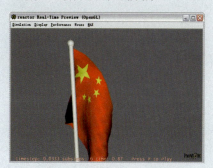

12.4.2 玩具车

Toy Car（玩具车）对象可以创建和模拟简单的汽车运动。玩具车辅助对象允许选择车的底盘和车轮，调整各种属性以及指定模拟期间是否用 reactor 转动车轮。reactor 将设置模拟此车的所有必要约束。只要有一个底盘钢体和至少一个车轮钢体，就可以模拟玩具车，如右图所示。

在玩具车对象的卷展栏中可以对有关车辆运动的各种属性进行设置。

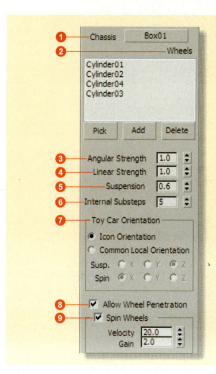

❶ **底盘**：单击该选项后的按钮拾取玩具车的底盘。

❷ **车轮**：添加玩具车的车轮。

❸ **角度强度**：用于设置保持车轮直立并向前的矫正力的强度。

❹ **线性强度**：用于设置保持车轮与底盘相对位置的力的强度。

❺ **悬挂**：设置玩具车的悬挂强度。

❻ **内部子步数**：允许每个关键帧使用比其余的模拟更多的子步模拟玩具车。

❼ **玩具车方向**：设置 reactor 如何确定相对于自旋轴和悬挂轴的实体的方向。

❽ **允许车轮穿透**：启用此选项后，reactor 会禁用底盘和车轮之间的碰撞检测。

❾ **自旋车轮**：汽车车轮在模拟期间自旋。

原始文件：场景文件\Chapter 12\制作沿坡道爬行的汽车-原始文件\
最终文件：场景文件\Chapter 12\制作沿坡道爬行的汽车-最终文件\
视频文件：视频教学\Chapter 12\制作沿坡道爬行的汽车.avi

步骤01 打开光盘中的原始场景文件,该场景中有一辆停在斜坡上的简单汽车模型。

步骤02 在场景中创建钢体集合,将所有对象添加到钢体集合,设置地面对象在模拟过程中不发生变化。

步骤03 将车身的重量设置为10,将4个车轮的重量设置为2。

步骤04 在reactor工具栏中单击Create Toy Car(创建玩具车)按钮，在场景中创建玩具车的图标。并旋转图标的箭头使其指向车头。

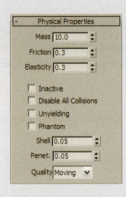

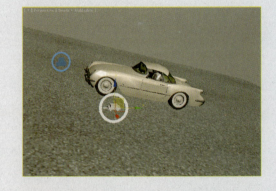

步骤05 单击Chassis(底盘)后的按钮拾取汽车的车身,然后在车轮列表框中添加汽车的4个车轮对象,并勾选Spin Wheels(自旋车轮)复选框。

步骤06 设置完毕后打开reactor的预览窗口,可以发现汽车停留在原地,基本没有移动,这是因为车轮的提速不够,汽车无法向上攀爬。

步骤07 回到玩具车对象的参数卷展栏，设置Gain（增益）为60。

步骤08 再次对场景动画进行预览，可以看到提高增益参数后，汽车开始缓慢地沿斜坡向上移动。

12.4.3 破裂

Fracture（破裂）对象可以模拟物体在经受碰撞后断裂为很多小碎片的效果。作为破裂辅助对象组成部分的多个钢体可聚集为单个实体。当属于破裂辅助对象的钢体与另一实体发生碰撞时，系统会对碰撞信息进行分析，如果超过阈值，钢体将从破裂辅助对象中移除。钢体被移除后，它可以独立于破裂对象进行移动，并可与仍为破裂对象组成部分的钢体自由碰撞。

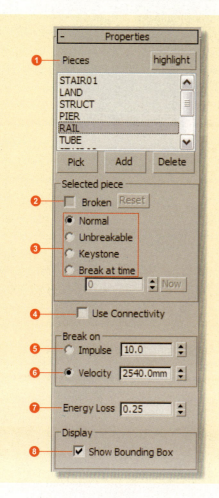

❶ **碎片**：列出作为破裂对象当前组成部分的对象的名称。

❷ **断开**：显示任何高亮显示的碎片在当前帧是否已经脱落。

❸ **碎片行为**：这里可以为高亮显示的碎片选择Normal（法线）、Unbreakable（不可断开）、Keystone（根基）和Break at time（断开时间）4种行为。

❹ **使用连接**：彼此连接的各组碎片将独立于未与它们连接的碎片进行移动。

❺ **推力**：如果破裂对象的碎片遇到碰撞，并且推力大于指定的阈值，则碎片将从破裂对象上脱落。

❻ **速度**：设置碎片的速度。

❼ **能量损失**：碰撞中由于断裂而损失的额外动能的大小。

❽ **显示边界框**：启用该选项时，视口将显示一个方框，包含所有破裂对象的碎片。

▶▶ 12.5 character studio角色工具

character studio是一组可以为设置角色动画提供全套工具的组件。使用character studio可以为两足角色创建骨骼模型，并将骨骼和角色模型绑定在一起来制作各种角色动画效果，如右图所示。character studio为两足角色提供了独特的足迹动画，根据重心、平衡性和其他因素自动制作移动动作。Biped和Physiqu是character studio的两个基本组件。

■ 12.5.1 创建两足角色骨骼

Biped模型可以创建具有两条腿形态的生物骨骼，每个Biped是一个为动画而设计的骨架。Biped骨骼具有即时动画的特性。为了匹配人类的形态，Biped特意设计为直立行走状态，它的骨骼关节也受到了一些限制以和人类相似，右图所示为使用Biped调节角色的动作效果。用户也可以通过Biped创建多条腿的生物模型。Biped 骨骼特意设计为使用character studio来制作动画，这解决了动画中脚锁定到地面上的常见问题。

在Create（创建）面板的Systems（系统）层级下单击Biped按钮，在视口中拖动鼠标就可以创建一个标准的Biped模型，如右图所示。Biped 层次的父对象是Biped的重心对象，它默认名为Bip01。人物角色的重心位置一般在中心的骨盆处。可以在菜单栏中执行"Create>Systems>Biped（创建>系统>Biped）"命令来创建骨骼对象。

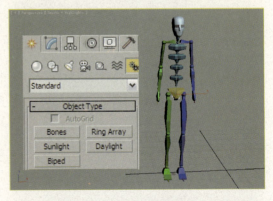

自动栅格功能可以在其他对象的表面上而不是在主栅格上创建对象。自动栅格自动地创建构造栅格。当打开自动栅格时，视口中会显示轴光标。当鼠标在场景中的几何体上移动时，轴光标会旋转以匹配接触面的方向。在该点上创建栅格用于创建Biped。如右图所示，启用自动栅格功能后可以在几何体的表面创建Biped对象。

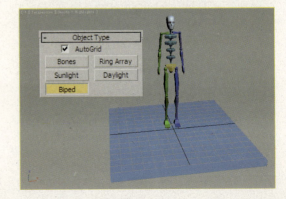

12.5.2 Biped对象的更改

Biped 几何体是一个对象链接层次，这些对象模拟人体不同部位。默认的Biped形态以人体为基准，但是可以通过更改Biped对象的结构将其改变为适合其他生物的模样，例如给Biped对象添加尾巴、辫子，或者更改手指的数量，更改关节的数量等。如右图所示，调整Biped的结构能够创建各种形态的骨骼。

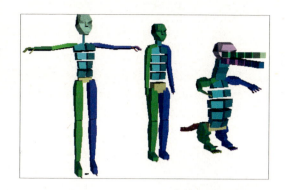

创建了Biped对象后，在Motion（运动）面板中可以对Biped对象进行设置。右图所示为创建Biped对象后运动面板中的参数卷展栏。在Biped卷展栏中单击Figure Mode（体型模式）按钮 ，就可以进入Biped的体型编辑模式，在体型模式下可以选择适合代表角色的网格或网格对象的骨骼造型。如果使用Physique将模型连接到Biped上，应该使体型模式处于打开状态。另外，使用体型模式，不仅可以缩放连接模型的Biped，还可以在应用Physique之后对 Biped作出调整。

Biped对象的 Structure（结构）卷展栏中包含了较多的参数设置，可以对骨骼的各个部分进行调节。

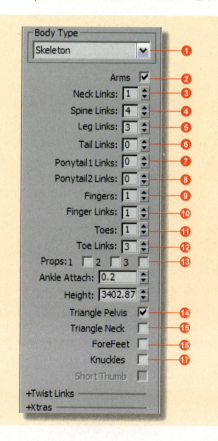

1. **Body Type（躯干类型）**：可以选择3ds Max提供的4种躯干类型。

2. **Arms（手臂）**：设置是否在Biped中生成手臂。

3. **Neck Link（颈部链接）**：设置在 Biped 颈部的链接数。

4. **Spine Links（脊椎链接）**：设置在 Biped 脊椎上的链接数。

5. **Leg Links（腿链接）**：设置在 Biped 腿部的链接数。

6. **Tail Links（尾部链接）**：设置在 Biped 尾部的链接数。

7. **Ponytail1 Links（马尾辫1链接）**：设置马尾辫1的链接数量。

8. **Ponytail2 Links（马尾辫2链接）**：设置马尾辫2的链接数量。

9. **Fingers（手指）**：设置Biped中手指的数目。

10. **Finger Links（手指链接）**：设置手指关节的数目。

11. **Toes（脚趾）**：设置Biped中脚趾的数目。

12. **Toe Links（脚趾链接）**：设置脚趾关节的数目。

13. **Props（小道具）**：打开至多3个道具，这些道具可以用于表现连接到 Biped 的工具。

14. **Triangle Pelvis（三角骨盆）**：打开该选项可创建从大腿到 Biped 1最下面一个脊椎对象的链接。

15. **Triangle Neck（三角颈部）**：将锁骨链接到顶部脊椎。

16. **ForeFeet（前足）**：启用此选项后，可以将 Biped 的手和手指作为前脚和前脚趾。

17. **Knuckles（指节）**：使每个手指均有指骨。

Body Type（躯干类型）中提供了Skeleton（骨骼）、Male（男性）、Female（女性）、Classic（经典）4种类型。

▲ **Skeleton（骨骼）**：骨骼躯干类型提供能自然适应网格蒙皮的真实骨骼。

▲ **Male（男性）**：男性躯干类型基于基本男性比例提供轮廓造型。

▲ **Female（女性）**：女性躯干类型基于基本女性比例提供轮廓造型。

▲ **Classic（经典）**：经典躯干类型与来自于character studio旧版本中的Biped对象相同。

下图中从左到右依次为Skeleton（骨骼）、Male（男性）、Female（女性）和Classic（经典）的标准形态。

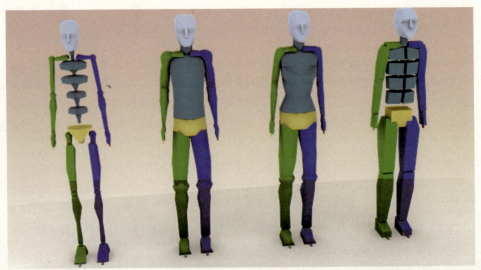

默认状态下Biped对象的手掌部分为一个整体的对象，如下左图所示，如果在结构卷展栏中勾选Knuckles（指节）复选框，可以使手掌部分变为相互链接的指骨，如下右图所示。

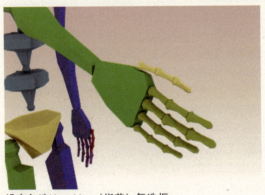

没有勾选Knuckles（指节）复选框

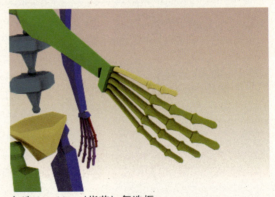

勾选Knuckles（指节）复选框

设置脚部

Biped的脚部无法像手掌一样形成连接脚趾的指骨，因为通常情况下脚部不需要设置像手部那么精确的动作。如果所制作的角色是穿着鞋子的，可以将Toes（脚趾）数量设置为1，这样可以减少骨骼的数量，方便操作，如右图所示。

结构卷展栏中还包含有Twist Links（扭曲链接）和Xtras两个下拉选项组，默认是没有展开的，展开后如下图所示。

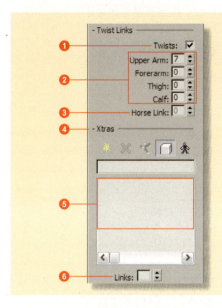

① **扭曲**：为Biped肢体启用扭曲链接。启用后，扭曲链接可见，但是仍然被冻结。

② **设置扭曲链接数量**：设置上臂、前臂、大腿、小腿扭曲链接的数量。

③ **脚架链接**：设置脚架链接中扭曲链接的数量。

④ **Xtra**：Xtra选项组可以将附加尾巴添加到Biped中。附加尾巴不使用反向运动学，必须使用正向运动学设置它们的动画。

⑤ **Xtras 列表框**：按名称列出Biped 的 Xtras 尾巴。

⑥ **链接**：设置在尾巴上的链接数。

12.5.3 使用足迹模式

在Footstep Mode（足迹模式）可以创建或编辑足迹来生成行走、跑动和跳跃的人物运动动画，如右图所示。在空间或时间中编辑足迹时，Biped的一项重要特色是调整关键帧的能力。进入足迹模式后会激活Footstep Creation（足迹创建）和Footstep Operations（足迹操作）两个卷展栏。

Footstep Creation（足迹创建）卷展栏用于对创建和编辑足迹进行控制。Footstep Operations（足迹操作）卷展栏可以调整足迹路径。

行走足迹：指定在行走期间新足迹着地的帧数

双脚支撑：指定在行走期间双脚都着地的帧数

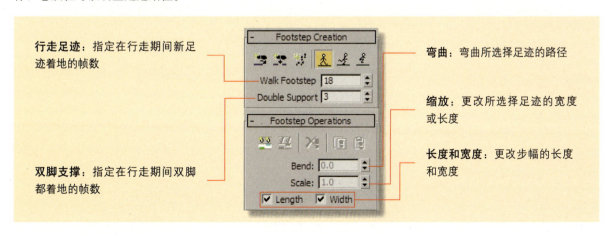

弯曲：弯曲所选择足迹的路径

缩放：更改所选择足迹的宽度或长度

长度和宽度：更改步幅的长度和宽度

Footstep Creation（足迹创建）和Footstep Operations（足迹操作）卷展栏中的按钮如下。

■ Create Footsteps（append）［创建足迹（附加）］：通过在视口中单击鼠标手动创建足迹。

■ Create Footsteps（at current frame）［创建足迹（在当前帧）］：在当前帧创建足迹。创建足迹在左右脚间交替进行。

■ Create Multiple Footsteps（创建多个足迹）：自动创建行走、跑动或跳跃的足迹图案。

■ Walk（行走）：将Biped的步态设置为行走。

■ Run（跑）：将Biped的步态设为跑动。

■ Jump（跳）：将Biped的步态设为跳跃。

■ Create Keys for Inactive Footsteps（为非活动足迹创建关键点）：激活所有非活动足迹。

■ Deactivate Footsteps（取消激活足迹）：删除指定给选定足迹的躯干关键点，使这些足迹成为非活动足迹。

■ Delete Footsteps（删除足迹）：删除选定的足迹。

■ Copy Footsteps（复制足迹）：将选定的足迹和 Biped 关键点复制到足迹缓冲区。

■ Paste Footsteps（粘贴足迹）：将足迹从足迹缓冲区粘贴到场景中。

创建多个足迹对话框：单击 Create Multiple Footsteps（创建多个足迹）按钮■后可以打开如右图所示的对话框。在该对话框中可以通过一系列参数设置来确定行走或跑动序列。该对话框中主要包含General（常规）和Timing（时间）两个选项组

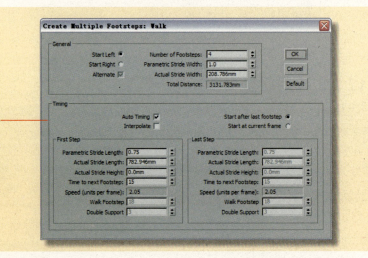

- **General（常规）选项组**

▲ Start Left（**从左脚开始**）：从左脚脚步开始足迹序列。

▲ Start Right（**从右脚开始**）：从右脚脚步开始足迹序列。

▲ Alternate（**交替**）：足迹会在左右脚之间进行交替。

▲ Number of Footsteps（**足迹数**）：确定要创建的新足迹数。

▲ Parametric Stride Width（**参数化步幅宽度**）：以骨盆宽度的百分比来设置步幅宽度。

▲ Actual Stride Width（**实际步幅宽度**）：用建模单位设置步幅宽度。对此设置的更改会自动地改变参数化步幅宽度。

▲ Total Distance（**总距离**）：显示在当前设置下足迹移动的总距离。

- **Timing（时间）选项组**

▲ Auto Timing（**自动计时**）：自动设置计时参数。

▲ Interpolate（**插值**）：可以控制一系列脚步的加速或减速。

▲ Start after last footstep（**从最后一个足迹之后开始**）：将新建的足迹附加到现有足迹序列的末尾。

▲ Start at current frame（**从当前帧开始**）：在现有足迹序列中的当前帧插入新建的足迹。

● First Step（第一步）和Last Step（最后一步）选项组

这两个选项组中的参数相同，分别用于控制行走的第一步和最后一步状态。Parametric Stride Length（参数化步幅长度）参数以Biped腿部长度的百分比来设置新足迹的步幅长度。默认值为 0.75，这是正常比例的平均步幅，如下左图所示。下右图所示为设置该参数为1时的效果，可以看到行走跨越的距离增大了。

步幅长度为0.75

步幅长度为1

Actual Stride Height（实际步幅高度）参数用于控制每个新足迹之间的高度差异，正值表示向上，负值表示下降，可以使用该参数来创建上下楼梯的动作。

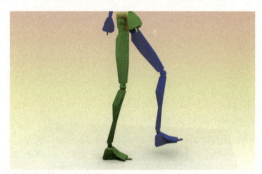

步幅高度为1个单位

步幅高度为5个单位

【实战练习】制作上楼梯动作

原始文件：场景文件\Chapter 12\制作上楼梯动作-原始文件\
最终文件：场景文件\Chapter 12\制作上楼梯动作-最终文件\
视频文件：视频教学\Chapter 12\制作上楼梯动作.avi

步骤 01 打开光盘中提供的原始场景文件，该场景中已经创建好了一个Biped对象以及楼梯模型。

步骤 02 选择Biped对象，进入Motion（运动）面板，在Biped卷展栏中单击Footstep Mode（足迹模式）按钮，进入足迹模式。

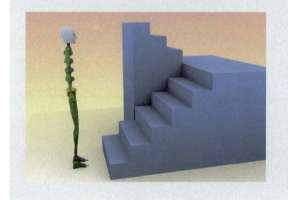

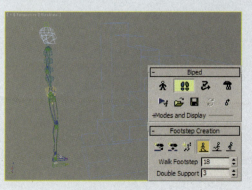

步骤 03 在Footstep Creation（足迹创建）卷展栏中单击Create Multiple Footsteps（创建多个足迹）按钮，打开创建多个足迹对话框，将Number of Footsteps（足迹数）参数设置为7，其他参数保持默认设置。

步骤 04 设置完毕后单击Ok按钮，在场景中可以看到生成了7个足迹图标，这7个足迹图标处于同一水平面。

步骤 05 进入Top（顶）视口，将每个足迹移到相应的楼梯台阶的位置。

步骤 06 进入Left（左）视口，将每个足迹向上移动到和台阶刚好接触的位置。

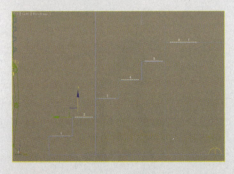

步骤 07 设置完毕后，在足迹操作卷展栏中单击Create Keys for Inactive Footsteps（为非活动足迹创建关键点）按钮，生成足迹动画。

步骤 08 播放场景动画，可以看到简单的上楼梯的行走动作。

难点解析：改变行走的方向

默认状态下，足迹始终保持在一条直线上，如果想制作行走弯曲路线，可以在足迹操作卷展栏中设置Bend（弯曲）参数来使路线方向改变，如右图所示。

12.5.4 给角色蒙皮

创建Biped对象的最终目的是制作角色的动作，因此需要将骨骼绑定到角色模型上。蒙皮就是将网格对象附加到骨骼上，从而使骨骼的动画能够驱动角色模型，从而制作出各种角色动作，如右图所示。蒙皮是一个3ds Max 对象，它可以是任何可变形的、基于顶点的对象，如网格、面片或图形。当以附加蒙皮制作骨骼动画时，Physique使蒙皮变形以与骨骼移动相匹配。在character studio中Physique是应用到蒙皮上的修改器，可使蒙皮能够随Biped或其他的骨骼结构变形。

当用Biped的体形创建蒙皮时，应当把手臂和腿部的姿态调整成标准的参考姿态。在创建参考姿态时，可以进行以下定位。

▲ 展开腿部，以使腿部稍微分开。

▲ 伸展开手臂与肩部同高。手应当与手臂同高，不要悬垂着，手掌朝下，手指伸直并稍微分离。

▲ 定位头部；在加载 Biped 休息站立姿态时使头部朝向正确的方向。

模型上的详细程度对蒙皮化详细程度有所影响。应该在模型最原始的基本线条阶段进行蒙皮，如下左图所示，此时对象上的线条和定点较少，使用蒙皮更加容易，但是要确保基础模型上有足够的控制点，以使蒙皮能够平滑地变形。在添加了蒙皮之后，再对模型使用平滑修改器得到细致的效果，如下右图所示。

线条较少的基础形态

平滑后的形态

正确的使用Physique蒙皮

尽管可以将Physique蒙皮应用到复合对象或带修改器的对象上，但必须在应用 Physique 之前塌陷堆栈。这样能达到最佳性能并能减少工作量，以使Physique正确地工作。而需要注意的是，在塌陷复合对象或已修改的对象后，就不可以再对它的参数进行修改。所以，如果广泛地使用这种类型的复杂网格，可以保存两个max文件，一个用于保存原始的、可编辑的对象和修改器，另一个用于保存塌陷的网格。

Physique修改器包含Floating Bones（浮动骨骼）、Physique和Physique Level of Detail（Physique细节级别）3个卷展栏，如右图所示。Floating Bones（浮动骨骼）卷展栏指定了用于变形网格的样条线、骨骼层次或未附加的骨骼。Physique卷展栏可以将模型链接到 Biped、骨骼层次或样条线。Physique Level of Detail（Physique细节级别）卷展栏主要用于优化视口，并且可以影响渲染的效果。

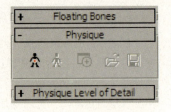

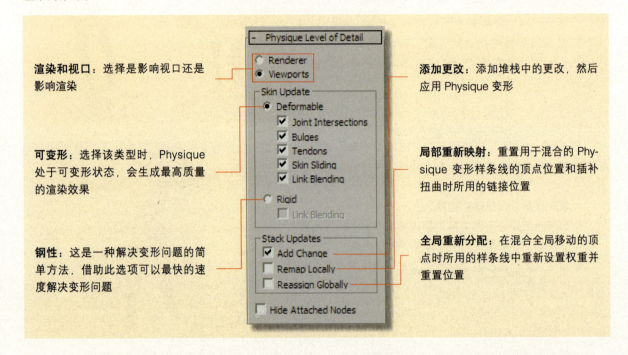

渲染和视口：选择是影响视口还是影响渲染

可变形：选择该类型时，Physique处于可变形状态，会生成最高质量的渲染效果

钢性：这是一种解决变形问题的简单方法，借助此选项可以最快的速度解决变形问题

添加更改：添加堆栈中的更改，然后应用 Physique 变形

局部重新映射：重置用于混合的 Physique 变形样条线的顶点位置和插补扭曲时所用的链接位置

全局重新分配：在混合全局移动的顶点时所用的样条线中重新设置权重并重置位置

12.5.5 Physique的子对象

给角色模型使用了Physique修改器后，在Physique卷展栏中单击Attach to Node（附加到节点）按钮，然后拾取Biped就可以将骨骼绑定到角色模型上，此时移动骨骼就会使模型发生变形。但是一般情况下，在初次蒙皮后，移动骨骼往往会出现很多错误，如右图所示的角色肘关节处，这是因为对象某些部分的顶点没有正确地匹配在模型上。

在修改器堆栈中展开Physique修改器的下拉选项，可以看到Physique修改器包含了Envelope（封套）、Link（链接）、Bulge（凸出）、Tendons（腱）和Vertex（顶点）5种子对象。使用这些子对象类型可以精确地控制蒙皮，使其正确地添加到骨骼上。

1. Envelope（封套）

封套是 Physique 控制蒙皮变形的主要工具。封套定义了层次中单个链接的影响区域，并可以在相邻的链接间设置重叠。落在封套重叠区域内的顶点有利于在关节交叉部分产生平滑的弯曲。每个封套由一对内部和外部边界组成，每个边界有四个横截面。右图所示为在 Envelope（封套）子对象下选择对象时的效果。

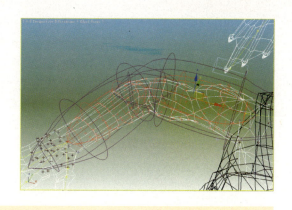

选择了 Envelope（封套）子对象后会开启 Blending Envelopes（混合封套）卷展栏，如下图所示。

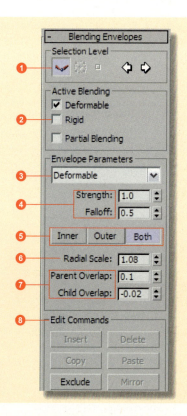

❶ **选择级别**：在该选项组中可选择以哪种方式选择封套。

❷ **活动混合**：为选定的封套启用可变形、钢性或部分混合封套类型。

❸ **封套类型下拉列表**：显示选定封套的类型。如果同时链接钢性和可变形封套，可以用此列表选择要调整的封套参数。

❹ **强度和衰减**：更改封套的强度以及封套内部边界与外部边界之间的衰减速率。

❺ **修改内部外部边界**：选择修改内部、外部或者二者的边界值。

❻ **径向缩放**：以放射状缩放封套边界。

❼ **父对象和子对象重叠**：在层次中更改父级或者子层级的链接的封套重叠。

❽ **编辑命令**：提供编辑封套的操作命令。

同时给对象应用可变形和钢性封套

同一个链接可以同时启用可变形和钢性两种模式。一般情况下，只使用其中一个。通过非统一缩放一个链接的钢性和可变形封套，可以把其中一个封套置于另一个封套上面。例如，可以用钢性封套控制肩部，同时用可变形封套控制腋部。另外，也可以同时关闭一个链接的两个封套。右图中同时启用了两种封套。

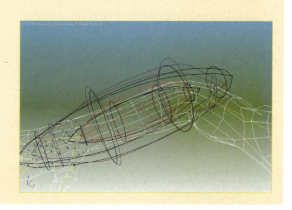

2. Link（链接）

使用链接子对象级别的参数来改变关节周围变形的产生方式。当关节处于骨骼弯曲或旋转状态时，默认情况下，Physique 会统一变形关节两侧的顶点，可以使用链接子对象级别中的工具来更改这些默认设置。例如，调整当肢体弯曲时沿着肢体发生的蒙皮滑动程度，或改变上臂和胸部之间的皱褶角度。如右图所示，链接子对象显示为穿过对象的黄色线条。

Link Settings（链接设置）卷展栏中包含了Bend（弯曲）、Twist（扭曲）、Sliding（滑动）和Radial Scale（径向缩放）4个选项组。

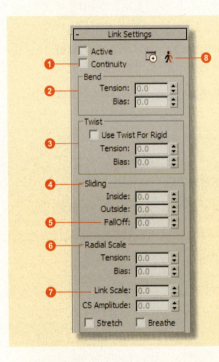

❶ **连续性**：保持从父链接到当前链接之间跨关节的平滑过度。

❷ **弯曲**：设置关节的弯曲，包含张力和偏移两个参数。

❸ **扭曲**：设置关节的扭曲效果。

❹ **滑动**：控制在关节旋转时，产生的蒙皮滑动程度。

❺ **衰减**：当该参数增加时，滑动效果局限于关节处。

❻ **镜像缩放**：通过缩放垂直于链接的径向距离来展开或收缩皮肤。

❼ **链接缩放**：径向缩放整个链接，效果独立于任何横截面。

❽ **重新初始化选定的链接**：基于当前链接的参数设置重新初始化链接及其顶点参数。

对滑动选项组中的Inside（内部）和Outside（外部）参数进行设置，可以调整肢体弯曲时的平滑程度，下左图所示为肘关节默认的两个参数都为0的效果，下右图为设置Outside（外部）参数为1时的弯曲效果。

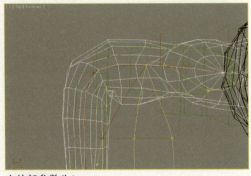

内外部参数为0

外部参数设置为1

3. Bulge（凸出）

Bulge（凸出）可以更改蒙皮的截面，以模拟凸出的肌肉。通过建立凸出角度、蒙皮的横截面切片与骨骼关节的特定姿态之间的关系，可以创建凸出效果。将横截面想像成一个切片，它不仅通过蒙皮模型，而且与链接垂直。对横截面进行更改之后，可以依次扭曲模型的形状。通过使某些姿态与横截面关联，即定义凸出角度，可以构造角色的凸出效果。如右图所示，在Bulge（凸出）子对象层级下选择蒙皮对象，可以看到骨骼线周围出现了绿色的边框。

Physique 可以为连接骨骼中的每个凸出关节单独创建默认的凸出角度。该关节的角度是初始骨骼姿态的角度，是初始骨骼姿态为下列情况下具有的姿态：Physique修改器应用于骨骼时，或使用重新初始化，并打开Physique 初始化对话框时的初始骨骼姿态。要创建Bulge（凸出），只能单独添加附加的凸出角度。用户可以添加多个凸出角度，以细化凸出效果。凸出子对象级别的控件位于Bulge（凸出）卷展栏中。

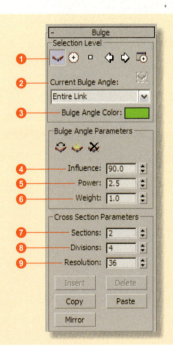

❶ **工具按钮**：提供用于控制凸出子对象的各种工具。

❷ **当前凸出角度**：显示所选子对象的凸出的角度。

❸ **凸出角度颜色**：设置所选的凸出角度的颜色，这样可以加以区别。

❹ **影响**：设置凸出影响蒙皮的角度范围。

❺ **幂**：控制凸出生效的平滑或陡峭程度。

❻ **权重**：增加与其他任何凸出效果有关的当前凸出角度的效果。

❼ **截面**：为选定的链接设置横截面数。

❽ **细分**：设置横截面周围的控制点。默认情况下，控制点平均分布在横截面的周围。

❾ **分辨率**：设置横截面周围径向分辨率。

调整凸出角度

凸出角度包括关节的当前方向和所有定义的横截面。另外，可以调整凸出角度的影响。Physique可以将所有凸出角度视为角色运动。通过插补对当前关节角度产生一定影响的各种凸出角度效果，可以创建结果角度。

使用凸出子对象的一个主要作用就是在关节处制作肌肉突起的效果，例如手臂的二头肌。创建一个完整的二头肌需要执行下面的操作。

▲ 插入新的凸出角度，并制定凸出的名称和颜色。

▲ 在伸缩关节的位置点设置凸出角度。

▲ 在上臂中插入一个横截面。

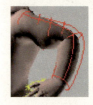

▲ 使用控制点（或凸出编辑器）设置二头肌凸出的形状。

如右上图所示，初始姿态的默认角度为0。设置完毕后对胳膊进行弯曲显示出二头肌效果，如右下图所示。

在凸出卷展栏的Selection Level（选择级别）选项组中单击Control Point（控制）顶点按钮，可以进入凸出的顶点编辑状态，如下左图所示，此时会在凸出子对象上显示顶点。选择顶点后可以使用缩放、旋转、移动等工具进行编辑操作，如下右图所示。

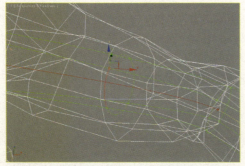

进入凸出的编辑顶点模式

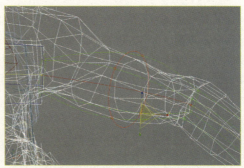

对顶点进行缩放

如果想要对凸出的形状进行进一步的设置，可以单击Bulge Editor（凸出编辑）按钮，打开如下图所示的对话框，使用凸出编辑器可以在截面图解视图中创建、选择和编辑横截面，进行更为详细的形状调整。

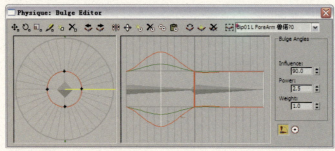

凸出编辑器

设置凸出的角度

凸出在表现角色的肢体运动时非常有效，模型移动的时候，凸起跟着伸展或收缩。初始凸出角度定义了蒙皮可以变形为的形状，这通常近似于默认的肌肉组织。没有定义其他凸出角度的情况下，不管姿势如何，蒙皮看起来总是同第一个凸出角度相似。额外的凸出角度提供了网格可变的其他形状，如右图所示，角色在进行运动时，肢体肌肉的变化最为明显。

4. Tendons（腱）

生物的各个肢体间都是相互关联的，比如人抬起手臂，与手臂相连接的肩膀和胸部附近的肌肉也会随着手臂的抬起而产生变化。如右图所示，人物在运动的过程中摆动双臂，会影响与手臂相连接的其他部分的结构。Tendons（腱）子对象就是用于调整这一效果的。腱将链接绑定到一起，扩展了腱所在的位置上一个链接移动到另一个链接的效果。例如，抬起手臂要拉伸周围的皮肤，可以脊椎链接为基础创建腱，然后将腱附加到上臂或锁骨，这样当上臂抬起时，会拉伸躯干周围的皮肤。

腱以真实的人体腱的方式提供附加拉伸调整封套子对象，获得满意的网格变形之后，可以使用腱来控制跨多个链接拉伸的皮肤量。Tendons（腱）卷展栏中包含了较多的参数选项，如下图所示。

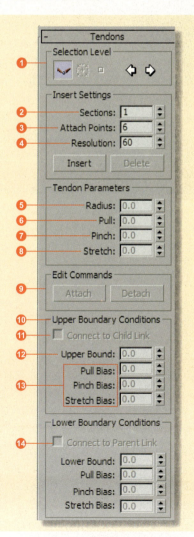

❶ **选择级别**：提供选择腱子对象的工具。

❷ **截面**：设置腱的基本横截面的数量，默认值为1。

❸ **附加点**：设置腱的基本横截面周围附加点的数量。

❹ **分辨率**：设置基本横截面周围的径向分辨率。

❺ **半径**：缩放附加点相对于横截面中心的比例。

❻ **拉力**：定义沿链接的长度拉伸的强度。

❼ **收缩**：定义腱部基础的链接周围的收缩量。

❽ **拉伸**：定义朝向附加链接的拉伸量。

❾ **编辑命令**：用于附加或者分离腱。

❿ **上边界条件**：设置腱的上部边界的参数。

⓫ **连接到子链接**：允许腱影响子链接，这样可以跨多个链接连接腱。

⓬ **上边界**：设置上边界的重叠。

⓭ **拉力、收缩、拉伸**：设置这些腱参数的上边界衰减效果。

⓮ **链接到父边界**：允许腱影响父链接。

要在场景中创建腱可以执行下面的操作，进入Tendons（腱）子对象层级，选择手臂上的一个链接，在Tendons（腱）卷展栏中单击Link（链接）按钮，然后单击Insert（插入）按钮，此时将鼠标移到链接上，会出现一个腱的边框。确定该边框的位置后，通过设置拉力、拉伸、收缩等参数以及旋转、缩放工具来调整腱的控制范围。

选择手臂上的链接　　　　　　插入腱　　　　　　调整腱

注意一条常规准则：当将腱附加到邻近链接时，要将腱的各个值保持 1.0 不变。例如，右图中从手腕到上臂的链接就是邻近的链接，腱的拉力、收缩、拉伸等参数应保持为1不变。而从手腕到背部的链接就属于较远的链接，此时应该将拉力、收缩、拉伸的值减小，减小这些参数后会降低腱的影响。这样符合人体的真实运动原理，即较远的肢体链接的影响比较小，移动手腕时，上臂的肌肉变化最为明显，而背部的肌肉变化要弱一些。

固定附加点

腱部可以有未连接到其他链接的固定附加点。在蒙皮表面附近存在骨骼的时候（在实际的形体中），这些固定附加点用于使蒙皮具有一定的钢性。例如，可以在角色胸部区域的每一侧放置两个固定附加点，以模拟胸骨的效果。当所有的腱部被附加到其他链接上后，基准链接上的蒙皮在制作动画后就有了"压扁的"的外表，这适于某些动画的角色。

5. Vertex（顶点）

在Vertex（顶点）子对象下可以通过手动分配顶点属性来覆盖封套。这在调整一些局部的蒙皮效果时非常有用，可以选择局部的顶点来控制这些顶点骨骼的链接情况。用户还可以通过使用输入权重来更改单个顶点链接之间的权重分配。如右图所示，进入Vertex（顶点）子对象层级后显示出了模型上的所有顶点。

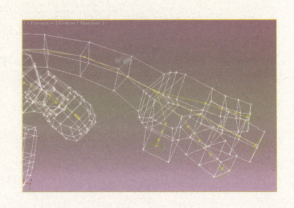

在Vertex-Link Assignment（顶点-链接指定）卷展栏中可以选择蒙皮对象上的顶点并将它们指定给不同的骨骼链接。

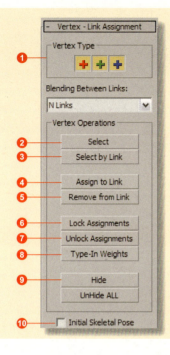

① **顶点类型**：以三种颜色来区分所选的顶点类型。

② **选择**：选择蒙皮对象上的顶点。

③ **按链接选择**：根据链接来选择顶点。

④ **指定给链接**：将所选的顶点指定给骨骼链接。

⑤ **从链接移除**：将选择的顶点从链接上删除。

⑥ **锁定指定**：锁定顶点禁止对当前分配给所选顶点的权重和混合进行任何更改。

⑦ **取消锁定**：取消顶点的锁定，以将这些顶点指定给其他的链接。

⑧ **输入权重**：输入所选的被锁定顶点的权重。

⑨ **隐藏**：将所选的顶点隐藏。

⑩ **最初骨骼姿态**：使网格变成其最初的姿态。

Vertex Type（顶点类型）以红绿蓝三种颜色来区分所选的顶点。

红色：红色的顶点表示可追随链接变形的顶点。

绿色：绿色的顶点表示不可变形的钢性顶点，只沿着其分配到的链接。

蓝色：连接到根节点的顶点。当Physique不确信将顶点分配给哪个链接时，使用该颜色。这些顶点不会变形，但追随重心对象。

红色顶点

绿色顶点

蓝色顶点

使用不变形的钢性顶点

默认情况下，蒙皮对象的顶点都是可变形的，如果要使用不变形的钢性顶点，需要进入Envelope（封套）子对象层级，在Active Blending（活动混合）选项组中勾选Rigid（钢性）复选框。

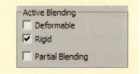

红色的顶点有两种情况，一种是所选的顶点只链接到了一个骨骼链接上，此时的顶点显示为较亮的红色，如下左图所示。如果继续将这些顶点指定给其他的骨骼链接，那么顶点会变为暗红色，如下右图所示。

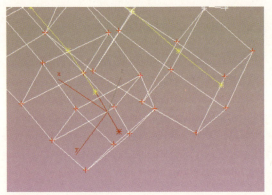

只指定到一个骨骼链接

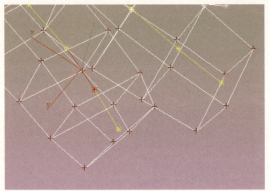

指定到其他骨骼链接

【实战练习】给角色蒙皮

原始文件：场景文件\Chapter 12\给角色蒙皮-原始文件\
最终文件：场景文件\Chapter 12\给角色蒙皮-最终文件\
视频文件：视频教学\Chapter 12\给角色蒙皮.avi

步骤01 打开光盘中提供的原始场景文件,该场景中有一只创建好的玩偶兔子的基本模型,该模型已经处于标准姿势状态。

步骤02 在场景中创建一个和兔子高度相同的Biped对象。

步骤03 进入Biped对象的Figure Mode（体型模式），将骨骼移到兔子模型的内部中心处。

步骤04 接下来进行骨骼的调整,对骨盆进行放大,使它和模型的外形基本一致。

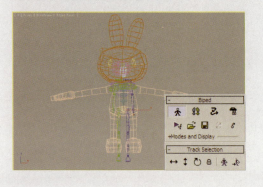

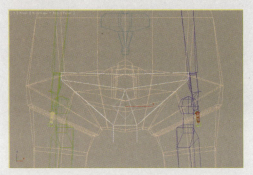

步骤 05 调整右腿的骨骼，将关节移到模型的膝盖位置，由于这个兔子模型的脚比较大，所以需要对Biped对象的脚部进行放大。

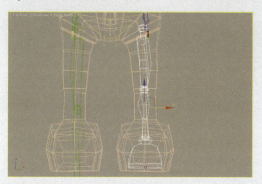

步骤 06 在Structure（结构）卷展栏中将Spine Links（脊椎链接）设置为3，然后调整脊椎骨的大小和位置。

步骤 07 在Front（前）视口中对手臂进行旋转，使它和模型重合，然后调整骨骼的关节到模型中相应的位置。

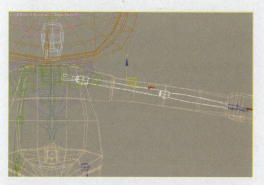

步骤 08 进入Top（顶）视口，继续对手臂骨骼进行调整，使它在顶视口中和模型重合。

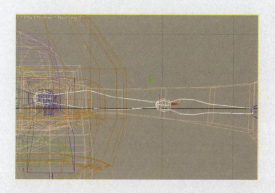

步骤 09 在Structure（结构）卷展栏中将Fingers（手指）设置为4，使Biped对象出现4个手指。

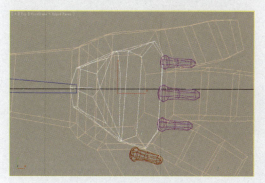

步骤 10 将Finger Links（手指链接）参数设置为2，使指头出现两个活动关节。

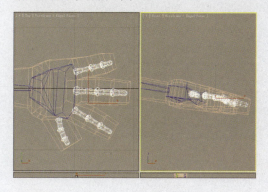

步骤 11 选择调整好的右侧的全部腿部骨骼，然后进入Biped对象的Copy/Paste（拷贝/粘贴）卷展栏，并单击Create Collection（创建集合）按钮。

步骤 12 单击Copy Posture（复制姿势）按钮，此时可以在下方的小窗口中看到所选腿部骨骼部分的姿态被复制了。

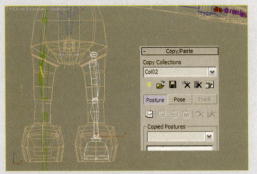

步骤13 在视口中选择左侧的所有腿部骨骼，然后在卷展栏中单击Paste Posture Opposite（粘贴姿势对面）按钮，将右侧的腿部形态复制到左侧的骨骼上。

步骤14 使用相同的方法，将右侧手臂的骨骼形态复制到左侧手臂上。

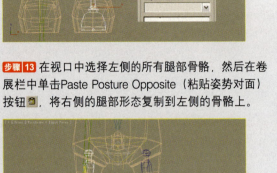

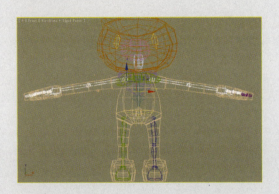

步骤15 对其他部分的骨骼进行调整，使它和模型的外形轮廓相匹配，然后选择所有的模型对象，添加一个Physique修改器。

步骤16 进入Physique修改器的Physique卷展栏，单击Attach to Node（附加到节点）按钮。

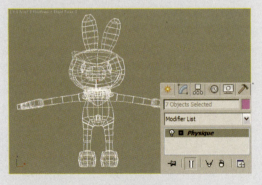

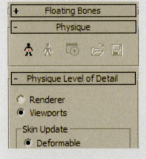

步骤17 单击该按钮后在场景中拾取Biped对象的中心，此时会弹出一个对话框，保持默认的参数。

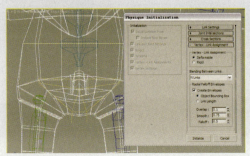

步骤 18 在场景中移动骨骼，可以发现模型跟随骨骼产生了变化，但是很多地方的变化不正确，这是因为还没有进一步调整蒙皮的封套。

步骤 19 在修改器卷展栏中展开Physique修改器的下拉选项，选择Vertex（顶点）类型，在下方开启的顶点控制卷展栏中单击Select（选择）按钮。

步骤 20 单击该按钮后选择对象中变形不正确位置的顶点，然后在卷展栏中单击Assign to Link（指定到链接）按钮 Assign to Link ，在场景中拾取需要链接的骨骼顶点。

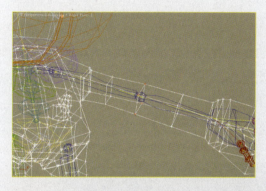

步骤 21 使用相同的方法对模型其他部位的顶点进行调整，调整完毕后进入运动面板中的Biped卷展栏，单击Load File（加载文件）按钮 🖆 。

步骤 22 单击该按钮后，在打开的对话框中选择3ds Max中提供的任意一个BIP动作文件。

难点解析：制作复杂的角色动作

在科幻电影中往往需要虚拟角色做一些复杂的动作，如果单靠关键帧来调节制作这些动作是非常繁琐的，要花费大量的时间，而且制作出的动作也不真实。借助运动捕捉技术可以使虚拟角色做出和真人一样的动作，运动捕捉系统直接从真人上捕捉运动信号，然后处理成软件所能使用的动作文件，这样就可以使虚拟角色表现出和真人一样的动作或面部表情，如右图所示。

步骤23 加载动作文件后，在场景中播放动画对角色的运动进行预览，观察骨骼的绑定是否正确，模型有没有变形不正确的地方。

步骤24 骨骼绑定完成后，给对象添加平滑修改器，得到平滑后的模型效果。

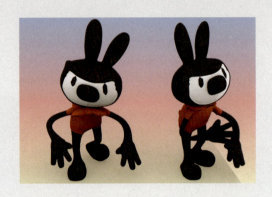

▶▶ 12.6 制作随风飘动的窗帘

利用reactor动力学系统可以制作一些模拟真实运动的效果，本章将介绍使用reactor动力学系统制作风吹窗帘效果的方法。

原始文件：场景文件\Chapter 12\制作随风飘动的窗帘-原始文件\
最终文件：场景文件\Chapter 12\制作随风飘动的窗帘-最终文件\
视频文件：视频教学\Chapter 12\制作随风飘动的窗帘.avi

步骤1： 打开光盘中的原始场景文件，场景中已经提供了所要制作的模型素材。

步骤2： 下面制作一个窗户打开的动画，进入自动关键帧模式，在第20帧的位置将窗户旋转到打开的状态。

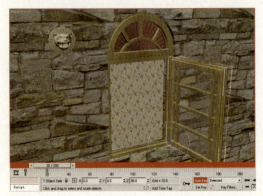

步骤3： 在场景中雕塑的嘴巴位置创建一个Tours（圆环）对象。

步骤4： 复制该圆环对象，并通过移动、旋转将其组成一个链子。

步骤5： 在场景中创建一个和该圆环对象大小相同的新圆环对象，设置这个新的圆环的分段数为8。

步骤6： 在场景中创建一个钢体集合，将所有的圆环对象以及其他固定不动的对象都添加到钢体集合中。

步骤7： 对圆环对象属性进行设置，选择Proxy Concave Mesh（代理凹面网格）几何体类型。拾取场景中新创建的分段数较低的圆环对象作为代理网格。

步骤8： 对场景进行预览，可以看到吊环之间并没有完全地交叉在一起，这是因为代理网格的圆环半径比实际圆环对象的半径要大。

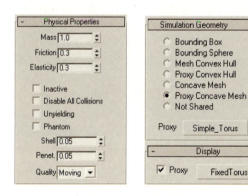

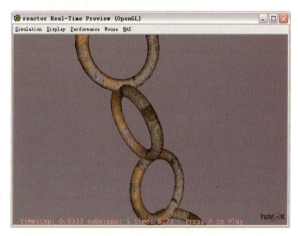

步骤9： 将代理圆环对象的半径缩小，然后再次进行预览，可以看到每个吊环之间刚好交叉在一起了。

步骤10： 选择窗帘平面，添加一个reactor Cloth（reactor 布料）修改器。

步骤11： 进入修改器的Vertex（顶点）子对象层级，选择平面最上端的一排顶点，然后在修改器的卷展栏中单击Fix Vertices（固定顶点）按钮 `Fix Vertices` 。

步骤12： 在场景中添加一个布料集合，将窗帘平面添加到布料集合中。

步骤13： 在场景中创建一个风对象，设置风速为5，并旋转风对象的图标使风向朝着窗外的方向。

步骤14： 最后对场景动画进行输出，可以看到窗帘和铁链同时产生了摆动效果。

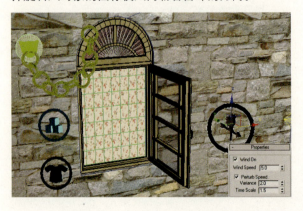

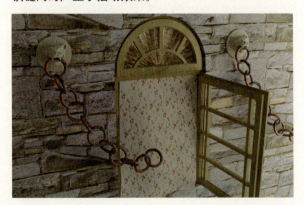

Appendix

附录

【重点内容】

- 阴影材质
- 书籍材质
- 食物材质
- 木纹材质
- 道路石料
- 布料材质
- 工艺品材质
- 运动器械
- 皮革材质
- 天空材质
- 金属材质
- 树材质

附录 材质库浏览

　　我们提供了大量精美材质贴图文件，并将一部分贴图效果展示出来。更多的材质贴图在光盘中的材质库压缩包里。

工艺品材质（共278张）

皮革材质（共14张）

金属材质（共88张）

书籍材质（共29张）

    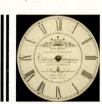

木纹材质（共131张）

布料材质（共137张）

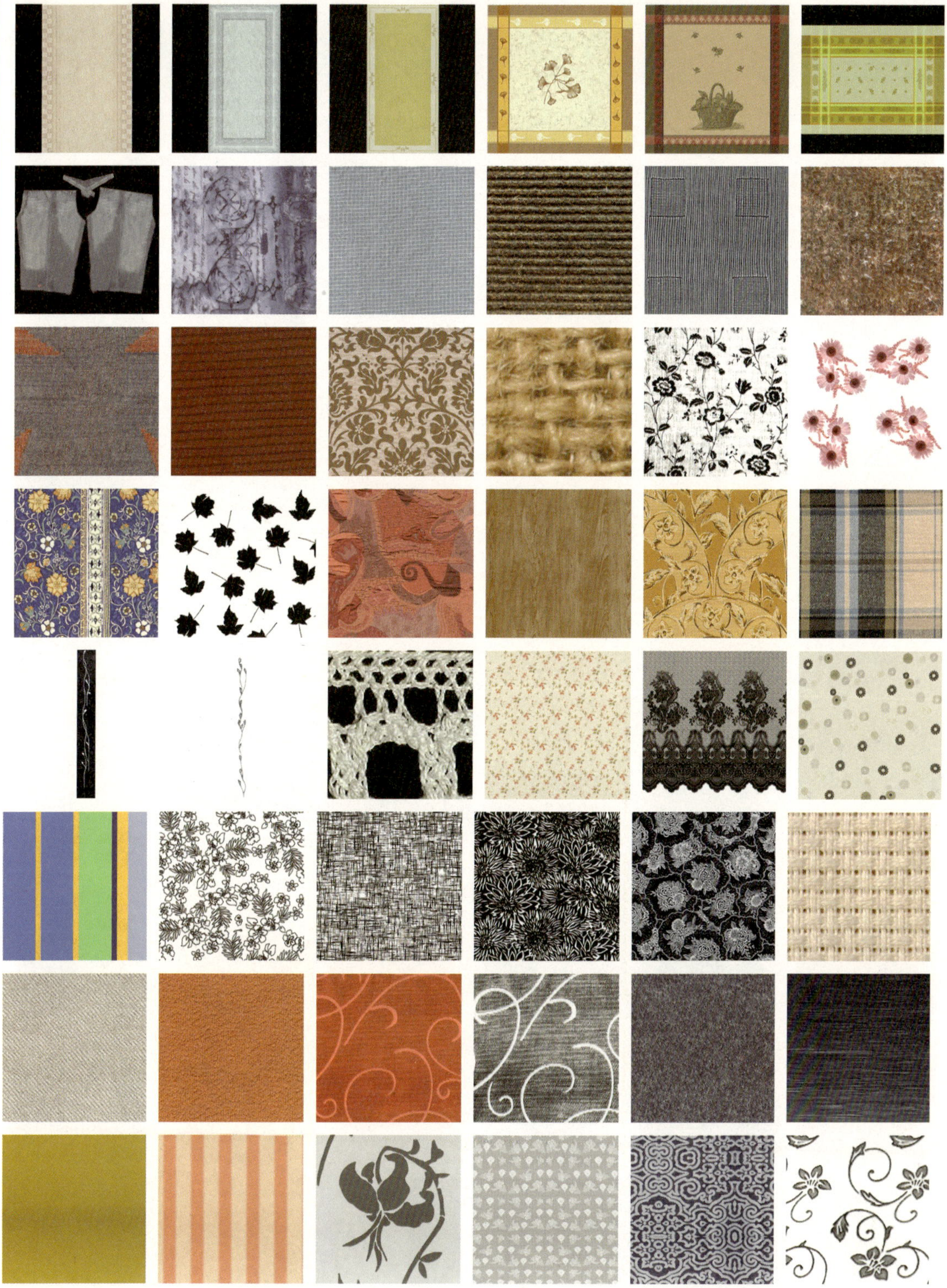

运动器材（共24张）

天空材质（共46张）

树材质（共150张）